KB078799

전기기능사
1500제 필기

김평식 편저

Craftsman Electricity

일진사

머리말

모든 산업사회의 원동력인 전기를 다루는 기술, 즉 전기 기술자는 산업 발전과 더불어 수요가 날로 급증하고 있으며, 다른 분야와는 달리 기술 자격을 갖춘 소정의 인원이 더욱 필요한 실정이다.

따라서 장차 산업 역군이 될 전기 공학도는 물론, 현장 실무자들도 국가기술 자격증을 취득한다는 것은 사회 보장을 확실하게 받게 된다는 것이다.

이 책은 전기기능사 자격을 인정받고자 하는 기능인들에게 단시일 내에 효과적으로 공부할 수 있도록 길잡이가 되고자, 수년간 출제되었던 모든 문제를 분석하여 다음 사항에 중점을 두고 구성하였다.

첫째, 2021.1.1부터 적용되는 한국전기설비규정(KEC)에 준하여 예상 문제를 충실한 해설과 함께 수록하였다.

둘째, CBT 방식에 적응하기 위하여 과목별, 최소 단원별로 세분하여 과년도 출제 문제 위주로 단원 예상 문제를 구성하였다.

셋째, 부록으로는 최근 출제된 문제만을 명확한 해설과 함께 수록하여 출제 경향을 파악함은 물론, 본문 단원과 문제를 연계시켜 실전에 대비할 수 있도록 하였다.

넷째, 기본 문제를 우선하여 문제마다 연관성 있도록 체계화하였으며, 문제의 완전 분석을 통한 문제 위주로 총 1500문제를 구성하였다.

아무쪼록 수험자 여러분이 열심히 노력하여 목적한 바를 꼭 이루길 바라며, 본서가 많은 참고가 된다면 저자로서는 더 이상 바랄 것이 없겠다. 그리고 혹시 미흡한 부분이 있다면 앞으로 계속해서 보완해 나갈 것이다.

끝으로, 이 책을 출판하기까지 도움을 주신 여러분과 도서출판 **일진사**에 진심으로 감사드린다.

저자 씀

출제기준

시험 과목	출 제 문제수	출 제 기 준		
		주 요 항 목	세 부 항 목	
전기 이론, 전기 기기, 전기 설비	60	1. 정전기와 콘덴서	(1) 전기의 본질 (3) 콘덴서	(2) 정전기의 성질 및 특수현상 (4) 전기장과 전위
		2. 자기의 성질과 전류 에 의한 자기장	(1) 자석에 의한 자기현상 (3) 자기회로	(2) 전류에 의한 자기현상
		3. 전자력과 전자 유도	(1) 전자력	(2) 전자 유도
		4. 직류회로	(1) 전압과 전류	(2) 전기 저항
		5. 교류회로	(1) 정현파 교류회로 (3) 비정현파 교류회로	(2) 3상 교류회로
		6. 전류의 열작용과 화 학작용	(1) 전류의 열작용	(2) 전류의 화학작용
		7. 변압기	(1) 변압기의 구조와 원리 (3) 변압기 결선 (5) 변압기 시험 및 보수	(2) 변압기 이론 및 특성 (4) 변압기 병렬 운전
		8. 직류기	(1) 직류기의 원리와 구조 (3) 직류 전동기의 이론 및 특성 (5) 직류기의 시험법	(2) 직류 발전기의 이론 및 특성 (4) 직류 전동기의 특성 및 용도
		9. 유도전동기	(1) 유도 전동기의 원리와 구조 (2) 유도 전동기의 속도 제어 및 용도	
		10. 동기기	(1) 동기기의 원리와 구조 (3) 동기 발전기의 병렬 운전	(2) 동기 발전기의 이론 및 특성 (4) 동기 발전기의 운전
		11. 정류기 및 제어기기	(1) 정류용 반도체 소자 (3) 제어 정류기 (5) 제어기 및 제어장치	(2) 각종 정류회로 및 특성 (4) 사이리스터의 응용 회로
		12. 보호 계전기	(1) 보호기의 종류 및 특성	
		13. 배선재료 및 공구	(1) 전선 및 케이블 (3) 전기설비에 관련된 공구	(2) 배선재료
		14. 전선 접속	(1) 전선의 피복 벗기기 (3) 전선과 기구단자와의 접속	(2) 전선의 각종 접속방법
		15. 배선설비공사 및 전 선허용 전류계산	(1) 전선관 시스템 (3) 케이블 덕팅 시스템 (5) 케이블 공사 (7) 특고압 옥내 배선 공사	(2) 케이블 트렁킹 시스템 (4) 케이블 트레이 시스템 (6) 저압 옥내 배선 공사 (8) 전선 허용전류
		16. 전선 및 기계기구의 보안공사	(1) 전선 및 전선로의 보안 (3) 각종 전기 기기 설치 및 보안공사 (4) 접지공사	(2) 과전류 차단기 설치공사 (5) 피뢰설비 설치공사
		17. 가공 인입선 및 배전 선 공사	(1) 가공인입선 공사 (3) 장주, 건주 및 가선	(2) 배전선로용 재료와 기구 (4) 주상기기의 설치
		18. 고압 및 저압 배전 반 공사	(1) 배전반 공사	(2) 분전반 공사
		19. 특수 장소 공사	(1) 먼지가 많은 장소의 공사 (3) 가연성 가스가 있는 곳의 공사 (5) 흥행장, 광산, 기타 위험 장소의 공사	(2) 위험물이 있는 곳의 공사 (4) 부식성 가스가 있는 곳의 공사
		20. 전기 응용 시설 공사	(1) 조명 배선 (3) 제어 배선 (5) 전기 응용 기기 설치 공사	(2) 동력 배선 (4) 신호 배선

차 례

부록 실전 모의고사

전기기능사

전기 이론

전기 이론

Chapter 01 정전기회로

---

1. 원자핵의 구속력을 벗어나서 물질 내에서 자유로이 이동할 수 있는 것은? [15]
① 중성자　　　② 양자　　　③ 분자　　　④ 자유 전자

해설 자유 전자
ㄱ 원자핵의 구속에서 이탈하여 자유로이 이동할 수 있는 전자이다.
ㄴ 일반적으로 전기 현상들은 자유 전자의 이동 또는 증감에 의한 것이다.

---

2. 정상 상태에서의 원자를 설명한 것으로 틀린 것은? [16]
① 양성자와 전자의 극성은 같다.
② 원자는 전체적으로 보면 전기적으로 중성이다.
③ 원자를 이루고 있는 양성자의 수는 전자의 수와 같다.
④ 양성자 1개가 지니는 전기량은 전자 1개가 지니는 전기량과 크기가 같다.

해설 양성자(+), 전자(−)

---

3. 물질이 자유 전자의 이동으로 양전기나 음전기를 띠게 되는 것은? [09]
① 대전　　　② 전하　　　③ 전기량　　　④ 중성자

해설 대전(electrification) : 어떤 물질이 정상 상태보다 전자의 수가 많거나 적어졌을 때 양전기나 음전기를 가지게 되는데, 이를 대전이라 한다.
ㄱ 양전기(+) : 전자 부족
ㄴ 음전기(−) : 전자 남음

---

4. 일반적으로 절연체를 서로 마찰시키면 이들 물체는 전기를 띠게 된다. 이와 같은 현상은? [14, 17]
① 분극　　　② 정전　　　③ 대전　　　④ 코로나

해설 마찰에 의한 대전 : 일반적으로 절연체를 서로 마찰시키면 정상 상태보다 전자의 수가 많거나 적어졌을 때 양전기나 음전기를 가지게 되어 전기를 띠게 된다.

정답 ▶ 1. ④　2. ①　3. ①　4. ③

5. 액체류가 파이프 등 내부에서 유동할 때 액체와 관벽 사이에 정전기가 발생하는 현상을 무엇이라 하는가? [18]

① 마찰에 의한 대전

② 박리에 의한 대전

③ 유동에 의한 대전

④ 기타 대전

해설 정전기 현상

㉠ 마찰에 의한 대전(摩擦帶電) : 두 물체 사이의 마찰이나 접촉위치의 이동으로 전하의 분리 및 재배열이 일어나서 정전기가 발생하는 현상

㉡ 박리에 의한 대전(剝離帶電) : 서로 밀착되어 있는 물체가 떨어질 때 전하의 분리가 일어나 정전기가 발생하는 현상

㉢ 유동에 의한 대전(流動帶電) : 액체류가 파이프 등 내부에서 유동할 때 액체와 관벽 사이에 정전기가 발생하는 현상

㉣ 접촉대전 : 서로 다른 물체가 접촉하였을 때 물체 사이에 전하의 이동이 일어나면서 발생

㉤ 기타 대전 : 기타의 대전으로는 액체류·기체류·고체류 등이 작은 분출구를 통해 공기 중으로 분출될 때 발생하는 분출대전, 이들의 충돌에 의한 충돌대전, 액체류가 이송이나 교반될 때 발생하는 진동(교반)대전, 유도대전 등

6. 다음 중 아래 설명과 관련이 없는 대전 현상은? [20]

- 비닐포장지를 뗄 때 발생
- 서로 다른 물체가 접촉하였을 때 발생
- 두 물체를 비벼서 발생

① 마찰대전

② 박리대전

③ 유동대전

④ 접촉대전

해설 ① 마찰대전 : 두 물체를 비벼서 발생

② 박리대전 : 비닐포장지를 뗄 때 발생

③ 유동대전 : 액체류가 유동할 때 발생

④ 접촉대전 : 서로 다른 물체가 접촉하였을 때 발생

7. 1 eV는 몇 J인가? [10, 15, 18, 19]

① 1

② 1×10^{-10}

③ 1.16×10^4

④ 1.602×10^{-19}

해설 전자의 전하

$e = 1.60219 \times 10^{-19} C$

$\therefore$ 1 eV $= 1.60219 \times 10^{-19} \times 1 \fallingdotseq 1.602 \times 10^{-19} J$

정답 ● 5. ③   6. ③   7. ④

8. 100 V의 전위차로 가속된 전자의 운동 에너지는 몇 J인가? [13]

① 1.6×10^{-20} ② 1.6×10^{-19} ③ 1.6×10^{-18} ④ 1.6×10^{-17}

해설 $W = eV = 1.6 \times 10^{-19} \times 100 = 1.6 \times 10^{-17} \text{J}$

9. 다음 그림과 같이 박 검전기의 원판 위에 양(+)의 대전체를 가까이 했을 경우에 박 검전기는 양으로 대전되어 벌어진다. 이와 같은 현상을 무엇이라고 하는가? [18, 19]

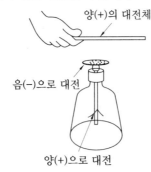

양(+)의 대전체

음(−)으로 대전

양(+)으로 대전

① 정전 유도   ② 정전 차폐   ③ 자기 유도   ④ 대전

해설 정전 유도 현상 : 양(+)대전체를 박 검전기 근처에 가까이 했을 경우에 대전체 가까운 쪽에는 다른 종류의 전하가, 먼 쪽에는 같은 종류의 전하가 나타나는 현상으로, 끝부분이 벌어진다.

10. 다음 그림과 같이 박 검전기의 원판 위에 금속 철망을 씌우고 양(+)의 대전체를 가까이 했을 경우에는 알루미늄박이 움직이지 않는데 그 작용은 금속 철망의 어떤 현상 때문인가? [18, 20]

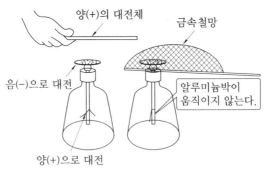

양(+)의 대전체   금속철망

음(−)으로 대전

알루미늄박이 움직이지 않는다.

양(+)으로 대전

① 정전 유도   ② 정전 차폐   ③ 자기 유도   ④ 대전

해설 정전 차폐 : 정전 실드라고도 하며, 접지(接地)된 금속 철망에 의해 대전체를 완전히 둘러싸서 외부 정전계에 의한 정전 유도를 차단하는 것

정답 ● 8. ④   9. ①   10. ②

11. 전하의 성질에 대한 설명 중 옳지 않은 것은? [11, 17, 19]

① 전하는 가장 안정한 상태를 유지하려는 성질이 있다.

② 같은 종류의 전하끼리는 흡인하고 다른 종류의 전하끼리는 반발한다.

③ 낙뢰는 구름과 지면 사이에 모인 전기가 한꺼번에 방전되는 현상이다.

④ 대전체의 영향으로 비대전체에 전기가 유도된다.

해설 전하의 성질 중에서, "같은 종류의 전하는 서로 반발하고, 다른 종류의 전하는 서로 흡인한다."

12. 절연체 중에서 플라스틱, 고무, 종이, 운모 등과 같이 전기적으로 분극 현상이 일어나는 물체를 특히 무엇이라 하는가? [13]

① 도체   ② 유전체   ③ 도전체   ④ 반도체

해설 유전체

㉠ 정전장 안에 놓으면 전기 분극을 발생시키지만, 직류 전류는 흐르지 않는 물질로 전기적 절연체와 같은 의미이다.

㉡ 운모, 파라핀, 절연유 등은 유전율이 큰 물질로 콘덴서의 용량을 증가시키기 위해 사용된다.

13. 다음 중 비유전율이 가장 큰 것은? [14]

① 종이   ② 염화비닐

③ 운모   ④ 산화티탄 자기

해설 비유전율의 비교

㉠ 절연종이 : 1.2~2.5   ㉡ 염화비닐 : 5~9

㉢ 운모 : 5~9   ㉣ 산화티탄 자기 : 60~100

14. 진공 중에서 비유전율 ϵ_s 의 값은? [10]

① 1   ② 6.33×10^4

③ 8.855×10^{-12} ④ 9×10^9

해설 비유전율은 진공의 유전율에 대해 매질의 유전율이 가지는 상대적인 비를 그 물질(유전체)의 비유전율이라 한다.

$\epsilon_s = \dfrac{\epsilon}{\epsilon_o}$ (진공 중의 $\epsilon_s = 1$, 공기 중의 $\epsilon_s \fallingdotseq 1$)

정답 • **11.** ②   **12.** ②   **13.** ④   **14.** ①

15. 비유전율이 9인 물질의 유전율은 약 얼마인가? [예상]

① 80×10^{-12} F/m
② 80×10^{-6} F/m
③ 1×10^{-12} F/m
④ 1×10^{-6} F/m

[해설] $\epsilon = \epsilon_0 \cdot \epsilon_s = 8.855 \times 10^{-12} \times 9 \fallingdotseq 80 \times 10^{-12}$ F/m

16. 두 전하 사이에 작용하는 힘의 크기를 결정하는 법칙은? [19]

① 비오–사바르의 법칙
② 쿨롱의 법칙
③ 패러데이의 법칙
④ 암페어의 오른손 법칙

[해설] 쿨롱의 법칙 (Coulomb's law) : 두 전하 사이에 작용하는 정전력(전기력)은 두 전하의 곱에 비례하고, 두 전하 사이의 거리의 제곱에 반비례한다.

$$F = 9 \times 10^9 \times \frac{Q_1 \cdot Q_2}{r^2} \text{ [N]}$$

17. 진공 중에 20 μC과 30 μC의 점 전하를 1.2m의 거리로 놓았을 때 작용하는 힘(N)은? [20]

① 0.375
② 3.75
③ 37.5
④ 375

[해설] $F = 9 \times 10^9 \times \dfrac{Q_1 \cdot Q_2}{r^2} = 9 \times 10^9 \times \dfrac{20 \times 10^{-6} \times 30 \times 10^{-6}}{1.2^2} = 3.75$ N

18. 4×10^{-5} C과 6×10^{-5} C의 두 전하가 자유공간에 2 m의 거리에 있을 때 그 사이에 작용하는 힘은? [14, 17, 18]

① 5.4 N, 흡인력이 작용한다.
② 5.4 N, 반발력이 작용한다.
③ $\dfrac{7}{9}$ N, 흡인력이 작용한다.
④ $\dfrac{7}{9}$ N, 반발력이 작용한다.

[해설] $F = 9 \times 10^9 \times \dfrac{Q_1 \cdot Q_2}{r^2} = 9 \times 10^9 \times \dfrac{4 \times 10^{-5} \times 6 \times 10^{-5}}{2^2} = \dfrac{21.6}{4} = 5.4$ N

(같은 종류의 전하는 서로 반발)

정답 ● 15. ① 16. ② 17. ② 18. ②

19. 공기 중에서 4×10^{-6} C과 8×10^{-6} C의 두 전하 사이에 작용하는 정전력이 7.2 N일 때 전하 사이의 거리(m)는? [19, 20]

① 1   ② 2   ③ 0.1   ④ 0.2

해설 $F = 9 \times 10^9 \times \dfrac{Q_1 \cdot Q_2}{r^2} [N]$ 에서,

$r^2 = 9 \times 10^9 \times \dfrac{Q_1 \cdot Q_2}{F} = 9 \times 10^9 \times \dfrac{4 \times 10^{-6} \times 8 \times 10^{-6}}{7.2} = 0.04$

$\therefore r = \sqrt{0.04} = 0.2 \, \text{m}$

20. 유전체 내에서 크기가 같고 극성이 반대인 1쌍의 전하를 가지는 원자는? [09]

① 분극자   ② 전자   ③ 원자   ④ 쌍극자

해설 쌍극자(doublet) : 유전체 내에서 크기가 같고 극성이 반대인 +q[c]와 −1q[c]의 1쌍의 전하를 가지는 원자

※ 분극현상이 강할수록(쌍극자 수가 많을수록) 유전율이 높아진다.

21. 다음 중 정전 용량 1 pF과 같은 것은? [18]

① 10^{-3} F   ② 10^{-6} F   ③ 10^{-9} F   ④ 10^{-12} F

해설 $1 \, \text{F} = 10^3 \, \text{mF} = 10^6 \, \mu\text{F} = 10^9 \, \text{nF} = 10^{12} \, \text{pF}$

$\therefore 1 \, \text{pF} = 10^{-12} \, \text{F}$

22. 콘덴서 용량 0.001 F과 같은 것은? [11]

① $10 \, \mu\text{F}$ ② $1000 \, \mu\text{F}$ ③ $10000 \, \mu\text{F}$ ④ $100000 \, \mu\text{F}$

해설 $1 \, \text{F} = 10^6 \mu\text{F}$

$\therefore 0.001 \, \text{F} = 0.001 \times 10^6 = 1000 \, \mu F$

23. $1 \, \mu\text{F}$의 콘덴서에 100 V의 전압을 가할 때 충전 전하량(C)은? [예상]

① 10^{-4} ② 10^{-5} ③ 10^{-8} ④ 10^{-10}

해설 $Q = CV = 1 \times 10^{-6} \times 100 = 1 \times 10^{-4} \, \text{C}$

정답 • 19. ④   20. ④   21. ④   22. ②   23. ①

24. 어떤 콘덴서에 1000 V의 전압을 가하였더니 5×10^{-3} C의 전하가 축적되었다. 이 콘덴서의 용량은? [11]

① 2.5 μF
② 5 μF
③ 250 μF
④ 5000 μF

해설 $C = \dfrac{Q}{V} = \dfrac{5 \times 10^{-3}}{1000} = 5 \times 10^{-6} = 5\,\mu\text{F}$

25. 0.02 μF의 콘덴서에 12 μC의 전하를 공급하면 몇 V의 전위차를 나타내는가? [18]

① 600
② 900
③ 1200
④ 2400

해설 $V = \dfrac{Q}{C} = \dfrac{12}{0.02} = 600\,\text{V}$

26. 4 F와 6 F의 콘덴서를 병렬접속하고 10 V의 전압을 가했을 때 축적되는 전하량 Q[C]은? [15]

① 19
② 50
③ 80
④ 100

해설 $Q = (C_1 + C_2)\,V = (4 + 6) \times 10 = 100\,\text{C}$

27. $V = 200$ V, $C_1 = 10\,\mu$F, $C_2 = 5\,\mu$F인 2개의 콘덴서가 병렬로 접속되어 있다. 콘덴서 C_1에 축적되는 전하 μC는? [13]

① 100
② 200
③ 1000
④ 2000

해설 $Q_1 = C_1 \cdot V = 10 \times 200 = 2000\,\mu\text{C}$

28. 2 μF과 3 μF의 직렬회로에서, 3 μF 양단에 60 V 전압이 가해졌다면 이 회로에 축적되는 전체 전하량은 몇 μC 인가? [예상]

① 60
② 180
③ 240
④ 360

해설 $Q_2 = C_2 \cdot V_2 = 3 \times 60 = 180\,\mu C$

직렬회로이므로 $Q_1 = Q_2$

$\therefore\ Q = 2\,Q_2 = 2 \times 180 = 360\,\mu C$

정답 24. ② 25. ① 26. ④ 27. ④ 28. ④

---

29. 다음 중 콘덴서의 정전용량에 대한 설명으로 틀린 것은? [15, 18]

① 전압에 반비례한다.

② 이동 전하량에 비례한다.

③ 극판의 넓이에 비례한다.

④ 극판의 간격에 비례한다.

해설 $C = \dfrac{Q}{V}$ [F] : ① 정전용량은 전압(V)에 반비례한다. ② 이동 전하량(Q)에 비례한다.

$C = \epsilon \dfrac{A}{l}$ [F] : ③ 극판의 넓이(A)에 비례한다. ④ 극판의 간격(l)에 반비례한다.

---

30. 평행판 콘덴서의 전극 면적을 A [m²], 극판 사이의 거리를 l [m], 극판 사이에 채워진 유전체의 유전율을 ϵ 이라고 하면 콘덴서의 정전용량 C[F]은? [예상]

① $C = \epsilon \dfrac{l}{A}$ [F]　② $C = \dfrac{l}{\epsilon A}$ [F]　③ $C = A \dfrac{l}{\epsilon}$ [F]　④ $C = \epsilon \dfrac{A}{l}$ [F]

해설 평행판 콘덴서 $C = \epsilon \dfrac{A}{l}$ [F]

---

31. 평행판 콘덴서에서 극판 사이의 거리를 $\dfrac{1}{2}$로 했을 때 정전용량은 몇 배가 되는가? [19]

① $\dfrac{1}{2}$ 배　② 1배　③ 2배　④ 4배

해설 $C = \epsilon \dfrac{A}{l}$ [F]에서, 극판 사이의 거리에 반비례하므로 2배가 된다.

---

32. 극판의 면적이 4 cm², 정전용량이 10 pF인 종이 콘덴서를 만들려고 한다. 비유전율 2.5, 두께 0.01 mm의 종이를 사용하면 약 몇 장을 겹쳐야 되겠는가? [19]

① 89장　② 100장　③ 885장　④ 8850장

해설 $C = \epsilon_0 \epsilon_s \dfrac{A}{l}$ [F]에서

$l = \epsilon_0 \epsilon_s \dfrac{A}{C} = 8.85 \times 10^{-12} \times 2.5 \times \dfrac{4 \times 10^{-2}}{10 \times 10^{-12}} \times 10^{-2} = 8.85 \times 10^{-4}$ m

$\therefore N = \dfrac{8.85 \times 10^{-4}}{0.01 \times 10^{-3}} \fallingdotseq 89$ 장

정답 ● 29. ④　30. ④　31. ③　32. ①

33. 용량이 큰 콘덴서를 만들기 위한 방법이 아닌 것은? [예상]

① 극판의 면적을 작게 한다.
② 극판간의 간격을 작게 한다.
③ 극판간에 넣는 유전체를 비유전율이 큰 것으로 사용한다.
④ 극판의 면적을 크게 한다.

해설 극판의 면적을 넓게 한다.

34. 다음 설명 중 틀린 것은? [16]

① 같은 부호의 전하끼리는 반발력이 생긴다.
② 정전유도에 의하여 작용하는 힘은 반발력이다.
③ 정전용량이란 콘덴서가 전하를 축적하는 능력을 말한다.
④ 콘덴서에 전압을 가하는 순간은 콘덴서는 단락상태가 된다.

해설 정전유도 현상 : 정전유도에 의하여 작용하는 힘은 흡인력이다.

35. 온도 변화에 의한 용량 변화가 작고 절연 저항이 높은 우수한 특성을 갖고 있어 표준 콘덴서로도 이용하는 콘덴서는? [예상]

① 전해 콘덴서 　② 마이카 콘덴서 　③ 세라믹 콘덴서 　④ 마일러 콘덴서

해설 마이카(mica) 콘덴서

　㉠ 운모(mica)와 금속 박막으로 되어 있거나 운모 위에 은을 발라서 전극으로 만든다.
　㉡ 온도 변화에 의한 용량 변화가 작고 절연 저항이 높은 우수한 특성을 가지므로, 표준 콘덴서로도 이용된다.

36. 비유전율이 큰 산화티탄 등을 유전체로 사용한 것으로 극성이 없으며 가격에 비해 성능이 우수하여 널리 사용되고 있는 콘덴서의 종류는? [15, 17, 19]

① 전해 콘덴서 　② 세라믹 콘덴서 　③ 마일러 콘덴서 　④ 마이카 콘덴서

해설 (1) 세라믹(ceramic) 콘덴서

　㉠ 세라믹 콘덴서는 전극간의 유전체로, 티탄산바륨과 같은 유전율이 큰 재료를 사용하며 극성은 없다.
　㉡ 이 콘덴서는 인덕턴스(코일의 성질)가 적어 고주파 특성이 양호하여 바이패스에 흔히 사용된다.
(2) 마일러(mylar) 콘덴서

　㉠ 얇은 폴리에스테르(polyester) 필름의 양면에 금속박을 대고 원통형으로 감은 것이다.
　㉡ 극성이 없으며 가격이 싸며, 높은 정밀도는 기대할 수 없다.

정답 ● 33. ① 　34. ② 　35. ② 　36. ②

37. 콘덴서 중 극성을 가지고 있는 콘덴서로서 교류회로에 사용할 수 없는 것은? [17]
① 마일러 콘덴서
② 마이카 콘덴서
③ 세라믹 콘덴서
④ 전해 콘덴서

해설 전해 콘덴서는 극성을 가지므로 직류회로에 사용된다.

38. 다음 중 극성이 있는 콘덴서는? [18]
① 바리콘
② 탄탈 콘덴서
③ 마일러 콘덴서
④ 세라믹 콘덴서

해설 탄탈(tantal) 콘덴서 : 극성이 있으며, 콘덴서 자체에 (+)의 기호로 전극을 표시한다.

39. 용량을 변화시킬 수 있는 콘덴서는? [11, 12, 17]
① 바리콘
② 마일러 콘덴서
③ 전해 콘덴서
④ 세라믹 콘덴서

해설 ㉠ 바리콘이나 트리머 콘덴서는 축을 회전시킴으로써 마주보고 있는 극판 면적을 바꾸어
     용량을 변화시킨다.
     ㉡ 바리콘(varicon)은 variable condenser의 줄임말이다.

40. 다음 중 용도에 적합한 콘덴서 선정 시 고려해야 할 점이 아닌 것은? [예상]
① 커패시턴스 값
② 사용 시 소자가 파괴되지 않는 최대 전압
③ 정밀도와 허용 오차 특성
④ 직류를 가했을 때의 누설 전압

해설 콘덴서 선정 시 고려 사항
     ㉠ 정전 용량(capacitance) 값
     ㉡ 최대 허용 전압
     ㉢ 정밀도와 허용 오차 특성
     ㉣ 적정 사용 온도 범위
     ㉤ 누설 전류
     ㉥ 극성 표

정답 • 37. ④   38. ②   39. ①   40. ④

41. 그림과 같이 접속된 회로에서 콘덴서의 합성 용량은? [예상]

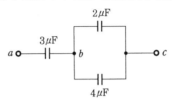

① $C_1 + C_2$ ② $C_1 C_2$ ③ $\dfrac{1}{C_1 + C_2}$ ④ $\dfrac{C_1 C_2}{C_1 + C_2}$

해설 직렬 연결 : $C_s = \dfrac{\text{두 정전 용량의 곱}}{\text{두 정전 용량의 합}} = \dfrac{C_1 C_2}{C_1 + C_2}$ [F]

42. 그림에서 $C_1 = 1\ \mu\text{F}$, $C_2 = C_3 = 2\ \mu\text{F}$일 때 합성 정전 용량은? [14]

① $\dfrac{1}{5}\ \mu\text{F}$ ② $\dfrac{1}{4}\ \mu\text{F}$ ③ $\dfrac{1}{3}\ \mu\text{F}$ ④ $\dfrac{1}{2}\ \mu\text{F}$

해설 $C_s = \dfrac{C_1 \cdot C_2 \cdot C_3}{C_1 \cdot C_2 + C_2 \cdot C_3 + C_3 \cdot C_1} = \dfrac{1 \times 2 \times 2}{1 \times 2 + 2 \times 2 + 2 \times 1} = \dfrac{1}{2}\ \mu\text{F}$

43. 콘덴서 4F, 6F을 직렬로 접속하고 양단에 100 V의 전압을 가할 때 4F에 걸리는 전압은? [20]

① 100 V ② 80 V ③ 60 V ④ 40 V

해설 $V_1 = \dfrac{C_2}{C_1 + C_2}\, V = \dfrac{6}{4 + 6} \times 100 = 60$ V

44. 재질과 두께가 같은 1, 2, 3 μF 콘덴서 3개를 직렬 접속하고, 전압을 가하여 증가시킬 때 먼저 절연이 파괴되는 콘덴서는? [예상]

① 1 μF ② 2 μF ③ 3 μF ④ 동시

해설 콘덴서의 직렬 접속 시 각 콘덴서 양단에 걸리는 전압은 정전 용량에 반비례하므로, 가장 용량이 작은 1 μF 콘덴서가 가장 먼저 절연 파괴된다.

정답 ▸ 41. ④ 42. ④ 43. ③ 44. ①

45. 2 F, 4 F, 6 F의 콘덴서 3개를 병렬로 접속했을 때의 합성 정전 용량은 몇 F인가? [11, 14, 16]

① 1.5　　　　　② 4　　　　　③ 8　　　　　④ 12

해설 $C_p = C_1 + C_2 + C_3 = 2 + 4 + 6 = 12 \, \text{F}$

---

46. Q_1으로 대전된 용량 C_1의 콘덴서에 용량 C_2를 병렬 연결할 경우 C_2가 분배받는 전기량은? [13, 20]

① $\dfrac{C_1 + C_2}{C_2} Q_1$　　② $\dfrac{C_1 + C_2}{C_1} Q_1$　　③ $\dfrac{C_1}{C_1 + C_2} Q_1$　　④ $\dfrac{C_2}{C_1 + C_2} Q_1$

해설 ㉠ 합성 용량 : $C_0 = C_1 + C_2$

㉡ 연결 후의 전위차 : $V_0 = \dfrac{Q_1}{C_0} = \dfrac{Q_1}{C_1 + C_2}$

∴ C_2가 분배 받는 전기량 : $Q_2 = C_2 \cdot V_0 = C_2 \cdot \dfrac{Q_1}{C_1 + C_2} = \dfrac{C_2}{C_1 + C_2} \cdot Q_1$

---

47. 다음 회로의 합성 정전 용량(μF)은? [15, 19]

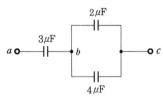

① 5　　　　　② 4　　　　　③ 3　　　　　④ 2

해설 ㉠ $C_{bc} = 2 + 4 = 6 \, \mu\text{F}$

㉡ $C_{ac} = \dfrac{C_{ab} \times C_{bc}}{C_{ab} + C_{bc}} = \dfrac{3 \times 6}{3 + 6} = 2 \, \mu\text{F}$

---

48. 그림과 같은 콘덴서를 접속한 회로의 합성 정전 용량은? [19]

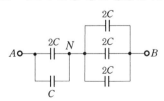

① $6\,C$　　　　② $9\,C$　　　　③ $1\,C$　　　　④ $2\,C$

해설 ㉠ $C_{AN} = 2C + C = 3C$ ㉡ $C_{NB} = 3 \times 2C = 6C$

$$\therefore C_{AB} = \frac{3C \times 6C}{3C + 6C} = \frac{18C^2}{9C} = 2C$$

---

49. 정전용량이 같은 콘덴서 2개가 있다. 이것을 직렬 접속할 때의 값은 병렬 접속할 때의 값보다 어떻게 되는가? [18]

① $\frac{1}{2}$로 감소한다. ② $\frac{1}{4}$로 감소한다.

③ 2배로 증가한다. ④ 4배로 증가한다.

해설 콘덴서 직 · 병렬 접속의 합성 정전 용량 비교

㉠ 직렬 접속 시 : $C_s = \dfrac{C_1 \times C_2}{C_1 + C_2} = \dfrac{C^2}{2C} = \dfrac{C}{2}$

㉡ 병렬 접속 시 : $C_p = C_1 + C_2 = 2C$

㉢ $\dfrac{C_s}{C_p} = \dfrac{\frac{C}{2}}{2C} = \dfrac{C}{4C} = \dfrac{1}{4}$ $\therefore C_s = \dfrac{1}{4} C_p$

---

50. 정전용량이 같은 콘덴서 10개가 있다. 이것을 병렬 접속할 때의 값은 직렬 접속할 때의 값보다 어떻게 되는가? [13, 16]

① $\frac{1}{10}$로 감소한다. ② $\frac{1}{100}$로 감소한다.

③ 10배로 증가한다. ④ 100배로 증가한다.

해설 ㉠ $C_p = n \times C = 10C$ ㉡ $C_s = \dfrac{C}{n} = \dfrac{C}{10}$

$$\therefore \frac{C_p}{C_s} = \frac{10C}{\frac{C}{10}} = 100 \, \text{배}$$

---

51. 콘덴서에 V[V]의 전압을 가해서 Q[C]의 전하를 충전할 때 저장되는 에너지는 몇 J 인가? [11, 14, 19]

① $2QV$ ② $2QV^2$ ③ $\dfrac{1}{2}QV$ ④ $\dfrac{1}{2}QV^2$

해설 $W = \dfrac{1}{2}QV\,[J]$ ※ $\left(W = \dfrac{1}{2}CV^2\,[\text{J}]\right)$ 여기서, $Q = CV$

정답 49. ② 50. ④ 51. ③

52. 어떤 콘덴서에 전압 20 V를 가할 때 전하 800 μC이 축적되었다면 이때 축적되는 에너지 (J)는? [12]

① 0.008
② 0.16
③ 0.8
④ 160

해설 $W = \dfrac{1}{2}QV = \dfrac{1}{2} \times 800 \times 10^{-6} \times 20 = 8 \times 10^3 \times 10^{-6} = 0.008\,\mathrm{J}$

53. 정전 용량이 5 μF인 콘덴서 양단에 100 V의 전압을 가했을 때 콘덴서에 축적되는 에너지 (J)는 얼마인가? [17, 18]

① 2.5
② 2.0×10^2
③ 25
④ 2.5×10^{-2}

해설 $W = \dfrac{1}{2}CV^2 = \dfrac{1}{2} \times 5 \times 10^{-6} \times 100^2 = 2.5 \times 10^{-2}\,\mathrm{J}$

54. 2 kV의 전압으로 충전하여 2 J의 에너지를 축적하는 콘덴서의 정전 용량은? [10, 19]

① 0.5 μF
② 1 μF
③ 2 μF
④ 4 μF

해설 $W = \dfrac{1}{2}CV^2$ [J]에서

$C = 2 \cdot \dfrac{W}{V^2} = 2 \times \dfrac{2}{(2 \times 10^3)^2} = 1 \times 10^{-6} = 1\,\mu\mathrm{F}$

55. 정전 용량 C[F]의 콘덴서에 W[J]의 에너지를 축적하려면 이 콘덴서에 가해줄 전압(V)은 얼마인가? [18]

① $\dfrac{2W}{C}$
② $\sqrt{\dfrac{2W}{C}}$
③ $\dfrac{2C}{W}$
④ $\sqrt{\dfrac{2C}{W}}$

해설 $W = \dfrac{1}{2}CV^2$[J]에서, $V^2 = \dfrac{2W}{C}$

$\therefore V = \sqrt{\dfrac{2W}{C}}$ [V]

정답 ● 52. ① 53. ④ 54. ② 55. ②

56. 10 μF의 콘덴서에 45 J의 에너지를 축적하기 위하여 필요한 충전 전압(V)은? [예상]

① 3×10^2

② 3×10^3

③ 3×10^4

④ 3×10^5

해설 $V^2 = \dfrac{2W}{C} = \dfrac{2 \times 45}{10 \times 10^{-6}} = 9 \times 10^6$

$\therefore V = \sqrt{9 \times 10^6} = 3 \times 10^3 \text{V}$

57. 100 μF의 콘덴서에 1000 V의 전압을 가하여 충전한 뒤 저항을 통하여 방전시키면 저항 중의 발생 열량(cal)은 얼마인가? [09]

① 43

② 12

③ 5

④ 1.2

해설 $W = \dfrac{1}{2} CV^2 = \dfrac{1}{2} \times 100 \times 10^{-6} \times 1000^2 = 50 \text{J}$

$\therefore H = 0.24 \times W = 0.24 \times 50 = 12 \text{cal}$

58. 정전 흡인력에 대한 설명 중 옳은 것은? [10, 18, 19]

① 정전 흡인력은 전압의 제곱에 비례한다.

② 정전 흡인력은 극판 간격에 비례한다.

③ 정전 흡인력은 극판 면적의 제곱에 비례한다.

④ 정전 흡인력은 쿨롱의 법칙으로 직접 계산한다.

해설 정전 흡인력 : $F = \dfrac{1}{2} \epsilon V^2 \, [\text{N/m}^2]$

59. 전기력선의 성질을 설명한 것으로 옳지 않은 것은? [11]

① 전기력선의 방향은 전기장의 방향과 같으며, 전기력선의 밀도는 전기장의 크기와 같다.

② 전기력선은 도체 내부에 존재한다.

③ 전기력선은 등전위면에 수직으로 출입한다.

④ 전기력선은 양전하에서 음전하로 이동한다.

해설 전기력선의 성질 : 도체 내부에는 전기력선이 존재하지 않는다.

정답 56. ② 57. ② 58. ① 59. ②

60. 전기력선의 성질 중 맞지 않는 것은? [13, 17]

① 양전하에서 나와 음전하에서 끝난다.

② 전기력선의 접선 방향이 전장의 방향이다.

③ 전기력선에 수직한 단면적 $1\,m^2$ 당 전기력선의 수가 그곳의 전장의 세기와 같다

④ 등전위면과 전기력선은 교차하지 않는다

해설 전기력선은 도체 표면(등전위면)에 수직으로 출입한다.

등전위면(equipotential)

㉠ 전기장 내에서 전위가 같은 점을 연결시켜 이은 선을 등전위선 또는 등전위면 이라고 한다.

㉡ 등전위면 위의 모든 점에서는 전위가 같으므로 전위차는 0도이다(V=0).

61. 전하 및 전기력에 대한 설명으로 틀린 것은? [10]

① 전하에는 양(+)전하와 음(−)전하가 있다.

② 비유전율이 큰 물질일수록 전기력은 커진다.

③ 대전체의 전하를 없애려면 대전체와 대지를 도선으로 연결하면 된다.

④ 두 전하 사이에 작용하는 전기력은 전하의 크기에 비례하고 두 전하 사이의 거리의 제곱에 반비례한다.

해설 비유전율이 큰 물질일수록 전기력은 작아진다.

즉, 전기력 F는 비유전율 ϵ_s에 반비례한다.

62. 전기력선 밀도를 이용하여 주로 대칭 정전계의 세기를 구하기 위하여 이용되는 법칙은? [18]

① 패러데이의 법칙   ② 가우스의 법칙

③ 쿨롱의 법칙   ④ 톰슨의 법칙

해설 가우스의 법칙(Gauss's law) : 전기력선의 밀도를 이용하여 정전계의 세기를 구 할 수 있다

※ 전기력선에 수직한 단면적 $1\,m^2$ 당 전기력선의 수 즉, 밀도가 그곳의 전장의 세기와 같다.

63. 유전율 ϵ 의 유전체 내에 있는 전하 Q [C]에서 나오는 전기력선의 수는? [예상]

① Q ② $\dfrac{Q}{\epsilon_0}$ ③ $\dfrac{Q}{\epsilon}$ ④ $\dfrac{Q}{\epsilon_s}$

해설 가우스의 정리 : 전체 전하량 Q [C]을 둘러싼 폐곡면을 관통하고 밖으로 나가는 전기력선의 총수

$N = \dfrac{Q}{\epsilon} = \dfrac{Q}{\epsilon_0\,\epsilon_s}$ 개 (여기서 ϵ : 유전율, ϵ_0 : 진공 유전율, ϵ_s : 비유전율)

정답 ● 60. ④   61. ②   62. ②   63. ③

---

64. 전장 중에 단위 정전하를 놓을 때 여기에 작용하는 힘과 같은 것은? [11, 14]

① 전하　　　　　② 전장의 세기　　　　③ 전위　　　　　④ 전속

해설 전기장의 방향과 세기

ⓐ 전기장의 방향은 전기장 속에 양전하가 있을 때 받는 방향이다.

ⓑ 전기장의 세기(E)는 전기장 중에 단위 전하인 $+1\,C$의 전하를 놓을 때, 여기에 작용하는 전기력의 크기(F)를 나타낸다.

ⓒ $1\,V/m$는 전기장 중에 놓인 $+1\,C$의 전하에 작용하는 힘이 $1\,N$인 경우의 전기장 세기를 의미한다.

---

65. 전기장의 세기 단위로 옳은 것은? [13, 15, 17, 18]

① H/m　　　　　② F/m　　　　　③ AT/m　　　　④ V/m

해설 문제 64번 해설 참조

---

66. 전기력선에 수직한 $1\,m^2$의 단면을 3개의 전기력선이 지났다면 이곳의 전기장의 세기(V/m)는 얼마인가? [예상]

① $\dfrac{1}{3}$　　　　② 3　　　　　③ 9　　　　　④ 27

해설 전기장 중에서 전기력선에 수직한 단위 면적($1\,m^2$)당 전기력선 수가 그 점의 전기장 세기를 나타낸다. $E = \dfrac{N}{A} = \dfrac{3}{1} = 3\,V/m$

---

67. 똑같은 2개의 점전하 $4.5 \times 10^{-9}\,C$가 20 cm 만큼 떨어져 있을 때의 중점에서 전기장의 세기는 얼마인가? [예상]

① 2.25×10^{-10}　　② 4.5×10^{-10}　　③ 6.75×10^{-10}　　④ 0

해설 똑같은 2개의 점전하 사이의 중심점에서 벡터적인 합의 전기장 세기는 0이다.

---

68. 일정 전압을 가하고 있는 평행판 전극에 극판 간격을 $\dfrac{1}{3}$로 줄이면 전장의 세기는 몇 배로 되는가? [18, 19]

① $\dfrac{1}{3}$배　　　② $\dfrac{1}{9}$배　　　③ 3배　　　　④ 9배

정답 ● 64. ②　65. ④　66. ②　67. ④　67. ④　68. ③

해설 $E = k \dfrac{V}{l}$ [V/m]

㉠ 전장의 세기는 전압에 비례하고, 극판의 간격에 반비례한다.

㉡ 극판의 간격을 $\dfrac{1}{3}$로 줄이면, 전장의 세기는 3배로 증가한다.

---

69. 전기장(電氣場)에 대한 설명으로 옳지 않은 것은? [09, 12]

① 대전된 무한장 원통의 내부 전기장은 0이다.

② 대전된 구(球)의 내부 전기장은 0이다.

③ 대전된 도체 내부의 전하 및 전기장은 모두 0이다.

④ 도체 표면의 전기장은 그 표면에 평행이다.

해설 대전도체의 전하는 전부 표면에만 존재하며, 도체 표면은 등전위면이다. 따라서, 도체 표면의 전기장(전기력선)은 도체 표면에 수직이 되며, 도체 내부의 전계는 0이다.

---

70. 10 cm 떨어진 2장의 금속 평행판 사이의 전위차가 500 V일 때 이 평행판 안에서 전위의 기울기는? [예상]

① 5 V/m   ② 50 V/m   ③ 500 V/m   ④ 5000 V/m

해설 $G = \dfrac{\Delta V}{\Delta l}$ [V/m] $\therefore\ G = \dfrac{V}{l} = \dfrac{500}{10 \times 10^{-2}} = 5000\ \text{V/m}$

---

71. 다음 중 1 V와 같은 값을 갖는 것은? [15, 17, 18]

① 1 J/C   ② 1 Wb/m   ③ 1 Ω/m   ④ 1 A · s

해설 1 V란, 1 C의 전하가 이동하여 한 일이 1 J일 때의 전위차이다. $\therefore\ 1\,\text{V} = 1\,\text{J/C}$

---

72. 도면과 같이 공기 중에 놓인 2×10^{-8} C의 전하에서 2 m 떨어진 점 P와 1 m 떨어진 점 Q와의 전위차는 몇 V인가? [14, 19]

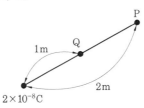

① 80   ② 90   ③ 100   ④ 110

해설 $V = \dfrac{Q}{4\pi\epsilon r} = 9 \times 10^9 \times \dfrac{Q}{\epsilon_s\, r}\,[\mathrm{V}]$

$\therefore\ V = 9 \times 10^9 \times Q\left(\dfrac{1}{\gamma_1} - \dfrac{1}{\gamma_2}\right) = 9 \times 10^9 \times 2 \times 10^{-8}\left(\dfrac{1}{1} - \dfrac{1}{2}\right) = 90\,\mathrm{V}$

---

73. 다음 중 전위 단위가 아닌 것은? [19]

① V/m
② J/C
③ N · m/C
④ V

해설 전위의 단위 : V, J/C, N · m/C

※ V/m : 전기장의 세기 단위

---

74. 3 V의 기전력으로 300 C의 전기량이 이동할 때 몇 J의 일을 하게 되는가? [16]

① 1200
② 900
③ 600
④ 100

해설 $W = V \cdot Q = 3 \times 300 = 900\,\mathrm{J}$

---

75. 24 C의 전기량이 이동해서 144 J의 일을 했을 때 기전력은? [12, 14]

① 2 V ② 4 V ③ 6 V ④ 8 V

해설 $V = \dfrac{W}{Q} = \dfrac{144}{24} = 6\,\mathrm{V}$

---

76. 다음 중 전속 밀도의 단위를 나타낸 것은? [19]

① C/m^2
② A/m
③ Wb/m^2
④ V/m

해설 전기장의 세기 E와 전속 밀도 D와의 관계

㉠ $E = \dfrac{1}{4\pi\epsilon} \cdot \dfrac{Q}{r^2}\,[\mathrm{V/m}]$

㉡ $D = \dfrac{Q}{A} = \dfrac{Q}{4\pi r^2}\,[\mathrm{C/m^2}]$

$\therefore\ D = \epsilon E\,[\mathrm{C/m^2}]$

정답 73. ① 74. ② 75. ③ 76. ①

77. 전장을 E, 유전율을 ϵ, 전속 밀도를 D 라 할 때 이들의 관계식은? [예상]

① $\dfrac{E\epsilon}{D}$　　② $D = \epsilon E$　　③ $D = \epsilon E^2$　　④ $D = \dfrac{E^2}{\epsilon}$

해설 문제 76번 해설 참조

78. 비유전율 2.5의 유전체 내부의 전속밀도가 2×10^{-6} C/m^2 되는 점의 전기장의 세기는? [10, 16]

① 18×10^4 V/m　　② 9×10^4 V/m　　③ 6×10^4 V/m　　④ 3.6×10^4 V/m

해설 $D = \epsilon E$ [C/m^2]에서

$$E = \frac{D}{\epsilon_0 \cdot \epsilon_s} = \frac{2 \times 10^{-6}}{8.855 \times 10^{-12} \times 2.5} = 9 \times 10^4 \text{ V/m}$$

79. 정전기 발생 방지책으로 틀린 것은? [13]

① 대전 방지제의 사용
② 접지 및 보호구의 착용
③ 배관 내 액체의 흐름속도 제한
④ 대기의 습도를 30 % 이하로 하여 건조함을 유지

해설 (1) 정전기는 물건과 물건의 마찰, 밀착하고 있는 물건의 박리, 물건의 파괴 등에 의해서 발생한다.
　(2) 정전기 발생 방지책(①, ②, ③ 이외에)
　　㉠ 대기의 습도를 유지하도록 가습한다.
　　㉡ 정전기 발생 방지를 위한 도장을 한다.

80. 충전된 대전체를 대지(大地)에 연결하면 대전체는 어떻게 되는가? [16]

① 방전한다.　　　　　　　② 반발한다.
③ 충전이 계속된다.　　　　④ 반발과 흡인을 반복한다.

해설 대지 전위(大地 電位 ; earth potential) : 대지가 가지고 있는 전위는 보통은 0전위로 간주되고 있으므로 충전된 대전체를 대지에 연결하면 방전하게 되며, 그 대전체의 전위는 대지와 같게 된다.
　※ 접지(earth) : 어떤 대전체에 들어 있는 전하를 없애려고 할 때에는 대전체와 지구(대지)를 도선으로 연결하면 되는데, 이것을 어스 또는 접지한다고 말한다.

정답 ● **77.** ②　**78.** ②　**79.** ④　**80.** ①

전기 이론

Chapter 02

자기회로

1. 다음 자석의 성질 중 틀린 것은? [13]

① 자석의 양끝에서 가장 강하다.

② 자석에는 언제나 두 종류의 극성이 있다.

③ 자극이 가지는 자기량은 항상 N극이 강하다.

④ 같은 극성의 자석은 서로 반발하고, 다른 극성은 서로 흡인한다.

해설 자석에는 언제나 N, S 두 극성이 존재하며 자기량은 같다.

---

2. 영구자석의 재료로서 적당한 것은? [16]

① 잔류자기가 적고 보자력이 큰 것　② 잔류자기와 보자력이 모두 큰 것

③ 잔류자기와 보자력이 모두 작은 것　④ 잔류자기가 크고 보자력이 작은 것

해설 영구자석 재료의 구비 조건

ⓐ 잔류 자속 밀도와 보자력이 클 것

ⓑ 재료가 안정할 것

ⓒ 전기적·기계적 성질이 양호할 것

ⓓ 열처리가 용이할 것

ⓔ 가격이 쌀 것

---

3. 전자석의 특징으로 옳지 않은 것은? [14]

① 전류의 방향이 바뀌면 전자석의 극도 바뀐다.

② 코일을 감은 횟수가 많을수록 강한 전자석이 된다.

③ 전류를 많이 공급하면 무한정 자력이 강해진다.

④ 같은 전류라도 코일 속에 철심을 넣으면 더 강한 전자석이 된다.

해설 전자석의 특징 중에서, 전류에 비례하여 자력이 강해지지만 철심의 자기 포화 현상 때문에 무한정 강해지지는 않는다.

정답 ●─● 1. ③　2. ②　3. ③

4. 자석의 성질로 옳은 것은? [13, 17]

① 자석은 고온이 되면 자력이 증가한다.
② 자기력선에는 고무줄과 같은 장력이 존재한다.
③ 자력선은 자석 내부에서도 N극에서 S극으로 이동한다.
④ 자력선은 자성체는 투과하고, 비자성체는 투과하지 못한다.

[해설] ㉠ 자석은 고온이 되면 자력이 감소된다(저온이 되면 자력이 증가된다).
　ⓛ 자력선은 잡아당긴 고무줄과 같이 그 자신이 줄어들려고 하는 장력이 있으며, 같은 방
　　 향으로 향하는 자력선은 서로 반발한다.
　ⓒ 자력선은 자석 내부에서는 S극에서 N극으로 이동한다.
　ⓔ 자력선은 비자성체를 투과한다.

5. 자기력선에 대한 설명으로 옳지 않은 것은? [14]

① 자기장의 모양을 나타낸 선이다.
② 자기력선이 조밀할수록 자기력이 세다.
③ 자석의 N극에서 나와 S극으로 들어간다.
④ 자기력선이 교차된 곳에서 자기력이 세다.

[해설] 자력선의 성질 중에서, 자력선은 서로 교차하지 않는다.

6. 자기력선의 설명 중 맞는 것은? [19]

① 자기력선은 자석의 N극에서 시작하여 S극에서 끝난다.
② 자기력선은 상호 간에 교차한다.
③ 자기력선은 자석의 S극에서 시작하여 N극에서 끝난다.
④ 자기력선은 가시적으로 보인다.

[해설] 자기력선은 보이지 않는 가상의 선이다.

7. 다음 중 Wb 단위가 의미하는 것으로 알맞은 것은? [19]

① 전기량　　　　　　　　　　② 유전율
③ 투자율　　　　　　　　　　④ 자기력선 속

[해설] 자기력선 속 = 자속(magnetic flux) : 단위는 Wb, 기호는 ϕ를 사용한다.
　※ 1개의 자속 = 7.958×10^5개의 자력선

정답 ● 4. ②　5. ④　6. ④　7. ④

8. 공기 중 +1 Wb의 자극에서 나오는 자력선의 수는 약 몇 개인가? [20]

① 6.3×10^3개
② 7.6×10^4개
③ 8.0×10^5개
④ 9.4×10^6개

해설 $N = \dfrac{m}{\mu_0} = \dfrac{1}{\mu_0} = \dfrac{1}{1.257 \times 10^{-6}} = \dfrac{1}{1.257} \times 10^6 \fallingdotseq 8 \times 10^5$개

여기서, $\mu_0 = 4\pi \times 10^{-7} = 1.257 \times 10^{-6}\,\mathrm{H/m}$

9. 다음 중 상자성체에 속하는 물질은? [20]

① Ag
② O_2
③ Zn
④ Fe

해설 ㉠ 상자성체 : $\mu_s > 1$인 물체로서 알루미늄(Al), 백금(Pt), 산소(O_2), 공기

ⓛ 강자성체 : $\mu_s \gg 1$인 물체로서 철(Fe), 니켈(Ni), 코발트(Co), 망간(Mn)

ⓒ 반자성체 : $\mu_s < 1$인 물체로서 금(Au), 은(Ag), 구리(Cu), 아연(Zn), 안티몬(Sb)

10. 다음 물질 중 강자성체로만 이루어진 것은 어느 것인가? [14, 20]

① 철, 구리, 아연
② 알루미늄, 질소, 백금
③ 철, 니켈, 코발트
④ 니켈, 탄소, 안티몬, 아연

해설 문제 9번 해설 참조

11. 다음 설명 중 옳은 것은? [18]

① 상자성체는 자화율이 0보다 크고, 반자성체에서는 자화율이 0보다 작다.
② 상자성체는 투자율이 1보다 작고, 반자성체에서는 투자율이 1보다 크다.
③ 반자성체는 자화율이 0보다 크고, 투자율이 1보다 크다.
④ 상자성체는 자화율이 0보다 작고, 투자율이 1보다 크다.

해설 자성체의 투자율(μ_s), 자화율(χ)일 때

㉠ 상자성체 : $\mu_s > 1$인 물체로서, 자화율 $\chi > 0$

ⓛ 강자성체 : $\mu_s \gg 1$인 물체로서, 자화율 $\chi \gg 0$

ⓒ 반자성체 : $\mu_s < 1$인 물체로서, 자화율 $\chi < 0$

정답 • 8. ③ 9. ② 10. ③ 11. ①

12. 자기회로에 강자성체를 사용하는 이유는? [15]

① 자기저항을 감소시키기 위하여
② 자기저항을 증가시키기 위하여
③ 공극을 크게 하기 위하여
④ 주자속을 감소시키기 위하여

해설 ㉠ 강자성체는 투자율이 매우 큰 것이 특징인 철, 코발트, 니켈 등이 있다.
㉡ 자기저항은 투자율에 반비례한다.
∴ 자기회로는 자기저항을 감소시키기 위하여 강자성체를 사용한다.

13. 다음 중 반자성체에 속하는 물질은? [19]

① Ni   ② Co   ③ Ag   ④ Pt

해설 반자성체 : 금 (Au), 은 (Ag), 구리(Cu), 아연(Zn), 안티몬 (Sb)

14. 다음 중 자기 차폐와 가장 관계가 깊은 것은 어느 것인가? [예상]

① 상자성체   ② 강자성체
③ 비투자율이 1인 자성체   ④ 반자성체

해설 자기 차폐(magnetic shielding) : 자계 중 어느 장소를 투자율이 충분히 큰 강자성체로, 그 내부가 자계의 영향을 받지 않게 하는 것이다.

15. 진공 중 두 자극 m_1, m_2를 r[m]의 거리에 놓았을 때 작용하는 힘 F의 식으로 옳은 것은? (단, $k = \dfrac{1}{4\pi\mu_0}$ 로 정의한다) [20]

① $F = k\dfrac{m_1 m_2}{r}$ ② $F = k\dfrac{m_1 m_2}{r^2}$

③ $F = \dfrac{1}{k}\dfrac{m_1 m_2}{r}$ ④ $F = \dfrac{1}{k}\dfrac{m_1 m_2}{r^2}$

해설 쿨롱의 법칙(Coulomb's law) : 두 자극 사이에 작용하는 자력의 크기는 양 자극의 세기의 곱에 비례하고, 자극간의 거리의 제곱에 반비례한다.

$$F = k\frac{m_1 m_2}{r^2}[N]$$

정답 • 12. ① 13. ③ 14. ② 15. ②

16. 진공 중에서 같은 크기의 두 자극을 1 m거리에 놓았을 때, 그 작용하는 힘 N은? (단, 자극의 세기는 1 Wb이다.) [12, 16]

① 6.33×10^4

② 8.33×10^4

③ 9.33×10^5

④ 9.09×10^9

해설 MKS 단위계에서는 진공 중에서 같은 크기의 두 자극을 1 m 거리에 놓았을 때, 그 작용하는 힘이 6.33×10^4 N이 되는 자극의 세기를 단위로 하여 1 Wb라고 한다.

17. 진공 중에서 같은 크기의 두 자극을 1 m 거리에 놓았을 때 작용하는 힘이 6.33×10^4 N이 되는 자극의 단위는? [14, 15, 19]

① 1 N

② 1 J

③ 1 Wb

④ 1 C

해설 문제 16번 해설 참조

18. 다음 중 공기 중에 있는 5×10^{-4} Wb의 자극으로부터 10 cm 떨어진 점에 3×10^{-4} Wb의 자극을 놓으면 몇 N의 힘이 작용하는가? [예상]

① 95

② 90

③ 95×10^{-2}

④ 90×10^{-2}

해설 $F = 6.33 \times 10^4 \times \dfrac{m_1 \cdot m_2}{r^2} = 6.33 \times 10^4 \times \dfrac{5 \times 10^{-4} \times 3 \times 10^{-4}}{(10 \times 10^{-2})^2}$

$= 6.33 \times 10^4 \times \dfrac{1.5 \times 10^{-7}}{1 \times 10^{-2}} ≒ 95 \times 10^{-2}$ N

19. 진공의 투자율 μ_0 [H/m]는? [17, 18, 19]

① 6.33×10^4

② 8.85×10^{-12}

③ $4\pi \times 10^{-7}$

④ 9×10^9

해설 ㉠ 진공의 투자율 : $\mu_0 = 4\pi \times 10^{-7} = 1.257 \times 10^{-6}$ H/m

㉡ 매질의 투자율 : $\mu = \mu_s \times \mu_0 = 4\pi \times 10^{-7} \times \mu_s$ [H/m]

정답 16. ① 17. ③ 18. ③ 19. ③

20. 다음 중 공기의 비투자율은? [예상]

① 0.1 　　　　② 1 　　　　③ 103 　　　　④ 104

해설 공기의 비투자율 = 1.0000004 ≒ 1

---

21. 공기 중에서 자기장의 세기가 100 A/m인 점에 8×10^{-2} Wb의 자극을 놓을 때 이 자극에 작용하는 기자력 N은? [10, 18]

① 8×10^{-4} 　　　② 8 　　　③ 125 　　　④ 1250

해설 기자력 $F = mH = 8 \times 10^{-2} \times 100 = 8 \,\text{N}$

---

22. 1000 AT/m의 자계 중에 어떤 자극을 놓았을 때 3×10^2 N의 힘을 받는다고 한다. 자극의 세기 Wb는? [19]

① 0.1 　　　　② 0.2 　　　　③ 0.3 　　　　④ 0.4

해설 $m = \dfrac{F}{H} = \dfrac{3 \times 10^2}{1000} \fallingdotseq 0.3 \,\text{Wb}$

---

23. 다음 중 자기장의 크기를 나타내는 단위는 어느 것인가? [17]

① A/Wb 　　　　　　　② Wb/A
③ A/C 　　　　　　　④ AT/m

해설 자기장의 크기와 방향

　㉠ 자기장 중의 어느 점에 단위 정 자하 (+1 Wb)를 놓고, 이 자하에 작용하는 자력의 방향과 크기를 그 점에서의 자기장의 방향·크기로 나타낸다. 단위는 AT/m이다.
　㉡ 1 AT/m의 자기장 크기는 1 Wb의 자하에 1 N의 자력이 작용하는 자기장의 크기를 나타낸다.

---

24. 공심 솔레노이드의 내부 자계의 세기가 500 AT/m일 때, 자속밀도(Wb/m²)는 약 얼마인가? [19]

① 6.28×10^{-3} 　　　　　　② 6.28×10^{-4}
③ 6.28×10^{-5} 　　　　　　④ 6.28×10^{-6}

해설 $B = \mu_0 H = 4\pi \times 10^{-7} \times 500 = 6.28 \times 10^{-4} \,\text{Wb/m}^2$

정답 ● 20. ② 　21. ② 　22. ③ 　23. ④ 　24. ②

25. 비투자율이 1인 환상철심 중의 자장의 세기가 H[AT/m]이었다. 이 때 비투자율이 10인 물질로 바꾸면 철심의 자속밀도(Wb/m²)는? [10, 18]

① $\frac{1}{10}$로 줄어든다.   ② 10배 커진다.   ③ 50배 커진다.   ④ 100배 커진다.

해설 $B = \mu H = \mu_0 \mu_s H$ [Wb/m²]에서, μ_0와 H가 일정하면 자속밀도는 비투자율에 비례한다.

∴ 비투자율이 10배가 되면 자속밀도도 10배가 된다.

26. 전류에 의해 만들어지는 자기장의 자기력선 방향을 간단하게 알아내는 방법은? [12, 13, 15]

① 플레밍의 왼손법칙   ② 렌츠의 자기유도 법칙
③ 앙페르의 오른나사 법칙   ④ 패러데이의 전자유도 법칙

해설 앙페르의 오른나사 법칙

㉠ 전류에 의해서 생기는 자기장의 방향은 전류 방향에 따라 결정된다.
㉡ 전류의 방향을 오른나사가 진행하는 방향으로 하면, 자기장의 방향은 오른나사의 회전 방향이 된다.

27. 비오사바르의 법칙은 어느 관계를 나타내는가? [19]

① 기자력과 자기장   ② 전위와 자기장
③ 전류와 자기장의 세기   ④ 기자력과 자속밀도

해설 비오-사바르의 법칙(Biot – Savart's law) : 도체의 미소 부분 전류에 의해 발생되는 자기장의 크기를 알아내는 법칙이다.

28. 전류 2π[A]가 흐르고 있는 무한직선 도체로부터 1 m 떨어진 P점의 자계의 세기는? [19]

① 1 AT/m   ② 2 AT/m   ③ 3 AT/m   ④ 4 AT/m

해설 $H = \dfrac{I}{2\pi r} = \dfrac{2\pi}{2\pi \times 1} = 1$ AT/m

29. 무한장 직선 도체에 전류를 통했을 때 10 cm 떨어진 점의 자계의 세기가 2 AT/m라면 전류의 크기는 약 몇 A인가? [20]

① 1.26   ② 2.16   ③ 2.84   ④ 3.14

해설 $H = \dfrac{I}{2\pi r}$ [AT/m]   ∴ $I = 2\pi r H = 2\pi \times 10 \times 10^{-2} \times 2 ≒ 1.26$ A

정답 ➡ 25. ②   26. ③   27. ③   28. ①   29. ②

30. 무한히 긴 두 개의 도체를 진공 중에서 1 m의 간격으로 놓고 전류를 흘렸을 때, 그 길이 1 m마다 2×10^{-7} N의 힘을 생기게 하는 전류는 몇 A인가? [19]

① 5 　　　　　 ② 4 　　　　　 ③ 3 　　　　　 ④ 1

해설 1 A의 정의 : 무한히 긴 두 개의 도체를 진공 중에서 1 m의 간격으로 놓고 전류를 흘렸을 때, 그 길이 1 m 마다 2×10^{-7} N의 힘을 생기게 하는 전류를 1 A라 한다.

---

31. 평균반지름 r[m]의 환상 솔레노이드 I[A]의 전류가 흐를 때 내부자계가 H[A/m]이었다. 권수 N은? [11, 14, 15, 17, 19]

① $N = \dfrac{2\pi r H}{I}$ 　　　　　 ② $N = \dfrac{NI}{2\pi r}$

③ $N = \dfrac{NI}{2\pi}$ 　　　　　 ④ $N = \dfrac{2\pi r I}{H}$

해설 환상 솔레노이드(solenoid)

$$H = \frac{NI}{2\pi r} \,[\text{AT/m}]$$

여기서, $\varSigma Hl = H 2\pi r$

※ $H \cdot 2\pi r = NI$

---

32. 평균 반지름이 10 cm이고 감은 횟수 10회의 원형 코일에 5 A의 전류를 흐르게 하면 코일 중심의 자장의 세기 AT/m는? [11, 13, 16, 17]

① 250 　　　　　 ② 500

③ 750 　　　　　 ④ 1000

해설 $H = \dfrac{NI}{2r} = \dfrac{10 \times 5}{2 \times 10 \times 10^{-2}} = \dfrac{50}{20} \times 10^2 = 250\ \text{AT/m}$

---

33. 평균길이 10 cm, 권수 10회인 환상솔레노이드에 3 A의 전류가 흐르면 그 내부의 자장세기 AT/m는? [17]

① 300 　　　　　 ② 30

③ 3 　　　　　 ④ 0.3

해설 $H = \dfrac{NI}{2\pi r} = \dfrac{NI}{l} = \dfrac{10 \times 3}{10 \times 10^{-2}} = 300\ \text{AT/m}$

정답 ● 30. ④ 31. ② 32. ① 33. ①

34. 1 cm 당 권선수가 10인 무한 길이 솔레노이드에 1 A의 전류가 흐르고 있을 때 솔레노이드 외부자계의 세기 AT/m는? [12, 15]

① 0
② 5
③ 10
④ 20

해설 무한장 솔레노이드(solenoid) 외부 자계의 세기는 "0"이다.
※ 무한 원점의 자계 세기는 "0"으로 볼 수 있다.

35. 다음 중 자기회로에서 사용되는 단위가 아닌 것은? [예상]

① AT/Wb
② Wb
③ AT
④ kW

해설 ① AT/Wb : 자기저항(R)
② Wb : 자속(ϕ)
③ AT : 기자력(F)
④ kW : 전력

36. 단면적 5 cm^2, 길이 1 m, 비투자율 10^{3}인 환상 철심에 600회의 권선을 행하고 이것에 0.5 A의 전류를 흐르게 한 경우의 기자력은 다음 중 어느 것인가? [14]

① 100 AT
② 200 AT
③ 300 AT
④ 400 AT

해설 $F = NI = 600 \times 0.5 = 300$ AT

37. 어느 전선이 자기회로의 길이 l[m], 반지름이 γ[m], 투자율 μ[H/m]일 때 자기저항 R[AT/Wb]을 나타낸 것은? [20]

① $R = \dfrac{l}{\mu \times \pi r^2}$
② $R = \dfrac{l \times \pi r^2}{\mu}$
③ $R = \dfrac{1}{l \mu} \times \pi r^2$
④ $R = \dfrac{1}{\mu l \times \pi r^2}$

해설 자기 저항(reluctance) : 자속의 발생을 방해하는 성질의 정도로, 자로의 길이 l[m]에 비례하고 단면적 A[m^2]에 반비례한다.

$$R = \frac{l}{\mu A} = \frac{l}{\mu \times \pi r^2} \text{[AT/Wb]}$$

정답 ● **34.** ① **35.** ④ **36.** ③ **37.** ①

38. 자기저항은 자기회로의 길이에 ( )하고 단면적과 투자율의 곱에 ( )한다. ( )은? [17]

① 비례, 반비례
② 반비례, 비례
③ 비례, 비례
④ 반비례, 반비례

해설 문제 37번 해설 참조

39. 자기회로의 길이 100 cm, 단면적 $6.4 \times 10^{-4} m^2$, 투자율 50인 철심을 이용하여 자기저항을 구성하면, 자기저항은 몇 AT/Wb인가? (단, $\mu_0 = 4\pi \times 10^{-7}$ H/m) [18]

① 7.9×10^7
② 5.5×10^7
③ 4.7×10^7
④ 2.5×10^7

해설 $R = \dfrac{l}{\mu_0 \, \mu_s \, A} = \dfrac{100 \times 10^{-2}}{4\pi \times 10^{-7} \times 50 \times 6.4 \times 10^{-4}} \fallingdotseq 2.5 \times 10^7 \, \text{AT/Wb}$

40. 다음 중 전류와 자속에 관한 설명으로 옳은 것은? [10, 11]

① 전류와 자속은 항상 폐회로를 이룬다.
② 전류와 자속은 항상 폐회로를 이루지 않는다.
③ 전류는 폐회로이나 자속은 아니다.
④ 자속은 폐회로이나 전류는 아니다.

해설 전기 회로의 전류와 자기회로의 자속은 항상 폐회로를 이룬다.

41. 전류에 의한 자기장과 직접적으로 관련이 없는 것은? [16]

① 줄의 법칙
② 플레밍의 왼손 법칙
③ 비오-사바르의 법칙
④ 앙페르의 오른나사의 법칙

해설 ① 줄의 법칙 : 전류의 발열작용
② 플레밍의 왼손 법칙 : 자기장 내의 도선에 전류가 흐를 때 도선이 받는 힘의 방향을 나타낸다.
③ 비오-사바르의 법칙 : 도체의 미소 부분 전류에 의해 발생되는 자기장의 크기를 알아내는 법칙이다.
④ 앙페르의 오른나사 법칙 : 전류의 방향에 따라 자기장의 방향을 정의하는 법칙

정답 → **38.** ① **39.** ④ **40.** ① **41.** ①

42. 다음 중 자기작용에 관한 설명으로 틀린 것은 어느 것인가? [14, 17]
　① 기자력의 단위는 AT를 사용한다.
　② 자기회로의 자기저항이 작은 경우는 누설자속이 거의 발생되지 않는다.
　③ 자기장 내에 있는 도체에 전류를 흘리면 힘이 작용하는데, 이 힘을 기전력이라 한다.
　④ 평행한 두 도체 사이에 전류가 동일한 방향으로 흐르면 흡인력이 작용한다.

해설 전자력 : 자기장 내에 있는 도체에 전류를 흘리면 도체에는 플레밍의 왼손법칙에서 정의하는 엄지손가락 방향으로 힘, 즉 전자력이 발생한다.

43. 전기와 자기의 요소를 서로 대칭되게 나타내지 않는 것은? [17]
　① 전계 – 자계　　　　　　　　② 전속 – 자속
　③ 유전율 – 투자율　　　　　　④ 전속밀도 – 자기량

해설 전속밀도 $D\,[\mathrm{C/m^2}]$ – 자속밀도 $B\,[\mathrm{Wb/m^2}]$

44. 누설자속이 발생되는 어려운 경우는 어느 것인가? [11]
　① 자로에 공극이 있는 경우　　　② 자로의 자속 밀도가 높은 경우
　③ 철심이 자기 포화되어 있는 경우　④ 자기회로의 자기저항이 작은 경우

해설 누설 자속(leakage flux) : 자기회로 이외의 부분을 통과하는 자속을 말한다.
　∴ 자기저항이 작다는 것은 자속을 잘 통과시킨다는 의미이므로 누설 자속이 발생하기 어려운 경우이다.

45. 자기장 내의 도선에 전류가 흐를 때 도선이 받는 힘의 방향을 나타내는 법칙은? [12, 15, 17, 18]
　① 렌츠의 법칙　　　　　　　　② 플레밍의 오른손 법칙
　③ 플레밍의 왼손 법칙　　　　　④ 옴의 법칙

해설 플레밍의 왼손 법칙
　㉠ 자기장 내의 도선에 전류가 흐를 때 도선이 받는 힘의 방향을 나타낸다.
　㉡ 전동기의 회전 방향을 결정한다.
　※ 엄지손가락 : 전자력(힘)의 방향
　　집게손가락 : 자장의 방향
　　가운뎃손가락 : 전류의 방향

정답 　42. ③　43. ④　44. ④　45. ③

46. 플레밍의 왼손 법칙에서 엄지손가락이 나타내는 것은? [10, 17]

① 자장　　　　　　　　　　　② 전류
③ 힘　　　　　　　　　　　　④ 기전력

해설 문제 45번 해설 참조

47. 그림과 같이 자극 사이에 있는 도체에 전류가 흐를 때 힘은 어느 방향으로 작용하는가? [14]

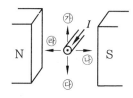

① ㉮　　　　　　　　　　　② ㉯
③ ㉰　　　　　　　　　　　④ ㉭

해설 플레밍의 왼손 법칙에서, 엄지손가락 방향 : 전자력(힘)의 방향
※ 전류의 방향 표시
⊙ : 전류가 정면으로 흘러나옴(화살촉)
⊗ : 전류가 정면에서 흘러들어감(화살 날개)

48. 도체가 자기장에서 받는 힘의 관계 중 틀린 것은? [13]

① 자기력선속 밀도에 비례
② 도체의 길이에 반비례
③ 흐르는 전류에 비례
④ 도체가 자기장과 이루는 각도에 비례(0~90°)

해설 직선도체가 받는 전자력(힘) : $F = BIl\sin\theta$ [N]
∴ 도체의 길이(l)에 비례한다.

49. 공기 중에서 자속 밀도 2 Wb/m^{2}인 평등 자기장 중에 자기장과 30°의 방향으로 길이 0.5 m 인 도체에 8 A의 전류가 흐르는 경우 전자력 N은? [16, 18]

① 8　　　　　　② 4　　　　　　③ 2　　　　　　④ 1

해설 $F = BIl\sin\theta = 2 \times 0.5 \times 8 \times 0.5 = 4$ N
여기서, $\sin 30° = 0.5$

정답 ● 46. ③　47. ①　48. ②　49. ②

50. 공기 중에 자속밀도가 0.3 Wb/m²인 평등자계 내에 5 A의 전류가 흐르고 있는 길이 2 m의 직선도체를 자계의 방향에 대하여 60°의 각도로 놓았을 때 이 도체가 받는 힘은 약 몇 N인가? [10, 18]

① 1.3   ② 2.6   ③ 4.7   ④ 5.2

해설 $F = B l I \sin\theta = 0.3 \times 2 \times 5 \times \dfrac{\sqrt{3}}{2} ≒ 2.6 \text{ N}$

여기서, $\sin\theta = \sin 60° = \dfrac{\sqrt{3}}{2}$

51. 평행한 두 도체에 같은 방향의 전류가 흘렀을 때 두 도체 사이에 작용하는 힘은 어떻게 되는가? [18, 20]

① 반발력이 작용한다.   ② 힘은 0이다.
③ 흡인력이 작용한다.   ④ $1/(2\pi r)$의 힘이 작용한다.

해설 평행 도체 사이에 작용하는 힘(전자력)
    ㉠ 같은 방향일 때 : 흡인력
    ㉡ 반대 방향일 때 : 반발력

52. 공기 중에서, 2 cm의 간격을 유지하고 있는 2개의 평행도선에 1000 A의 전류가 흐를 때 도선 1 m마다 작용하는 힘은 몇 N/m인가? [20]

① 5   ② 10   ③ 15   ④ 20

해설 $F = \dfrac{2 I_1 I_2}{r} \times 10^{-7} = \dfrac{2 \times 1000 \times 1000}{2 \times 10^{-2}} \times 10^{-7} = \dfrac{2 \times 10^{6}}{2 \times 10^{-2}} \times 10^{-7} = 10 \text{ N/m}$

53. 자속밀도 $B = 0.2$ Wb/m²의 자장 내에 길이 2 m, 폭 1 m, 권수 5회의 구형 코일이 자장과 30°의 각도로 놓여 있을 때 코일이 받는 회전력(N·m)은? (단, 이 코일에 흐르는 전류는 2 A이다.) [12]

① $\sqrt{\dfrac{3}{2}}$ ② $\dfrac{\sqrt{3}}{2}$ ③ $2\sqrt{3}$ ④ $\sqrt{3}$

해설 $T = I B \, a \, b \, N \cos\theta = 2 \times 0.2 \times 2 \times 1 \times 5 \times \dfrac{\sqrt{3}}{2} = 4 \times \dfrac{\sqrt{3}}{2} = 2\sqrt{3} \text{ N·m}$

※ $\cos 30° = \dfrac{\sqrt{3}}{2}$

정답 ● 50. ②   51. ③   52. ②   53. ③

54. 다음에서 나타내는 법칙은? [16, 19]

> 유도 기전력은 자신이 발생 원인이 되는 자속의 변화를 방해하려는 방향으로 발생한다.

① 줄의 법칙　　　　　　　　　　② 렌츠의 법칙
③ 플레밍의 법칙　　　　　　　　④ 패러데이의 법칙

해설 렌츠의 법칙(Lenz's law) : 전자 유도에 의하여 생긴 기전력의 방향은 그 유도 전류가 만드는 자속이 항상 원래 자속의 증가 또는 감소를 방해하는 방향이다.

55. 전자 유도 현상에 의하여 생기는 유도 기전력의 크기를 정의하는 법칙은? [17]

① 렌츠의 법칙　　　　　　　　　② 패러데이 법칙
③ 앙페르의 법칙　　　　　　　　④ 플레밍의 오른손 법칙

해설 패러데이 법칙(Faraday's law)

※ 유도 기전력의 크기 v[V]는 코일을 지나는 자속의 매초 변화량과 코일의 권수에 비례한다.

$$v = - N \frac{\Delta \phi}{\Delta t} [V]$$

$\dfrac{\Delta \phi}{\Delta t}$: 자속의 변화율

56. 패러데이의 전자 유도 법칙에서 유도 기전력의 크기는 코일을 지나는 (㉮)의 매초 변화량과 코일의 (㉯)에 비례한다. [11, 17]

① ㉮ 자속, ㉯ 굵기　　　　　　② ㉮ 자속, ㉯ 권수
③ ㉮ 전류, ㉯ 권수　　　　　　④ ㉮ 전류, ㉯ 굵기

해설 문제 55번 해설 참조

57. 자체 인덕턴스 2 H의 코일에서 0.1 s 동안에 1 A의 전류가 변화하였다. 코일에 유도되는 기전력 V은? [20]

① 10　　　　　　② 20　　　　　　③ 30　　　　　　④ 40

해설 $v = L \dfrac{\Delta I}{\Delta t} = 2 \times \dfrac{1}{0.1} = 20 \, V$

정답 ● 54. ②　55. ②　56. ②　57. ②

58. 1회 감은 코일에 지나가는 자속이 1/100 s 동안에 0.3 Wb에서 0.5 Wb로 증가하였다. 이 유도 기전력 V은 얼마인가? [예상]

① 5   ② 10   ③ 20   ④ 40

해설 $v = N \cdot \dfrac{\Delta\phi}{\Delta t} = 1 \times \dfrac{0.5 - 0.3}{1 \times 10^{-2}} = 20 \text{ V}$

59. 발전기의 유도 전압의 방향을 나타내는 법칙은? [13]

① 패러데이의 법칙   ② 렌츠의 법칙
③ 오른나사의 법칙   ④ 플레밍의 오른손 법칙

해설 유도 기전력의 방향 : 플레밍의 오른손 법칙
※ 엄지손가락 : 운동의 방향, 집게손가락 : 자속의 방향, 가운뎃손가락 : 기전력의 방향

60. 자극의 세기 m, 자극간의 거리 l일 때 자기 모멘트는? [19]

① $\dfrac{l}{m}$ ② $\dfrac{m}{l}$ ③ ml ④ $\dfrac{m}{l^2}$

해설 자기 모멘트(moment) : 자극의 세기 m [Wb], 자극간의 거리 l [m]일 때 $M = ml$ [Wb · m]

61. 다음 ( ) 안에 들어갈 알맞은 내용은? [15]

> 자기 인덕턴스 1 H는 전류의 변화율이 1 A/s일 때, ( )가(이) 발생할 때의 값이다.

① 1 N의 힘   ② 1 J의 에너지
③ 1 V의 기전력   ④ 1 Hz의 주파수

해설 1 H란, 1 s 동안에 1 A 의 전류 변화에 의하여 1 V의 유도 기전력을 발생시키는 코일의 자기 인덕턴스 용량을 나타낸다.

62. 자기 인덕턴스 200 mH의 코일에서 0.1 s 동안에 30 A의 전류가 변화하였다. 코일에 유도 되는 기전력(V)은? [예상]

① 6   ② 15   ③ 60   ④ 150

해설 $v = L\dfrac{\Delta I}{\Delta t} = 200 \times 10^{-3} \times \dfrac{30}{0.1} = 2 \times 10^{-1} \times 3 \times 10^2 = 60 \text{ V}$

정답 ➡ 58. ③   59. ④   60. ③   61. ③   62. ③

63. 어떤 코일에 5 A의 직류 전류를 1초 동안에 2 A로 변화시키니 코일 양단에 40 V의 기전력이 유기했다. 이 코일의 인덕턴스(H)는? [예상]

① 5.7   ② 8   ③ 13.3   ④ 20

해설 $L = \dfrac{v\,\Delta t}{\Delta I} = \dfrac{40 \times 1}{5-2} = \dfrac{40}{3} = 13.3\,\mathrm{H}$

64. 코일의 자기 인덕턴스는 어느 것에 따라 변하는가? [19]

① 투자율   ② 유전율   ③ 도전율   ④ 저항률

해설 ㉠ $L = \dfrac{N}{I} \cdot \phi = \dfrac{N}{I} \cdot BA = \dfrac{N}{I}\mu HA = \dfrac{NHA}{I} \cdot \mu\,[\mathrm{H}]$

ㄴ 자기 인덕턴스 L은 투자율 μ에 비례한다.

65. 다음 괄호 안에 들어갈 알맞은 말은? [19]

> 코일의 자체 인덕턴스는 권수에 (㉮)하고 전류에 (㉯)한다.

① ㉮ 비례, ㉯ 반비례   ② ㉮ 반비례, ㉯ 비례
③ ㉮ 비례, ㉯ 비례   ④ ㉮ 반비례, ㉯ 반비례

해설 코일의 자체 인덕턴스는 권수 N에 (비례)하고 전류 I에 (반비례)한다.

66. 권수 300회의 코일에 6 A의 전류가 흘러서 0.05 Wb의 자속이 코일을 지난다고 하면, 이 코일의 자체 인덕턴스는 몇 H인가? [16]

① 0.25   ② 0.35   ③ 2.5   ④ 3.5

해설 $L = N \cdot \dfrac{\phi}{I} = 300 \times \dfrac{0.05}{6} = 300 \times 0.0083 = 2.5\,\mathrm{H}$

67. 코일의 자기 인덕턴스는 권수 N의 몇 제곱에 비례하는가? [14, 17]

① $N^{\frac{1}{2}}$ ② N^2 ③ N^3 ④ $N^{\frac{1}{3}}$

정답 ● 63. ③   64. ①   65. ①   66. ③   67. ②

해설 ㉠ $\phi = BA = \mu HA = \mu \cdot \dfrac{NI}{l} A \, [\mathrm{wb}]$

㉡ $L = \dfrac{N\phi}{I} = \dfrac{N}{I} \cdot \mu \dfrac{NI}{l} A = \mu \dfrac{AN^2}{l} \, [\mathrm{H}]$

∴ $L \propto N^2$

---

68. 환상 솔레노이드에 감겨진 코일에 권횟수를 3배로 늘리면 자체 인덕턴스는 몇 배로 되는가? [16, 20]

① 3

② 9

③ $\dfrac{1}{3}$

④ $\dfrac{1}{9}$

해설 $L_s = \dfrac{\mu A}{l} \cdot N^2 \, [\mathrm{H}] \rightarrow L_s \propto N^2$

∴ 권횟수 N을 3배로 늘리면 자체 인덕턴스 L_s는 9배가 된다.

---

69. 환상 솔레노이드에 10회를 감았을 때의 자기 인덕턴스는 100회 감았을 때의 몇 배가 되는가? [예상]

① 10

② 100

③ $\dfrac{1}{10}$

④ $\dfrac{1}{100}$

해설 자기 인덕턴스 L_s는 코일의 권수(감는 수) N의 제곱에 비례한다.

∴ 코일의 감긴 수가 10회 : 100회 = 1 : 10이므로 자기 인덕턴스는 $\left(\dfrac{1}{10}\right)^2$

즉, $\dfrac{1}{100}$배가 된다.

---

70. 2개의 코일을 서로 근접시켰을 때 한쪽 코일의 전류가 변화하면 다른 쪽 코일에 유도 기전력이 발생하는 현상을 무엇이라고 하는가? [12]

① 상호 결합

② 자체 유도

③ 상호 유도

④ 자체 결합

해설 상호 유도는 두 코일을 가까이 놓고 한쪽 코일의 전류가 변화할 때, 다른 쪽 코일에 유도 기전력이 발생하는 현상이다.

정답 ● 68. ② 69. ④ 70. ③

71. 자기 인덕턴스 L_1, L_2 상호 인덕턴스 M인 두 코일의 결합 계수가 k이면, 다음 중 어떤 관계인가? [17]

① $M = \sqrt{L_1 L_2}$ [H]

② $M = k \sqrt{L_1 L_2}$ [H]

③ $M = k^2 \sqrt{L_1 L_2}$ [H]

④ $M = k^3 \sqrt{L_1 L_2}$ [H]

해설 자기 인덕턴스와 상호 인덕턴스와의 관계

$M = k \sqrt{L_1 L_2}$ [H]

72. 자기 인덕턴스 40 mH와 90 mH인 2개의 코일이 있다. 양 코일 사이에 누설 자속이 없다고 하면 상호인덕턴스는 몇 mH인가? [10]

① 20

② 40

③ 50

④ 60

해설 $M = \sqrt{L_1 \cdot L_2} = \sqrt{40 \times 90} = \sqrt{3600} = 60$ mH

※ 누설 자속이 없는 이상적인 결합일 때 $k = 1$

73. 자기 인덕턴스가 각각 L_1, L_2 [H]의 두 원통 코일이 서로 직교하고 있다. 두 코일 간의 상호 인덕턴스는? [12]

① $L_1 + L_2$

② $L_1 L_2$

③ 0

④ $\sqrt{L_1 L_2}$

해설 직교, 즉 직각 교차이므로 서로 쇄교 자속이 없으므로 상호 인덕턴스는 '0'이다.

74. 자체 인덕턴스가 L_1, L_2인 두 코일을 직렬로 접속하였을 때 합성 인덕턴스를 나타낸 식은? (단, 두 코일 간의 상호 인덕턴스는 M이다.) [14, 19]

① $L_1 + L_2 \pm M$

② $L_1 - L_2 \pm M$

③ $L_1 + L_2 \pm 2M$

④ $L_1 - L_2 \pm 2M$

해설 인덕턴스의 접속 : $L_{ab} = L_1 + L_2 \pm 2M$

㉠ 차동 접속 : $L_{ab} = L_1 + L_2 - 2M$ [H]

㉡ 가동 접속 : $L_{ab} = L_1 + L_2 + 2M$ [H]

정답 ● **71.** ② **72.** ④ **73.** ③ **74.** ③

75. 두 코일이 직렬로 접속되어 있고 두 코일이 서로 직각으로 교차할 때 합성인덕턴스는? [20]

① $L_1 + L_2$

② $L_1 - L_2$

③ $L_1 \times L_2$

④ $L_1 + 2L_2$

해설 직교, 즉 직각 교차이므로 서로 쇄교 자속이 없으므로 상호 인덕턴스는 '0'이다.

∴ $L = L_1 + L_2 \pm 2M = L_1 + L_2 \pm 2 \times 0 = L_1 + L_2$ [H]

76. 자체 인덕턴스가 각각 160 mH, 250 mH의 두 코일이 있다. 두 코일 사이의 상호 인덕턴스가 150 mH 이고, 가동접속을 하면 합성 인덕턴스는? [18]

① 410 mH

② 260 mH

③ 560 mH

④ 710 mH

해설 가동 접속 : $L_p = L_1 + L_2 + 2M = 160 + 250 + 2 \times 150 = 710$ mH

※ 차동 접속 : $L_s = L_1 + L_2 - 2M = 160 + 250 - 2 \times 150 = 110$ mH

77. 자기 인덕턴스가 각각 100 mH, 400 mH인 두 코일이 있다. 두 코일 사이의 상호 인덕턴스가 70 mH이면 결합 계수는? [예상]

① 0.0035

② 0.035

③ 0.35

④ 3.5

해설 $k = \dfrac{M}{\sqrt{L_1 L_2}} = \dfrac{70}{\sqrt{100 \times 400}} = 0.35$

78. 자기 인덕턴스 L_1, L_2이고 상호 인덕턴스 M인 두 코일의 결합계수가 1일 때 성립하는 식은? [18]

① $L_1 L_2 = M$

② $L_1 L_2 < M^2$

③ $L_1 L_2 > M^2$

④ $L_1 L_2 = M^2$

해설 $k = \dfrac{M}{\sqrt{L_1 \times L_2}}$ 에서, 결합계수가 1일 때 $\sqrt{L_1 \times L_2} = M$

∴ $L_1 L_2 = M^2$

정답 ● 75. ① 76. ④ 77. ③ 78. ④

79. 두 코일의 자체 인덕턴스를 L_1[H], L_2[H]라 하고 상호 인덕턴스를 M이라 할 때, 두 코일을 자속이 동일한 방향과 역방향이 되도록 하여 직렬로 각각 연결하였을 경우, 합성 인덕턴스의 큰 쪽과 작은 쪽의 차는? [14]

① M ② $2M$
③ $4M$ ④ $8M$

해설 ㉠ 가동 접속 : $L_1 + L_2 + 2M$
ㄴ 차동 접속 : $L_1 + L_2 - 2M$
∴ ㉠ㄴ → $4M$

80. 자기 인덕턴스에 축적되는 에너지에 대한 설명으로 가장 옳은 것은? [11, 16]
① 자기 인덕턴스 및 전류에 비례한다.
② 자기 인덕턴스 및 전류에 반비례한다.
③ 자기 인덕턴스와 전류의 제곱에 반비례한다.
④ 자기 인덕턴스에 비례하고 전류의 제곱에 비례한다.

해설 $W = \dfrac{1}{2} L I^2$[J] : 자기 인덕턴스에 비례하고 전류의 제곱에 비례한다.

81. 자체 인덕턴스 20 mH의 코일에 30 A의 전류를 흘릴 때 저축되는 에너지 J는? [10, 15, 18]
① 1.5   ② 3
③ 9   ④ 18

해설 $W = \dfrac{1}{2} L I^2 = \dfrac{1}{2} \times 20 \times 10^{-3} \times 30^2 = 9$ J

82. 자체 인덕턴스가 2 H인 코일에 전류가 흘러 25 J의 에너지가 축적되었다. 이때 흐르는 전류(A)는? [12, 18]
① 2   ② 5
③ 10   ④ 12

해설 $I = \sqrt{\dfrac{2W}{L}} = \sqrt{\dfrac{2 \times 25}{2}} = \sqrt{25} = 5$ A

정답 → 79. ③   80. ④   81. ③   82. ②

---

83. 자기 흡인력은 공극의 자속 밀도를 B 라 할 때, 다음 중 무엇에 비례하는가?

① B^2

② $B^{1.6}$

③ $B^{\frac{3}{2}}$

④ B

해설 $F = \dfrac{1}{2} \cdot \dfrac{B^2}{\mu_0} A \,[\mathrm{N}]$

여기서, A : 자극의 단면적[m^2]

---

84. 다음 설명의 (㉮), (㉯)에 들어갈 내용으로 옳은 것은? [10, 11, 20]

> 히스테리시스 곡선은 가로축(횡축) : (㉮), 세로축(종축) : (㉯)와의 관계를 나타낸다.

① ㉮ 자속밀도, ㉯ 투자율

② ㉮ 자기장의 세기, ㉯ 자속밀도

③ ㉮ 자화의 세기, ㉯ 자기장의 세기

④ ㉮ 자기장의 세기, ㉯ 투자율

해설 히스테리시스 곡선(hysteresis loop) : 가로축에 자기장의 세기(H)와 세로축에 자속 밀도 (B)와의 관계를 나타내는 것이다.

---

85. 히스테리시스 곡선이 종축과 만나는 점의 값은 무엇을 나타내는가? [17, 18]

① 자화력

② 잔류 자기

③ 자속 밀도

④ 보자력

해설 ㉠ 잔류 자기(B_r) : 자기장의 세기 종축(H)이 0인 경우에도, 남아 있는 자속의 크기를 잔류 자기라 한다.

㉡ 보자력(H_c) : 잔류 자기를 없애는 데 필요한 세로축($-H$) 방향의 자기장 세기이다.

---

86. 다음 중 히스테리시스 곡선에서 가로축과 만나는 점과 관계 있는 것은? [13, 17]

① 기자력

② 잔류 자기

③ 자속 밀도

④ 보자력

해설 문제 85번 해설 참조

정답 ● 83. ① 84. ② 85. ② 86. ④

87. 금속 내부를 지나는 자속의 변화로 금속 내부에 생기는 맴돌이 전류를 작게 하려면 어떻게 하여야 하는가? [11]

① 두꺼운 철판을 사용한다.　　　② 높은 전류를 가한다.
③ 얇은 철판을 성층하여 사용한다.　　　④ 철판 양면에 절연지를 부착한다.

해설 맴돌이 전류 (와류, eddy current) : 철판을 관통하는 자속이 변화하는 경우, 철판 내부에 유도 기전력이 발생하여 맴돌이 전류가 흐른다.
∴ 맴돌이 전류는 전력의 손실로 철심의 온도를 상승시키는 요인이 되며, 이 손실을 줄이 기 위하여 성층된 철심을 사용한다.

88. 히스테리시스손은 최대 자속밀도 및 주파수의 각각 몇 승에 비례하는가? [15]

① 최대 자속밀도 : 1.6,　주파수 : 1.0　　　② 최대 자속밀도 : 1.0, 주파수 : 1.6
③ 최대 자속밀도 : 1.0,　주파수 : 1.0　　　④ 최대 자속밀도 : 1.6, 주파수 : 1.6

해설 히스테리시스 손실(hysteresis loss)

$$P_h = \eta f B_m^{1.6}\,[\text{W/m}^3]$$

89. 전기와 자기의 요소를 서로 대칭되게 나타내지 않은 것은? [19]

① 자속-전속　　　② 기전력-기자력
③ 전류밀도-자속밀도　　　④ 전기저항-자기저항

해설 전속밀도-자속밀도
※ 전류밀도(Current density) : 단위 면적을 통해 흐르는 전류의 양이다.

90. 코일의 성질에 대한 설명으로 틀린 것은? [14]

① 공진하는 성질이 있다.　　　② 상호 유도 작용이 있다.
③ 전원 노이즈 차단 기능이 있다.　　　④ 전류의 변화를 확대시키려는 성질이 있다.

해설 전류의 변화를 안정시키려고 하는 성질이 있다.
※ 전자 유도 작용에 의해 회로에 발생하는 유도 전류는 항상 유도 작용을 일으키는 자속의 변화를 방해하는 방향으로 흐른다는 것이다.

정답 ● 87. ③　88. ①　89. ③　90. ④

직류회로

1. 어떤 도체에 1 A의 전류가 1분간 흐를 때 도체를 통과하는 전기량은? [10, 19]

① 1 C
② 60 C
③ 1000 C
④ 3600 C

해설 $Q = I \cdot t = 1 \times 60 = 60\,\mathrm{C}$

2. 1 Ah는 몇 C인가? [11, 13, 17, 20]

① 1200
② 2400
③ 3600
④ 4800

해설 $Q = I \cdot t = 1 \times 60 \times 60 = 3600\,\mathrm{C}$

3. 2 A의 전류가 흘러 72000 C의 전기량이 이동하였다. 전류가 흐른 시간은 몇 분인가? [예상]

① 3600분
② 36분
③ 60분
④ 600분

해설 $t = \dfrac{Q}{I} = \dfrac{72000}{2} = 36000\,\mathrm{s}$

∴ 600분

4. 어느 전기 회로에서 전압은 전지의 음극을 기준으로 할 때, 전기 회로를 지나 최종적으로 전지의 음극에 돌아오면 그 값은 어떻게 되는가? [예상]

① 최댓값
② 평균값
③ 0
④ 최솟값

해설 전지의 음극을 기준, 즉 0 전위로 한다.

정답 ● 1. ② 　2. ③ 　3. ④ 　4. ③

5. 1.5 V의 전위차로 3 A의 전류가 2분 동안 흐를 때 한 일(J)은 ? [예상]

① 180　　　　② 250　　　　③ 540　　　　④ 590

해설 $W = VQ = VIt = 1.5 \times 3 \times 2 \times 60 = 540\,\mathrm{J}$

6. 다음 중 1 V와 같은 값을 갖는 것은 ? [15]

① 1 J/C　　　　② 1 Wb/m　　　　③ 1 Ω/m　　　　④ 1 A·s

해설 1 V는 1 C의 전하가 두 점 사이를 이동할 때 얻거나 또는 잃는 에너지가 1 J일 때의 전위차이다.
∴ 1 V = 1 J/C

7. 전류를 계속 흐르게 하려면 전압을 연속적으로 만들어 주는 어떤 힘이 필요하게 되는데, 이 힘은 ? [17]

① 자기력　　　　② 전자력　　　　③ 전기장　　　　④ 기전력

해설 기전력(e.m.f) : 전류를 계속 흐르게 하는 이 힘을 기전력이라 하며, 단위는 전압과 마찬가지로 V를 사용한다.

8. 부하의 전압과 전류를 측정하기 위한 전압계와 전류계의 접속방법으로 옳은 것은 ? [11]

① 전압계 : 직렬, 전류계 : 병렬　　② 접압계 : 직렬, 전류계 : 직렬
③ 전압계 : 병렬, 전류계 : 직렬　　④ 전압계 : 병렬, 전류계 : 병렬

해설 접속방법 : 전압과 계기의 극성은 반드시 맞추어 접속해야 하며, 전류계는 부하와 직렬로, 전압계는 부하와 병렬로 접속해야 한다.

9. 전압계의 측정 범위를 넓히는 데 사용되는 기기는 ? [12]

① 배율기　　　　　　　　② 분류기
③ 정압기　　　　　　　　④ 정류기

해설 ㉠ 배율기(multiplier) : 전압계의 측정 범위를 넓히기 위한 목적으로, 전압계에 직렬로 접속한다.
㉡ 분류기(shunt) : 전류계의 측정 범위를 넓히기 위한 목적으로, 전류계에 병렬로 접속한다.

정답 　5. ③　6. ①　7. ④　8. ③　9. ①

10. 전압계 및 전류계의 측정 범위를 넓히기 위하여 사용하는 배율기와 분류기의 접속 방법은? [11, 19]

① 배율기는 전압계와 병렬접속, 분류기는 전류계와 직렬접속

② 배율기는 전압계와 직렬접속, 분류기는 전류계와 병렬접속

③ 배율기 및 분류기 모두 전압계와 전류계에 직렬접속

④ 배율기 및 분류기 모두 전압계와 전류계에 병렬접속

해설 문제 9번 해설 참조

11. 100 V의 전압계가 있다. 이 전압계를 써서 200 V의 전압을 측정하려면 최소 몇 Ω의 저항을 외부에 접속해야 하겠는가? (단, 전압계의 내부 저항은 5000 Ω이라 한다.) [13]

① 10000   ② 5000   ③ 2500   ④ 1000

해설 배율기 : $R_m = (m-1) \cdot R_v = (2-1) \times 5000 = 5000 \ \Omega$

※ 배율 $m = \dfrac{200}{100} = 2$

12. 10 mA의 전류계가 있다. 이 전류계를 써서 최대 100 mA의 전류를 측정하려고 한다. 분류기 값은? (단, 전류계의 내부 저항은 2 Ω이다.) [예상]

① 0.22 Ω   ② 2.2 Ω

③ 0.44 Ω   ④ 4.4 Ω

해설 분류기 : $R_s = \dfrac{R_a}{m-1} = \dfrac{2}{10-1} = \dfrac{2}{9} = 0.22 \ \Omega$

13. 최대 눈금 1 A, 내부저항 10 Ω의 전류계로 최대 101 A 까지 측정하려면 몇 Ω의 분류기가 필요한가? [16]

① 0.01   ② 0.02

③ 0.1   ④ 0.5

해설 배율 $m = \dfrac{최대\ 측정전류}{최대\ 눈금} = \dfrac{101}{1} = 101$

$\therefore R_s = \dfrac{R_a}{(m-1)} = \dfrac{10}{(101-1)} = 0.1 \ \Omega$

정답 ● 10. ②   11. ②   12. ①   13. ③

14. 다음 (   ) 안의 알맞은 내용으로 옳은 것은? [12, 16]

> 회로에 흐르는 전류의 크기는 저항에 (㉮)하고, 가해진 전압에 (㉯)한다.

① ㉮ : 비례, ㉯ : 비례　　　　　　② ㉮ : 비례, ㉯ : 반비례

③ ㉮ : 반비례, ㉯ : 비례　　　　　④ ㉮ : 반비례, ㉯ : 반비례

해설 옴의 법칙(Ohm's law)

$$I = \frac{V}{R}\,[\text{A}]$$

※ 전류 I는 전압 V에 비례하고, 저항 R에 반비례한다.

---

15. 10 Ω의 저항에 2 A의 전류가 흐를 때 저항의 단자 전압은 얼마인가? [예상]

① 5 V　　　　　　　　　　　　② 10 V

③ 15 V　　　　　　　　　　　　④ 20 V

해설 $V = IR = 2 \times 10 = 20\,\text{V}$

---

16. 어떤 저항(R)에 전압(V)을 가하니 전류(I)가 흘렀다. 이 회로의 저항(R)을 20 % 줄이면 전류(I)는 처음의 몇 배가 되는가? [14]

① 0.8　　　　　　　　　　　　② 0.88

③ 1.25　　　　　　　　　　　　④ 2.04

해설 $I' = \dfrac{V}{R'} = \dfrac{V}{0.8R} = 1.25I$

∴ 1.25 배

---

17. 그림에서 B점의 전위가 100 V이고 C점의 전위가 60V이다. 이 때 AB사이의 저항 3 Ω에 흐르는 전류는 몇 A인가? [18, 19]

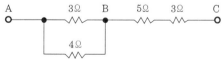

① 2.14　　　　　　　　　　　② 2.86

③ 4.27　　　　　　　　　　　④ 4.97

해설 ㉠ 점 B, C 사이의 전압 : $V_{BC} = V_B - V_{C_2} = 100 - 60 = 40\,V$

㉡ 전 전류 $I = \dfrac{V_{BC}}{R_{BC}} = \dfrac{40}{5+3} = 5\,A$

∴ 저항 3Ω에 흐르는 전류 : $I_3 = \dfrac{R_2}{R_1 + R_2} \times I = \dfrac{4}{3+4} \times 5 = 2.86\,A$

---

18. 2Ω의 저항과 8Ω의 저항을 직렬로 접속할 때 합성 컨덕턴스는 몇 ℧인가? [19]

① 0.1　　　　② 1　　　　③ 5　　　　④ 10

해설 $G = \dfrac{1}{R_1 + R_2} = \dfrac{1}{2+8} = 0.1\,℧$

---

19. 15 V의 전압에 3 A의 전류가 흐르는 회로의 컨덕턴스 ℧는 얼마인가? [19]

① 0.1　　　　② 0.2　　　　③ 5　　　　④ 30

해설 $G = \dfrac{I}{V} = \dfrac{3}{15} = 0.2\,℧$

---

20. 0.2 ℧의 컨덕턴스 2개를 직렬로 접속하여 3 A의 전류를 흘리려면 몇 V의 전압을 공급하면 되는가? [16]

① 12　　　　② 15　　　　③ 30　　　　④ 45

해설 $G_0 = \dfrac{G}{2} = \dfrac{0.2}{2} = 0.1\,℧$

∴ $E = \dfrac{I}{G_0} = \dfrac{3}{0.1} = 30\,V$

---

21. 3 Ω의 저항이 5개, 7 Ω의 저항이 3개, 114 Ω의 저항이 1개 있다. 이들을 모두 직렬로 접속할 때의 합성 저항(Ω)은?

① 120　　　　② 130　　　　③ 150　　　　④ 160

해설 $R = R_1 \cdot n_1 + R_2 \cdot n_2 + R_3 \cdot n_3 = 3 \times 5 + 7 \times 3 + 114 \times 1 = 150\,Ω$

정답 ▸ 18. ①　19. ②　20. ③　21. ③

22. 서로 같은 저항 n 개를 직렬로 연결한 회로의 한 저항에 나타나는 전압은? [19]

① nV ② $\dfrac{V}{n}$ ③ $\dfrac{1}{nV}$ ④ $n + V$

해설 전압 분배 : 서로 같은 저항이므로 동일한 전압, 즉 V/n[V]가 나타난다.

23. 저항 R_1 과 R_2 를 직렬로 접속하고 V[V]의 전압을 가했을 때 저항 R_1 양단의 전압은? [예상]

① $\dfrac{R_1}{R_1 + R_2} V$ ② $\dfrac{R_2}{R_1 + R_2} V$

③ $\dfrac{R_1 + R_2}{R_1} V$ ④ $\dfrac{R_1 + R_2}{R_2} V$

해설 전압의 분배는 저항의 크기에 비례한다.

ⓐ $V_1 = \dfrac{R_1}{R_1 + R_2} V$

ⓑ $V_2 = \dfrac{R_2}{R_1 + R_2} V$

24. 다음 회로에서 10 Ω에 걸리는 전압은 몇 V인가? [19]

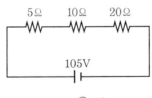

① 2   ② 10
③ 20   ④ 30

해설 ⓐ 저항 직렬 회로의 전압 분배

$$I = \dfrac{V}{R_1 + R_2 + R_3} = \dfrac{105}{5 + 10 + 20} = 3\,A$$

∴ $V_2 = I \times R_2 = 3 \times 10 = 30\,V$

ⓑ 전압의 분배는 저항의 크기에 비례

$$V_2 = \dfrac{R_2}{R_1 + R_2 + R_3} \times V = \dfrac{10}{5 + 10 + 20} \times 105 = \dfrac{1050}{35} = 30\,V$$

정답 ● 22. ②   23. ①   24. ④

25. 5 Ω, 10 Ω, 15 Ω의 저항을 직렬로 접속하고 전압을 가하였더니 10 Ω의 저항 양단에 30 V의 전압이 측정되었다. 이 회로에 공급되는 전전압은 몇 V인가? [12]

① 30　　　　　② 60　　　　　③ 90　　　　　④ 120

해설 각 저항에 흐르는 전류는 같으므로, $I = \dfrac{V_2}{R_2} = \dfrac{30}{10} = 3\,\text{A}$

∴ $E = E_1 + E_2 + E_3 = IR_1 + IR_2 + IR_3 = 3\,(5 + 10 + 15) = 90\,\text{V}$

---

26. 다음 중 저항 R_1, R_2를 병렬로 접속하면 합성 저항 R_0은? [14, 18]

① $R_1 + R_2$　　　② $\dfrac{1}{R_1 + R_2}$　　　③ $\dfrac{R_1 R_2}{R_1 + R_2}$　　　④ $\dfrac{R_1 + R_2}{R_1 R_2}$

해설 $R_p = \dfrac{\text{두 저항의 곱}}{\text{두 저항의 합}} = \dfrac{R_1 \cdot R_2}{R_1 + R_2}$

---

27. 서로 다른 세 개의 저항 R_1, R_2, R_3를 병렬 연결하였을 때 합성 저항은? [18]

① $R_{ab} = \dfrac{R_1 R_2 R_3}{R_1 R_2 + R_1 R_3 + R_2 R_3}$　　　② $R_{ab} = \dfrac{R_1 R_2 + R_1 R_3 + R_2 R_3}{R_1 R_2 R_3}$

③ $R_{ab} = \dfrac{R_1 R_2 R_3}{R_1 + R_2 + R_3}$　　　④ $R_{ab} = \dfrac{R_1 + R_2 + R_3}{R_1 R_2 R_3}$

해설 $R_p = \dfrac{\text{세 저항의 곱}}{\text{두 저항들의 곱의 합}} = \dfrac{R_1 R_2 R_3}{R_1 R_2 + R_2 R_3 + R_3 R_1}$

---

28. 4 Ω, 6 Ω, 8 Ω의 3개 저항을 병렬 접속할 때 합성 저항은 약 몇 Ω인가? [예상]

① 1.8　　　　　② 2.5　　　　　③ 3.6　　　　　④ 4.5

해설 $R_p = \dfrac{R_1 R_2 R_3}{R_1 R_2 + R_2 R_3 + R_3 R_1} = \dfrac{4 \times 6 \times 8}{4 \times 6 + 6 \times 8 + 8 \times 4} ≒ 1.8\,\Omega$

---

29. 동일한 저항 4개를 접속하여 얻을 수 있는 최대 저항 값은 최소 저항 값의 몇 배인가? [16]

① 2　　　　　② 4　　　　　③ 8　　　　　④ 16

정답 ●→ 25. ③　26. ③　27. ①　28. ①　29. ④

해설 ㉠ 최대 저항 : $R_m = 4R$

㉡ 최소 저항 : $R_S = \dfrac{R}{4}$

$\therefore \dfrac{R_m}{R_s} = \dfrac{4R}{R/4} = 16$

---

30. 다음의 그림에서 2 Ω의 저항에 흐르는 전류는? [17]

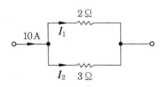

① 6 A　　　　② 4 A　　　　③ 5 A　　　　④ 3 A

해설 $I_1 = \dfrac{R_2}{R_1 + R_2} \cdot I = \dfrac{3}{2+3} \times 10 = 6 \text{ A}$

※ $I_2 = \dfrac{R_1}{R_1 + R_2} \cdot I = \dfrac{2}{2+3} \times 10 = 4 \text{ A}$

---

31. 2 Ω, 4 Ω, 6 Ω의 세 개의 저항을 병렬로 연결하였을 때 전 전류가 10 A이면, 2 Ω에 흐르는 전류는 몇 A인가? [18, 20]

① 1.81　　　　② 2.72　　　　③ 5.45　　　　④ 7.64

해설 4 Ω과 6 Ω의 합성 저항 : $R_p = \dfrac{4 \times 6}{4+6} = 2.4 \text{ Ω}$

$\therefore$ 2 Ω에 흐르는 전류　　　$\therefore I_1 = \dfrac{R_p}{R_1 + R_p} \times I = \dfrac{2.4}{2+2.4} \times 10 = 5.45 \text{ A}$

---

32. 다음과 같은 그림에서 4 Ω의 저항에 흐르는 전류는 몇 A인가? [18]

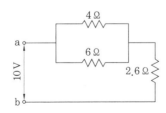

① 1.2　　　　② 2.4　　　　③ 0.8　　　　④ 1.6

정답 ● 30. ①　31. ③　32. ①

해설 R_4와 R_6의 합성 저항 : $R_p = \dfrac{4 \times 6}{4+6} = 2.4\ \Omega$

전 전류 : $I = \dfrac{V}{R_p + 2.6} = \dfrac{10}{2.4 + 2.6} = 2\ \text{A}$

$\therefore R_4$에 흐르는 전류

$I_1 = \dfrac{R_6}{R_4 + R_6} \times I = \dfrac{6}{4+6} \times 2 = 1.2\ \text{A}$

---

33. 같은 저항 4개를 그림과 같이 연결하여 a-b 간에 일정전압을 가했을 때 소비 전력이 가장 큰 것은 어느 것인가? [13]

① a ⊸ R R R R ⊸ b

②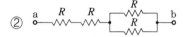

③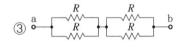

④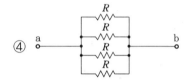

해설 일정전압을 가했을 때 소비전력은 합성 저항 R_{ab}에 반비례하므로, R_{ab}가 가장 작은 ④저항이 소비전력이 가장 크게 된다.

※ R_{ab}의 값 비교

① : $4R$, ② : $2.5R$, ③ : R, ④ : $0.25R$

---

34. 그림과 같은 회로에 저항이 $R_1 > R_2 > R_3 > R_4$일 때 전류가 최소로 흐르는 저항은? [15]

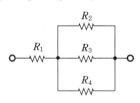

① R_1 ② R_2 ③ R_3 ④ R_4

해설 ㉠ 병렬 연결된 각 저항에 흐르는 전류는 저항의 크기에 반비례하므로, $R_2 > R_3 > R_4$일 때 $I_2 < I_3 < I_4$가 된다.

㉡ R_1에 흐르는 전류 $I_1 = I_2 + I_3 + I_4$

$\therefore R_2$에 흐르는 전류 I_2가 최소가 된다.

정답 ● 33. ④   34. ②

35. 그림과 같은 회로에서 합성 저항은 몇 Ω인가? [19]

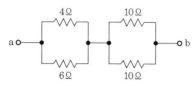

① 30   ② 15.5   ③ 8.6   ④ 7.4

해설 $R_{ab} = \dfrac{R_1 R_2}{R_1 + R_2} + \dfrac{R_3 R_4}{R_3 + R_4} = \dfrac{4 \times 6}{4 + 6} + \dfrac{10 \times 10}{10 + 10} = 2.4 + 5 = 7.4 \ \Omega$

36. 10 Ω 저항 5개를 가지고 얻을 수 있는 가장 작은 합성 저항 값은? [11]

① 1 Ω   ② 2 Ω   ③ 4 Ω   ④ 5 Ω

해설 모두 병렬 접속 시 합성 저항 : $R_p = \dfrac{R_1}{N} = \dfrac{10}{5} = 2 \ \Omega$

37. 동일한 저항 5개를 접속하여 얻을 수 있는 최대 저항 값은 최소 저항 값의 몇 배인가? [16]

① 5   ② 10   ③ 15   ④ 25

해설 ㉠ 최대 저항(모두 직렬) : $R_m = 5R$

㉡ 최소 저항(모두 병렬) : $R_S = \dfrac{R}{5}$

$\therefore \dfrac{R_m}{R_s} = \dfrac{5R}{\dfrac{R}{5}} = 25$

38. 다음 회로에서 a, b 간의 합성 저항은? [11]

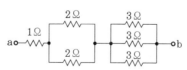

① 1 Ω   ② 2 Ω   ③ 3 Ω   ④ 4 Ω

해설 $R_{ab} = R_S + \dfrac{R_P}{N} + \dfrac{R_P{'}}{N'} = 1 + \dfrac{2}{2} + \dfrac{3}{3} = 3 \ \Omega$

정답 ● 35. ④ 36. ② 37. ④ 38. ③

39. 다음 그림에서 a-b 단자 간의 합성 저항은 몇 Ω인가? [14, 16]

① 1.5

② 2

③ 2.5

④ 4

해설 등가회로에서, 브리지 회로 평형이므로 2 Ω은 무시된다.

$$\therefore R_{ab} = \frac{1+4}{2} = 2.5 \ \Omega$$

40. 1Ω, 2Ω, 3Ω의 저항 3개를 이용하여 합성 저항을 2.2Ω으로 만들고자 할 때 접속 방법을 옳게 설명한 것은? [11]

① 저항 3개를 직렬로 접속한다.

② 저항 3개를 병렬로 접속한다.

③ 2Ω과 3Ω의 저항을 병렬로 연결한 다음 1Ω의 저항을 직렬로 접속한다.

④ 1Ω과 2Ω의 저항을 병렬로 연결한 다음 3Ω의 저항을 직렬로 접속한다.

해설 ① $R_{ab} = R_1 + R_2 + R_3 = 1 + 2 + 3 = 6 \ \Omega$

② $R_{ab} = \dfrac{R_1 R_2 R_3}{R_1 R_2 + R_2 R_3 + R_3 R_1} = \dfrac{1 \times 2 \times 3}{1 \times 2 + 2 \times 3 + 3 \times 1} \fallingdotseq 0.545 \ \Omega$

③ $R_{ab} = \dfrac{R_2 R_3}{R_2 + R_3} + R_1 = \dfrac{2 \times 3}{2 + 3} + 1 = 2.2 \ \Omega$

④ $R_{ab} = \dfrac{R_1 R_2}{R_1 + R_2} + R_3 = \dfrac{1 \times 2}{1 + 2} + 3 \fallingdotseq 3.67 \ \Omega$

41. 전선의 길이 1 m, 단면적 1 mm^{2}을 기준으로 고유 저항은 어떻게 나타내는가? [17]

① Ω

② $\Omega \cdot m^2$

③ $\Omega \cdot mm^2/m$

④ Ω/m

해설 ㉠ 길이 1 m, 단면적 1 m^2 기준 : $\Omega \cdot m$

㉡ 길이 1 m, 단면적 1 mm^2 기준 : $\Omega \cdot mm^2/m$

※ 고유 저항의 단위 : $1 \ \Omega \cdot m = 10^2 \ \Omega \cdot cm = 10^6 \ \Omega \cdot mm^2/m$

정답 ● 39. ③ 40. ③ 41. ③

42. 고유 저항 1 Ω · m와 같은 것은? [11, 19]

① $1\,\mu\,\Omega \cdot cm$

② $10^6\,\Omega \cdot mm^2/m$

③ $10^2\,\Omega \cdot mm$

④ $10^4\,\Omega \cdot cm$

해설 문제 41번 해설 참조

43. 일반적인 연동선의 고유 저항은 몇 $\Omega \cdot mm^2/m$인가? [18, 19]

① $\dfrac{1}{55}$

② $\dfrac{1}{58}$

③ $\dfrac{1}{35}$

④ $\dfrac{1}{7}$

해설 전선의 고유 저항($\Omega \cdot mm^2/m$)

① $\dfrac{1}{55}$ ≒경동선

② $\dfrac{1}{58}$ ≒연동선

③ $\dfrac{1}{35}$ ≒경알루미늄선

④ $\dfrac{1}{7}$ ≒강철선

44. 20℃에서 지름 4 mm, 길이 1 km인 경동선의 저항은 몇 Ω인가? [00]

① 1.12

② 1.25

③ 1.46

④ 1.75

해설 $R = \rho\,\dfrac{l}{A} = \rho \cdot \dfrac{4l}{\pi D^2} = \dfrac{1}{55} \cdot \dfrac{4 \times 1000}{3.14 \times 4 \times 4} = 1.46\,\Omega$

여기서, $A = \pi r^2 = \pi \left(\dfrac{D}{2}\right)^2 = \pi\,\dfrac{D^2}{4}\,[m^2]$

45. 전도도의 단위는? [10]

① $\Omega \cdot m$

② $\mho \cdot m$

③ Ω/m

④ $\mho/m$

해설 전도도(conductivity)

㉠ 고유 저항의 역수로, 물질 내 전류 흐름의 정도를 나타낸다.

㉡ 기호는 σ, 단위는 $\mho/m$를 사용한다.

정답 ● 42. ② 43. ② 44. ③ 45. ④

46. 전기 전도도가 좋은 순서대로 도체를 나열한 것은?[15]

① 은→구리→금→알루미늄
② 구리→금→은→알루미늄
③ 금→구리→알루미늄→은
④ 알루미늄→금→은→구리

해설 전도도
① 고유 저항, 즉 저항률과 반대의 의미이며, 도체 내의 전류가 흐르기 쉬운 정도를 나타내는 말로서 저항률의 역수로 취급한다.
② 전도도가 좋은 순서는 은→구리→금→알루미늄→니켈→철이다.

47. 도체의 전기저항에 대한 설명으로 옳은 것은 어느 것인가?[10]

① 길이와 단면적에 비례한다.
② 길이와 단면적에 반비례한다.
③ 길이에 비례하고 단면적에 반비례한다.
④ 길이에 반비례하고 단면적에 비례한다.

해설 도체의 전기저항 : $R = \rho \dfrac{l}{A} [\Omega]$

① 저항은 그 도체의 길이에 비례하고 단면적에 반비례한다.
② 저항은 그 도체의 길이에 비례하고 고유 저항에도 비례한다.

48. 금속도체의 전기저항에 대한 설명으로 옳은 것은?[19]

① 도체의 저항은 고유 저항과 길이에 반비례한다.
② 도체의 저항은 길이와 단면적에 반비례한다.
③ 도체의 저항은 단면적에 비례하고 길이에 반비례한다.
④ 도체의 저항은 고유 저항에 비례하고 단면적에 반비례한다.

해설 문제 47번 해설 참조

49. 다음 중 도체의 전기저항을 결정하는 요인과 관련이 없는 것은?[19]

① 고유 저항
② 길이
③ 색깔
④ 단면적

해설 문제 47번 해설 참조

정답 ● 46. ①   47. ③   48. ④   49. ③

50. 어떤 도체의 길이를 n배로 하고 단면적을 $\dfrac{1}{n}$로 하였을 때의 저항은 원래 저항보다 어떻게 되는가? [12, 17]

① n배로 된다.　　② n^2배로 된다.　　③ $\sqrt{n}$ 배로 된다.　　④ $\dfrac{1}{n}$로 된다.

해설 $R = \rho\dfrac{l}{A}$에서, $R' = \rho\dfrac{nl}{A/n} = n^2 \cdot \rho\dfrac{l}{A} = n^2 R$

∴ n^2배로 된다.

---

51. 어떤 도체의 길이를 2배로 하고 단면적을 $\dfrac{1}{3}$로 했을 때의 저항은 원래 저항의 몇 배가 되는가? [15, 17]

① 3배　　　　② 4배　　　　③ 6배　　　　④ 9배

해설 $R = \rho\dfrac{l}{A}$에서, $R' = \rho\dfrac{2l}{\dfrac{A}{3}} = 6 \cdot \rho\dfrac{l}{A} = 6R$

∴ 저항은 처음의 6배가 된다.

---

52. 1 m에 저항이 20 Ω인 전선의 길이를 2배로 늘리면 저항은 몇 Ω이 되는가? (단, 동선의 체적은 일정하다.) [10, 18]

① 10　　　　② 20　　　　③ 40　　　　④ 80

해설 ㉠ 체적이 일정하다는 조건하에서, 길이를 n배로 늘리면 단면적은 $\dfrac{1}{n}$ 배로 감소한다.

㉡ $R = \rho\dfrac{l}{A}$에서, $R_n = \rho\dfrac{nl}{\dfrac{A}{n}} = n^2 \cdot \rho\dfrac{l}{A} = n^2 R$

∴ $R_2 = 2^2 \times R = 4R = 4 \times 20 = 80\ \Omega$

---

53. 전구를 점등하기 전의 저항과 점등한 후의 저항을 비교하면 어떻게 되는가? [14, 19]

① 점등 후의 저항이 크다.　　　　② 점등 전의 저항이 크다.
③ 변동 없다.　　　　　　　　　　④ 경우에 따라 다르다.

해설 (+) 저항 온도계수 : 전구를 점등하면 온도가 상승하므로 저항이 비례하여 상승하게 된다.
∴ 점등 후의 저항이 크다.

정답 ● **50.** ②　**51.** ③　**52.** ④　**53.** ①

54. 주위 온도 0℃에서의 저항이 20 Ω인 연동선이 있다. 주위 온도가 50℃로 되는 경우 저항은? (단, 0℃에서 연동선의 온도계수는 $\alpha_0 = 4.3 \times 10^{-3}$이다.) [10, 16]

① 약 22.3 Ω   ② 약 23.3 Ω   ③ 약 24.3 Ω   ④ 약 25.3 Ω

해설 $R_t = R_o(1 + \alpha_0 t) = 20(1 + 4.3 \times 10^{-3} \times 50) = 20 + 4.3 = 24.3 \ \Omega$

55. 다음 중 저항의 온도계수가 부(−)의 특성을 가지는 것은? [11]

① 경동선   ② 백금선   ③ 텅스텐   ④ 서미스터

해설 부(−)저항 온도계수

㉠ 온도가 상승하면 저항값이 감소하는 특성을 나타낸다.

㉡ 반도체, 탄소, 절연체, 전해액, 서미스터 등이 있다.

※ 서미스터(thermistor) : 온도에 민감한 저항체(thermally sensitive resistor)의 약자이다.

56. 회로에서 검류계의 지시가 0일 때 저항 X는 몇 Ω인가? [12]

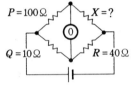

① 10   ② 40   ③ 100   ④ 400

해설 휘트스톤 브리지 회로 − 평형 조건

㉠ 평형 조건 : $PR = QX$

㉡ 미지의 저항 : $X = \dfrac{P}{Q}R$

∴ $X = \dfrac{100}{10} \times 40 = 400 \ \Omega$

57. 회로망의 임의의 접속점에 유입되는 전류는 $\sum I = 0$라는 법칙은? [15, 20]

① 쿨롱의 법칙   ② 패러데이의 법칙

③ 키르히호프의 제1법칙   ④ 키르히호프의 제2법칙

해설 키르히호프의 법칙(Kirchhoff's law)

제1법칙 : $\Sigma I = 0$

제2법칙 : $\Sigma V = \Sigma IR$

정답 → 54. ③   55. ④   56. ④   57. ③

58. 그림의 브리지 회로에서 평형이 되었을 때의 C_x는? [12, 14, 19]

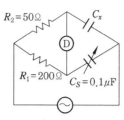

① 0.1 μF

② 0.2 μF

③ 0.3 μF

④ 0.4 μF

해설 $C_x = \dfrac{R_1}{R_2} \cdot C_s = \dfrac{200}{50} \times 0.1 = 0.4\ \mu\text{F}$

59. 아래와 같은 회로에서 폐회로에 흐르는 전류는 몇 A인가? [18]

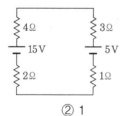

① 0.5

② 1

③ 1.5

④ 2

해설 키르히호프의 제2법칙 : $\sum V = \sum IR$

$\therefore I = \dfrac{\sum V}{\sum R} = \dfrac{15 - 5}{4 + 3 + 1 + 2} = 1\text{A}$

60. 중첩의 원리를 이용하여 회로를 해석할 때 전류원과 전압원은 각각 어떻게 하여야 하는가? [20]

① 전압원–단락, 전류원–단락

② 전압원–단락, 전류원–개방

③ 전압원–개방, 전류원–단락

④ 전압원–개방, 전류원–개방

해설 중첩의 원리(회로를 해석할 때)

㉠ 전압 전원은 단락하여 그 전압을 0으로 하고,

㉡ 전류 전원은 개방하여 그 전류를 0으로 하여 해석한다.

정답 58. ④ 59. ② 60. ②

04

Chapter

단상교류회로

---

1. 주파수 100 Hz의 주기는 몇 초인가? [10, 17, 19]

① 0.05   ② 0.02   ③ 0.01   ④ 0.1

해설 $T = \dfrac{1}{f} = \dfrac{1}{100} = 0.01\,\text{s}$

---

2. 다음 중 전기각 $\dfrac{\pi}{6}$ [rad]는 몇 도인가? [14, 17]

① 30°   ② 45°   ③ 60°   ④ 90°

해설 $\pi[\text{rad}] = 180°$

$\therefore \dfrac{\pi}{6}[rad] = \dfrac{180°}{6} = 30°$

---

3. 각속도 $\omega = 300$ rad/s인 사인파 교류의 주파수(Hz)는 얼마인가? [18]

① $\dfrac{70}{\pi}$ ② $\dfrac{150}{\pi}$ ③ $\dfrac{180}{\pi}$ ④ $\dfrac{360}{\pi}$

해설 $\omega = 2\pi f[\text{rad/s}]$에서, $f = \dfrac{\omega}{2\pi} = \dfrac{300}{2\pi} = \dfrac{150}{\pi}\,[\text{Hz}]$

---

4. 각주파수 $\omega = 120\pi$ [rad/s]일 때 주파수(Hz)는 얼마인가? [19]

① 50   ② 60   ③ 300   ④ 360

해설 $\omega = 2\pi f = 120\pi[\text{rad/s}]$

$\therefore f = \dfrac{120\pi}{2\pi} = 60\,\text{Hz}$

정답 ━● 1. ③   2. ①   3. ②   4. ②

5. $e = 141\sin\left(120\,\pi\,t - \dfrac{\pi}{3}\right)$인 파형의 주파수는 몇 Hz인가 ? [11, 19]

① 10　　　　② 15　　　　③ 30　　　　④ 60

해설 $f = \dfrac{\omega}{2\pi} = \dfrac{120\,\pi}{2\,\pi} = 60\,\mathrm{Hz}$

6. $v = V_m \sin(\omega t + 30°)$[V], $i = I_m \sin(\omega t - 30°)$[A]일 때 전압을 기준으로 할 때 전류의 위상차는 ? [11]

① 60° 뒤진다.　② 60° 앞선다.　③ 30° 뒤진다.　④ 30° 앞선다.

해설 위상차 $\theta = \theta_1 - \theta_2 = 30° - (-30°) = 60°$

∴ 전류 i는 전압 e보다 60° 뒤진다.

7. $e = E_m \sin(\omega t + 30°)$[V]와 $i = I_m \cos(\omega t - 90°)$[A] 와의 위상차는 ? [예상]

① 30˚　　　　② 60˚　　　　③ 90˚　　　　④ 120˚

해설 ㉠ 전류 i의 cos 값을 sin 값으로 환산하면
$\cos(\omega t - 90°) = \sin(\omega t - 90° + 90°) = \sin\omega t$
㉡ 위상차 $\theta = \theta_1 - \theta_2 = 30° - 0° = 30°$
∴ e는 i보다 위상이 30° 앞서 흐른다.

8. 다음 전압과 전류의 위상차는 어떻게 되는가 ? [12]

$$v = \sqrt{2}\,V\sin\left(\omega t - \dfrac{\pi}{3}\right)[V] \qquad i = \sqrt{2}\,I\sin\left(\omega t - \dfrac{\pi}{6}\right)[A]$$

① 전류가 $\dfrac{\pi}{3}$ 만큼 앞선다.　② 전압이 $\dfrac{\pi}{3}$ 만큼 앞선다.

③ 전압이 $\dfrac{\pi}{6}$ 만큼 앞선다.　④ 전류가 $\dfrac{\pi}{6}$ 만큼 앞선다

해설 $\theta = \theta_1 - \theta_2 = -\dfrac{\pi}{3} - \dfrac{\pi}{6} = -\dfrac{\pi}{6}$ [rad]

∴ 전류가 $\dfrac{\pi}{6}$ 만큼 앞선다.

정답 ┅● 5. ④　6. ①　7. ①　8. ④

9. 사인과 교류전압을 표시한 것으로 잘못된 것은? (단, θ는 회전각이며, ω는 각속도이다.) [15]

① $v = V_m \sin\theta$　　　　　　　② $v = V_m \sin\omega t$

③ $v = V_m \sin 2\pi t$　　　　　　④ $v = V_m \sin\dfrac{2\pi}{T}t$

해설 $\theta = \omega t = 2\pi ft = \dfrac{2\pi}{T}t$

$\therefore\ v = V_m \sin\theta = V_m \sin\omega t = V_m \sin 2\pi ft = V_m \sin\dfrac{2\pi}{T}t$

---

10. 실횻값 5 A, 주파수 f[Hz], 위상 60°인 전류의 순싯값 i[A]를 수식으로 옳게 표현한 것은? [15]

① $i = 5\sqrt{2}\sin\left(2\pi ft + \dfrac{\pi}{2}\right)$　　　② $i = 5\sqrt{2}\sin\left(2\pi ft + \dfrac{\pi}{3}\right)$

③ $i = 5\sin\left(2\pi ft + \dfrac{\pi}{2}\right)$　　　　④ $i = 5\sin\left(2\pi ft + \dfrac{\pi}{3}\right)$

해설 $i = I_m \sin(\omega t + \theta) = \sqrt{2}\,I\sin(2\pi ft + 60°) = 5\sqrt{2}\sin\left(2\pi ft + \dfrac{\pi}{3}\right)$[A]

---

11. 저항 50Ω인 전구에 $e = 100\sqrt{2}\sin\omega t$[V]의 전압을 가할 때 순시전류 A 값은? [15]

① $\sqrt{2}\sin\omega t$　　　　　　② $2\sqrt{2}\sin\omega t$

③ $5\sqrt{2}\sin\omega t$　　　　　④ $10\sqrt{2}\sin\omega t$

해설 $i = \dfrac{1}{R}e = \dfrac{1}{50} \times 100\sqrt{2}\sin\omega t = 2\sqrt{2}\sin\omega t$[A]

---

12. $e = 200\sin(100\pi t)$[V]의 교류 전압에서 $t = \dfrac{1}{600}$초일 때, 순싯값은? [14]

① 100 V　　　　　　② 173 V

③ 200 V　　　　　　④ 346 V

해설 $e = 200\sin(100\pi t) = 200\sin\left(100\pi \times \dfrac{1}{600}\right) = 200\sin\dfrac{\pi}{6}$

$= 200\sin 30° = 200 \times \dfrac{1}{2} = 100$ V

정답 ● 9. ③　10. ②　11. ②　12. ①

13. 교류는 시간에 따라 그 크기가 변하므로 교류의 크기를 일반적으로 나타내는 값은 ? [17]

① 순싯값   ② 최솟값   ③ 실횻값   ④ 평균값

해설 실횻값(effective value)

㉠ 직류의 크기와 같은 일을 하는 교류의 크기값이다.

㉡ 1주기에서 순싯값의 제곱의 평균을 평방근으로 표시한다.

---

14. $e = 141.4 \sin(100\pi t)$[V]의 교류전압이 있다. 이 교류의 실횻값은 몇 V인가 ? [19]

① 100   ② 110   ③ 141   ④ 282

해설 ㉠ $e = 141.4 \sin(100\pi t) = \sqrt{2} \times 100 \sin(100\pi t)$

㉡ $E_m = 141.4 = \sqrt{2} \times 100 = \sqrt{2}\, E$

∴ 실횻값 $E = 100\,\mathrm{V}$, 최댓값 $E_m = 141.4\,\mathrm{V}$

---

15. $i = I_m \sin\omega t$ 인 사인파 교류에서 ωt 가 몇 도일 때 순싯값과 실횻값이 같게 되는가 ? [13, 15]

① 0°   ② 45°   ③ 60°   ④ 90°

해설 ㉠ $i = I_m \sin\omega t = \sqrt{2}\, I \sin\omega t$[A]

㉡ 순싯값 i 와 실횻값 I 가 같게 되는 조건 : $\sin\omega t = \dfrac{1}{\sqrt{2}}$

∴ $\theta = \omega t = \sin^{-1} \dfrac{1}{\sqrt{2}} = 45°$

---

16. 가정용 전등 전압이 200 V이다. 이 교류의 최댓값은 몇 V인가 ? [15]

① 70.7   ② 86.7   ③ 141.4   ④ 282.8

해설 $V_m = \sqrt{2} \times V = 1.414 \times 200 = 282.8\,\mathrm{V}$

---

17. 교류 220 V의 평균값은 약 몇 V인가 ? [18]

① 148   ② 155   ③ 198   ④ 380

해설 평균값 : $V_a = \dfrac{1}{1.11} \times V = \dfrac{1}{1.11} \times 220 \fallingdotseq 198\,\mathrm{V}$

※ $\dfrac{평균값\ V_a}{실횻값\ V} = \dfrac{0.637\,V_m}{0.707\,V_m} \fallingdotseq \dfrac{1}{1.11} \rightarrow V_a = \dfrac{1}{1.11} \times V$

정답 ●─ **13.** ③   **14.** ①   **15.** ②   **16.** ④   **17.** ③

18. 최댓값이 V_m[V]인 사인파 교류에서 평균값 V_a[V] 값은? [19]

① $0.557\,V_m$ ② $0.637\,V_m$ ③ $0.707\,V_m$ ④ $0.866\,V_m$

해설 $V_a = \dfrac{2}{\pi}V_m \fallingdotseq 0.637\,V_m$

19. 어떤 정현파 교류의 최댓값이 $V_m = 220$ V이면 평균값 V_a[V]는? [10, 12]

① 약 120.4 V   ② 약 125.4 V   ③ 약 127.3 V   ④ 약 140.1 V

해설 $V_a = \dfrac{2}{\pi}V_m \fallingdotseq 0.637\,V_m = 0.637 \times 220 \fallingdotseq 140.1\,\text{V}$

20. 다음 중 틀린 것은? [01, 19]

① 실횻값 = 최댓값 $\div \sqrt{2}$ ② 최댓값 = 실횻값 $\div 2$

③ 평균값 = 최댓값 $\times \dfrac{2}{\pi}$ ④ 최댓값 = 실횻값 $\times \sqrt{2}$

해설 최댓값 = 실횻값 $\times \sqrt{2}$

21. 어떤 소자 회로에 $e = 100\sin(377t + 60°)$[V]의 전압을 가했더니 $i = 10\sin(377t + 60°)$[A]의 전류가 흘렀다. 이 소자는 어떤 것인가? [예상]

① 순저항   ② 유도 리액턴스
③ 용량 리액턴스   ④ 다이오드

해설 ㉠ 전압 e와 전류 i는 sin파로서, 각속도(주파수)와 위상이 동일하므로 회로 소자는 순저항이다.
㉡ 각속도 $\omega = 2\pi f = 377\,\text{rad/s}$
위상차 $\theta = (\theta - \theta_2) = (60° - 60°) = 0$

22. 일반적인 경우 교류를 사용하는 전기난로의 전압과 전류의 위상은? [예상]

① 전압과 전류는 동상이다.   ② 전압이 전류보다 90도 앞선다.
③ 전류가 전압보다 90도 앞선다.   ④ 전류가 전압보다 60도 앞선다.

해설 전기난로는 저항만의 교류회로로 취급되므로 전압과 전류는 동상이다.

정답 18. ② 19. ④ 20. ② 21. ① 22. ①

23. 전기저항 25 Ω에 50 V의 사인파 전압을 가할 때 전류의 순싯값은? (단, 각속도 $\omega = 377$ rad/s이다.) [10]

① $2\sin377t$ [A]

② $2\sqrt{2}\sin377t$ [A]

③ $4\sin377t$ [A]

④ $4\sqrt{2}\sin377t$ [A]

해설 ㉠ $v = E_m\sin\omega t = \sqrt{2}\,V\sin377t = 50\sqrt{2}\sin377t$ [V]

ㄴ $R = 25\,\Omega$

$$\therefore\ i = \frac{v}{R} = \frac{50\sqrt{2}}{25}\cdot\sin377t = 2\sqrt{2}\sin377t\ [A]$$

24. 자체 인덕턴스가 1 H인 코일에 200 V, 60 Hz의 사인파 교류 전압을 가했을 때 전류와 전압의 위상차는? (단, 저항 성분은 모두 무시한다.) [16, 19]

① 전류는 전압보다 위상이 $\dfrac{\pi}{2}$ [rad] 만큼 뒤진다.

② 전류는 전압보다 위상이 π [rad] 만큼 뒤진다.

③ 전류는 전압보다 위상이 $\dfrac{\pi}{2}$ [rad] 만큼 앞선다.

④ 전류는 전압보다 위상이 π [rad] 만큼 앞선다.

해설 전압을 기준 벡터로 했을 때, 전류는 그 위상이 전압보다 $90°$, 즉 $\dfrac{\pi}{2}$ [rad]만큼 뒤진다.

25. 인덕턴스 0.5 H에 주파수가 60 Hz이고 전압이 220 V인 교류 전압이 가해질 때 흐르는 전류는 약 몇 A인가? [14]

① 0.59

② 0.87

③ 0.97

④ 1.17

해설 $I = \dfrac{V}{X_L} = \dfrac{V}{2\pi fL} = \dfrac{220}{2\pi\times60\times0.5} = \dfrac{220}{188.4} \fallingdotseq 1.17\,A$

26. 어떤 회로의 소자에 일정한 크기의 전압으로 주파수를 2배로 증가시켰더니 흐르는 전류의 크기가 $\dfrac{1}{2}$ 로 되었다. 이 소자의 종류는? [14]

① 저항

② 코일

③ 콘덴서

④ 다이오드

정답 23. ② 　 24. ① 　 25. ④ 　 26. ②

해설 ㉠ 유도리액턴스 : $X_L = 2\pi f \cdot L[\Omega]$에서, 주파수 f를 2배로 증가시키면 X_L는 2배가 된다.

㉡ 전류 : $I_L{}' = \dfrac{V}{2X_L} = \dfrac{1}{2} \cdot I_L$

∴ 주파수를 2배로 하면 전류의 크기가 $\dfrac{1}{2}$로 되는 회로소자는 코일(coil)이다.

---

27. 어떤 회로에 $v = 200\sin\omega t$의 전압을 가했더니 $i = 50\sin\left(\omega t + \dfrac{\pi}{2}\right)$의 전류가 흘렀다. 이 회로는? [10]

① 저항 회로　　　② 유도성 회로　　　③ 용량성 회로　　　④ 임피던스 회로

해설 용량성 회로의 전압, 전류의 순싯값 표시

㉠ 전압 $v = V_m\sin\omega t[\text{V}]$

㉡ 전류 $i = I_m\sin\left(\omega t + \dfrac{\pi}{2}\right)[\text{A}]$

∴ 전류가 $\dfrac{\pi}{2}[\text{rad}]$만큼 앞선다.

---

28. 용량 리액턴스와 반비례하는 것은 어느 것인가? [예상]

① 전압　　　② 저항　　　③ 임피던스　　　④ 주파수

해설 $X_C = \dfrac{1}{2\pi fC}[\Omega]$: 용량 리액턴스(X_C)는 주파수(f)와 반비례한다.

---

29. 콘덴서 용량이 커질수록 용량 리액턴스는 어떻게 되는가? [19]

① 무한대로 접근한다.　　　　② 커진다.

③ 작아진다.　　　　　　　　④ 변하지 않는다.

해설 $X_C = \dfrac{1}{2\pi fC}[\Omega]$에서, 용량 리액턴스($X_C$)는 콘덴서 용량(C)에 반비례한다.

---

30. $10\,\mu\text{F}$의 콘덴서 60 Hz, 100 V의 교류 전압을 가하면 흐르는 전류(A)는?

① 약 0.16　　　② 약 0.38　　　③ 약 2.1　　　④ 약 4.8

해설 $I = \omega CV = 2\pi f CV = 2\pi \times 60 \times 10 \times 10^{-6} \times 100 ≒ 0.38\ \text{A}$

정답 27. ③　28. ④　29. ③　30. ②

31. 1000 Hz에서 30 Ω인 콘덴서를 2000 Hz에 사용하면 리액턴스(Ω)는? [예상]

① 60 　　　　　② 45 　　　　　③ 30 　　　　　④ 15

해설 용량 리액턴스 X_C와 주파수 f는 반비례 관계이므로 비례식으로 구하면

$f_1 : f_2 = 1000 : 2000 = 1 : 2$이므로

$X_{C1} : X_{C2} = 2 : 1$ 　　 $\therefore X_{C2} = \dfrac{1}{2} X_{C1} = \dfrac{1}{2} \times 30 = 15 \ \Omega$

32. 다음 설명 중에서 틀린 것은? [11, 15]

① 코일은 직렬로 연결할수록 인덕턴스가 커진다.
② 콘덴서는 직렬로 연결할수록 용량이 커진다.
③ 저항은 병렬로 연결할수록 저항치가 작아진다.
④ 리액턴스는 주파수의 함수이다.

해설 콘덴서는 직렬로 연결할수록 용량이 작아진다(저항과 반대).

33. RL 직렬 회로에 교류 전압 $v = V_m \sin\theta$ [V]를 가했을 때 회로의 위상각 θ를 나타낸 것은? [15, 17]

① $\theta = \tan^{-1} \dfrac{R}{\omega L}$ 　　　　　　　② $\theta = \tan^{-1} \dfrac{\omega L}{R}$

③ $\theta = \tan^{-1} \dfrac{1}{R \omega L}$ 　　　　　　　④ $\theta = \tan^{-1} \dfrac{R}{\sqrt{R^2 + (\omega L)^2}}$

해설 $\tan \theta = \dfrac{\omega L}{R}$에서, $\theta = \tan^{-1} \dfrac{\omega L}{R}$

34. 저항 3 Ω, 유도리액턴스 4 Ω의 직렬 회로에 교류 100 V를 가할 때 흐르는 전류와 위상각은 얼마인가? [19]

① 14.3 A, 37° 　　② 14.3 A, 53° 　　③ 20 A, 37° 　　④ 20 A, 53°

해설 ㉠ $Z = \sqrt{R^2 + X^2} = \sqrt{3^2 + 4^2} = 5 \ \Omega$

$\therefore I = \dfrac{V}{Z} = \dfrac{100}{5} = 20 \ A$

㉡ $\theta = \tan^{-1} \dfrac{\omega L}{R} = \tan^{-1} \dfrac{4}{3} \fallingdotseq 53°$

정답 　31. ④ 　32. ② 　33. ② 　34. ④

35. 저항과 코일이 직렬 연결된 회로에서 직류 220 V를 인가하면 20 A의 전류가 흐르고, 교류 220 V를 인가하면 10 A의 전류가 흐른다. 이 코일의 리액턴스(Ω)는? [13, 19]

① 약 19.05
② 약 16.06
③ 약 13.06
④ 약 11.04

해설 ㉠ 직류 220 V를 인가 시($X_L = 0$) : $R = \dfrac{V}{I} = \dfrac{220}{20} = 11\ \Omega$

㉡ 교류 220 V를 인가 시 : $Z = \dfrac{V'}{I} = \dfrac{220}{10} = 22\ \Omega$

$\therefore\ X_L = \sqrt{Z^2 - R^2} = \sqrt{22^2 - 11^2} = \sqrt{484 - 121} \fallingdotseq 19.05\ \Omega$

36. $R = 8\ \Omega$, $L = 19.1$ mH의 직렬 회로에 5 A가 흐르고 있을 때 인덕턴스(L)에 걸리는 단자 전압의 크기는 약 몇 V인가? (단, 주파수는 60 Hz이다.) [15, 20]

① 12
② 25
③ 29
④ 36

해설 $X_L = 2\pi f L = 2\pi \times 60 \times 19.1 \times 10^{-3} \fallingdotseq 7.2\ \Omega$

$\therefore\ V_L = I \cdot X_L = 5 \times 7.2 = 36\ V$

37. $R = 5\ \Omega$, $L = 30$ mH의 RL 직렬 회로에 $V = 200$ V, $f = 60$ Hz의 교류 전압을 가할 때 전류의 크기는 약 몇 A인가? [15, 16]

① 8.67
② 11.42
③ 16.18
④ 21.25

해설 ㉠ $X_L = 2\pi f L = 2 \times 3.14 \times 60 \times 30 \times 10^{-3} \fallingdotseq 11.31\ \Omega$

㉡ $Z = \sqrt{R^2 + X_L^2} = \sqrt{5^2 + 11.31^2} \fallingdotseq 12.36\ \Omega$

$\therefore\ I = \dfrac{V}{Z} = \dfrac{200}{12.36} \fallingdotseq 16.18\ A$

38. 저항 9 Ω, 용량 리액턴스 12 Ω의 직렬 회로의 임피던스는 몇 Ω인가? [13, 19]

① 2
② 15
③ 21
④ 32

해설 $Z = \sqrt{R^2 + X_c^2} = \sqrt{9^2 + 12^2} = \sqrt{225} = 15\ \Omega$

정답 ● 35. ① 36. ④ 37. ③ 38. ②

39. $R = 15\ \Omega$인 RC 직렬 회로에 60 Hz, 100 V의 전압을 가하니 4 A의 전류가 흘렀다면 용량 리액턴스(Ω)는? [13]

① 10   ② 15

③ 20   ④ 25

해설 $Z = \dfrac{V}{I} = \dfrac{100}{4} = 25\ \Omega$

$Z = \sqrt{R^2 + X_c^{\ 2}}\ [\Omega]$에서,

$X_c = \sqrt{Z^2 - R^2} = \sqrt{25^2 - 15^2} = 20\ \Omega$

40. L[H], C[F]를 병렬로 결선하고 전압(V)을 가할 때 전류가 0이 되려면 주파수 f는 몇 Hz 이어야 하는가? [19]

① $f = 2\pi\sqrt{LC}$ ② $f = \dfrac{2\pi}{\sqrt{LC}}$

③ $f = \dfrac{\sqrt{LC}}{2\pi}$ ④ $f = \dfrac{1}{2\pi\sqrt{LC}}$

해설 공진 주파수 : $f_0 = \dfrac{1}{2\pi\sqrt{LC}}\ [\mathrm{Hz}]$

41. $L-C$ 회로에서 L 또는 C를 증가시킬 때 공진 주파수의 변동은 어떠한가? [00]

① 공진 주파수는 증가한다.   ② 공진 주파수는 감소한다.

③ 변하지 않는다.   ④ $\dfrac{L}{C}$에 반비례한다.

해설 문제 40번 해설 참조

42. $R = 3\ \Omega$, $\omega L = 8\ \Omega$, $\dfrac{1}{\omega C} = 4\ \Omega$의 RLC 직렬 회로의 임피던스(Ω)는? [17]

① 5   ② 8.5

③ 12.4   ④ 15

해설 $Z = \sqrt{R^2 + (X_L - X_C)^2} = \sqrt{R^2 + \left(\omega L - \dfrac{1}{\omega C}\right)^2} = \sqrt{3^2 + (8-4)^2} = 5\ \Omega$

정답 ● **39.** ③   **40.** ④   **41.** ②   **42.** ①

43. 그림과 같이 $R = 4\,\Omega$, $X_L = 8\,\Omega$, $X_C = 5\,\Omega$이 직렬로 연결된 회로에 100 V의 교류를 가했을 때 흐르는 ㉮ 전류와 ㉯ 임피던스는? [10, 20]

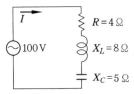

① ㉮ 5.9 A, ㉯ 용량성   ② ㉮ 5.9 A, ㉯ 유도성

③ ㉮ 20 A, ㉯ 용량성   ④ ㉮ 20 A, ㉯ 유도성

해설 ㉠ $Z = \sqrt{R^2 + (X_L - X_C)^2} = \sqrt{4^2 + (8-5)^2} = \sqrt{4^2 + 3^2} = 5\,\Omega$

㉡ $I = \dfrac{V}{Z} = \dfrac{100}{5} = 20\,\text{A}$

㉢ $X_L > X_C$ 이므로 임피던스는 유도성이다.

44. RLC 직렬 공진 회로에서 최대가 되는 것은? [11, 19]

① 전류   ② 임피던스

③ 리액턴스   ④ 저항

해설 직렬 공진 시 임피던스가 최소가 되므로, 전류는 최대가 된다.

45. $R = 10\,\Omega$, $X_L = 15\,\Omega$, $X_C = 15\,\Omega$의 직렬 회로에 100 V의 교류 전압을 인가할 때 흐르는 전류(A)는? [11]

① 6   ② 8

③ 10   ④ 12

해설 $Z = \sqrt{R^2 + (X_L - X_C)^2} = \sqrt{10^2 + (15-15)^2} = \sqrt{10^2} = 10\,\Omega$

$\therefore I = \dfrac{V}{R} = \dfrac{100}{10} = 10\,\text{A}$

※ $X_L = X_C$이므로, 직렬 공진 회로이다.

$\therefore$ 전류는 최대가 된다.

정답 ┅ 43. ④   44. ①   45. ③

46. 저항 $R = 15\ \Omega$, 자체 인덕턴스 $L = 35\ \text{mH}$, 정전용량 $C = 300\ \mu F$의 직렬 회로에서 공진 주파수 f_0는 약 몇 Hz인가? [11]

① 40   ② 50   ③ 60   ④ 70

해설 $f_0 = \dfrac{1}{2\pi\sqrt{LC}} = \dfrac{1}{2\pi\sqrt{35 \times 10^{-3} \times 300 \times 10^{-6}}} \fallingdotseq 50\ \text{Hz}$

47. RLC 직렬 회로에서 전압과 전류가 동상이 되기 위한 조건은? [13]

① $L = C$ ② $\omega LC = 1$ ③ $\omega^2 LC = 1$ ④ $(\omega LC)^2 = 1$

해설 동상의 조건 = 공진조건 : $X_L = X_C$에서, $\omega L = \dfrac{1}{\omega C}$

$\therefore\ \omega^2 LC = 1$

48. $R = 2\ \Omega$, $L = 10\ \text{mH}$, $C = 4\ \mu\text{F}$으로 구성되는 직렬 공진 회로의 L과 C에서의 전압 확대율은? [16]

① 3   ② 6   ③ 16   ④ 25

해설 $Q = \dfrac{1}{R}\sqrt{\dfrac{L}{C}} = \dfrac{1}{2}\sqrt{\dfrac{10 \times 10^{-3}}{4 \times 10^{-6}}} = 0.5 \times \sqrt{2.5 \times 10^{-3} \times 10^{6}} = 0.5 \times \sqrt{2500} = 25$

49. 그림과 같은 RL 병렬 회로에서 $R = 25\ \Omega$, $\omega L = \dfrac{100}{3}\ \Omega$일 때, 200 V의 전압을 가하면 코일에 흐르는 전류 I_L [A]는? [15]

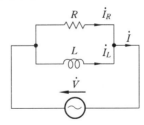

① 3.0   ② 4.8   ③ 6.0   ④ 8.2

해설 $I_L = \dfrac{V}{\omega L} = \dfrac{200}{\dfrac{100}{3}} \fallingdotseq 6\ \text{A}$ ※ $I_R = \dfrac{V}{R} = \dfrac{200}{25} = 4\ \text{A}$

정답 ● **46.** ②   **47.** ③   **48.** ④   **49.** ③

---

50. 6 Ω의 저항과 8 Ω의 용량성 리액턴스의 병렬 회로가 있다. 이 병렬 회로의 임피던스는 몇 Ω인가? [15]

① 1.5　　　　　② 2.6　　　　　③ 3.8　　　　　④ 4.8

해설 $Z = \dfrac{R \cdot X_C}{\sqrt{R^2 + X_C^2}} = \dfrac{6 \times 8}{\sqrt{6^2 + 8^2}} = 4.8 \ \Omega$

---

51. 그림과 같은 RC 병렬 회로의 위상각(θ)은? [16, 17, 18]

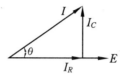

① $\tan^{-1} \dfrac{\omega C}{R}$　　　　　　　② $\tan^{-1} \omega C R$

③ $\tan^{-1} \dfrac{R}{\omega C}$　　　　　　　④ $\tan^{-1} \dfrac{1}{\omega C R}$

해설 $\theta = \tan^{-1} \dfrac{I_C}{I_R} = \tan^{-1} \dfrac{\omega C V}{V/R} = \tan^{-1} \omega C R$

---

52. 교류회로에서 코일과 콘덴서를 병렬로 연결한 상태에서 주파수가 증가하면 어느 쪽이 전류가 잘 흐르는가? [11]

① 코일　　　　　　　　　　② 콘덴서
③ 코일과 콘덴서에 같이 흐른다.　　④ 모두 흐르지 않는다.

해설 리액턴스와 주파수 관계

㉠ $X_L = 2 \pi f \cdot L \ [\Omega]$: 주파수의 f 가 증가하면 X_L은 비례하여 증가한다.

㉡ $X_c = \dfrac{1}{2 \pi f \cdot c} \ [\Omega]$: 주파수의 f 가 증가하면 X_c은 반비례하여 감소한다.

∴ 용량성 리액턴스 X_c가 감소하므로 콘덴서 쪽이 전류가 잘 흐르게 된다.

---

53. 다음 중 병렬 공진 회로에서 최대가 되는 것은? [19]

① 임피던스　　　② 리액턴스　　　③ 저항　　　④ 전류

해설 병렬 공진 회로에서는 공진 시에 어드미턴스가 최소, 임피던스는 최대가 된다.

정답 50. ④　51. ②　52. ②　53. ①

---

54. 복소수에 대한 설명으로 틀린 것은? [15]

① 실수부와 허수부로 구성된다.

② 허수를 제곱하면 음수가 된다.

③ 복소수는 $A = a + jb$의 형태로 표시한다.

④ 거리와 방향을 나타내는 스칼라 양으로 표시한다.

해설 복소수는 거리와 방향을 나타내는 벡터량으로 표시한다.

---

55. $\dot{I} = 8 + j6$ A로 표시되는 전류의 크기 I는 몇 A인가? [15]

① 6   ② 8   ③ 10   ④ 12

해설 $I = \sqrt{8^2 + 6^2} = \sqrt{100} = 10$ A

---

56. 어떤 회로에 50 V의 전압을 가하니 $8 + j6$[A]의 전류가 흘렀다면 이 회로의 임피던스(Ω)는? [11]

① $3 - j4$ ② $3 + j4$ ③ $4 - j3$ ④ $4 + j3$

해설 $\dot{Z} = \dfrac{\dot{V}}{\dot{I}} = \dfrac{50}{8 + j6} = \dfrac{50(8 - j6)}{(8 + j6)(8 - j6)} = \dfrac{400 - j300}{8^2 + 6^2} = 4 - j3$ Ω

---

57. 교류 순시 전류 $i = 10\sin\left(314t - \dfrac{\pi}{6}\right)$가 흐른다. 이를 복소수로 표시하면? [18]

① $6.12 - j3.5$ ② $17.32 - j5$ ③ $3.54 - j6.12$ ④ $5 - j17.32$

해설 (1) 순싯값 $i = 10\sin\left(314\,t - \dfrac{\pi}{6}\right) = \sqrt{2} \times \dfrac{10}{\sqrt{2}}\sin\left(314\,t - \dfrac{\pi}{6}\right)$

$\qquad\qquad\quad \fallingdotseq 7.07\sqrt{2}\sin\left(314\,t - \dfrac{\pi}{6}\right)$[A]

(2) 벡터 표시 $\dot{I} = 7.07\left(\cos\dfrac{\pi}{6} - j\sin\dfrac{\pi}{6}\right)$

$\quad$ ㉠ 실수축 $a \Rightarrow 7.07\cos\dfrac{\pi}{6} = 7.07 \times \dfrac{\sqrt{3}}{2} \fallingdotseq 6.12$

$\quad$ ㉡ 허수축 $b \Rightarrow 7.07\sin\dfrac{\pi}{6} = 7.07 \times \dfrac{1}{2} \fallingdotseq 3.5$ $\therefore \dot{I} = a + jb = 6.12 - j3.5$

정답 ✦ **54.** ④   **55.** ③   **56.** ③   **57.** ①

58. $R = 6\,\Omega$, $X_C = 8\,\Omega$일 때 임피던스 $\dot{Z} = 6 - j8\,\Omega$으로 표시되는 것은 일반적으로 어떤 회로인가? [15]

① RC 직렬 회로 ② RL 직렬 회로
③ RC 병렬 회로 ④ RL 병렬 회로

해설 임피던스의 복소수 표시

㉠ RC 직렬 회로 $\dot{Z} = R - jX_c = 6 - j8\,\Omega$
㉡ RL 직렬 회로 $\dot{Z} = R + jX_L = 6 + j8\,\Omega$

59. $R = 6\,\Omega$, $X_C = 8\,\Omega$이 직렬로 접속된 회로에 $\dot{I} = 10\,A$의 전류를 통할 때의 전압 V은 얼마인가? [12]

① $60 + j\,80$ ② $60 - j\,80$ ③ $100 + j\,150$ ④ $100 - j\,150$

해설 $\dot{V} = \dot{Z}\dot{I} = (R - jX_C)\dot{I} = (6 - j8)10 = 60 - j\,80\,V$

60. $R = 10\,\Omega$, $X_L = 15\,\Omega$, $X_c = 15\,\Omega$의 직렬 회로에 100 V의 교류 전압을 인가할 때 흐르는 전류(A)는? [11]

① 6 ② 8 ③ 10 ④ 12

해설 $\dot{Z} = R + j(X_L - X_c) = 10 + j(15 - 15) = 10\,\Omega$

$\therefore I = \dfrac{E}{Z} = \dfrac{100}{10} = 10\,A$

61. 그림과 같은 회로에 교류 전압 $E = 100\angle 0°\,[V]$를 인가할 때 전전류는 몇 A인가? [19]

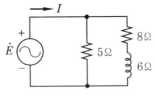

① $6 + j28$ ② $6 - j28$ ③ $28 + j6$ ④ $28 - j6$

해설 $Z = \dfrac{5 \times (8 + j6)}{5 + (8 + j6)} = 3.41 + j\,0.73\,\Omega$

$I = \dfrac{E}{Z} = \dfrac{100}{3.41 + j\,0.73} = 28 - j6\,A$

정답 58. ① 59. ② 60. ③ 61. ④

62. $\dot{Z}_1 = 2 + j\,11$ Ω, $\dot{Z}_2 = 4 - j\,3$ Ω의 직렬 회로에서 교류 전압 100 V를 가할 때 합성 임피던스는? [10]

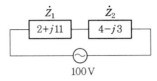

$\dot{Z}_1$ $2+j11$ $\dot{Z}_2$ $4-j3$

100 V

① 6 Ω　　　　　② 8 Ω　　　　　③ 10 Ω　　　　　④ 14 Ω

해설 $\dot{Z} = \dot{Z}_1 + \dot{Z}_2 = 2 + j\,11 + 4 - j\,3 = 6 + j\,8$

∴ $|Z| = \sqrt{6^2 + 8^2} = 10$ Ω

63. 어드미턴스의 실수부는 다음 중 무엇을 나타내는가? [20]
① 임피던스　　　② 컨덕턴스　　　③ 리액턴스　　　④ 서셉턴스

해설 $\dot{Y} = G + jB$

㉠ 실수부 G : 컨덕턴스(conductance)

㉡ 허수부 B : 서셉턴스(susceptance)

64. RL 직렬 회로에서 서셉턴스는? [16, 17]

① $\dfrac{R}{R^2 + X^2}$　　　② $\dfrac{X}{R^2 + X^2}$　　　③ $\dfrac{-R}{R^2 + X^2}$　　　④ $\dfrac{-X}{R^2 + X^2}$

해설 ㉠ 컨덕턴스 $G = \dfrac{R}{R^2 + X^2}$　　　㉡ 서셉턴스 $B = \dfrac{-X}{R^2 + X^2}$

65. 다음 중 어드미턴스에 대한 설명으로 옳은 것은? [18]
① 교류에서 저항 이외에 전류를 방해하는 저항 성분
② 전기회로에서 회로 저항의 역수
③ 전기회로에서 임피던스의 역수의 허수부
④ 교류회로에서 전류의 흐르기 쉬운 정도를 나타낸 것으로서 임피던스의 역수

해설 어드미턴스(admittance)

㉠ 교류회로에서 전류의 흐르기 쉬운 정도를 나타낸 것

㉡ 임피던스의 역수로 기호는 Y, 단위는 ℧을 사용한다.

정답 62. ③　63. ②　64. ④　65. ④

66. $R-L$ 직렬 회로의 시정수 τ[s]는? [10]

① $\dfrac{R}{L}$　　　　② $\dfrac{L}{R}$　　　　③ RL　　　　④ $\dfrac{1}{RL}$

[해설] 시상수(time constant)

　　㉠ $R-L$ 직렬 회로의 시상수 : $\tau=\dfrac{L}{R}$[s]

　　㉡ $R-C$ 직렬 회로의 시상수 : $\tau=RC$[s]

67. $R=10\,\mathrm{k\Omega}$, $C=5\,\mu\mathrm{F}$의 직렬 회로에 110 V의 직류 전압을 인가했을 때 시상수 T는?

① 5 ms　　　　② 50 ms　　　　③ 1 s　　　　④ 2 s

[해설] $T=RC=10\times10^3\times5\times10^{-6}=50\times10^{-3}=50$ ms

68. 교류 전력에서 일반적으로 전기 기기의 용량을 표시하는 데 쓰이는 전력은? [14]

① 피상 전력　　　　　　　　② 유효 전력
③ 무효 전력　　　　　　　　④ 기전력

[해설] 피상 전력 : 일반적으로 전기 기기의 용량은 피상 전력의 단위인 VA, kVA로 표시한다.

69. VA는 무엇의 단위인가? [13]

① 피상 전력　　　② 무효 전력　　　③ 유효 전력　　　④ 역률

[해설] ㉠ 피상 전력 : VA(volt-ampere), kVA, MVA
　　㉡ 무효 전력 : var, kvar, Mvar
　　㉢ 유효 전력 : W, kW, MW

70. 200 V의 교류 전원에 선풍기를 접속하고 전력과 전류를 측정하였더니 600 W, 5 A이었다. 이 선풍기의 역률은? [12, 13, 14]

① 0.5　　　　② 0.6　　　　③ 0.7　　　　④ 0.8

[해설] $\cos\theta=\dfrac{P}{VI}=\dfrac{600}{200\times5}=0.6$

정답 ━●━ 66. ②　67. ②　68. ①　69. ①　70. ②

71. 단상 전압 220 V에 소형 전동기를 접속하였더니 2.5 A의 전류가 흘렀다. 이때의 역률이 75 %이었다. 이 전동기의 소비 전력(W)은? [11]

① 187.5　　　　② 412.5　　　　③ 545.5　　　　④ 714.5

해설 소비 전력 : $P = VI\cos\theta = 220 \times 2.5 \times 0.75 = 412.5\,\mathrm{W}$

72. 어떤 단상 회로에 교류 전압 220 V를 가한 결과 45° 위상이 뒤진 전류가 15 A 흘렀다. 이 회로의 소비 전력(W)은 약 얼마인가? [예상]

① 133　　　　② 1330　　　　③ 2330　　　　④ 3330

해설 $P = VI\cos\theta = 220 \times 15 \times \cos 45° = 220 \times 15 \times \dfrac{1}{\sqrt{2}} = 2330\,\mathrm{W}$

73. 어느 회로에 피상 전력 60 kVA이고, 무효 전력이 36 kVAR일 때 유효 전력(W)는? [19]

① 24　　　　② 48　　　　③ 70　　　　④ 96

해설 유효 전력 $P = \sqrt{P_a^{\,2} - P_r^{\,2}} = \sqrt{60^2 - 36^2} = \sqrt{2304} = 48\,\mathrm{kW}$

74. 교류회로에서 무효 전력의 단위는? [14, 18, 20]

① W　　　　② VA　　　　③ Var　　　　④ V/m

해설 ㉠ 피상 전력 : $P_a = VI\,[\mathrm{VA}]$　　　㉡ 유효 전력 : $P = VI\cos\theta\,[\mathrm{W}]$
㉢ 무효 전력 : $P_r = VI\sin\theta\,[\mathrm{Var}]$

75. 어떤 회로에 $e = 50\sin\omega t\,[\mathrm{V}]$인가 시 $i = 4\sin(\omega t - 30°)\,[\mathrm{A}]$가 흘렀다면 유효 전력은 몇 W인가? [20]

① 173.2　　　　② 122.5　　　　③ 86.6　　　　④ 61.2

해설 ㉠ $e = 50\sin\omega t\,[\mathrm{V}]$에서, 전압의 실횻값 $= \dfrac{50}{\sqrt{2}} ≒ 35.36\,\mathrm{V}$

㉡ $i = 4\sin(\omega t - 30°)\,[\mathrm{A}]$에서, 전류의 실횻값 $= \dfrac{4}{\sqrt{2}} ≒ 2.83\,\mathrm{A}$

㉢ 역률 : $\cos 30° = \dfrac{\sqrt{3}}{2} ≒ 0.866$

∴ 유효 전력 : $P = EI\cos\theta = 35.36 \times 2.83 \times 0.866 ≒ 86.6\,\mathrm{W}$

정답 ● 71. ②　72. ③　73. ②　74. ③　75. ③

76. 200 V, 40 W의 형광등에 정격 전압이 가해졌을 때 형광등 회로에 흐르는 전류는 0.42 A 이다. 이 형광등의 역률(%)은? [17, 18]

① 37.5   ② 47.6   ③ 57.5   ④ 67.5

해설 $\cos\theta = \dfrac{P}{VI} \times 100 = \dfrac{40}{200 \times 0.42} \times 100 ≒ 47.6$

77. 100 V 전원에 1 kW의 선풍기를 접속하니 12 A의 전류가 흘렀다. 선풍기의 무효율(%)은? [예상]

① 약 17   ② 약 83   ③ 약 45   ④ 약 55

해설 $\cos\theta = \dfrac{P}{VI} = \dfrac{1 \times 10^3}{100 \times 12} ≒ 0.83$

∴ 무효율 $\sin\theta = \sqrt{1 - \cos^2\theta} = \sqrt{1 - 0.83^2} ≒ 0.55 \rightarrow$ 약 55 %

78. 리액턴스가 10 Ω인 코일에 직류 전압 100 V를 가하였더니 전력 500 W를 소비하였다. 이 코일의 저항은 얼마인가? [13]

① 5 Ω   ② 10 Ω   ③ 20 Ω   ④ 25 Ω

해설 $R = \dfrac{V^2}{P} = \dfrac{100^2}{500} = 20$ Ω

※ 코일에 직류($f = 0$)를 가하면, 리액턴스(X_L)=0

79. 단상 100 V, 800 W, 역률 80 %인 회로의 리액턴스는 몇 Ω인가? [14]

① 10   ② 8   ③ 6   ④ 2

해설 ㉠ $P = 800$ W, $\cos\theta = 0.8$일 때

$P_a = VI = \dfrac{P}{\cos\theta} = \dfrac{800}{0.8} = 1000$ VA

∴ $I = \dfrac{P_a}{V} = \dfrac{1000}{100} = 10$ A

㉡ $P_r = P_a \cdot \sin\theta = P_a\sqrt{1 - \cos^2\theta} = 1000\sqrt{1 - 0.8^2} = 600$ Var

∴ 리액턴스 $X = \dfrac{P_r}{I^2} = \dfrac{600}{10^2} = 6$ Ω

정답 ● **76.** ②   **77.** ④   **78.** ③   **79.** ③

전기 이론

Chapter 05 — 3상 교류회로/비사인파 교류

---

1. 다음 중 대칭 3상 교류의 조건에 해당되지 않는 것은? [예상]

① 기전력의 크기가 같을 것

② 주파수가 같을 것

③ 위상차가 각각 $\dfrac{4\pi}{3}$[rad]일 것

④ 파형이 같을 것

해설 위상차가 각각 $\dfrac{2}{3}\pi$[rad]일 것

---

2. 대칭 3상 교류를 바르게 설명한 것은? [10]

① 3상의 크기 및 주파수가 같고 상차가 60°의 간격을 가진 교류

② 3상의 크기 및 주파수가 각각 다르고 상차가 60°의 간격을 가진 교류

③ 동시에 존재하는 3상의 크기 및 주파수가 같고 상차가 120°의 간격을 가진 교류

④ 동시에 존재하는 3상의 크기 및 주파수가 같고 상차가 90°의 간격을 가진 교류

해설 3상 교류는 자기장 내에 3개의 코일을 120° 간격으로 배치하여 회전시키면 3개의 사인파 전압이 발생한다.

---

3. 3상 교류를 Y 결선하였을 때 선간전압과 상전압, 선전류와 상전류의 관계를 바르게 나타낸 것은? [12]

① 상전압 = $\sqrt{3}$ 선간전압

② 선간전압 = $\sqrt{3}$ 상전압

③ 선전류 = $\sqrt{3}$ 상전류

④ 상전류 = $\sqrt{3}$ 선전류

해설 3상 Y 결선

㉠ 선간전압 = $\sqrt{3}$ 상전압

㉡ 선전류 = 상전류

정답 ► 1. ③   2. ③   3. ②

4. Y 결선의 전원에서 각 상전압이 100 V일 때 선간전압은 약 몇 V인가? [10, 15]

① 100   ② 150   ③ 173   ④ 195

해설 $V_l = \sqrt{3}\, V_p = 1.732 \times 100 = 173\,V$

5. Y－Y 결선 회로에서 선간 전압이 220 V일 때 상전압은 얼마인가? [13, 17, 18]

① 60 V   ② 100 V   ③ 115 V   ④ 127 V

해설 $V_p = \dfrac{V_l}{\sqrt{3}} = \dfrac{220}{1.732} \fallingdotseq 127\,V$

6. 선간전압 210 V, 선전류 10 A의 Y 결선 회로가 있다. 상전압과 상전류는 각각 약 얼마인가? [14]

① 121 V, 5.77 A   ② 121 V, 10 A   ③ 210 V, 5.77 A   ④ 210 V, 10 A

해설 ㉠ 상전압 $= \dfrac{선간전압}{\sqrt{3}} = \dfrac{210}{\sqrt{3}} \fallingdotseq 121\,V$

㉡ 상전류 $=$ 선전류 $= 10\,A$

7. Y－Y 평형 회로에서 상전압 V_p가 100 V, 부하 $Z = 8 + j6\,\Omega$이면 선전류 I_l의 크기는 몇 A인가? [13]

① 2   ② 5   ③ 7   ④ 10

해설 $|Z| = \sqrt{R^2 + X^2} = \sqrt{8^2 + 6^2} = 10\,\Omega$

$\therefore\ I_l = \dfrac{V_p}{Z} = \dfrac{100}{10} = 10\,A$

8. 200 V의 3상 3선식 회로에 $R = 4\,\Omega$, $X_L = 3\,\Omega$의 부하 3조를 Y 결선했을 때 부하전류는? [10]

① 약 11.5 A   ② 약 23.1 A   ③ 약 28.6 A   ④ 약 40 A

해설 $I_L = \dfrac{V_P}{Z} = \dfrac{200/\sqrt{3}}{\sqrt{4^2 + 3^2}} = \dfrac{115.5}{5} \fallingdotseq 23.1\,A$

정답 ▶ **4.** ③   **5.** ④   **6.** ②   **7.** ④   **8.** ②

9. 평형 3상 Y 결선에서 선간 전압과 상전압의 위상차는? [00]

① $\dfrac{2}{3}\pi$　　　　② $\dfrac{\pi}{2}$　　　　③ $\dfrac{\pi}{3}$　　　　④ $\dfrac{\pi}{6}$

해설 선간 전압은 상전압보다 위상이 $\dfrac{\pi}{6}$ [rad] 앞선다.

※ Δ 결선에서는 선전류가 상전류보다 위상이 $\dfrac{\pi}{6}$ [rad] 뒤진다.

10. 다음 중 Δ 결선 시 V_l(선간전압), V_p(상전압), I_l(선전류), I_p(상전류)의 관계식으로 옳은 것은? [13, 17, 18]

① $V_l = \sqrt{3}\, V_p,\ I_l = I_p$　　　　② $V_l = V_p,\ I_l = \sqrt{3}\, I_p$

③ $V_l = \dfrac{1}{\sqrt{3}}\, V_p,\ I_l = I_p$　　　　④ $V_l = V_p,\ I_l = \dfrac{1}{\sqrt{3}}\, I_p$

해설 평형 3상 Δ 결선
　㉠ 선간전압(V_l) = 상전압(V_p)
　㉡ 선전류(I_l) = $\sqrt{3}\, I_p$

11. Δ 결선인 3상 유도 전동기의 상전압(V_p)과 상전류(I_p)를 측정하였더니 각각 200 V, 30 A 였다. 이 3상 유도 전동기의 선간전압(V_L)과 선전류(I_L)의 크기는 각각 얼마인가? [12, 18]

$V_L = 200\,\text{V},\ I_L = 30\,\text{A}$	$V_L = 200\sqrt{3}\,\text{V},\ I_L = 30\,\text{A}$

① $V_L = 200\,\text{V},\ I_L = 30\,\text{A}$　　　　② $V_L = 200\sqrt{3}\,\text{V},\ I_L = 30\,\text{A}$

③ $V_L = 200\sqrt{3}\,\text{V},\ I_L = 30\sqrt{3}\,\text{A}$　　　④ $V_L = 200\,\text{V},\ I_L = 30\sqrt{3}\,\text{A}$

해설 ㉠ 선간전압 : $V_L = 200\,\text{V}$
　㉡ 선전류 : $I_L = \sqrt{3}\, I_p = \sqrt{3}\times 30 = 30\sqrt{3}\,\text{A}$

12. $\Delta - \Delta$ 평형 회로에서 $E = 200\,\text{V}$, 임피던스 $Z = 3 + j4\ \Omega$일 때 상전류 I_P[A]는 얼마인가? [예상]

① 20　　　　② 200　　　　③ 69.3　　　　④ 40

정답 ● 9. ④　10. ②　11. ④　12. ④

해설 $Z = \sqrt{R^2 + X^2} = \sqrt{3^2 + 4^2} = 5\,\Omega$

$$\therefore I_p = \frac{V_p}{Z} = \frac{200}{5} = 40\,A$$

---

13. 3상 220 V, Δ 결선에서 1상의 부하가 $Z = 8 + j6\,\Omega$ 이면 선전류(A)는? [16]

① 11   ② $22\sqrt{3}$ ③ 22   ④ $\dfrac{22}{\sqrt{3}}$

해설 $|Z| = \sqrt{R^2 + X^2} = \sqrt{8^2 + 6^2} = 10\,\Omega$

$$\therefore I_l = \sqrt{3} \cdot I_p = \sqrt{3} \times \frac{V}{Z} = \sqrt{3} \times \frac{220}{10} = 22\sqrt{3}\,A$$

---

14. Δ 결선으로 된 부하에 각 상의 전류가 10 A이고 각 상의 저항이 4 Ω, 리액턴스가 3 Ω이라 하면 전체 소비 전력은 몇 W인가? [14]

① 2000   ② 1800   ③ 1500   ④ 1200

해설 등가회로에서, $\dot{Z} = R + jX = 4 + j3\,\Omega$

㉠ $|Z| = \sqrt{R^2 + X^2} = \sqrt{4^2 + 3^2} = 5\,\Omega$

㉡ $V_l = I_P \cdot Z = 10 \times 5 = 50\,V$

㉢ $\cos\theta = \dfrac{R}{Z} = \dfrac{4}{5} = 0.8$

㉣ $I_l = \sqrt{3}\,I_P = \sqrt{3} \times 10 = 17.3\,A$

$$\therefore P = \sqrt{3}\,V_l I_l \cos\theta = \sqrt{3} \times 50 \times 17.3 \times 0.8 = 1200\,W$$

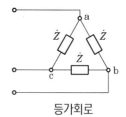

등가회로

---

15. 다음 중 Δ 결선에서 상전류와 선전류의 위상차 관계를 설명한 것 중 옳은 것은? [18]

① 선전류가 상전류보다 30° 뒤진다.   ② 선전류가 상전류보다 60° 뒤진다.
③ 선전류가 상전류보다 30° 앞선다.   ④ 선전류가 상전류보다 60° 앞선다.

해설 대칭 3상 Δ 결선에서는 선전류 I_l이 상전류 I_p보다 위상이 30° 만큼 뒤진다.

---

16. 단상 변압기의 3상 결선 중 단상 변압기 한 대가 고장일 때 V−V 결선으로 전환할 수 있는 결선 방식은? [예상]

① Y−Y 결선   ② Y−Δ 결선   ③ Δ−Y 결선   ④ Δ−Δ 결선

정답 13. ②   14. ④   15. ①   16. ④

(해설) 단상 변압기 V−V 결선은 $\Delta - \Delta$ 결선에 의해 3상 변압을 하는 경우 1대의 변압기가 고장이 나면 이를 제거하고, 남은 2대의 변압기를 이용하여 3상 변압을 계속하는 3상 결선 방식이다.

---

17. 1대의 출력이 100 kVA인 단상 변압기 2대로 V 결선하여 3상 전력를 공급할 수 있는 최대 전력은 몇 kVA 인가? [11]

① 100

② $100\sqrt{2}$

③ $100\sqrt{3}$

④ 200

(해설) $P_v = \sqrt{3}\,P_1 = \sqrt{3} \times 100 = 100\sqrt{3}$ kVA

---

18. 변압기 2대를 V 결선 했을 때의 이용률은 몇 %인가? [13]

① 57.7

② 70.7

③ 86.6

④ 100

(해설) 이용률 $= \dfrac{출력}{용량} = \dfrac{\sqrt{3}\,V_p I_p \cos\theta}{2\,V_p I_p \cos\theta} = \dfrac{\sqrt{3}}{2} = 0.866 \longrightarrow 86.6\,\%$

---

19. 용량이 250 kVA인 단상 변압기 3대를 Δ 결선으로 운전 중 1대가 고장나서 V 결선으로 운전하는 경우 출력은 Δ 결선 출력의 약 몇 %인가? [예상]

① 57.7

② 70.7

③ 86.6

④ 100

(해설) 출력비 $= \dfrac{V\ 결선\ 출력}{\Delta\ 결선\ 출력} = \dfrac{\sqrt{3} \times 250}{3 \times 250} = \dfrac{1}{\sqrt{3}} = 0.577 \longrightarrow 57.7\,\%$

---

20. 같은 정전 용량의 콘덴서 3개를 Δ 결선으로 하면 Y 결선으로 한 경우의 몇 배 3상 용량으로 되는가? [18]

① $\dfrac{1}{\sqrt{3}}$

② $\dfrac{1}{3}$

③ 3

④ $\sqrt{3}$

(해설) $\Delta - Y$ 결선의 합성 용량 비교 : 같은 정전 용량의 콘덴서 3개를 Δ 결선으로 하면, Y 결선으로 하는 경우보다 그 3상 합성 정전 용량이 3배가 된다.

※ 같은 저항의 결선일 때는 반대로 Y 결선의 합성 용량이 3배가 된다.

(정답) → **17.** ③   **18.** ③   **19.** ①   **20.** ③

21. 세 변의 저항 $R_a = R_b = R_c = 15\ \Omega$인 Y 결선 회로가 있다. 이것과 등가인 $\triangle$ 결선 회로의 각 변의 저항은 몇 Ω인가? [10, 17, 20]

① 5
② 10
③ 25
④ 45

해설 $R_\triangle = 3\,R_Y = 3 \times 15 = 45\ \Omega$

22. 평형 3상 $\triangle$ 회로를 등가 Y 결선으로 환산하면 각 상의 임피던스는 몇 Ω이 되는가? (단, Z는 12 Ω이다.) [12, 18, 19]

① 48
② 36
③ 4
④ 3

해설 $Z_Y = \dfrac{1}{3} Z_\triangle = \dfrac{12}{3} = 4\ \Omega$

23. 그림과 같은 회로의 a, b 단자에서 본 합성 저항은 얼마인가? (단, 숫자의 단위는 Ω이다.) [예상]

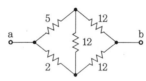

① 11.6
② 7.6
③ 7.0
④ 4.6

해설 ㉠ $\triangle - Y$ 변환 : 12 Ω 3개의 $\triangle$ 결선을 Y 결선으로 변환하면 등가회로와 같이 4 Ω 3개의 Y 결선이 된다.

㉡ 합성 저항 : $R_{ab} = \dfrac{9 \times 6}{9 + 6} + 4 = 7.6\ \Omega$

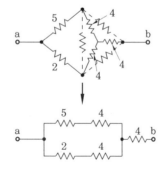

24. 3상 교류회로의 선간전압이 13200 V, 선전류가 800 A, 역률 80 % 부하의 소비 전력은 약 몇 MW인가 ? [10, 16]

① 4.88   ② 8.45   ③ 14.63   ④ 25.34

해설 $P = \sqrt{3}\, VI\cos\theta = \sqrt{3} \times 13200 \times 800 \times 0.8 ≒ 14.632 \times 10^6$ W

∴ 약 14.63 MW

25. 1상의 $R = 12\,\Omega$, $X_L = 16\,\Omega$을 직렬로 접속하여 선간전압 200 V의 대칭 3상 교류 전압을 가할 때의 역률은 ? [12]

① 60 %   ② 70 %   ③ 80 %   ④ 90 %

해설 $Z = \sqrt{R^2 + X_L{}^2} = \sqrt{12^2 \times 16^2} = 20\,\Omega$

∴ $\cos\theta = \dfrac{R}{Z} \times 100 = \dfrac{12}{20} \times 100 = 60\,\%$

26. 어떤 3상 회로에서 선간접압이 200 V, 선전류 25 A, 3상 전력이 7 kW였다. 이때 역률은 ? [11, 16]

① 약 60 %   ② 약 70 %   ③ 약 80 %   ④ 약 90 %

해설 $\cos\theta = \dfrac{P}{\sqrt{3}\, VI} \times 100 = \dfrac{7 \times 10^3}{\sqrt{3} \times 200 \times 25} \times 100 ≒ 80\,\%$

27. 3상 66000 kVA, 22900 V 터빈 발전기의 정격전류는 약 몇 A인가 ? [20]

① 8764   ② 3367   ③ 2882   ④ 1664

해설 정격전류 $I_n = \dfrac{P}{\sqrt{3}\, V} = \dfrac{66000}{\sqrt{3} \times 22.9} ≒ 1664\,\text{A}$

28. 2전력계법으로 평형 3상 전력을 측정하였더니 각각의 전력계가 500 W, 300 W를 지시하였다면 전전력 W은 ? [18]

① 200   ② 300   ③ 500   ④ 800

해설 전전력 = W_1의 지시값 + W_2의 지시값 = 500 + 300 = 800 W

정답 ► 24. ③   25. ①   26. ③   27. ④   28. ④

29. 평형 3상 회로에서 1상의 소비 전력이 P[W]라면, 3상 회로 전체 소비 전력(W)은? [11, 16, 17]

① $2P$ ② $\sqrt{2}\,P$ ③ $3P$ ④ $\sqrt{3}\,P$

해설 각 상에서 소비되는 전력은 평형 회로이므로 $P_a = P_b = P_c$

∴ 3상의 전 소비 전력 $P_0 = P_a + P_b + P_c = 3P$[W]

30. 비사인파의 일반적인 구성이 아닌 것은? [10, 11, 17]

① 순시파 ② 고조파
③ 기본파 ④ 직류분

해설 비사인파 = 직류분 + 기본파 + 고조파

31. 비정현파의 실횻값을 나타낸 것은? [12, 15]

① 최대파의 실횻값
② 각 고조파의 실횻값의 합
③ 각 고조파의 실횻값의 합의 제곱근
④ 각 고조파의 실횻값의 제곱의 합의 제곱근

해설 비사인파의 실횻값은 직류 성분 및 각 고조파 실횻값 제곱의 합의 제곱근과 같다.

32. $i = 100 + 50\sqrt{2}\,\sin\omega t + 20\sqrt{2}\,\sin\left(3\omega t + \dfrac{\pi}{6}\right)$로 표시되는 비정현파 전류의 실횻값은 약 얼마인가? [18]

① 20 V ② 50 V ③ 114 V ④ 150 V

해설 $V = \sqrt{V_0^2 + V_1^2 + V_3^2} = \sqrt{100^2 + 50^2 + 20^2} = \sqrt{12900} \fallingdotseq 114\text{ V}$

33. $e = 10\sin\omega t + 20\sin(3\omega t + 60)$인 교류 전압의 실횻값은 얼마인가? [예상]

① 약 21.2 V ② 약 15.8 V
③ 약 22.4 V ④ 약 11.2 V

정답 29. ③ 30. ① 31. ④ 32. ③ 33. ②

🔖 ㉠ 실횻값 $V_1 = \dfrac{10}{\sqrt{2}} = 7\,\text{V}$

㉡ 실횻값 $V_3 = \dfrac{20}{\sqrt{2}} = 14\,\text{V}$

∴ $V = \sqrt{{V_1}^2 + {V_3}^2} = \sqrt{7^2 + 14^2} = \sqrt{254} ≒ 15.8\,\text{V}$

---

34. 그림과 같은 비사인파의 제3고조파 주파수는 ? (단, $V = 20\,\text{V}$, $T = 10\,\text{ms}$이다.) [13, 19]

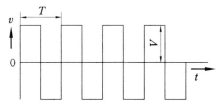

① 100 Hz　　　　　　② 200 Hz

③ 300 Hz　　　　　　④ 400 Hz

🔖 ㉠ 기본파 : $f = \dfrac{1}{T} = \dfrac{1}{10 \times 10^{-3}} = 100\,\text{Hz}$

㉡ 제3고조파 : $f_3 = 3 \times 100 = 300\,\text{Hz}$

---

35. 다음 중 정현파의 파고율은 ? [예상]

① 1　　　　　　② 1.11

③ 1.414　　　　　　④ 1.732

🔖 정현파의 파고율 $= \dfrac{\text{최댓값}}{\text{실횻값}} = \dfrac{V_m}{V} = \dfrac{\sqrt{2}\,V}{V} = \sqrt{2} = 1.414$

※ 정현파의 파형률 $= \dfrac{\text{실횻값}}{\text{평균값}} = \dfrac{V}{V_a} = \dfrac{\dfrac{1}{\sqrt{2}} \cdot V_m}{\dfrac{2}{\pi} \cdot V_m} = \dfrac{\pi}{2\sqrt{2}} ≒ 1.11$

---

36. 파고율, 파형률이 모두 1인 파형은 ? [16, 17]

① 사인파　　　　　　② 고조파

③ 구형파　　　　　　④ 삼각파

🔖 구형파는 실횻값 = 평균값 = 최댓값이므로 파고율, 파형률이 모두 1이다.

정답 ⟶ **34.** ③　**35.** ③　**36.** ③

37. 비정현파의 일그러짐의 정도를 표시하는 양으로서 왜형률이란? [19]

① $\dfrac{\text{실 횻 값}}{\text{평 균 값}}$

② $\dfrac{\text{최 댓 값}}{\text{실 횻 값}}$

③ $\dfrac{\text{기본파의 실 횻 값}}{\text{고조파의 실 횻 값}}$

④ $\dfrac{\text{고조파의 실 횻 값}}{\text{기본파의 실 횻 값}}$

해설 비사인파 교류의 일그러짐률(왜율)

$$K = \frac{\text{고조파의 실 횻 값}}{\text{기본파의 실 횻 값}} = \frac{\sqrt{V_3^{\,2} + V_5^{\,2} + V_7^{\,2}}}{V_1}$$

38. 비사인파 교류회로의 전력 성분과 거리가 먼 것은? [14]

① 맥류 성분과 사인파와의 곱

② 직류 성분과 사인파와의 곱

③ 직류 성분

④ 주파수가 같은 두 사인파의 곱

해설 비사인파 교류회로의 전력 성분

㉠ 전압과 전류의 성분 중 주파수가 같은 성분 사이에서만 소비전력이 발생한다.

㉡ 전압의 기본파와 전류의 기본파

㉢ 직류 성분

※ 비사인파의 일반적인 구성 = 직류분+기본파+고조파

39. 다음 중 비선형소자는? [19, 20]

① 저항

② 인덕턴스

③ 다이오드

④ 캐패시턴스

해설 ㉠ 선형소자 회로 : 전압과 전류가 비례하는 회로

㉡ 비선형소자 회로 : 전압과 전류가 비례하지 않는 회로(진공관, 다이오드 등)

40. 주기적인 구형파 신호의 성분은 어떻게 되는가? [19]

① 성분 분석이 불가능하다.

② 직류분만으로 합성된다.

③ 무수히 많은 주파수의 합성이다.

④ 교류 합성을 갖지 않는다.

해설 주기적인 구형파 신호의 성분은 무수히 많은 주파수의 합성이다.

정답 ● 37. ④   38. ①   39. ③   40. ③

전기 이론

전열/전기화학

---

1. 열량을 표시하는 1 cal는 몇 J인가? [예상]

① 0.4186　　② 4.186　　③ 0.24　　④ 1.24

해설 ㉠ 1 cal = 4.186 J

㉡ 1 J = 0.24 cal

---

2. 다음 중 줄의 법칙에서 발생하는 열량의 계산식이 옳은 것은? [18]

① $H = I^2 R$[cal]　　　② $H = I^2 R^2 t$[cal]

③ $H = I^2 R^2$[cal]　　　④ $H = 0.24 I^2 R t$[cal]

해설 줄의 법칙(Joule's law)

㉠ 저항 R[Ω]에 전류 I[A]가 t[s] 동안 흘렀을 때 발생한 열 에너지

$H = 0.24 I^2 R t$[cal]

㉡ 1 J = 0.24 cal

---

3. 저항이 10 Ω인 도체에 1 A의 전류를 10분간 흘렸다면 발생하는 열량은 몇 kcal인가? [12, 15]

① 0.62　　② 1.44　　③ 4.46　　④ 6.24

해설 $H = 0.24 I^2 R t = 0.24 \times 1^2 \times 10 \times 10 \times 60 = 1440$ cal

∴ 1.44 kcal

---

4. 3 kW의 전열기를 정격 상태에서 20분간 사용하였을 때의 열량은 몇 kcal인가? [15]

① 430　　② 520　　③ 610　　④ 860

해설 열량 $H = 0.24 P t = 0.24 \times 3 \times 20 \times 60 ≒ 860$ kcal

---

정답 ● 1. ②　2. ④　3. ②　4. ④

5. 1 kWh는 몇 kcal인가? [예상]

① 8600   ② 4200   ③ 2400   ④ 860

해설 $1 \text{ kWh} = 0.24 \times 1 \times 10^3 \times 60 \times 60 \fallingdotseq 860 \times 10^3 \text{ cal} = 860 \text{ kcal}$

6. 10℃, 5000 g의 물을 40℃로 올리기 위하여 1 kW의 전열기를 쓰면 몇 분이 걸리게 되는가? (단, 여기서 효율은 80 %라고 한다.) [13, 17]

① 약 13분   ② 약 15분

③ 약 25분   ④ 약 50분

해설 ㉠ 필요한 열량 : $H = m(T_2 - T_1) = 5(40 - 10) = 150 \text{ kcal}$

㉡ 걸리는 시간 : $t = \dfrac{H}{0.24P} \cdot \dfrac{1}{\eta} = \dfrac{150}{0.24 \times 1} \times \dfrac{1}{0.8} = 781 \text{ s}$

$\therefore \ T = \dfrac{781}{60} \fallingdotseq 13$분

7. 1 W·s와 같은 것은? [19]

① 1 J   ② 1 F

③ 1 kcal   ④ 860 kWh

해설 $1 \text{ W} \cdot \text{s} = 1 \text{ J}$

※ 전기적 에너지 $W[\text{J}]$를 $t[\text{s}]$ 동안에 전기가 한 일 또는 $t[\text{s}]$ 동안의 전력량이라고도 하며, 단위는 W·s, Wh, kWh로 표시한다.

8. 다음 중 전력량 1 Wh와 그 의미가 같은 것은? [16, 19]

① 1 C   ② 1 J   ③ 3600 C   ④ 3600 J

해설 $1 \text{ Wh} = 1 \times 60 \times 60 = 3600 \text{ J}$

9. 900 W의 전열기를 10시간 연속 사용했을 때의 전력량은 몇 kWh인가? [예상]

① 0.9   ② 4.5   ③ 9   ④ 90

해설 $P = 900 \times 10^{-3} = 0.9 \text{ kW}$

$\therefore \ W = P \cdot t = 0.9 \times 10 = 9 \text{ kWh}$

정답 ━ 5. ④   6. ①   7. ①   8. ④   9. ③

10. 전력과 전력량에 관한 설명으로 틀린 것은? [16]

① 전력은 전력량과 다르다.
② 전력량은 와트로 환산된다.
③ 전력량은 칼로리 단위로 환산된다.
④ 전력은 칼로리 단위로 환산할 수 없다.

해설 전력과 전력량의 표시

㉠ 전력은 칼로리 단위로 환산할 수 없으나, 전력량은 칼로리 단위로 환산된다(1 W · s = 0.24 cal).

㉡ 전력량은 와트(W)로, 또는 마력(HP)으로 환산할 수 없으나, 전력은 마력으로 환산된다 (746 W = 1 HP).

11. 220 V 60 W 전구 2개를 전원에 직렬과 병렬로 연결 했을 때 어느 것이 더 밝은가? [20]

① 직렬로 연결했을 때 더 밝다.
② 병렬로 연결했을 때 더 밝다.
③ 둘의 밝기가 같다.
④ 두 전구 모두 켜지지 않는다.

해설 ㉠ 병렬연결 시 : 각 전구의 전압은 220 V로 전원 전압과 같다.

㉡ 직렬연결 시 : 각 전구의 전압은 전원 전압의 $\frac{1}{2}$ 로 110 V가 된다.

∴ 병렬로 연결했을 때 더 밝다.

12. 220 V용 100 W 전구와 200 W 전구를 직렬로 연결하여 220 V의 전원에 연결하면? [12, 16, 17]

① 두 전구의 밝기가 같다.
② 100 W의 전구가 더 밝다.
③ 200 W의 전구가 더 밝다.
④ 두 전구 모두 안 켜진다.

해설 두 전구에 흐르는 전류가 같으므로 내부저항이 큰 100 W의 전구가 더 밝다.

㉠ L_1 : 100 W 전구 : $R_1 = \dfrac{V^2}{P_1} = \dfrac{220^2}{100} = 484\ \Omega$

㉡ L_2 : 200 W 전구 : $R_2 = \dfrac{V^2}{P_2} = \dfrac{220^2}{200} = 242\ \Omega$

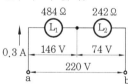

13. 저항 100 Ω의 부하에서 10 kW의 전력이 소비되었다면 이 때 흐르는 전류(A)값은? [예상]

① 1
② 2
③ 5
④ 10

해설 $P = I^2 R$ [W]에서, $I = \sqrt{\dfrac{P}{R}} = \sqrt{\dfrac{10 \times 10^3}{100}} = 10\ \text{A}$

정답 10. ② 11. ② 12. ② 13. ④

14. 100 V, 300 W의 전열선의 저항값은? [13, 20]

① 약 0.33 Ω   ② 약 3.33 Ω   ③ 약 33.3 Ω   ④ 약 333 Ω

해설 $R = \dfrac{V^2}{P} = \dfrac{100^2}{300} \fallingdotseq 33.3\ \Omega$

---

15. 리액턴스가 10 Ω인 코일에 직류 전압 100 V를 가하였더니 전력 500 W를 소비하였다. 이 코일의 저항은? [13]

① 10 Ω   ② 5 Ω   ③ 20 Ω   ④ 2 Ω

해설 $P = \dfrac{V^2}{R}\,[\text{W}]$

$\therefore\ R = \dfrac{V^2}{P} = \dfrac{100^2}{500} = 20\ \Omega$

---

16. 200 V, 500 W의 전열기를 220 V 전원에 사용하였다면 이때의 전력은? [14]

① 400 W   ② 500 W   ③ 550 W   ④ 605 W

해설 소비 전력은 전열기의 저항이 일정할 때 사용 전압의 제곱에 비례한다.

$\therefore\ P' = P \times \left(\dfrac{V'}{V}\right)^2 = 500 \times \left(\dfrac{220}{200}\right)^2 = 500 \times 1.21 = 605\ \text{W}$

---

17. 10 kΩ의 저항의 허용 전력은 10 kW라 한다. 이때의 허용 전류는 몇 A인가? [예상]

① 100   ② 10   ③ 1   ④ 0.1

해설 $P = I^2 \cdot R$에서, $I = \sqrt{\dfrac{P}{R}} = \sqrt{\dfrac{10}{10}} = 1\ \text{A}$

---

18. 어느 가정집에서 220V, 60W 전등 10개를 20시간 사용 했을 때 사용 전력량(kWh)은? [16, 20]

① 10.5   ② 12   ③ 13.5   ④ 15

해설 $W = P \cdot t = 60 \times 10 \times 20 = 12 \times 10^3\ \text{W}$

$\therefore\ 12\ \text{kWh}$

정답 14. ③   15. ③   16. ④   17. ③   18. ②

19. 어느 가정집이 40 W LED등 10개, 1 kW 전자레인지 1개, 100 W 컴퓨터 세트 2대, 1 kW 세탁기 1대를 사용하고, 하루 평균 사용 시간이 LED등은 5시간, 전자레인지 30분, 컴퓨터 5시간, 세탁기 1시간이라면 1개월(30일)간의 사용 전력량(kWh)은? [16]

① 115

② 135

③ 155

④ 175

해설 사용 전력량

㉠ LED $= 40\,\text{W} \times 10$개$\times 5$시간$\times 30$일$\times 10^{-3} = 60\,\text{kWh}$

㉡ 전자레인지 $= 1\,\text{kW} \times 1$개$\times 0.5$시간$\times 30$일$= 15\,\text{kWh}$

㉢ 컴퓨터 $= 100\,\text{W} \times 2$대$\times 5$시간$\times 30$일$\times 10^{-3} = 30\,\text{kWh}$

㉣ 세탁기 $= 1\,\text{kW} \times 1$대$\times 1$시간$\times 30$일$= 30\,\text{kWh}$

$\therefore\ W = 60+15+30+30 = 135\,\text{kWh}$

20. 5마력을 와트(W) 단위로 환산하면? [10]

① 4300 W

② 3730 W

③ 1317 W

④ 17 W

해설 5 HP $= 5 \times 746 = 3730\,\text{W}$

21. 두 개의 서로 다른 금속의 접속점에 온도차를 주면 열기전력이 생기는 현상은? [17, 18]

① 홀 효과

② 줄 효과

③ 압전기 효과

④ 제베크 효과

해설 제베크(Seebeck) 효과

㉠ 두 종류의 금속을 접속하여 폐회로를 만들고, 두 접속점에 온도의 차이를 주면 열기전력이 발생하여 전류가 흐른다.

㉡ 열전 온도계, 열전 계기 등에 응용된다.

22. 다음 온도계의 동작 원리 중 제베크 효과를 이용한 온도계는? [예상]

① 저항 온도계

② 방사 온도계

③ 열전 온도계

④ 광 고온계

해설 문제 21번 해설 참조

정답 ● 19. ②   20. ②   21. ④   22. ③

23. 두 금속을 접속하여 여기에 전류를 흘리면, 줄열 외에 그 접점에서 열의 발생 또는 흡수가 일어나는 현상은? [10, 15]

① 줄 효과
② 홀 효과
③ 제베크 효과
④ 펠티에 효과

해설 펠티에(Peltier) 효과

(1) 두 종류의 금속 접속점에 전류를 흘리면 전류의 방향에 따라 줄열(Joule heat) 이외의 열의 흡수 또는 발생 현상이 생기는 것이다.
(2) 응용
  ㉠ 흡열 : 전자 냉동기
  ㉡ 발열 : 전자 온풍기

24. 전자 냉동기는 어떤 효과를 응용한 것인가? [16]

① 제베크 효과
② 톰슨 효과
③ 펠티에 효과
④ 줄 효과

해설 문제 23번 해설 참조

25. 열의 전달 방법이 아닌 것은? [12]

① 복사
② 대류
③ 확산
④ 전도

해설 열의 전달 – 복사, 대류, 전도
확산(diffusion)
㉠ 고체, 액체 또는 기체 속에서 물질의 어느 농도가 물질의 분자 운동에 따라 변화하는 것
㉡ 1차, 2차를 불문하고 광원으로부터 나오는 빛은 어느 방향으로나 거의 같은 휘도를 나타내는 경우를 가리킨다.

26. 황산구리($CuSO_4$)전해액에 2개의 구리판을 넣고 전원을 연결하였을 때 음극에서 나타나는 현상으로 옳은 것은? [16, 18]

① 변화가 없다.
② 구리판이 두터워진다.
③ 구리판이 얇아진다.
④ 수소 기체가 발생한다.

해설 전기 분해
㉠ 전해액에 전류를 흘려 화학적으로 변화를 일으키는 현상이다.
㉡ 황산구리의 전해액에 2개의 구리판을 넣어 전극으로 하고 전기 분해하면, 점차로 양극(anode) A의 구리판은 얇아지고 반대로 음극(cathode) K의 구리판은 새롭게 구리가 되어 두터워진다.

정답 ➔ 23. ④ 24. ③ 25. ③ 26. ③

27. 황산구리가 물에 녹아 양이온과 음이온으로 분리되는 현상을 무엇이라 하는가? [예상]

① 전리　　　　② 분해　　　　③ 전해　　　　④ 석출

해설 전리 : 중성 분자 또는 원자가 에너지를 받아서 음·양이온(ion)으로 분리하는 현상이다.

28. 전기분해를 하면 석출되는 물질의 양은 통과한 전기량에 관계가 있다. 이것을 나타낸 법칙은? [15]

① 옴의 법칙　　　　　　② 쿨롱의 법칙
③ 앙페르의 법칙　　　　④ 패러데이의 법칙

해설 패러데이의 법칙(Faraday's law)
㉠ 전기 분해 시 전극에 석출되는 물질의 양은 전해액을 통한 전기량에 비례한다.
㉡ 전기량이 같을 때 석출되는 물질의 양은 그 물질의 화학당량에 비례한다.

29. 전기 분해에서 패러데이의 법칙은 어느 것이 적합한가? (단, Q[C] : 통과한 전기량, k [g/C] : 물질의 전기화학당량, W[g] : 석출된 물질의 양, t[s] : 통과시간, I[A] : 전류, E [V] : 전압을 각각 나타낸다.) [19]

① $W = k\dfrac{Q}{E}$　　　　　② $W = \dfrac{Q}{R}$

③ $W = kQ = kIt$　　　　　④ $W = kEt$

해설 패러데이의 법칙 : 화학당량 e의 물질에 Q[C]의 전기량을 흐르게 했을 때 석출되는 물질의 양은 다음과 같다.
$W = kQ = kIt$ [g]

30. 패러데이 법칙과 관계없는 것은? [11, 17]

① 전극에서 석출되는 물질의 양은 통과한 전기량에 비례한다.
② 전해질이나 전극이 어떤 것이라도 같은 전기량이면 항상 같은 화학당량의 물질을 석출한다.
③ 화학당량이란 $\dfrac{원자량}{원자가}$ 을 말한다.
④ 석출되는 물질의 양은 전류의 세기와 전기량의 곱으로 나타낸다.

해설 석출된 물질의 양은 전류의 세기 I[A]와 시간 t[s]의 곱으로 나타낸다.
$W = kQ = kIt$ [g]

정답 27. ①　28. ④　29. ③　30. ④

31. 패러데이 법칙에서 화학당량이란 무엇을 나타내는가? [18]

① $\dfrac{원자가}{원자량}$ ② $\dfrac{원자량}{원자가}$

③ $\dfrac{석출량}{원자가}$ ④ $\dfrac{원자량}{석출량}$

해설 화학당량 $= \dfrac{원자량}{원자가}$

---

32. 초산은($AgNO_3$) 용액에 1 A의 전류를 2시간 동안 흘렸다. 이때 은의 석출량(g)은? (단, 은의 전기화학당량은 1.1×10^{-3} g/C이다.) [16, 18]

① 5.44   ② 6.08

③ 7.92   ④ 9.84

해설 $W = kIt = 1.1 \times 10^{-3} \times 1 \times 2 \times 60 \times 60 = 7.92\,\mathrm{g}$

---

33. 묽은 황산(H_2SO_4) 용액에 구리(Cu)와 아연(Zn)판을 넣으면 전지가 된다. 이때 양극(+)에 대한 설명으로 옳은 것은? [13, 16, 18]

① 구리판이며 수소 기체가 발생한다.   ② 구리판이며 산소 기체가 발생한다.

③ 아연판이며 산소 기체가 발생한다.   ④ 아연판이며 수소 기체가 발생한다.

해설 볼타 전지(voltaic cell)

㉠ 묽은 황산 용액에 구리(Cu)와 아연(Zn) 전극을 넣으면, 두 전극 사이에 기전력이 생겨 약 1 V의 전압이 나타난다.

㉡ 분극 작용 : 전류를 얻게 되면 구리판(양극)의 표면이 수소 기체에 의해 둘러싸이게 되는 현상으로, 전지의 기전력을 저하시키는 요인이 된다.

---

34. 묽은 황산(H_2SO_4) 용액에 구리(Cu)와 아연(Zn)판을 넣었을 때 아연판은? [14]

① 수소 기체를 발생한다.   ② 음극이 된다.

③ 양극이 된다.   ④ 황산아연으로 변한다.

해설 전지의 원리(볼타 전지) : 묽은 황산 용액에 구리(Cu)와 아연(Zn)판을 넣으면, 아연은 구리보다 이온이 되는 성질이 강하므로 전해액 중에 용해되어 양이온이 되고, 아연판은 음전기를 띠게 된다.

정답 ➔ 31. ②   32. ③   33. ①   34. ③

35. 전지의 전압강하 원인으로 틀린 것은? [15]

① 국부작용   ② 산화작용
③ 성극작용   ④ 자기방전

해설 전지의 전압강하 원인
 ㉠ 국부작용 : 전극의 불순물로 인하여 기전력이 감소하는 현상
 ㉡ 분극(성극)작용 : 전지에 부하를 걸면 양극표면에 수소가스가 생겨 전류의 흐름을 방해
  하는 현상
 ㉢ 자기방전

36. 1차 전지로 가장 많이 사용되는 것은? [16]

① 니켈·카드뮴 전지   ② 연료전지
③ 망간 건전지   ④ 납축전지

해설 망간 건전지(dry cell)
 ㉠ 1차 전지로 가장 많이 사용된다.
 ㉡ 양극 : 탄소 막대, 음극 : 아연 원통, 전해액 : 염화암모늄 용액

37. 납축전지의 전해액으로 사용되는 것은? [18]

① H_2SO_4 ② $2H_2O$ ③ PbO_2 ④ $PbSO_2$

해설 납축전지
 ㉠ 납축전지는 2차 전지의 대표적인 것이다.
 ㉡ 양극 : 이산화납(PbO_2)
 ㉢ 음극 : 납(Pb)
 ㉣ 전해액 : 묽은 황산(H_2SO_4)(비중 1.23~1.26)

38. 다음 중 (㉮), (㉯)에 들어갈 내용으로 알맞은 것은 어느 것인가? [13]

> 2차 전지의 대표적인 것으로 납축전지가 있다. 전해액으로 비중 약 (㉮) 정도의 (㉯)
> 을 사용한다.

① ㉮ 1.15~1.21, ㉯ 묽은 황산 ② ㉮ 1.25~1.36, ㉯ 질산
③ ㉮ 1.01~1.15, ㉯ 질산   ④ ㉮ 1.23~1.26, ㉯ 묽은 황산

해설 문제 37번 해설 참조

정답 ● 35. ② 36. ③ 37. ① 38. ④

39. 알칼리 축전지의 대표적인 축전지로 널리 사용되고 있는 2차 전지는? [16]

① 망간 전지　　　　　　　　　② 산화은 전지

③ 페이퍼 전지　　　　　　　　④ 니켈·카드뮴 전지

해설 니켈·카드뮴 축전지 : 알칼리성 전해액을 사용하는 알칼리 축전지의 대표적인 축전지이다.

40. 기전력이 V_0, 내부저항이 r[Ω]인 n개의 전지를 직렬 연결하였다. 전체 내부저항은 얼마인가? [12, 15]

① $\dfrac{r}{n}$　　　　　② nr　　　　　③ $\dfrac{r}{n^2}$　　　　　④ nr^2

해설 전체 내부저항

㉠ 직렬일 때 : nr

㉡ 병렬일 때 : $\dfrac{r}{n}$

41. 내부 저항 0.1 Ω인 건전지 10개를 직렬로 접속하고 이것을 한 조로 하여 5조 병렬로 접속하면 합성 내부저항(Ω)은? [예상]

① 0.2　　　　　　　　　　　② 0.3

③ 1　　　　　　　　　　　　④ 5

해설 $r_o = \dfrac{n}{m} \times r = \dfrac{10}{5} \times 0.1 = 0.2\ \Omega$

42. 기전력 E, 내부저항 r인 전지 n개를 직렬로 연결하고 이것에 외부저항 R을 직렬 연결하였을 때 흐르는 전류 I[A]는? [19]

① $I = \dfrac{E}{R+nr}$　　　　　　　② $I = \dfrac{nE}{R+r}$

③ $I = \dfrac{nE}{nR+r}$　　　　　　　④ $I = \dfrac{nE}{R+nr}$

해설 ㉠ 합성 기전력 : nE

㉡ 합성 내부저항 : nr

$\therefore\ I = \dfrac{nE}{R+nr}$ [A]

정답 ● 39. ④　40. ②　41. ①　42. ④

43. 기전력 1.5 V, 내부저항 0.5 Ω의 전지 10개를 직렬로 접속한 전원에 저항 25 Ω의 저항을 접속하면 저항에 흐르는 전류는 몇 A가 되겠는가? [17, 18]

① 0.25

② 0.5

③ 2.5

④ 7.5

해설 $I = \dfrac{nE}{nr + R} = \dfrac{10 \times 1.5}{10 \times 0.5 + 25} = 0.5\,\text{A}$

44. 기전력 4 V, 내부 저항 0.2 Ω의 전지 10개를 직렬로 접속하고 두 극 사이에 부하저항을 접속하였더니 4 A의 전류가 흘렀다. 이 때 외부저항은 몇 Ω이 되겠는가? [19]

① 6

② 7

③ 8

④ 9

해설 $I = \dfrac{nE}{nr + R}$ [A]에서

$R = \dfrac{nE}{I} - nr = \dfrac{10 \times 4}{4} - 10 \times 0.2 = 8\,\Omega$

45. 기전력 1.5 V, 내부저항 0.1 Ω인 전지 5개를 직렬로 접속하여 단락시켰을 때의 전류 (A)는? [12, 14, 18]

① 7.5

② 15

③ 17.5

④ 22.5

해설 $I_s = \dfrac{nE}{nr} = \dfrac{5 \times 1.5}{5 \times 0.1} = 15\,\text{A}$

46. 동일 규격의 축전지 2개를 병렬로 접속하면 어떻게 되는가? [17]

① 전압과 용량이 같이 2배가 된다.

② 전압과 용량이 같이 $\dfrac{1}{2}$이 된다.

③ 전압은 2배가 되고 용량은 변하지 않는다.

④ 전압은 변하지 않고 용량은 2배가 된다.

해설 ⊙ 병렬연결 시 : 전압은 변함이 없고, 용량은 n배가 된다.

ⓛ 직렬연결 시 : 전압은 n배가 되고, 용량은 변하지 않는다.

정답 ● 43. ② 44. ③ 45. ② 46. ④

47. 내부저항 0.1 Ω인 건전지 10개를 직렬로 접속하고 이것을 한 조로 하여 5조 병렬로 접속하면 합성 내부저항(Ω)은? [예상]

① 0.2
② 0.3
③ 1
④ 5

[해설] $R_0 = \dfrac{r\,n}{m} = \dfrac{0.1 \times 10}{5} = 0.2\ \Omega$

48. 동일 전압의 전지 3개를 접속하여 각각 다른 전압을 얻고자 한다. 접속 방법에 따라 몇 가지의 전압을 얻을 수 있는가? (단, 극성은 같은 방향으로 설정한다.) [14]

① 1가지 전압
② 2가지 전압
③ 3가지 전압
④ 4가지 전압

[해설] 3가지 전압

ㄱ 모두 직렬접속 : $3E$

ㄴ 모두 병렬접속 : E

ㄷ 직·병렬접속 : $2E$

49. 기전력 120 V, 내부저항(r)이 15 Ω인 전원이 있다. 여기에 부하저항(R)을 연결하여 얻을 수 있는 최대 전력(W)은? (단, 최대 전력 전달 조건은 $r = R$이다.) [16, 18]

① 100
② 140
③ 200
④ 240

[해설] 최대 전력 전달 조건 : 내부저항(r)=부하저항(R)

$$\therefore\ P_m = \frac{E^2}{4R} = \frac{120^2}{4 \times 15} = 240\ \text{W}$$

$$\text{※}\ P_m = I^2 \cdot R = \left(\frac{E}{2R}\right)^2 \cdot R = \frac{E^2}{4R^2} \cdot R = \frac{E^2}{4R}$$

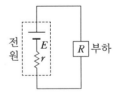

50. 10 A의 방전 전류로 6시간 방전하였다면 축전지의 방전 용량(Ah)은? [12]

① 30
② 40
③ 50
④ 60

[해설] 방전 용량 = 전류×방전 시간 = $10 \times 6 = 60$ Ah

정답 → 47. ①　48. ③　49. ④　50. ④

PART

2

전기 기기

전기 기기

Chapter 01

직류기기(발전기)

---

1. 직류기의 3대 요소가 아닌 것은? [예상]

① 전기자   ② 계자   ③ 공극   ④ 정류자

해설 직류기의 3대 요소
   ⊙ 자속(자기력선속)을 발생하는 계자(field)
   ⓛ 기전력을 발생하는 전기자(armature)
   ⓒ 교류를 직류로 변환하는 정류자(commutator)

---

2. 다음 중 직류 발전기의 계자에 대하여 옳게 설명한 것은? [19]

① 자기력선속을 발생한다.   ② 자속을 끊어 기자력을 발생한다.
③ 기전력을 외부로 인출한다.   ④ 유도된 교류 기전력을 직류로 바꾸어 준다.

해설 문제 1번 해설 참조

---

3. 직류 발전기를 구성하는 부분 중 정류자란? [12, 17]

① 전기자와 쇄교하는 자속을 만들어 주는 부분
② 자속을 끊어서 기전력을 유기하는 부분
③ 전기자권선에서 생긴 교류를 직류로 바꾸어 주는 부분
④ 계자 권선과 외부 회로를 연결시켜 주는 부분

해설 문제 1번 해설 참조

---

4. 직류 발전기 전기자의 구성으로 옳은 것은? [12]

① 전기자 철심, 정류자   ② 전기자 권선, 전기자 철심
③ 전기자 권선, 계자   ④ 전기자 철심, 브러시

해설 전기자 : 자기회로를 구성하는 전기자 철심과 기전력을 유도하는 전기자 권선으로 되어 있다.

정답 ● 1. ③   2. ①   3. ③   4. ②

5. 다음 중 직류기에서 브러시의 역할은? [18]
① 기전력 유도
② 자속생성
③ 정류작용
④ 전기자 권선과 외부회로 접속

해설 브러시 (brush) : 회전자(전기자 권선)와 외부 회로를 접속하는 역할을 한다.

6. 영구자석 또는 전자석 끝부분에 설치한 자성 재료편으로서, 전기자에 대응하여 계자 자속을 공극 부분에 적당히 분포시키는 역할을 하는 것은 무엇인가? [19]
① 자극편
② 정류자
③ 공극
④ 브러시

해설 자극편 : 전기자와 마주 보는 계자극의 부분으로, 자속을 분포시키는 역할을 하는 자성 재료 편이다.

7. 직류 발전기에서 균압 환(고리)을 설치하는 목적은 무엇인가? [예상]
① 전압을 높인다.
② 전압 강하 방지
③ 저항 감소
④ 브러시 불꽃 방지

해설 균압 고리(equalizing ring)의 설치 목적
㉠ 브러시 불꽃 방지 목적으로 사용된다.
㉡ 전기자 권선 중 유도되는 기전력 차이에 의해 발생되는 순환전류가 브러시를 통하여 흐르지 않고 균압고리로 흐르게 한다.

8. 다음 권선법 중 직류기에서 주로 사용되는 것은? [18]
① 폐로권, 환상권, 이층권
② 폐로권, 고상권, 이층권
③ 개로권, 환상권, 단층권
④ 개로권, 고상권, 이층권

해설 직류기 전기자 권선법은 고상권, 폐로권, 2층권이고 중권과 파권이 있다.
㉠ 고상권 : 원통 철심 외부에만 코일을 배치하고 내부에는 감지 않는다.
㉡ 폐로권 : 코일 전체가 폐회로를 이루며, 브러시 사이에 의하여 몇 개의 병렬로 만들어 진다.
㉢ 이층권 : 1개의 홈에 2개의 코일군을 상하로 넣는다.

정답 ━ 5. ④   6. ①   7. ④   8. ②

9. 직류기의 파권에서 극수에 관계없이 전기자 권선의 병렬 회로수 a는 얼마인가? [16]

① 1   ② 2   ③ 4   ④ 6

해설 중권과 파권의 비교

비교 항목	중권(병렬권)	파권(직렬권)
전기자 병렬 회로수	극수와 같다.	항상 2
용도	저전압 대전류용	고전압 소전류용

10. 8극 100 V, 200 A의 직류 발전기가 있다. 전기자 권선이 중권으로 되어 있는 것을 파권으로 바꾸면 전압은 몇 V로 되겠는가? [예상]

① 400   ② 200   ③ 100   ④ 50

해설 중권을 파권으로 바꾸면 병렬 회로수가 8에서 2로 되므로 전압은 4배로 400 V가 된다(단, 전류는 $\frac{1}{4}$배).

11. 직류 발전기의 철심을 규소강판으로 성층하여 사용하는 주된 이유는? [11, 17]

① 브러시에서의 불꽃방지 및 정류개선
② 맴돌이 전류 손과 히스테리시스 손의 감소
③ 전기자 반작용의 감소
④ 기계적 강도 개선

해설 철심의 철손을 줄이기 위하여, 규소를 함유한 연강판을 성층으로 하여 사용한다.
  ㉠ 히스테리시스손(histeresis loss)을 감소시키기 위하여 철심에 약 3~4 %의 규소를 함유시켜 투자율을 크게 한다.
  ㉡ 맴돌이 전류손(eddy current loss)을 감소시키기 위하여 철심을 얇게, 표면을 절연 처리하여 성층으로 사용한다.

12. 전기기계의 철심을 성층하는 가장 적절한 이유는? [10, 17]

① 기계손을 적게 하기 위하여   ② 표유 부하손을 적게 하기 위하여
③ 히스테리시스손을 적게 하기 위하여   ④ 와류손을 적게 하기 위하여

해설 문제 11번 해설 참조

정답 9. ②   10. ①   11. ②   12. ④

13. 측정이나 계산으로 구할 수 없는 손실로 부하전류가 흐를 때 도체 또는 철심 내부에서 생기는 손실을 무엇이라 하는가? [11]

① 구리손
② 히스테리시스손
③ 맴돌이 전류손
④ 표유 부하손

해설 표유 부하손(stray load loss)

㉠ 도체 또는 금속 내부에 생기는 손실로, 측정이나 계산으로 구할 수 없다
㉡ 전기자 도체손, 정류자편의 와류손, 단락 코일손, 바인드선의 철손 등이 있다.

14. 직류 발전기에서 유기 기전력 E를 바르게 나타낸 것은? (단, 자속은 ϕ, 회전속도는 n이다.) [11, 17]

① $E \propto \phi n$
② $E \propto \phi n^2$
③ $E \propto \dfrac{\phi}{n}$
④ $E \propto \dfrac{n}{\phi}$

해설 직류 발전기의 유도 기전력은 회전수와 자속의 곱에 비례한다.

$$E = \frac{pz}{60a}\phi N = K_1 \phi N[\text{V}]$$

15. 자속밀도 $0.8\,\text{Wb/m}^2$인 자계에서 길이 $50\,\text{cm}$인 도체가 $30\,\text{m/s}$로 회전할 때 유기되는 기전력(V)은? [14]

① 8
② 12
③ 15
④ 24

해설 $e = Blv = 0.8 \times 50 \times 10^{-2} \times 30 = 12\,\text{V}$

16. 직류 분권발전기가 있다. 전기자 총 도체 수 440, 매극의 자속수 0.01 Wb, 극수 6, 회전수 1500 rmp일 때 유기 기전력은 몇 V인가? (단, 전기자 권선은 중권이다.) [17]

① 35
② 55
③ 110
④ 220

해설 $E = p\phi\dfrac{N}{60} \cdot \dfrac{Z}{a} = 6 \times 0.01 \times \dfrac{1500}{60} \times \dfrac{440}{6} = 110\,\text{V}$

정답 ● 13. ④ 14. ① 15. ② 16. ③

17. 직류 분권발전기가 있다. 전기자 총 도체 수 220, 매극의 자속수 0.01 Wb, 극수 6, 회전수 1500 rmp일 때 유기 기전력은 몇 V인가? (단, 전기자 권선은 파권이다.) [11, 17, 20]

① 60   ② 120   ③ 165   ④ 240

해설 $E = p\phi \dfrac{N}{60} \cdot \dfrac{Z}{a} = 6 \times 0.01 \times \dfrac{1500}{60} \times \dfrac{220}{2} = 165 \text{ V}$

18. 직류 분권발전기가 있다. 전기자 총 도체 수 220, 극수 6, 회전수 1500 rpm일 때의 유기 기전력이 165 V이면, 매극의 자속수는 몇 Wb인가? (단, 전기자 권선은 파권이다.) [19, 20]

① 0.01   ② 0.02   ③ 10   ④ 20

해설 $E = p\phi \dfrac{N}{60} \cdot \dfrac{Z}{a} [\text{V}]$에서

$\phi = 60 \times \dfrac{a\,E}{p\,N\,Z} = 60 \times \dfrac{2 \times 165}{6 \times 1500 \times 220} = 0.01 \text{ Wb}$

19. 전기자 지름 0.2 m의 직류 발전기가 1.5 kW의 출력에서 1800 rpm으로 회전하고 있을 때 전기자 주변 속도는 약 몇 m/s인가? [11, 17]

① 9.42   ② 18.84   ③ 21.43   ④ 42.86

해설 $v = \pi D \dfrac{N}{60} = 3.14 \times 0.2 \times \dfrac{1800}{60} \fallingdotseq 18.84 \text{ m/s}$

20. 직류 발전기에 있어서 전기자 반작용이 생기는 요인이 되는 전류는? [10]

① 동선에 의한 전류   ② 전기자 권선에 의한 전류
③ 계자권선의 전류   ④ 규소 강판에 의한 전류

해설 전기자 반작용(armature reaction) : 전기자 전류에 의한 기자력의 영향으로 주자극의 자속 분포와 크기를 변화시키는 작용

21. 직류 발전기의 전기자 반작용의 영향이 아닌 것은? [10]

① 절연 내력의 저하   ② 유도기전력의 저하
③ 중성축의 이동   ④ 자속의 감소

정답 ▶ 17. ③   18. ①   19. ②   20. ②   21. ①

해설 전기자 반작용이 직류 발전기에 주는 현상

(1) 전기적 중성축이 이동된다.

　　㉠ 발전기 : 회전 방향

　　㉡ 전동기 : 회전 방향과 반대 방향

(2) 주자속이 감소하여 기전력이 감소된다. 정류자편 사이의 전압이 고르지 못하게 되어, 부분적으로 전압이 높아지고 불꽃 섬락이 일어난다.

---

22. **직류 발전기의 전기자 반작용에 의하여 나타나는 현상은?** [13, 16]

① 코일이 자극의 중성축에 있을 때도 브러시 사이에 전압을 유기시켜 불꽃을 발생한다.

② 주자속 분포를 찌그러뜨려 중성축을 고정시킨다.

③ 주자속을 감소시켜 유도 전압을 증가시킨다.

④ 직류 전압이 증가한다.

해설 문제 21번 해설 참조

---

23. **직류 발전기 전기자 반작용의 영향에 대한 설명으로 틀린 것은?** [15]

① 브러시 사이에 불꽃을 발생시킨다.

② 주자속이 찌그러지거나 감소된다.

③ 전기자 전류에 의한 자속이 주자속에 영향을 준다.

④ 회전 방향과 반대 방향으로 자기적 중성축이 이동된다.

해설 문제 21번 해설 참조

---

24. **직류 발전기에서 전기자 반작용을 없애는 방법으로 옳은 것은?** [14]

① 브러시 위치를 전기적 중성점이 아닌 곳으로 이동시킨다.

② 보극과 보상 권선을 설치한다.

③ 브러시의 압력을 조정한다.

④ 보극은 설치하되 보상 권선은 설치하지 않는다.

해설 전기자 반작용을 감소시키는 방법

　　㉠ 자기회로의 자기 저항을 크게 한다.

　　㉡ 계자 기자력을 크게 한다.

　　㉢ 큰 기계는 보상 권선을 설치하여, 그 기자력으로 전기자 기자력을 상쇄시킨다.

　　㉣ 보극을 설치하여 중성점의 이동을 막는다.

　　㉤ 보극과 보상 권선은 전기자 반작용을 없애 주는 작용과 정류를 양호하게 하는 작용을 한다.

정답 ● 22. ①　23. ④　24. ②

25. 다음 중 직류 발전기의 전기자 반작용을 없애는 방법으로 옳지 않은 것은? [11]
　① 보상권선 설치　　　　　　　　　② 보극 설치
　③ 브러시 위치를 전기적 중성점으로 이동　④ 균압환 설치

해설 문제 24번 해설 참조

26. 직류기에서 전기자 반작용을 방지하기 위한 보상 권선의 전류 방향은 어떻게 되는가? [20]
　① 전기 권선의 전류 방향과 같다.　　② 전기 권선의 전류 향과 반대이다.
　③ 계자 권선의 전류 방향과 같다.　　④ 계자 권선의 전류 방향과 반대이다.

해설 보상 권선의 전류 방향은 계자 권선의 전류 방향과 반대이다.

27. 보극이 없는 직류기의 운전 중 중성점의 위치가 변하지 않는 경우는? [19]
　① 무부하일 때　　　　　　　　　② 전부하일 때
　③ 중부하일 때　　　　　　　　　④ 과부하일 때

해설 보극(inter pole)이 없는 직류기는 무부하 운전일 때만 전기자 전류가 흐르지 않아 전기자 반작용이 발생하지 않으므로 중성점의 위치가 변하지 않는다.

28. 다음은 정류 곡선이다. 이 중에서 정류말기에 정류 상태가 좋지 않은 것은? [예상]

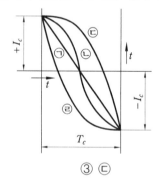

　① ㉠　　　　② ㉡　　　　③ ㉢　　　　④ ㉣

해설 정류 곡선
　㉠ 직선 정류 : 이상적인 정류 → 코일의 인덕턴스를 무시하는 경우
　㉡ 사인파 정류 : 불꽃 없다 → 보극 설치
　㉢ 부족 정류 : 브러시 후단(말기) 불꽃 발생 → 코일의 인덕턴스 때문
　㉣ 과 정류 : 브러시 전단(초기) 불꽃 발생 → 보극이 강할 경우

정답 25. ④　26. ④　27. ①　28. ③

29. 다음 직류 발전기의 정류 곡선 중 브러시의 후단에서 불꽃이 발생하기 쉬운 것은? [15]

① 직선 정류　　　② 정현파 정류　　　③ 과 정류　　　④ 부족 정류

해설 문제 28번 해설 참조

---

30. 직류기에서 보극을 두는 가장 주된 목적은? [09, 19]

① 기동 특성을 좋게 한다.
② 전기자 반작용을 크게 한다.
③ 정류 작용을 돕고 전기자 반작용을 약화시킨다.
④ 전기자 자속을 증가시킨다.

해설 전압 정류 : 보극(정류극)을 설치하여, 정류 코일 내에 유기되는 리액턴스 전압과 반대 방향으로 정류 전압을 유기시켜 양호한 정류를 얻는다.

---

31. 직류 발전기의 정류를 개선하는 방법 중 틀린 것은? [13, 18, 19]

① 코일의 자기 인덕턴스가 원인이므로 접촉 저항이 작은 브러시를 사용한다.
② 보극을 설치하여 리액턴스 전압을 감소시킨다.
③ 보극 권선은 전기자 권선과 직렬로 접속한다.
④ 브러시를 전기적 중성 축을 지나서 회전 방향으로 약간 이동시킨다.

해설 저항 정류 : 브러시의 접촉 저항이 큰 것을 사용하여, 정류 코일의 단락 전류를 억제하여 양호한 정류를 얻는다(탄소질 및 금속 흑연질의 브러시).

---

32. 계자 철심에 잔류자기가 없어도 발전되는 직류기는? [11]

① 분권기　　　② 직권기　　　③ 복권기　　　④ 타여자기

해설 타여자 발전기는 계자(여자)전류를 다른 직류전원에서 얻기 때문에 계자 철심에 잔류자기가 없어도 발전을 할 수 있다.

---

33. 계자 권선이 전기자에 병렬로만 접속된 직류기는? [12]

① 타여자기　　　② 직권기　　　③ 분권기　　　④ 복권기

해설 ㉠ 분권 발전기 : 전기자 A와 계자 권선 F를 병렬로 접속한다.
㉡ 직권 발전기 : 전기와 A와 계자 권선 F_s를 직렬로 접속한다.

정답 ● 29. ④　30. ③　31. ①　32. ④　33. ③

34. 다음 그림과 같은 회로의 발전기 종류는? [19, 20]

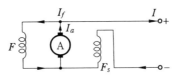

① 분권 발전기
② 직권 발전기
③ 내분권 복권 발전기
④ 외분권 복권 발전기

해설 복권 발전기
　㉠ 내분권(short shunt) : 복권 발전기의 표준
　㉡ 외분권(long shunt)

35. 전압 변동률이 적고, 계자 저항기를 사용한 전압 조정이 가능하여 전기화학용 전원, 전지의 충전용, 동기기의 여자용 등에 사용되는 발전기는? [19]

① 타여자 발전기　② 분권 발전기　③ 직권 발전기　④ 가동 복권 발전기

해설 직류 발전기의 용도
　(1) 분권 : 전기 화학 공업용 전원, 축전지의 충전용, 동기기의 여자용 및 일반 직류 전원용에 적당하다.
　(2) 직권 : 장거리 급전선에 직렬로 연결해서 승압기(booster)로 사용한다.
　(3) 복권
　　㉠ 평복권 : 일반적인 직류 전원 및 여자기 등에 사용된다.
　　㉡ 과복권 : 급전선의 전압강하 보상용으로 사용된다.
　　㉢ 차동 복권 발전기 : 수하 특성을 가지므로, 용접기용 전원으로 사용된다.

36. 직류 발전기에서 급전선의 전압강하 보상용으로 사용되는 것은? [14, 20]

① 분권기　　　② 직권기　　　③ 과복권기　　　④ 차동 복권기

해설 문제 35번 해설 참조

37. 부하의 저항을 어느 정도 감소시켜도 전류는 일정하게 되는 수하 특성을 이용하여 정전류를 만드는 곳이나 아크 용접 등에 사용되는 직류 발전기는? [15, 18]

① 직권 발전기　② 분권 발전기　③ 가동 복권 발전기　④ 차동 복권 발전기

해설 문제 35번 해설 참조

정답 34. ③　35. ②　36. ③　37. ④

38. 분권 발전기의 정격 부하전류가 100 A일 때 전기자 전류가 105 A라면 계자 전류는 몇 A인가? [20]

① 1　　　　　　② 5　　　　　　③ 100　　　　　　④ 105

해설 $I_a = I_f + I$에서, $I_f = I_a - I = 105 - 100 = 5 \text{ A}$

39. 정격 속도로 회전하고 있는 무부하의 분권 발전기가 있다. 계자 저항 40 Ω, 계자 전류 3 A, 전기자 저항이 2 Ω일 때 유도 기전력 약 몇 V인가? [18]

① 126　　　　　　② 132　　　　　　③ 156　　　　　　④ 185

해설 분권 발전기의 유도 기전력(무부하 시)

㉠ 단자 전압 : $V = I_f R_f = 3 \times 40 = 120 \text{ V}$

㉡ 유도 기전력 : $E = V + I_f R_a = 120 + 3 \times 2 = 126 \text{ V}$

※ $I_a = I_f + I$에서 무부하일 때 : $I_a = I_f$

40. 정격 속도로 회전하는 분권 발전기가 있다. 단자 전압 100 V, 계자 권선의 저항은 50 Ω, 계자 전류가 2 A, 부하 전류 50 A, 전기자 저항 0.1 Ω라 하면 유도 기전력은 약 몇 V인가? [17, 18]

① 100.2　　　　　　　　② 104.8

③ 105.2　　　　　　　　④ 125.4

해설 전기자 전류 : $I_a = I_f + I = 2 + 50 = 52 \text{ A}$

∴ 유도 기전력 : $E = V + I_a R_a = 100 + 52 \times 0.1 = 105.2 \text{ V}$

41. 직권 발전기의 설명 중 틀린 것은? [14]

① 계자 권선과 전기자 권선이 직렬로 접속되어 있다.

② 승압기로 사용되며 수전 전압을 일정하게 유지하고자 할 때 사용된다.

③ 단자 전압을 V, 유기 기전력을 E, 부하 전류를 I, 전기자 저항 및 직권 계자 저항을 각각 r_a, r_s라 할 때 $V = E + I(r_a + r_s)$[V]이다.

④ 부하 전류에 의해 여자되므로 무부하 시 자기여자에 의한 전압 확립은 일어나지 않는다.

해설 $V = E - I(r_a + r_s)$[V]

정답 ● **38.** ②　**39.** ①　**40.** ③　**41.** ③

42. 다음 중 직류 발전기의 무부하 특성 곡선은? [12, 18]
① 부하 전류와 무부하 단자 전압과의 관계이다.
② 계자 전류와 부하 전류와의 관계이다.
③ 계자 전류와 무부하 단자 전압과의 관계이다.
④ 계자 전류와 회전력과의 관계이다.

해설 무부하 특성 곡선 : 정격 속도, 무부하로 운전하였을 때 계자 전류(X축)와 단자 전압(Y축)과
의 관계를 나타내는 곡선이다.

43. 직류 발전기의 특성 곡선 중 상호 관계가 옳지 않은 것은? [18]
① 무부하 포화 곡선 : 계자 전류와 단자 전압 ② 외부 특성 곡선 : 부하 전류와 단자 전압
③ 부하 특성 곡선 : 계자 전류와 단자 전압 ④ 내부 특성 곡선 : 부하 전류와 단자 전압

해설 직류 발전기의 특성 곡선
㉠ 무부하 특성 곡선 : 무부하로 운전하였을 때 계자 전류와 단자 전압과의 관계
㉡ 외부 특성 곡선 : 단자 전압과 부하 전류와의 관계
㉢ 부하 특성 곡선 : 계자 전류와 단자 전압의 관계
㉣ 내부 특성 곡선 : 부하 전류와 유기 기전력과의 관계

44. 직류 분권 발전기의 병렬 운전의 조건에 해당되지 않는 것은? [13]
① 극성이 같을 것   ② 단자 전압이 같을 것
③ 외부 특성 곡선이 수하 특성일 것   ④ 균압 모선을 접속할 것

해설 병렬 운전 조건
㉠ 정격 전압(단자 전압) 및 극성이 같을 것
㉡ 외부 특성 곡선이 어느 정도 수하 특성일 것
㉢ 용량이 다를 경우 % 부하 전류로 나타낸 외부 특성 곡선이 거의 일치할 것
※ 균압 모선(equalizer) : 직권 및 과복권 발전기의 병렬 운전을 안전하게 하기 위해서
2대의 발전기의 직권 계자 권선의 한끝을 연결하는 굵은 도선이다.

45. 다음 중 병렬 운전 시 균압선을 설치해야 하는 직류 발전기는? [15]
① 직권   ② 차동복권
③ 평복권   ④ 부족복권

해설 문제 44번 해설 참조

정답 → 42. ③   43. ④   44. ④   45. ①

46. 직류 발전기의 병렬 운전 중 한쪽 발전기의 여자를 늘리면 그 발전기는? [16]

① 부하 전류는 불변, 전압은 증가
② 부하 전류는 줄고, 전압은 증가
③ 부하 전류는 늘고, 전압은 증가
④ 부하 전류는 늘고, 전압은 불변

해설 직류 발전기의 병렬 운전

㉠ 여자를 늘린다는 것은 계자 전류의 증가를 말한다.
㉡ 여자 자속이 늘면 유기 기전력이 증가하게 되어, 전류는 증가하고 전압도 약간 오른다.

47. 분권 발전기의 회전방향을 반대로 하면? [10]

① 전압이 유기된다.
② 발전기가 소손된다.
③ 고전압이 발생한다.
④ 잔류 자기가 소멸된다.

해설 분권 발전기를 역회전시키면, 잔류 자기가 소멸되어 자여자가 되지 않아 발전하지 못한다.

48. 직류 발전기의 운전 중 계자 회로를 급히 차단할 때 과전압 발생 방지를 위해서 설치해야 할 것은 무엇인가? [예상]

① 전압 조정기
② 계자 방전 저항
③ 자기 조정기
④ 정전 용량

해설 계자 방전 저항

㉠ 분권 계자 권선과 병렬로 접속시킨 저항기이다.
㉡ 계자 회로를 끊어도 유도 기전력은 저항을 통하여 방전하기 때문에, 단자 전압이 올라 가는 것을 막을 수 있다.

※ 계자 개폐기를 이용하여 계자 회로를 여는 것과 동시에 분권계자 권선에 병렬로 계자 방 전 저항이 접속

정답 ● 46. ③   47. ④   48. ②

전기 기기

직류기기(전동기)

Chapter **02**

---

1. 직류 전동기는 무슨 법칙에 의하여 회전 방향이 정의되는가? [17]

① 오른나사 법칙　　　　　　　　② 렌츠의 법칙

③ 플레밍의 오른손 법칙　　　　　④ 플레밍의 왼손 법칙

해설 회전 방향은 플레밍의 왼손 법칙에 의하여 결정된다.

---

2. 다음 그림의 직류 전동기는 어떤 전동기인가? [15, 17]

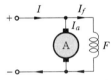

① 직권 전동기　　　　　　　　　② 타여자 전동기

③ 분권 전동기　　　　　　　　　④ 복권 전동기

해설 ㉠ 분권 전동기 : 전기자(A)와 계자 권선(F)이 병렬 접속

　　　㉡ 직권 전동기 : 전기자(A)와 계자 권선(F)이 직렬 접속

---

3. 속도를 광범위하게 조정할 수 있으므로 압연기나 엘리베이터 등에 사용되는 직류 전동기는? [12, 17]

① 직권　　　　　② 분권　　　　　③ 타여자　　　　　④ 가동 복권

해설

종류	용도
타여자	압연기, 권상기, 크레인, 엘리베이터
분권	직류 전원 선박의 펌프, 환기용 송풍기, 공작 기계(정속도)
직권	전차, 권상기, 크레인(가동 횟수가 빈번하고 토크의 변동도 심한 부하)
가동 복권	크레인, 엘리베이터, 공작 기계, 공기 압축기

정답 ● 1. ④　2. ③　3. ③

4. 전기 철도에 사용하는 직류 전동기로 가장 적합한 전동기는? [14, 16]

① 분권 전동기

② 직권 전동기

③ 가동 복권 전동기

④ 차동 복권 전동기

해설 문제 3번 해설 참조

5. 속도를 광범위하게 조절할 수 있어 압연기나 엘리베이터 등에 사용되고 일그너 방식 또는 워드 레오나드 방식의 속도 제어 장치를 사용하는 경우에 주 전동기로 사용하는 전동기는? [18]

① 타여자 전동기

② 분권 전동기

③ 직권 전동기

④ 가동 복권 전동기

해설 문제 3번 해설 참조

6. 200 V의 직류 직권 전동기가 있다. 전기자 저항이 0.1 Ω, 계자 저항은 0.05 Ω이다. 부하 전류 40 A일 때의 역기전력 V은? [예상]

① 194

② 196

③ 198

④ 200

해설 $E = V - I(R_a + R_f) = 200 - 40(0.1 + 0.05) = 200 - 6 = 194 \, \text{V}$

7. 전기자 총 도체 수가 360, 극수가 8극인 중권 직류 전동기가 있다. 전기자 전류가 50 A일 때 발생하는 토크 kg · m는 얼마인가? (단, 한극당 자속수는 0.06 Wb이다.) [16]

① 16

② 17.6

③ 18.5

④ 19.5

해설 $T = K_T \phi I_a [\text{N} \cdot \text{m}] \left(K_T = \dfrac{pz}{2a\pi} \right)$에서, 중권은 $a = p$이므로

$$\therefore \ T = \frac{1}{9.8} \cdot \frac{Z}{2\pi} \phi I_a = \frac{1}{9.8} \cdot \frac{360}{2\pi} \times 0.06 \times 50 = 17.6 \, \text{kg} \cdot \text{m}$$

8. 정격 부하를 걸고 16.3 kg · m 토크를 발생하며 1200 rpm으로 회전하는 어떤 직류 분권 전동기의 역기전력이 100 V라 한다. 전류는 약 몇 A인가? [예상]

① 100

② 150

③ 175

④ 200

정답 ── 4. ② 5. ① 6. ① 7. ② 8. ④

해설 $T = 975\dfrac{P}{N}[\text{kg} \cdot \text{m}]$에서 $P = \dfrac{N \cdot T}{975} = \dfrac{1200 \times 16.3}{975} = 20\,\text{kW}$

$\therefore I = \dfrac{P}{E} = \dfrac{20 \times 10^3}{100} = 200\,\text{A}$

---

9. 출력 15 kW, 1500 rpm으로 회전하는 전동기의 토크는 약 몇 kg · m인가? [19, 20]

① 6.54 ② 9.75

③ 47.78 ④ 95.55

해설 $T = 975\dfrac{P}{N} = 975 \times \dfrac{15}{1500} = 9.75\,\text{kg} \cdot \text{m}$

---

10. 다음 그림에서 직류 분권 전동기의 속도 특성 곡선은? [10, 17, 19]

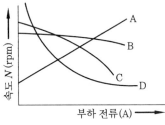

① A ② B

③ C ④ D

해설 속도 특성 곡선

A : 차동 복권   B : 분권

C : 가동 복권   D : 직권

---

11. 직류 분권 전동기에서 단자 전압이 일정할 때, 부하 토크가 $\dfrac{1}{2}$ 이 되면 부하 전류는 몇 배 가 되는가? [예상]

① 2배 ② $\dfrac{1}{2}$배 ③ 4배 ④ $\dfrac{1}{4}$배

해설 직류 분권 전동기의 토크와 부하 전류 관계

$T = K\phi I_a$에서, 단자 전압이 일정하면 자속 ϕ도 일정하므로 $T \propto I_a$

$\therefore$ 전류도 $\dfrac{1}{2}$배가 된다.

정답 9. ② 10. ② 11. ②

12. 직류 직권 전동기의 회전수를 $\frac{1}{3}$ 로 줄이면 토크는 어떻게 되는가? [19]

① 변화가 없다.

② $\frac{1}{3}$ 배 작아진다.

③ 3배 커진다.

④ 9배 커진다.

해설 직권 전동기의 속도 · 토크 특성 : $T \propto \dfrac{1}{N^2}$

∴ 토크 T는 9배로 커진다.

13. 다음은 직권 전동기의 특징이다. 틀린 것은? [15, 19]

① 부하 전류가 증가할 때 속도가 크게 감소한다.

② 전동기 기동 시 기동 토크가 작다.

③ 무부하 운전이나 벨트를 연결한 운전은 위험하다.

④ 계자 권선과 전기자 권선이 직렬로 접속되어 있다.

해설 직류 직권 전동기는 기동 토크가 크고 입력이 작으므로 전차, 권상기, 크레인 등에 사용된다.

14. 부하가 많이 걸리면 감속이 되고 부하가 적게 걸리면 회전수가 상승되는 것에 필요한 주 전동기는? [예상]

① 동기 전동기

② 유도 전동기

③ 직류 직권 전동기

④ 직류 분권 전동기

해설 직류 직권 전동기의 특성

㉠ 부하 증가 → 전류 증가 → 속도 감소 및 토크 증가

㉡ 부하 감소 → 전류 감소 → 속도 증가 및 토크 감소

15. 다음 직류 전동기에 대한 설명으로 옳은 것은? [11, 16]

① 전기철도용 전동기는 차동 복권 전동기이다.

② 분권 전동기는 계자 저항기로 쉽게 회전 속도를 조정할 수 있다.

③ 직권 전동기에서는 부하가 줄면 속도가 감소한다.

④ 분권 전동기는 부하에 따라 속도가 현저하게 변한다.

정답 ── **12.** ④ **13.** ② **14.** ③ **15.** ②

해설 ① 전기철도용 전동기로는 직권 전동기가 사용된다.

② 분권 전동기는 계자 저항기의 조정에 의한 자속의 변화로 속도를 쉽게 제어할 수 있다.

③ 직권 전동기에서는 부하가 줄면 전류가 감소, 즉 계자 전류의 감소로 자속이 줄어들어 속도가 증가하게 된다.

④ 분권 전동기는 정속도 전동기로 부하에 따라 속도가 거의 일정하다.

---

16. 직류 전동기의 특성에 대한 설명으로 틀린 것은? [14]

① 직권 전동기는 가변 속도 전동기이다.

② 분권 전동기에서는 계자 회로에 퓨즈를 사용하지 않는다.

③ 분권 전동기는 정속도 전동기이다.

④ 가동 복권 전동기는 기동 시 역회전할 염려가 있다.

해설 가동 복권 전동기는 분권보다 기동 토크가 크며, 무부하 시 직권과 같이 위험 속도에 이르지 않는 장점이 있다.

※ 분권 전동기의 계자 회로에 퓨즈를 사용하지 않는 이유는 퓨즈 용단 시 자속이 "0"이 되면 속도가 급속히 증가하여 위험 속도가 되기 때문이다.

---

17. 직류 분권 전동기나 타여자식 전동기의 기동 시 계자 저항의 적절한 값은? [예상]

① 최솟값   ② 중간값

③ 최댓값   ④ 저항을 떼어낸다.

해설 분권 전동기의 기동(그림 참조)

㉠ 기동 토크를 크게 하기 위하여 계자 저항 FR을 최솟값으로 한다. 즉, 저항값을 0으로 한다.

㉡ 기동 전류를 줄이기 위하여 기동 저항기 SR을 최댓값으로 한다.

㉢ 기동 저항기 SR을 전기자 Ⓐ와 직렬 접속 한다.

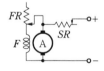

---

18. 직류 분권 전동기의 기동 방법 중 가장 적당한 것은? [16, 17]

① 기동 토크를 작게 한다.

② 계자 저항기의 저항값을 크게 한다.

③ 계자 저항기의 저항값을 '0'으로 한다.

④ 기동 저항기를 전기자와 병렬 접속한다.

해설 문제 17번 해설 참조

정답 • 16. ④   17. ①   18. ③

19. 직류 분권 전동기의 회전 방향을 바꾸기 위해 일반적으로 무엇의 방향을 바꾸어야 하는가? [14, 16]
① 전원
② 주파수
③ 계자 저항
④ 전기자 전류

해설 직류 전동기의 회전 방향의 변경(분권)
㉠ 계자 또는 전기자 접속을 반대로 바꾸면 회전 방향은 반대가 된다.
㉡ 일반적으로 전기자 접속을 바꾸어 전기자 전류 방향이 반대가 되게 한다.
※ 전원의 극성을 반대로 하면 자속이나 전기자 전류가 모두 반대가 되므로, 회전 방향은 불변이다.

20. 다음 중 전동기 회전 방향의 표준은? [예상]
① 풀리(pulley) 있는 쪽에서 보아 시계 방향
② 풀리 반대쪽에서 보아 시계 방향
③ 단자 있는 쪽에서 보아 넘어오는 방향
④ 스위치 있는 쪽에서 보아 넘어오는 방향

해설 전동기 회전 방향의 표준은 부하가 연결되어 있는 반대쪽에서 보아 시계 방향을 표준으로 한다. 즉, 풀리(pulley) 반대쪽에서 보아 시계 방향이다.

21. 다음 중 직류 전동기의 속도 제어 방법이 아닌 것은? [12, 15, 19]
① 저항 제어
② 계자 제어
③ 전압 제어
④ 주파수 제어

해설 직류 전동기의 속도 제어
㉠ 계자 자속 ϕ를 변화 $N = K_1 \dfrac{V - I_a R_a}{\phi}$ [rpm]
㉡ 단자 전압 V를 변화
㉢ 전기자 회로의 저항 R_a를 변화
∴ 셋 중 어느 하나를 변화시키면 된다.

22. 직류 분권 전동기의 운전 중 계자 저항기의 저항을 증가하면 속도는 어떻게 되는가? [10, 15, 18, 19]
① 변하지 않는다.
② 증가한다.
③ 감소한다.
④ 정지한다.

정답 ● 19. ④ 20. ② 21. ④ 22. ②

해설 계자 저항을 증가시키면 계자 전류 I_f의 감소로 자속 ϕ가 감소하므로 속도 N은 반비례하여 증가하게 된다.

---

23. 직류 전동기의 속도 제어 방법 중 속도 제어가 원활하고 정토크 제어가 되며 운전 효율이 좋은 것은? [09, 19]

① 계자 제어   ② 병렬 저항 제어
③ 직렬 저항 제어   ④ 전압 제어

해설 전압 제어 : 전기자에 가한 전압을 변화시켜서 회전 속도를 조정하는 방법으로, 가장 광범위하고 효율이 좋으며 원활하게 속도 제어가 되는 방식이다.

---

24. 직류 직권 전동기를 사용하려고 할 때 벨트(belt)를 걸고 운전하면 안 되는 가장 타당한 이유는? [11, 19]

① 벨트가 기동할 때나 또는 갑자기 중 부하를 걸 때 미끄러지기 때문에
② 벨트가 벗겨지면 전동기가 갑자기 고속으로 회전하기 때문에
③ 벨트가 끊어졌을 때 전동기의 급정지 때문에
④ 부하에 대한 손실을 최대로 줄이기 위해서

해설 ㉠ 벨트(belt)가 벗겨지면 무부하 상태가 되어 부하전류 $I = 0$이 된다.

㉡ 속도 특성 $n = \dfrac{V - R_a I}{k_E k I}$

∴ 무부하 시 분모가 "0"이 되어 위험 속도로 회전하게 된다.

---

25. 직류 전동기의 제어에 널리 응용되는 직류–직류 전압 제어 장치는? [13, 17]

① 인버터   ② 컨버터
③ 초퍼   ④ 전파 정류

해설 초퍼(chopper)

㉠ 어떤 직류 전압을 입력으로 하여 크기가 다른 직류를 얻기 위한 회로가 직류 초퍼(DC chopper) 회로이다.

㉡ 지하철, 전철의 견인용 직류 전동기의 속도 제어 등 널리 응용된다.

정답 ➡ 23. ④   24. ②   25. ③

26. 직류 전동기의 전기적 제동법이 아닌 것은? [13]

① 발전 제동   ② 회생 제동

③ 역전 제동   ④ 저항 제동

해설 직류 전동기의 전기 제동법의 종류

㉠ 발전 제동

㉡ 역전 제동(플러깅 : plugging)

㉢ 회생 제동(regenerative branking)

27. 직류 전동기를 전원에 접속한 채로 전기자의 접속을 반대로 바꾸어 회전 방향과 반대 토크를 발생시켜 갑자기 정지 또는 역전시키는 방법을 무엇이라 하는가? [17]

① 발전 제동   ② 회생 제동

③ 플러깅   ④ 마찰 제동

해설 플러깅(plugging) : 역전 제동

※ 전동기를 전원에 접속한 상태로 전기자의 접속을 바꾸어, 회전 방향과 반대의 토크를 발생하여 급속히 정지시키는 방법이다. 이 방법을 플러깅(plugging)이라 한다.

28. 직류 발전기의 정격 전압 100 V, 무부하 전압 109 V이다. 이 발전기의 전압 변동률 ϵ [%]은? [15, 17]

① 1   ② 3

③ 6   ④ 9

해설 $\epsilon = \dfrac{V_0 - V_n}{V_n} \times 100 = \dfrac{109 - 100}{100} \times 100 = 9\,\%$

29. 직류기에서 전압 변동률이 (−)값으로 표시되는 발전기는? [13]

① 분권 발전기

② 과복권 발전기

③ 타여자 발전기

④ 차동 복권 발전기

정답 ◦ 26. ④   27. ③   28. ④   29. ②

해설 전압 변동률의 (+), (−)값

ⓐ (+)값 : 타여자, 분권 및 차동 복권 발전기

ⓑ (−)값 : 직권, 과복권 발전기

ⓒ (0)값 : 평복권

---

30. 직류 전동기에 있어 무부하일 때의 회전수 N_0은 1200 rpm, 정격부하일 때의 회전수 N_n 은 1150 rpm이라 한다. 속도 변동률(%)은? [10, 18]

① 약 3.45

② 약 4.16

③ 약 4.35

④ 약 5.0

해설 $\epsilon = \dfrac{N_o - N_n}{N_n} \times 100 = \dfrac{1200 - 1150}{1150} \times 100 = 4.35\%$

---

31. 직류 전동기의 규약 효율은 어떤 식으로 표현되는가? [15, 17, 19]

① $\dfrac{출력}{입력} \times 100\%$

② $\dfrac{출력}{출력 + 손실} \times 100\%$

③ $\dfrac{입력 - 손실}{입력} \times 100\%$

④ $\dfrac{입력 - 손실}{입력} \times 100\%$

해설 직류기의 효율

(1) 실측 효율 $\eta = \dfrac{출력}{입력} \times 100\%$

(2) 규약 효율

ⓐ 발전기의 효율 $= \dfrac{출력}{출력 + 손실} \times 100\%$

ⓑ 전동기의 효율 $= \dfrac{입력 - 손실}{입력} \times 100\%$

---

32. 정격 200 V, 50 A인 전동기의 출력이 8000 W이다. 효율은 몇 %인가? [예상]

① 80

② 82

③ 85

④ 90

해설 효율 $= \dfrac{출력}{입력} \times 100 = \dfrac{8000}{200 \times 50} \times 100 = 80\%$

정답 ➡ 30. ③ 31. ③ 32. ①

전기 기기

03

Chapter

동기 발전기

---

1. 플레밍(Fleming)의 오른손 법칙에 따르는 기전력이 발생하는 기기는 ? [예상]

① 교류 발전기   ② 교류 전동기

③ 교류 정류기   ④ 교류 용접기

해설 교류(동기) 발전기 : 전자 유도 작용을 응용한 것으로, 계자를 회전시키면 고정자 권선에 자속이 쇄교되어 플레밍의 오른손 법칙에 의한 교류 기전력이 발생한다.

※ 3상 동기 발전기 : 수력, 화력, 원자력 발전소에서 사용되는 교류 발전기이다.

---

2. 다음 중 2극 동기기가 1회전 하였을 때의 전기각은 어느 것인가 ? [예상]

① π[rad]   ② 2π[rad]   ③ 3π[rad]   ④ 4π[rad]

해설 1회전= $360 = 2\pi r$

$\therefore \dfrac{2\pi r}{r} = 2\pi$[rad]

※ [rad] = 각도 $\times \dfrac{2\pi}{360}$ = 각도 $\times \dfrac{\pi}{180}$

---

3. 회전자가 1초에 30회전을 하면 각속도는 ? [11]

① 30π[rad/s]   ② 60π[rad/s]

③ 90π[rad/s]   ④ 120π[rad/s]

해설 $\omega = 2\pi n = 2\pi \times 30 = 60\pi$[rad/s]

---

4. 60 Hz의 동기 발전기가 2극일 때 동기 속도는 몇 rpm인가 ? [18]

① 7200   ② 4800   ③ 3600   ④ 2400

정답 ➡ 1. ①   2. ②   3. ②   4. ③

해설 $N_s = \dfrac{120f}{p} = \dfrac{120 \times 50}{2} = 3600\,\text{rpm}$

※ 발전기의 최소 극수는 2극이다.

∴ 60 Hz일 때, 최고 속도는 3600 rpm이 된다.

---

5. 극수가 10, 주파수 50 Hz인 동기기의 매분 회전수 rpm는 얼마인가? [10]

① 300   ② 400

③ 500   ④ 600

해설 $N_s = \dfrac{120}{p} \cdot f = \dfrac{120}{10} \times 50 = 600\,\text{rpm}$

---

6. 동기 속도 1800 rpm, 주파수 60 Hz인 동기 발전기의 극수는 몇 극인가? [19]

① 2   ② 4

③ 8   ④ 10

해설 $p = \dfrac{120}{N_s} \cdot f = \dfrac{120}{1800} \times 60 = 4\,\text{극}$

---

7. 극수 10, 동기 속도 600 rpm인 동기 발전기에서 나오는 전압의 주파수는 몇 Hz인가? [16]

① 50   ② 60

③ 80   ④ 120

해설 $f = \dfrac{N_s}{120} \cdot p = \dfrac{600}{120} \times 10 = 50\,\text{Hz}$

---

8. 회전자의 바깥 지름이 2 m인 50 Hz, 12극 동기 발전기가 있다. 주변 속도는 약 얼마인가? [예상]

① 10 m/s   ② 20 m/s

③ 40 m/s   ④ 50 m/s

해설 $N_s = \dfrac{120f}{p} = \dfrac{120 \times 50}{12} = 500\,\text{rpm}$

∴ $v = \pi D \dfrac{N_s}{60} = 3.14 \times 2 \times \dfrac{500}{60} \fallingdotseq 52\,\text{m/s}$

정답 ▸ **5.** ④   **6.** ②   **7.** ①   **8.** ④

9. 1극의 자속수가 0.060 Wb, 극수 4극, 회전 속도 1800 rpm, 코일의 권수가 100인 동기 발전기의 실횻값은 몇 V인가? (단, 권선 계수는 0.96이다.) [예상]
① 1500
② 1535
③ 1570
④ 1600

[해설] $f = \dfrac{N_s}{120} \cdot p = \dfrac{1800}{120} \times 4 = 60 \text{ Hz}$

$\therefore E = 4.44 \, kfn\phi = 4.44 \times 0.96 \times 60 \times 100 \times 0.06 = 1535 \text{ V}$

10. 보통 회전 계자형으로 하는 전기 기계는 어느 것인가? [예상]
① 직류 발전기
② 회전 변류기
③ 동기 발전기
④ 유도 발전기

[해설] 회전 계자형 : 전기자를 고정자로, 계자를 회전자로 하는 일반 전력용 3상 동기 발전기 형식이다.
※ 수력 발전소나 화력 발전소에서 사용되는 발전기로 모두 3상이며, 동기 속도라는 일정한 속도로 회전하므로 3상 동기 발전기라 한다.

11. 동기 발전기를 회전 계자형으로 하는 이유가 아닌 것은? [14, 17]
① 고전압에 견딜 수 있게 전기자 권선을 절연하기가 쉽다.
② 전기자 단자에 발생한 고전압을 슬립링 없이 간단하게 외부 회로에 인가할 수 있다.
③ 기계적으로 튼튼하게 만드는 데 용이하다.
④ 전기자가 고정되어 있지 않아 제작비용이 저렴하다.

[해설] 회전 계자형은 전기자가 고정되어 있고 계자를 회전자로 하는 3상 동기 발전기이다.

12. 우산형 발전기의 용도는? [12]
① 저속도 대용량기
② 고속도 대용량기
③ 저속도 소용량기
④ 고속도 소용량기

[해설] 우산형(umbrella type) 발전기
㉠ 수차 발전기는 세로축 발전기로 보통형과 우산형이 있다.
㉡ 우산형은 저속(저낙차) 대용량기이다.

[정답] 9. ② 10. ③ 11. ④ 12. ①

---

13. 터빈 발전기의 구조가 아닌 것은? [예상]

① 고속 운전을 한다.
② 회전 계자형의 철극형으로 되어 있다.
③ 축방향으로 긴 회전자로 되어 있다.
④ 일반적으로 극수는 2극 또는 4극으로 사용한다.

해설 터빈 발전기의 구조 : 회전 계자형의 원통형
※ 수차 발전기의 구조 : 회전 계자형의 철극형.

---

14. 동기기의 전기자 권선법이 아닌 것은? [14, 17, 20]

① 분포권   ② 2층권
③ 전절권   ④ 중권

해설 동기기의 전기자 권선법 중, 2층 분포권, 단절권 및 중권이 주로 쓰이고 결선은 Y 결선으로 한다.

---

15. 다음 중 고조파를 제거하기 위하여 동기기의 전기자 권선법으로 많이 사용되는 방법은? [20]

① 단절권/집중권   ② 단절권/분포권
③ 전절권/분포권   ④ 단층권/분포권

해설 (1) 단절권의 특징(전절권에 비하여)
  ㉠ 파형(고조파 제거) 개선
  ㉡ 코일 단부 단축
  ㉢ 유도 기전력이 감소한다.
(2) 분포권의 특징(집중권에 비하여)
  ㉠ 유도 기전력이 감소한다.
  ㉡ 고조파가 감소하여 파형이 좋아진다.
  ㉢ 권선의 누설 리액턴스가 감소한다.
  ㉣ 냉각 효과가 좋다.

---

16. 동기 발전기의 전기자 권선을 단절권으로 하면 어떻게 되는가? [15]

① 고조파를 제거한다.   ② 절연이 잘 된다.
③ 역률이 좋아진다.   ④ 기전력을 높인다.

해설 문제 15번 해설 참조

정답 13. ②   14. ③   15. ②   16. ①

17. 다음 중 동기 발전기 단절권의 특징이 아닌 것은? [18]
① 고조파를 제거해서 기전력의 파형이 좋아진다.
② 코일 단이 짧게 되므로 재료가 절약된다.
③ 전절권에 비해 합성 유기 기전력이 증가한다.
④ 코일 간격이 극 간격보다 작다.

해설 단절권은 전절권에 비해서 고조파를 제거하여 파형이 좋아진다. 단, 유도 기전력은 감소된다.

18. 3상 동기 발전기의 상간 접속을 Y 결선으로 하는 이유 중 잘못된 것은? [16]
① 중성점을 이용할 수 있다.
② 같은 선간 전압의 결선에 비하여 절연이 어렵다.
③ 선간 전압이 상전압의 $\sqrt{3}$ 배가 된다.
④ 선간 전압에 제3 고조파가 나타나지 않는다.

해설 상간 접속 : 성형(Y 결선)
㉠ 중성점 이용이 가능하며, 선간 전압이 $\sqrt{3}$ 배가 된다.
㉡ 절연이 용이하며, 제3 고조파가 나타나지 않는다.

19. 동기 발전기의 기전력 파형을 정현파로 하기 위한 방법으로 틀린 것은? [17]
① 매극 매상의 슬롯수를 많게 한다.
② 전절권 및 분포권으로 한다.
③ 공극의 길이를 작게 한다.
④ 전기자 철심을 사(斜)슬롯으로 한다.

해설 공극의 길이를 크게 한다.
※ 사(斜)슬롯(skewed slot)

20. 6극 36슬롯 3상 동기 발전기의 매 극 매 상당 슬롯 수는? [13, 16, 18]
① 2 ② 3
③ 4 ④ 5

해설 슬롯(slot) 수 : $q = \dfrac{총 홈수}{극수 \times 상수} = \dfrac{36}{6 \times 3} = 2$ 개

정답 ▸ 17. ③   18. ②   19. ③   20. ①

21. 3상 동기 발전기에 무부하 전압보다 90도 뒤진 전기자 전류가 흐를 때 전기자 반작용은? [18]

① 감자 작용을 한다. ② 증자 작용을 한다.

③ 교차 자화 작용을 한다. ④ 자기 여자 작용을 한다.

해설 동기 발전기의 전기자 반작용

반작용	작용	위상	역률	부하
가로축(횡축)	교차 자화 작용	동상	1	저항(R)
직축(종축)	감자 작용	지상	0	유도성(X_L)
	증자 작용	진상	0	용량성(X_C)

22. 3상 동기 발전기에서 전기자 전류가 무부하 유도 기전력보다 $\frac{\pi}{2}$[rad](90°) 앞서 있는 경우에 나타나는 전기자 반작용은? [11, 13, 14, 16, 17, 20]

① 증자 작용 ② 감자 작용 ③ 교차 자화 작용 ④ 편자 작용

해설 문제 21번 해설 참조

23. 다음 중 전기자 반작용에 대한 설명으로 틀린 것은? [예상]

① 동상일 때 횡축 반작용

② 부하 전류가 90° 앞설 때는 직축 반작용

③ 전압보다 90° 늦은 전류는 계자 자속을 감소시킨다.

④ 전압보다 90° 뒤질 때는 횡축 반작용

해설 문제 21번 해설 참조

24. 동기 발전기의 전기자 반작용에 대한 설명으로 틀린 사항는? [11]

① 전기자 반작용은 부하 역률에 따라 크게 변화된다.

② 전기자 전류에 의한 자속의 영향으로 감자 및 자화 현상과 편자 현상이 발생된다.

③ 전기자 반작용의 결과 감자 현상이 발생될 때 반작용 리액턴스의 값은 감소된다.

④ 계자 자극의 중심축과 전기자 전류에 의한 자속이 전기적으로 90°를 이룰 때 편자 현상이 발생된다.

정답 21. ① 22. ① 23. ④ 24. ③

해설 전기자 반작용의 결과

    ㉠ 감자 현상이 발생될 때 : 반작용 리액턴스의 값은 증가된다.

    ㉡ 증자 현상이 발생될 때 : 반작용 리액턴스의 값은 감소된다.

    ※ 전기자 반작용 리액턴스 : 전기자 반작용에 의한 증자·감자 작용은 기전력을 증감시키고 전류와는 90° 위상차가 있으므로, 리액턴스에 의한 전압 강하로 나타낼 수 있다.

---

25. 동기기에서 동기 임피던스 값과 실용상 같은 것은? (단, 전기자 저항은 무시한다.) [예상]

  ① 전기자 누설 리액턴스   ② 동기 리액턴스

  ③ 유도 리액턴스   ④ 등가 리액턴스

해설 ㉠ $\dot{Z}_s = r_a + j\,x_s = r_a + j\,(x_l + x_a)$

    ㉡ 실용상 $r_a \ll x_s$

    ∴ $Z_s \fallingdotseq x_s$

여기서, r_a : 전기자 저항, x_s : 동기 리액턴스, x_a : 전기자 반작용 리액턴스,

         x_l : 전기자 누설 리액턴스

---

26. 비돌극형 동기 발전기의 단자 전압(1상)을 V, 유도 기전력(1상)을 E, 동기 리액턴스를 x_s, 부하각을 δ라고 하면, 1상의 출력(W)은? (단, 전기저항 등은 무시한다.) [11]

  ① $\dfrac{EV}{x_s}\sin\delta$ ② $\dfrac{E^2}{2x_s}\cos\delta$

  ③ $\dfrac{EV}{x_s}\cos\delta$ ④ $\dfrac{E^2}{2x_s}\sin\delta$

해설 $P_s = \dfrac{EV}{Z_s}\sin\delta \fallingdotseq \dfrac{EV}{x_s}\sin\delta\,[W]$

여기서, $Z_s \fallingdotseq x_s$

※ V, E 및 x_s가 일정하면 출력 P_s는 $\sin\delta$에 비례

---

27. 동기 발전기에서 비돌극기의 출력이 최대가 되는 부하각은? [14]

  ① 0°   ② 45°

  ③ 90°   ④ 180°

해설 부하각(load angle) $\delta = 90°$에서 최대 전력이며, 실제 δ는 45°보다 작고 20° 부근이다.

정답 25. ②   26. ①   27. ③

28. 동기 발전기의 무부하 포화 곡선에 대한 설명으로 옳은 것은? [09, 20]

① 정격 전류와 단자 전압의 관계이다.   ② 정격 전류와 정격 전압의 관계이다.

③ 계자 전류와 정격 전압의 관계이다.   ④ 계자 전류와 단자 전압의 관계이다.

[해설] 무부하 포화 곡선 : 정격 속도 무부하에서 계자 전류 I_f 를 증가시킬 때 무부하 단자 전압 V의 변화 곡선을 말한다.

---

29. 다음은 동기 발전기의 무부하 포화 곡선을 나타낸 것이다. 포화 계수에 해당하는 것은? [11]

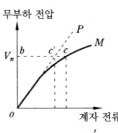

① $\dfrac{ob}{oc}$ ② $\dfrac{bc'}{bc}$ ③ $\dfrac{cc'}{bc'}$ ④ $\dfrac{cc'}{bc}$

[해설] 무부하 포화 곡선

(1) 무부하 유기 기전력과 계자 전류와의 관계 곡선이다.

  ㉠ $\overline{OM}$: 포화 곡선   ㉡ $\overline{OP}$: 공극선

(2) 점 b가 정격 전압(V_n)에 상당하는 점이 될 때, 포화의 정도를 표시하는 포화 계수 $\delta = \dfrac{cc'}{bc'}$

---

30. 동기 발전기의 돌발 단락 전류를 주로 제한하는 것은? [11, 18]

① 누설 리액턴스   ② 동기 임피던스   ③ 권선 저항   ④ 동기 리액턴스

[해설] 전기자 누설 리액턴스

  ㉠ 누설 자속에 의한 권선의 유도성 리액턴스 $x_l = \omega L$을 누설 리액턴스라 한다.

  ㉡ 돌발 (순간) 단락 전류를 제한한다.

---

31. 단락비가 1.25인 동기 발전기의 % 동기 임피던스는 얼마인가? [13, 17]

① 70 %   ② 80 %   ③ 90 %   ④ 125 %

[해설] $Z_s{}' = \dfrac{1}{K_s} \times 100 = \dfrac{1}{1.25} \times 100 = 80\,\%$

---

32. 정격이 10000 V, 500 A, 역률 90 %의 3상 동기 발전기의 단락 전류 I_s[A]는? (단, 단락 비는 1.3으로 하고, 전기자 저항은 무시한다.) [15, 19]

① 450   ② 550   ③ 650   ④ 750

해설 $I_s = I_n \times k_s = 500 \times 1.3 = 650 \text{ A}$

33. 다음 중 단락비가 큰 동기 발전기를 설명하는 것으로 옳은 것은? [19]

① 동기 임피던스가 작다.   ② 단락 전류가 작다.

③ 전기자 반작용이 크다.   ④ 전압 변동률이 크다.

해설 단락비(short circuit ratio)

단락비가 작은 동기기	단락비가 큰 동기기
1. 공극이 좁고 계자 기자력이 작은 동기계이다.	1. 공극이 넓고 계자 기자력이 큰 철기계이다.
2. 동기 임피던스가 크며, 전기자 반작용이 크다.	2. 동기 임피던스가 작으며, 전기자 반작용이 작다.
3. 전압 변동률이 크고, 안정도가 낮다.	3. 전압 변동률이 작고, 안정도가 높다.
4. 기계의 중량이 가볍고 부피가 작으며, 고정손이 작아 효율이 좋다.	4. 기계의 중량과 부피가 크며, 고정손이 커서 효율이 나쁘다.

34. 다음 중 동기 발전기에서 단락비가 작은 기계의 특성은? [예상]

① 동기 임피던스가 크므로 전압 변동률이 작다.

② 동기 임피던스가 크므로 전기자 반작용이 크다.

③ 공극이 넓다.

④ 계자 기자력이 크다.

해설 문제 33번 해설 참조

35. 동기기의 과도 안정도를 증가시키는 방법이 아닌 것은? [17]

① 회전자의 플라이휠 효과를 작게 할 것

② 동기 리액턴스를 작게 할 것

③ 속응 여자 방식을 채용할 것

④ 발전기의 조속기 동작을 신속하게 할 것

해설 안정도 증진법

　ⓐ 속응 여자 방식을 채용할 것

　ⓒ 조속기의 동작을 신속히 할 것

　ⓒ 동기 리액턴스를 작게 할 것

　ⓓ 플라이휠 효과를 크게 할 것

　ⓔ 회전자의 관성을 크게 할 것

　ⓕ 단락비를 크게 할 것

---

36. 정격 전압 220 V의 동기 발전기를 무부하로 운전하였을 때의 단자 전압이 253 V이었다. 이 발전기의 전압 변동률은? [10]

① 13 %　　　　　　　　　　② 15 %

③ 20 %　　　　　　　　　　④ 33 %

해설 $\epsilon = \dfrac{V_o - V_n}{V_n} \times 100 = \dfrac{253 - 220}{220} \times 100 = 15\,\%$

---

37. 전기 기계의 효율 중 발전기의 규약 효율 η_G[%]는? (단, P는 입력, Q는 출력, L은 손실이다.) [10, 16, 20]

① $\eta_G = \dfrac{P - L}{P} \times 100$　　　　　② $\eta_G = \dfrac{P - L}{P + L} \times 100$

③ $\eta_G = \dfrac{Q}{P} \times 100$　　　　　　　④ $\eta_G = \dfrac{Q}{Q + L} \times 100$

해설 ⓐ $\eta_G = \dfrac{출력}{출력 + 손실} \times 100 = \dfrac{Q}{Q + L} \times 100\,\%$

　ⓑ $\eta_M = \dfrac{입력 - 손실}{입력} \times 100 = \dfrac{P - L}{P} \times 100\,\%$

---

38. 34극 60 MVA, 역률 0.8, 60 Hz, 22.9 kV 수차 발전기의 전부하 손실이 1600 kW이면 전부하 효율(%)은? [15, 19]

① 90　　　　　　　　　　② 95

③ 97　　　　　　　　　　④ 99

해설 $\eta = \dfrac{출력}{출력 + 손실} \times 100 = \dfrac{60 \times 10^3}{60 \times 10^3 + 1600} \times 100 \fallingdotseq 97\,\%$

정답 ● 36. ②　37. ④　38. ③

39. 동기기의 손실에서 고정손에 해당되는 것은? [16]

① 계자 철심의 철손　　　　② 브러시의 전기손

③ 계자 권선의 저항손　　　④ 전기자 권선의 저항손

해설 손실(loss)

(1) 고정손(무부하손)

　　㉠ 기계손(마찰손+풍손)

　　㉡ 철손(히스테리시스손+와류손)

(2) 가변손(부하손)

　　㉠ 브러시의 전기손

　　㉡ 계자 권선의 저항손

　　㉢ 전기자 권선의 저항손

40. 동기기 손실 중 무부하손(no load loss)이 아닌 것은? [16]

① 풍손　　　　　　　　　② 와류손

③ 전기자 동손　　　　　　④ 베어링 마찰손

해설 문제 39번 해설 참조

41. 동기 발전기의 병렬 운전에 필요한 조건이 아닌 것은? [12, 16]

① 기전력의 주파수가 같을 것

② 기전력의 크기가 같을 것

③ 기전력의 용량이 같을 것

④ 기전력의 위상이 같을 것

해설 병렬 운전 조건

병렬 운전의 필요 조건	운전 조건이 같지 않을 경우의 현상
기전력의 크기가 같을 것	무효 순환 전류가 흐른다(권선에 열 발생).
기전력의 위상이 같을 것	동기화 전류가 흐른다(유효 횡류).
기전력의 주파수가 같을 것	단자 전압이 진동하고 출력이 주기적으로 요동하며 권선이 가열된다(난조의 원인).
기전력의 파형이 같을 것	고조파 무효 순환 전류가 흘러 과열의 원인이 된다.

정답 ● 39. ①　40. ③　41. ③

42. 동기기를 병렬 운전할 때 순환(동기화) 전류가 흐르는 원인은? [16, 17]
① 기전력의 저항이 다른 경우
② 기전력의 위상이 다른 경우
③ 기전력의 전류가 다른 경우
④ 기전력의 역률이 다른 경우

해설 문제 41번 해설 참조

43. 동기 발전기의 병렬 운전 중 기전력의 크기가 다를 경우 나타나는 현상이 아닌 것은? [16]
① 권선이 가열된다.
② 동기화 전력이 생긴다.
③ 무효 순환 전류가 흐른다.
④ 고압 측에 감자 작용이 생긴다.

해설 동기화 전력은 기전력의 위상이 다를 때 발생한다.

44. 병렬 운전 중인 동기 임피던스 5 Ω인 2대의 3상 동기 발전기의 유도 기전력에 200 V의 전압 차이가 있다면 무효 순환 전류(A)는? [10, 14]
① 5
② 10
③ 20
④ 40

해설 $\dot{I_c} = \dfrac{V_{12}}{2Z_s} = \dfrac{200}{2 \times 5} = 20 \text{ A}$

45. 동기 발전기의 병렬 운전 중에 기전력의 위상차가 생기면 어떻게 되는가? [11, 13, 18]
① 위상이 일치하는 경우보다 출력이 감소한다.
② 부하 분담이 변한다.
③ 무효 순환 전류가 흘러 전기자 권선이 과열된다.
④ 동기 화력이 생겨 두 기전력의 위상이 동상이 되도록 작용한다.

해설 기전력의 위상차에 의한 발생 현상

㉠ A기의 유도 기전력 위상이 B기보다 δ_s만큼 앞선 경우, 횡류 $\dot{I_s} = \dfrac{\dot{E_s}}{2Z_s}$ [A]가 흐르게 된다.

㉡ 횡류는 유효 전류 또는 동기화 전류라고 하며, 상차각 δ_s의 변화를 원상태로 돌아가려고 하는 I_s에 의한 전력은 동기화 전력이라고 한다.

정답 ▶ 42. ② 43. ② 44. ③ 45. ④

46. 동기 발전기의 병렬 운전 중 계자를 변화시키면? [예상]

① 무효 순환 전류가 흐른다.　　　② 주파수, 위상이 변한다.

③ 유효 순환 전류가 흐른다.　　　④ 속도 조정률이 변한다.

해설 계자를 변화시키면 전압이 변화하여 무효 순환 전류가 흐른다.

47. 2대의 동기 발전기 A, B가 병렬 운전하고 있을 때 A기의 여자 전류를 증가시키면 어떻게 되는가? [15, 18]

① A기의 역률은 낮아지고 B기의 역률은 높아진다.

② A기의 역률은 높아지고 B기의 역률은 낮아진다.

③ A, B 양 발전기의 역률이 높아진다.

④ A, B 양 발전기의 역률이 낮아진다.

해설 A기의 여자 전류를 증가시키면 A기의 무효 전력이 증가하여 역률이 낮아지고, B기의 무효 분은 감소되어 역률이 높아진다.

48. 8극 900 rpm의 교류 발전기로 병렬 운전하는 극수 6의 동기 발전기 회전수(rpm)는? [10]

① 675　　　　　　　　　　　② 900

③ 1200　　　　　　　　　　④ 1800

해설 $N_s = \dfrac{120}{p} \cdot f\,[\mathrm{rpm}]$에서

$$f = \frac{p \cdot N_s}{120} = \frac{8 \times 900}{120} = 60\,\mathrm{Hz}$$

$$\therefore N' = \frac{120}{p'} \cdot f = \frac{120}{6} \times 60 = 1200\,\mathrm{rpm}$$

49. 수차 발전기의 난조 원인은? [예상]

① 조속기 감도 예민

② 계통 역률 저하

③ 관성 효과 과대

④ 전기자 저항 감소

정답 46. ①　47. ①　48. ③　49. ①

해설 난조(hunting) 원인과 방지법

난조 발생의 원인	난조 방지법
원동기의 조속기 감도가 지나치게 예민한 경우	조속기를 적당히 조정
원동기의 토크에 고조파 토크가 포함된 경우	플라이휠 효과를 적당히 선정
전기자 회로의 저항이 상당히 큰 경우	회로의 저항을 작게하거나 리액턴스를 삽입
부하가 맥동할 경우	플라이휠 효과를 적당히 선정

50. 난조 방지와 관계가 없는 것은? [09, 18]
① 제동 권선을 설치한다.
② 전기자 권선의 저항을 작게 한다.
③ 축 세륜(플라이휠)을 붙인다.
④ 조속기의 감도를 예민하게 한다.

해설 문제 49번 해설 참조

51. 병렬 운전 중인 동기 발전기의 난조를 방지하기 위하여 자극 면에 유도 전동기의 농형 권선과 같은 권선을 설치하는데 이 권선의 명칭은? [13]
① 계자 권선
② 제동 권선
③ 전기자 권선
④ 보상 권선

해설 제동 권선의 역할
㉠ 난조 방지
㉡ 동기 전동기 기동 토크 발생
㉢ 불평형 부하시의 전류 전압 파형을 개선한다.
㉣ 송전선 불평형 단락 시 이상 전압 방지

52. 다음 중 동기 전동기에 설치된 제동 권선의 효과로 맞지 않는 것은? [18]
① 송전선 불평형 단락 시 이상 전압 방지
② 과부하 내량의 증대
③ 기동 토크의 발생
④ 난조 방지

해설 문제 51번 해설 참조

정답 50. ④　51. ②　52. ②

전기 기기

동기 전동기

Chapter 04

---

1. 60 Hz의 동기 전동기가 2극일 때 동기 속도는 몇 rpm인가? [18]

① 7200
② 4800
③ 3600
④ 2400

해설 $N_s = \dfrac{120f}{p} = \dfrac{120 \times 50}{2} = 3600\,\text{rpm}$

---

2. 4극인 동기 전동기가 1800 rpm으로 회전할 때 전원 주파수는 몇 Hz인가? [09]

① 50
② 60
③ 70
④ 80

해설 $f = p \times \dfrac{N_s}{120} = 4 \times \dfrac{1800}{120} = 60\,\text{Hz}$

---

3. 동기 전동기에서 전기자 반작용을 설명한 것 중 옳은 것은? [18]

① 공급 전압보다 앞선 전류는 감자 작용을 한다.
② 공급 전압보다 뒤진 전류는 감자 작용을 한다.
③ 공급 전압보다 앞선 전류는 교차 자화 작용을 한다.
④ 공급 전압보다 뒤진 전류는 교차 자화 작용을 한다.

해설 동기 전동기의 전기자 반작용(발전기의 경우에 비해 반대)

㉠ 교차 자화 작용 : I 와 V 가 동상인 경우

㉡ 증자 작용 : I 가 V 보다 $\dfrac{\pi}{2}$ [rad] 뒤지는 경우

㉢ 감자 작용 : I 가 V 보다 $\dfrac{\pi}{2}$ [rad] 앞서는 경우

정답 → 1. ③ 2. ② 3. ①

4. 동기 전동기의 전기자 반작용에서 공급 전압에 대해 $\frac{\pi}{2}$[rad] 뒤진 전류의 전기자 반작용은 ? [예상]

① 감자 작용   ② 증자 작용   ③ 교차 자화 작용   ④ 편자 작용

해설 문제 3번 해설 참조

---

5. 다음 동기 전동기의 토크 중 가장 작은 것은 어느 것인가 ? [예상]

① 기동 토크   ② 인입 토크
③ 전 부하 토크   ④ 동기 이탈 토크

해설 동기 전동기의 기동 · 인입 토크(torque)
　㉠ 기동 토크 : 동기 전동기의 기동 토크는 0이다.
　※ 그러므로 기동할 때에는 대개 제동 권선을 기동 권선으로 하여, 이것에서 기동 토크를
　　 얻도록 한다(전 부하 토크의 40~60 % 정도).
　㉡ 인입 토크(pull in torque) : 전동기가 기동하여 동기 속도의 95 % 속도에서의 최대 토
　　 크를 인입 토크라 한다.

---

6. 동기 전동기의 인입 토크는 일반적으로 동기 속도의 대략 몇 %에서의 토크를 말하는가 ? [예상]

① 65 %   ② 75 %   ③ 85 %   ④ 95 %

해설 문제 5번 해설 참조

---

7. 다음 중 제동 권선에 의한 기동 토크를 이용하여 동기 전동기를 기동시키는 방법은 ? [13]

① 저주파 기동법   ② 고주파 기동법
③ 기동 전동기법   ④ 자기 기동법

해설 자기 기동법 : 회전자 자극 N 및 S의 표면에 설치한 기동 권선에 의하여 발생하는 토크를
이용한다.

---

8. 동기 전동기를 자기 기동법으로 기동시킬때 계자 회로는 어떻게 하여야 하는가 ? [12, 19]

① 단락시킨다.   ② 개방시킨다.
③ 직류를 공급한다.   ④ 단상 교류를 공급한다.

정답 ● 4. ②   5. ①   6. ④   7. ④   8. ①

해설 계자 권선을 기동 시 개방하면 회전 자속을 쇄교하여 고전압이 유도되어 절연 파괴의 위험이 있으므로, 저항을 통하여 단락시킨다.

---

9. 동기 전동기의 자기 기동법에서 계자 권선을 단락하는 이유는? [10, 11, 18]

① 기동이 쉽다.   ② 기동 권선으로 이용

③ 전기자 반작용을 방지한다.   ④ 고전압 유도에 의한 절연 파괴 위험 방지

해설 문제 8번 해설 참조

---

10. 3상 동기 전동기 자기 기동법에 관한 사항 중 틀린 것은? [11, 20]

① 기동 토크를 적당한 값으로 유지하기 위하여 변압기 탭에 의해 정격 전압의 80 % 정도로 저압을 가해 기동을 한다.

② 기동 토크는 일반적으로 적고 전부하 토크의 40~60 % 정도이다.

③ 제동 권선에 의한 기동 토크를 이용하는 것으로 제동 권선은 2차 권선으로서 기동 토크를 발생한다.

④ 기동할 때에는 회전 자속에 의하여 계자 권선 안에는 고압이 유도되어 절연을 파괴할 우려가 있다.

해설 정격 전압의 30~50 % 정도로 저압을 가해 기동을 한다.

---

11. 기동 전동기로서 유도 전동기를 사용하려고 한다. 동기 전동기의 극수가 10극인 경우 유도 전동기의 극수는? [10]

① 8극   ② 10극   ③ 12극   ④ 14극

해설 유도 전동기를 사용하는 경우 : 동기기의 극수보다 2극만큼 적은 극수일 것

---

12. 50 Hz, 500 rpm의 동기 전동기에 직결하여 이것을 기동하기 위한 유도 전동기의 적당한 극수는? [10]

① 4극   ② 3극   ③ 10극   ④ 12극

해설 극수 : $p = \dfrac{120}{N_s} \cdot f = \dfrac{120}{500} \times 50 = 12$극

∴ 10극이 적당하다.

정답 ▸ 9. ④   10. ①   11. ①   12. ③

13. 유도 전동기로 동기 전동기를 기동하는 경우, 유도 전동기의 극수는 동기기의 그것보다 2극 적은 것을 사용한다. 그 이유는 무엇인가? (단, s : 슬립이다.) [예상]

① 같은 극수로는 유도기는 동기 속도보다 sN_s 만큼 늦으므로

② 같은 극수로는 유도기는 동기 속도보다 $(1-s)$ 만큼 늦으므로

③ 같은 극수로는 유도기는 동기 속도보다 s 만큼 빠르므로

④ 같은 극수로는 유도기는 동기 속도보다 $(1-s)$ 만큼 빠르므로

해설 $N = (1-s)N_s$ 에서, $N_s = sN_s + N$

∴ 유도기는 sN_s 만큼 늦으므로 극수를 동기기 보다 2극 적은 것을 사용

14. 동기 전동기의 난조 방지 및 기동 작용을 목적으로 설치하는 것은? [예상]

① 제동 권선   ② 계자 권선

③ 전기자 권선   ④ 단락 권선

해설 동기 전동기의 제동 권선 역할

㉠ 2차 권선(농형 권선)으로서 기동 토크를 발생한다.

㉡ 난조 방지

15. 3상 동기 전동기의 토크에 대한 설명으로 옳은 것은? [10, 14, 16]

① 공급 전압 크기에 비례한다.

② 공급 전압 크기의 제곱에 비례한다.

③ 부하각 크기에 반비례한다.

④ 부하각 크기의 제곱에 비례한다.

해설 $T = k \cdot V$

※ 공급 전압의 크기에 비례한다.

16. 동기 전동기의 특징으로 잘못된 것은? [12]

① 일정한 속도로 운전이 가능하다.

② 난조가 발생하기 쉽다.

③ 역률을 조정하기 힘들다.

④ 공극이 넓어 기계적으로 견고하다.

정답 ▶ 13. ①   14. ①   15. ①   16. ③

해설 동기 전동기의 특징

장점	단점
1. 속도가 일정 불변이다. 2. 항상 역률 1로 운전할 수 있고, 지상/진상 역률을 얻을 수도 있다 3. 필요시 앞선 전류를 통할 수 있다. 4. 유도 전동기에 비하여 효율이 좋다. 5. 저속도의 전동기는 특히 효율이 좋다. 6. 공극이 넓으므로, 기계적으로 튼튼하다.	1. 기동 토크가 작고, 기동하는 데 손이 많이 간다. 2. 여자 전류를 흘려주기 위한 직류 전원이 필요하다. 3. 난조가 일어나기 쉽다. 4. 값이 비싸다.

17. 동기 전동기의 장점이 아닌 것은? [15]
① 직류 여자가 필요하다.   ② 전부하 효율이 양호하다.
③ 역률 1로 운전할 수 있다.   ④ 동기 속도를 얻을 수 있다.

해설 문제 16번 해설 참조

18. 다음 중 동기 전동기에 관한 설명에서 잘못된 것은? [12, 15, 18]
① 기동 권선이 필요하다.   ② 난조가 발생하기 쉽다.
③ 여자기가 필요하다.   ④ 역률을 조정 할 수 없다.

해설 문제 16번 해설 참조

19. 3상 동기 전동기의 특징이 아닌 것은? [12]
① 부하의 변화로 속도가 변하지 않는다.   ② 부하의 역률을 개선할 수 있다.
③ 전부하 효율이 양호하다.   ④ 공극이 좁으므로 기계적으로 견고하다.

해설 문제 16번 해설 참조

20. 동기 전동기의 특징과 용도에 대한 설명으로 잘못된 것은? [12]
① 진상, 지상의 역률 조정이 된다.   ② 속도 제어가 원활하다.
③ 시멘트 공장의 분쇄기 등에 사용된다.   ④ 난조가 발생하기 쉽다.

해설 동기 속도로만 회전한다.

정답 ━● 17. ①   18. ④   19. ④   20. ②

21. 동기 조상기가 전력용 콘덴서보다 우수한 점은 어느 것인가? [10]

① 손실이 적다.　　　　　　　　　② 보수가 쉽다.

③ 지상 역률을 얻는다.　　　　　　④ 가격이 싸다.

해설 전력용 콘덴서는 진상 역률 만을 얻을 수 있지만, 동기 조상기는 지상/진상 역률을 얻을 수도 있다.

22. 동기 전동기의 용도가 아닌 것은? [09, 10]

① 분쇄기　　　　② 압축기　　　　③ 송풍기　　　　④ 크레인

해설 용도

　㉠ 저속도 대용량 : 시멘트 공장의 분쇄기, 각종 압축기, 송풍기, 제지용 쇄목기, 동기 조상기

　㉡ 소용량 : 전기 시계, 오실로그래프, 전송 사진

23. 동기 전동기를 송전선의 전압 조정 및 역률 개선에 사용한 것을 무엇이라 하는가? [13, 16]

① 동기 이탈　　　② 동기 조상기　　　③ 댐퍼　　　　④ 제동 권선

해설 동기 조상기

　㉠ 동기 전동기는 V곡선(위상 특성 곡선)을 이용하여 역률을 임의로 조정할 수 있다.

　㉡ 이 전동기를 동기 조상기라 하며, 앞선 무효 전력은 물론 뒤진 무효 전력도 변화시킬 수 있다.

　㉢ 변압기나 장거리 송전 시 정전 용량으로 인한 충전 특성 등을 보상하기 위하여 사용된다.

24. 전력 계통에 접속되어 있는 변압기나 장거리 송전 시 정전 용량으로 인한 충전 특성 등을 보상하기 위한 기기는? [12, 15]

① 유도 전동기　　② 동기 발전기　　③ 유도 발전기　　④ 동기 조상기

해설 문제 23번 해설 참조

25. 동기 전동기의 계자 전류를 가로축에, 전기자 전류를 세로축으로 하여 나타낸 V곡선에 관한 설명으로 옳지 않은 것은? [13, 19]

① 위상 특성 곡선이라 한다.

② 부하가 클수록 V곡선은 아래쪽으로 이동한다.

③ 곡선의 최저점은 역률 1에 해당한다.

④ 계자 전류를 조정하여 역률을 조정할 수 있다.

정답　21. ③　22. ④　23. ②　24. ④　25. ②

해설 위상 특성 곡선(V곡선)

    ㉠ 일정 출력에서 유기 기전력 E(또는 계자 전류 I_f)와 전기자 전류 I의 관계를 나타내는 곡선이다.

    ㉡ 동기 전동기는 계자 전류를 가감하여 전기자 전류의 크기와 위상을 조정할 수 있다.

    ㉢ 부하가 클수록 V곡선은 위로 이동한다.

    ㉣ 이들 곡선의 최저점은 역률 1에 해당하는 점이며, 이 점보다 오른쪽은 앞선 역률이고 왼쪽은 뒤진 역률의 범위가 된다.

---

26. 3상 동기 전동기의 단자 전압과 부하를 일정하게 유지하고, 회전자 여자 전류의 크기를 변화시킬 때 옳은 것은 ? [11, 17]

    ① 전기자 전류의 크기와 위상이 바뀐다.   ② 전기자 권선의 역기 전력은 변하지 않는다.

    ③ 동기 전동기의 기계적 출력은 일정하다.   ④ 회전 속도가 바뀐다.

해설 문제 25번 해설 참조

---

27. 그림은 동기기의 위상 특성 곡선을 나타낸 것이다. 전기자 전류가 가장 작게 흐를 때의 역률은 ? [10, 17]

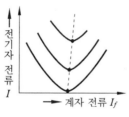

    ① 1   ② 0.9(지상)

    ③ 0.9(진상)   ④ 0

해설 문제 25번 해설 참조

---

28. 동기 조상기를 부족 여자로 운전하면 ? [10, 16, 17]

    ① 콘덴서로 작용   ② 뒤진 역률 보상

    ③ 리액터로 작용   ④ 저항손의 보상

해설 동기 조상기의 운전-위상 특성 곡선

    ㉠ 부족 여자 : 유도성 부하로 동작 → 리액터로 작용

    ㉡ 과여자 : 용량성 부하로 동작 → 콘덴서로 작용

정답 ◆ 26. ①   27. ①   28. ③

전기 기기

05 변압기

1. 변압기의 원리는 어느 작용을 이용한 것인가? [18]

① 전자 유도 작용   ② 정류 작용   ③ 발열 작용   ④ 화학 작용

해설 변압기의 원리 : 일정 크기의 교류 전압을 받아 전자 유도 작용에 의하여 다른 크기의 교류 전압으로 바꾸어, 이 전압을 부하에 공급하는 역할을 하며, 전류, 임피던스를 변환시킬 수 있다.

2. 변압기의 용도가 아닌 것은? [15]

① 교류 전압의 변환   ② 주파수의 변환
③ 임피던스의 변환   ④ 교류 전류의 변환

해설 변압기는 교류 전압, 전류, 임피던스를 변환시킬 수 있으나 주파수는 변환시킬 수 없다.

3. 변압기에서 2차측이란? [15, 17]

① 부하측   ② 고압측   ③ 전원측   ④ 저압측

해설 ㉠ 1차(primary) 권선 : 전원에 접속
  ㉡ 2차(secondary)권선 : 부하에 접속

4. 변압기의 1차 및 2차의 전압, 권선수, 전류를 각각 V_1, N_1, I_1 및 V_2, N_2, I_2라 할 때 다음 중 어느 식이 성립되는가? [예상]

① $\dfrac{V_1}{V_2} = \dfrac{N_1}{N_2} = \dfrac{I_2}{I_1}$
② $\dfrac{V_1}{V_2} = \dfrac{N_2}{N_1} = \dfrac{I_2}{I_1}$
③ $\dfrac{V_1}{V_2} = \dfrac{N_2}{N_1} = \dfrac{I_1}{I_2}$
④ $\dfrac{V_1}{V_2} = \dfrac{N_1}{N_2} = \dfrac{I_1}{I_2}$

해설 권수비 : $a = \dfrac{V_1}{V_2} = \dfrac{N_1}{N_2} = \dfrac{I_2}{I_1} = \sqrt{\dfrac{R_1}{R_2}} = \sqrt{\dfrac{Z_1}{Z_2}}$

정답 1. ① 2. ② 3. ① 4. ①

5. 다음 중 변압기의 권수비 권비 a에 대한 식이 바르게 설명된 것은? [17]

① $a = \dfrac{N_2}{N_1}$ ② $a = \sqrt{\dfrac{Z_1}{Z_2}}$ ③ $a = \dfrac{I_1}{I_2}$ ④ $a = \sqrt{\dfrac{Z_2}{Z_1}}$

해설 문제 4번 해설 참조

6. 1차 권수 3000, 2차 권수 100인 변압기에서 이 변압기의 전압비는 얼마인가? [18]

① 20   ② 30   ③ 40   ④ 50

해설 $a = \dfrac{V_1}{V_2} = \dfrac{N_1}{N_2} = \dfrac{3000}{100} = 30$

7. 1차 전압 13200 V, 2차 전압 220 V인 단상 변압기의 1차에 6000 V의 전압을 가하면 2차 전압은 몇 V인가? [14]

① 100   ② 150   ③ 200   ④ 250

해설 $a = \dfrac{V_1}{V_2} = \dfrac{13200}{220} = 60$

$\therefore \ V_2' = \dfrac{V_1'}{a} = \dfrac{6000}{60} = 100 \text{ V}$

8. 13200/220 V 단상 변압기가 전등 부하에 120 A를 공급할 때 1차 전류 A는? [예상]

① 1   ② 2   ③ 120   ④ 200

해설 $a = \dfrac{13200}{220} = 60$

$I_1 = \dfrac{I_2}{a} = \dfrac{120}{60} = 2 \text{ A}$

9. 변압기의 2차 저항이 0.1 Ω일 때 1차로 환산하면 360 Ω이 된다. 이 변압기의 권수비는? [19]

① 30   ② 40   ③ 50   ④ 60

해설 $a = \sqrt{\dfrac{R_1}{R_2}} = \sqrt{\dfrac{360}{0.1}} \ \sqrt{3600} = 60$

정답 • **5.** ②   **6.** ②   **7.** ①   **8.** ②   **9.** ④

---

10. 3상 100 kVA, 13200/200 V 변압기의 저압측 선전류의 유효분은 약 몇 A인가? (단, 역률은 80 %이다.) [14]

① 100

② 173

③ 230

④ 260

해설 저압측 선전류 $I_2 = \dfrac{P_2}{\sqrt{3}\,V_2} = \dfrac{100 \times 10^3}{\sqrt{3} \times 200} \fallingdotseq 288$ A

∴ 유효분 $I_a = I_2\cos\theta = 288 \times 0.8 = 230$ A

무효분 $I_r = I_2\sin\theta = 288 \times 0.6 \fallingdotseq 173$ A

---

11. 50 Hz용 변압기에 60 Hz의 같은 전압을 가하면 자속 밀도는 50 Hz 때의 몇 배인가? [18]

① $\dfrac{6}{5}$

② $\dfrac{5}{6}$

③ $\left(\dfrac{5}{6}\right)^{1.6}$

④ $\left(\dfrac{6}{5}\right)^2$

해설 변압기의 주파수와 자속 밀도 관계

㉠ $E = 4.44\,f\,N\,\phi_m$ 에서, 전압이 같으면 자속 밀도는 주파수에 반비례한다.

㉡ 주파수가 $\dfrac{6}{5}$ 배로 증가하면, 자속 밀도는 $\dfrac{5}{6}$ 배로 감소한다.

---

12. 변압기의 자속에 관한 설명으로 옳은 것은? [13, 11, 20]

① 전압과 주파수에 반비례한다.

② 전압과 주파수에 비례한다.

③ 전압에 반비례하고 주파수에 비례한다.

④ 전압에 비례하고 주파수에 반비례한다.

해설 $\phi = \dfrac{E}{4.44fN} = k \cdot \dfrac{E}{f}$ [Wb]

∴ 자속 ϕ는 전압 E에 비례하고 주파수 f에 반비례한다.

---

13. 변압기의 무부하인 경우에 1차 권선에 흐르는 전류는? [10]

① 정격 전류

② 단락 전류

③ 부하 전류

④ 여자 전류

해설 여자 전류 : 무부하 전류로서, 1차 권선에 흐르는 전류이며 변압기에 필요한 자속을 만드는 데 소요되는 전류이다.

정답 ● 10. ③　11. ②　12. ④　13. ④

14. 변압기의 여자 전류가 일그러지는 이유는 무엇 때문인가? [19]

① 와류(맴돌이 전류) 때문에

② 자기 포화와 히스테리시스 현상 때문에

③ 누설리액턴스 때문에

④ 선간의 정전 용량 때문에

해설 여자 전류의 파형 분석

㉠ 여자 전류의 파형은 철심의 히스테리시스와 자기 포화 현상으로, 그 파형이 홀수 고조파를 많이 포함하는 첨두파형으로 나타난다.

㉡ 홀수 고조파 중 제 3 고조파가 가장 많이 포함된다.

15. 다음 중 변압기 여자 전류에 많이 포함된 고주파는? [예상]

① 제 2 고조파

② 제 3 고조파

③ 제 4 고조파

④ 제 5 고조파

해설 문제 14번 해설 참조

16. 변압기의 2차측을 개방하였을 경우 1차측에 흐르는 전류는 무엇에 의하여 결정되는가? [15]

① 저항

② 임피던스

③ 누설 리액턴스

④ 여자 어드미턴스

해설 2차 개방 시 1차측에 흐르는 전류 : $I_0 = Y_0 \cdot V_1'$

∴ 여자 어드미턴스 Y_0에 의하여 결정된다.

17. 변압기의 권수비가 60일 때 2차측 저항이 0.1 Ω이다. 이것을 1차로 환산하면 몇 Ω인가? [16]

① 310

② 360

③ 390

④ 410

해설 $R_1' = a^2 \cdot R_2 = 60^2 \times 0.1 = 360 \ \Omega$

18. 변압기의 2차 저항이 0.1Ω일 때 1차로 환산하면 360Ω이 된다. 이 변압기의 권수비는? [19]

① 30

② 40

③ 50

④ 60

해설 $a = \sqrt{\dfrac{r_1'}{r_2}} = \sqrt{\dfrac{360}{0.1}} = 60$

정답 ●── 14. ②   15. ②   16. ④   17. ②   18. ④

19. 3000/200 V 변압기의 1차 임피던스가 225 Ω이면 2차 환산(Ω)은 ? [예상]

① 0.1

② 1.0

③ 1.5

④ 15

해설 $a = \dfrac{V_1}{V_2} = \dfrac{3000}{200} = 15$

$Z_2' = \dfrac{Z_1}{a^2} = \dfrac{225}{15^2} = 1\ \Omega$

20. 1차 900 Ω, 2차 100 Ω인 회로의 임피던스 정합용 변압기의 권수비는 ? [예상]

① 81

② 9

③ 3

④ 1

해설 임피던스 정합 : 1차와 2차의 임피던스를 같게 하는 것이므로

$Z_1 = a^2 Z_2$에서, $a = \sqrt{\dfrac{Z_1}{Z_2}} = \sqrt{\dfrac{900}{100}} = 3$

21. 다음 그림의 변압기 등가 회로는 어떤 회로인가 ? [18]

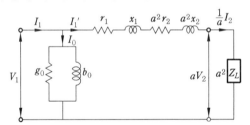

① 1차를 1차로 환산한 등가 회로

② 1차를 2차로 환산한 등가 회로

③ 2차를 1차로 환산한 등가 회로

④ 2차를 2차로 환산한 등가 회로

해설 2차를 1차로 환산한 등가 회로

㉠ 전압 : $V_2 \to a V_2$

㉡ 전류 : $I_2 \to \dfrac{1}{a} I_2$

㉢ 저항 : $r_2 \to a^2 r_2$

㉣ 리액턴스 : $x_2 \to a^2 x_2$

정답 ● 19. ② 20. ③ 21. ③

22. 변압기의 성층철심 강판 재료의 규소 함유량은 대략 몇 %인가?[18]

① 8   ② 6   ③ 4   ④ 2

해설 변압기의 철심은 철손을 적게 하기 위하여 약 3.5~4 %의 규소를 포함한 연강판을 쓰는 데, 이것을 포개어 성층 철심으로 한다.

23. 변압기의 성층철심 강판 재료로서 철의 함유량은 대략 몇 %인가?[18, 19]

① 99   ② 96   ③ 92   ④ 89

해설 문제 22번 해설 참조

24. 변압기의 철심에서 실제 철의 단면적과 철심의 유효 면적과의 비를 무엇이라고 하는가?[16]

① 권수비   ② 변류비   ③ 변동률   ④ 점적률

해설 점적률(space factor) : 변압기의 철심에 사용되고 있는 규소 강판은 절연 피막으로 감싸여 있으므로 이것을 겹쳐 쌓아서 철심을 만들면 자로(磁路)로서 유효한 부분은 철심 단면적의 95 % 정도가 된다.

$$점적률(s.f) = \frac{유효\ 단면적}{실제\ 단면적} \times 100\ \%$$

25. 변압기의 철심으로 규소 강판을 포개서 성층하여 사용하는 이유는?[17]

① 무게를 줄이기 위하여   ② 냉각을 좋게 하기 위하여
③ 철손을 줄이기 위하여   ④ 수명을 늘리기 위하여

해설 철심재료와 철손
ㄱ 철손을 줄이기 위하여, 규소를 함유한 연강판을 성층으로 하여 사용한다.
ㄴ 철손 = 히스테리시스손 + 맴돌이 전류손

26. 변압기를 운전하는 경우 특성의 악화, 온도 상승에 수반되는 수명의 저하, 기기의 소손 등의 이유 때문에 지켜야 할 정격이 아닌 것은?[13]

① 정격 전류   ② 정격 전압   ③ 정격 저항   ④ 정격 용량

해설 변압기의 정격(rating) : 명판에 기록되어 있는 출력, 전압, 전류, 주파수 등을 말하며, 변압기의 사용 한도를 나타내는 것이다.

정답 ● **22.** ③   **23.** ②   **24.** ④   **25.** ③   **26.** ③

27. 변압기의 정격 출력으로 맞는 것은? [14]
① 정격 1차 전압 × 정격 1차 전류
② 정격 1차 전압 × 정격 2차 전류
③ 정격 2차 전압 × 정격 1차 전류
④ 정격 2차 전압 × 정격 2차 전류

해설 변압기의 정격 출력
㉠ 정격 용량(출력) = 정격 2차 전압 V_{2n} × 정격 2차 전류 I_{2n}
㉡ 단위는 VA, kVA 또는 MVA로 나타낸다.

28. 변압기에 대한 설명 중 틀린 것은? [15, 17]
① 전압을 변성한다.
② 전력을 발생하지 않는다.
③ 정격 출력은 1차측 단자를 기준으로 한다.
④ 변압기의 정격 용량은 피상 전력으로 표시한다.

해설 정격 출력은 2차측 단자를 기준으로 한다.

29. 변압기의 권선 배치에서 저압 권선을 철심에 가까운 쪽에 배치하는 이유는? [13]
① 전류 용량
② 절연 문제
③ 냉각 문제
④ 구조상 편의

해설 변압기의 권선 배치는 절연 관계상 저압 권선을 철심에 가까운 쪽에 배치한다.

30. 변압기용 규소 강판의 두께(mm)는? [예상]
① 0.25
② 0.35
③ 0.5
④ 0.65

해설 변압기용 규소 강판 : 맴돌이 전류손은 강판 두께의 제곱에 비례하므로, 기계적 강도를 고려하여 0.35~0.45 mm 정도로 한다.

31. 변압기의 권선법 중 형권은 주로 어디에 사용되는가? [18, 19]
① 소형 변압기
② 중형 변압기
③ 특수 변압기
④ 가정용 변압기

해설 형권은 목제 권형이나 절연통에 코일을 감는 것을 조립하는 것으로 중형 변압기에 사용된다.

정답 ➔ 27. ④ 28. ③ 29. ② 30. ② 31. ②

32. 변압기 명판에 표시된 정격에 대한 설명으로 틀린 것은? [14, 18]

① 변압기의 정격 출력 단위는 kW이다.
② 변압기 정격은 2차 측을 기준으로 한다.
③ 변압기의 정격은 용량, 전류, 전압, 주파수 등으로 결정된다.
④ 정격이란 정해진 규정에 적합한 범위 내에서 사용할 수 있는 한도이다.

해설 변압기의 정격 출력 단위는 kVA이다.

33. 변압기의 손실에 해당되지 않는 것은? [11]

① 동손　　　② 와전류손　　　③ 히스테리시스손　　④ 기계손

해설 기계손은 회전기기의 고정손에 속하며, 마찰손과 풍손의 합으로 표시된다.

34. 변압기에 철심의 두께를 2배로 하면 와류손은 약 몇 배가 되는가? [19]

① 2배로 증가한다.
② $\frac{1}{2}$ 배로 증가한다.

③ $\frac{1}{4}$ 배로 증가한다.
④ 4배로 증가한다.

해설 와류손(맴돌이 전류손) : $P_e = kt^2 \, [\mathrm{W/kg}]$

∴ 4배로 증가한다.

35. 일정 전압 및 일정 파형에서 주파수가 상승하면서 변압기 철손은 어떻게 변하는가? [09, 18]

① 증가한다.
② 감소한다.
③ 불변이다.
④ 어떤 기간 동안 증가한다.

해설 $E = 4.44 f N\phi_m \, [\mathrm{V}]$에서

※ 전압이 일정하고 주파수 f 만 높아지면 자속 ϕ_m이 감소, 즉 여자 전류가 감소하므로 철손이 감소하게 된다.

36. 변압기에서 철손은 부하 전류와 어떤 관계인가? [13]

① 부하 전류에 비례한다.
② 부하 전류의 자승에 비례한다.
③ 부하 전류에 반비례한다.
④ 부하 전류와 관계없다.

정답 ● 32. ①　33. ④　34. ④　35. ②　36. ④

해설 철손은 무부하 손이다.
∴ 부하 전류와 관계없다.

---

37. 측정이나 계산으로 구할 수 없는 손실로 부하 전류가 흐를 때 도체 또는 철심 내부에서 생기는 손실을 무엇이라 하는가? [11, 18]

① 구리손
② 히스테리시스손
③ 맴돌이 전류손
④ 표유 부하손

해설 변압기의 부하손(load loss)
㉠ 부하손은 주로 부하 전류에 의한 구리손이다.
㉡ 누설 자기력선속에 관계되는 권속 내의 손실, 외함, 볼트 등에 생기는 손실로 계산하여 구하기 어려운 표유 부하손(stray load loss)이 있다.

---

38. 변압기의 임피던스 전압이란? [11, 15]

① 정격 전류가 흐를 때의 변압기 내의 전압 강하
② 여자 전류가 흐를 때의 2차측 단자 전압
③ 정격 전류가 흐를 때의 2차측 단자 전압
④ 2차 단락 전류가 흐를 때의 변압기 내의 전압 강하

해설 임피던스 전압 : 단락 시험에서 1차 전류가 정격 전류로 되었을 때의 입력이 임피던스 와트이고, 이때의 1차 전압이 임피던스 전압이다. 즉, 변압기 내의 전압 강하이다.

---

39. 다음 중 변압기의 여자 전류, 철손을 알 수 있는 시험은? [예상]

① 부하 시험
② 무부하 시험
③ 단락 시험
④ 유도 시험

해설 무부하 시험 : 고압측을 개방하여 저압측에 정격 전압을 걸어 여자 전류와 철손을 구하고, 여자 어드미턴스를 구한다.

---

40. 다음 중 임피던스 와트를 알 수 있는 시험은 어느 것인가? [예상]

① 단락 시험
② 무부하 시험
③ 유도
④ 반환 부하법

해설 단락 시험 : 저압 단락, 고압측에 정격 전류를 흘리는 전압이 임피던스 전압이므로 단락 시험이 된다.

정답 ➔ 37. ④ 38. ① 39. ② 40. ①

41. 변압기의 규약 효율은? [12, 14, 16, 17, 19]

① $\dfrac{출력}{입력} \times 100\,\%$　　　　　② $\dfrac{출력}{출력 + 손실} \times 100\,\%$

③ $\dfrac{출력}{입력 - 손실} \times 100\,\%$　　　④ $\dfrac{입력 + 손실}{입력} \times 100\,\%$

해설 규약 효율 : 변압기의 효율은 정격 2차 전압 및 정격 주파수에 대한 출력(kW)과 전체 손실 (kW)이 주어진다.

$$\eta = \dfrac{출력[kW]}{출력[kW] + 전체\ 손실[kW]} \times 100\,\%$$

42. 출력 10 kW, 효율 80 %인 기기의 손실은 약 몇 kW인가? [10]

① 0.6　　　　　　　　　　② 1.1

③ 2.0　　　　　　　　　　④ 2.5

해설 효율 $= \dfrac{출력}{출력 + 손실} \times 100 = 80\,\%$

∴ 손실 $= 출력\left(\dfrac{100}{80} - 1\right) = 출력\,(1.25 - 1) = 출력 \times 0.25 = 10 \times 0.25 = 2.5\,kW$

43. 출력에 대한 전부하 동손이 2 %, 철손이 1 %인 변압기의 전부하 효율(%)은? [11]

① 95　　　　　　　　　　② 96

③ 97　　　　　　　　　　④ 98

해설 $\eta = \dfrac{출력}{출력 + 손실} \times 100 = \dfrac{100}{100 + 2 + 1} \times 100 ≒ 97\,\%$

44. 변압기의 효율이 가장 좋을 때의 조건은? [15, 20]

① 철손 = 동손　　　　　　② 철손 = $\dfrac{1}{2}$ 동손

③ 동손 = $\dfrac{1}{2}$ 철손　　　　　④ 동손 = 2철손

해설 최대 효율 조건 : 철손 P_i와 동손 P_c가 같을 때 최대 효율이 된다($P_i = P_c$).

정답 ━ **41.** ②　 **42.** ④　 **43.** ③　 **44.** ①

45. 변압기의 전부하 동손과 철손의 비가 2 : 1인 경우 효율이 최대가 되는 부하는 전부하의 몇 %인 경우인가? [19]

① 50

② 70

③ 90

④ 100

해설 최대 효율은 $P_i = P_c$일 때 이므로, $(1/m)^2 \cdot P_c = P_i$에서,

$$(1/m) = \sqrt{\frac{P_i}{P_c}} = \sqrt{\frac{1}{2}} \fallingdotseq 0.70$$

$$\therefore \ 70\ \%$$

46. 변압기의 전압 변동률 ϵ의 식은? (단, 정격 전압 V_{2n}, 무부하 전압 V_{20}이다.) [19]

① $\epsilon = \dfrac{V_{20} - V_{2n}}{V_{2n}} \times 100\ \%$

② $\epsilon = \dfrac{V_{2n} - V_{20}}{V_{2n}} \times 100\ \%$

③ $\epsilon = \dfrac{V_{20}}{V_{20} - V_{2n}} \times 100\ \%$

④ $\epsilon = \dfrac{V_{20} - V_{2n}}{V_{20}} \times 100\ \%$

해설 $\epsilon = \dfrac{V_{20} - V_{2n}}{V_{2n}} \times 100\ \%$

47. 어떤 단상 변압기의 2차 무부하 전압이 240 V이고, 정격 부하 시 2차 단자 전압이 230 V이다. 전압 변동률은 약 몇 %인가? [18]

① 4.35

② 5.15

③ 6.65

④ 7.35

해설 $\epsilon = \dfrac{V_{20} - V_{2n}}{V_{2n}} \times 100 = \dfrac{240 - 230}{230} \times 100 = \dfrac{10}{230} \times 100 \fallingdotseq 4.35\ \%$

48. 어느 변압기의 백분율 저항 강하가 2 %, 백분율 리액턴스 강하가 3 %일 때 부하역률이 80 %인 변압기의 전압 변동률(%)은? [10, 13, 14, 16, 18]

① 1.2

② 2.4

③ 3.4

④ 3.6

해설 $\epsilon = p\cos\theta + q\sin\theta = 2 \times 0.8 + 3 \times 0.6 = 3.4\ \%$

정답 ► 45. ② 46. ① 47. ① 48. ③

49. 퍼센트 저항 강하 1.8 % 및 퍼센트 리액턴스 강하 2 %인 변압기가 있다. 부하의 역률이 1일 때의 전압 변동률은 ? [10]

① 1.8 %   ② 2.0 %   ③ 2.7 %   ④ 3.8 %

> **해설** $\epsilon = p\cos\theta + q\sin\theta = 1.8 \times 1 + 2 \times 0 = 1.8 \%$
> 여기서, $\cos\theta = 1$일 때 $\sin\theta = 0$)

50. 단상 변압기에 있어서 부하역률이 80 %의 지상역률에서 전압 변동률 4 %이고, 부하역률 100 %에서 전압 변동률 3 %라고 한다. 이 변압기의 퍼센트 리액턴스는 약 %인가 ? [20]

① 2.7   ② 3.0   ③ 3.3   ④ 3.6

> **해설** 전압 변동률 : $\epsilon = p\cos\theta + q\sin\theta$
> ㉠ 부하역률 100 %에서, 전압 변동률이 3 %이므로,
> $3 = p \times 1 + q \times 0$
> $\therefore p = 3$(여기서, $\cos\theta = 1$일 때 $\sin\theta = 0$)
> ㉡ $\sin\theta = \sqrt{1 - \cos^2\theta} = \sqrt{1 - 0.8^2} = 0.6$
> $\therefore$ 부하역률 80 %의 지상역률에서 전압 변동률 4 %이므로,
> $q\sin\theta = \epsilon - p\cos\theta$
> $\therefore q = \dfrac{\epsilon - p\cos\theta}{\sin\theta} = \dfrac{4 - 3 \times 0.8}{0.6} = \dfrac{1.6}{0.6} \fallingdotseq 2.7$

51. 변압기의 전압 변동률을 작게 하려면 ? [예상]

① 권수비를 크게 한다.   ② 권선의 임피던스를 작게 한다.
③ 권수비를 작게 한다.   ④ 권선의 임피던스를 크게 한다.

> **해설** 전압 변동률을 작게 하려면, 권수비와는 관계없고 권선의 임피던스를 작게 하면 된다.

52. 어떤 변압기에서 임피던스 강하가 4 %인 변압기가 운전 중 단락되었을 때 그 단락 전류는 정격 전류의 몇 배인가 ? [14, 20]

① 5   ② 20   ③ 50   ④ 200

> **해설** $I_s = \dfrac{100}{\% Z} \cdot I_n = \dfrac{100}{4} \cdot I_n = 20 \cdot I_n$
> $\therefore 20$배

정답 49. ①   50. ①   51. ②   52. ②

53. 유입 변압기에 기름을 사용하는 목적이 아닌 것은? [19]
① 열 방산을 좋게 하기 위하여
② 냉각을 좋게 하기 위하여
③ 절연을 좋게 하기 위하여
④ 효율을 좋게 하기 위하여

해설 변압기 기름은 변압기 내부의 철심이나 권선 또는 절연물의 온도 상승을 막아주며, 절연을 좋게 하기 위하여 사용된다.

54. 변압기유가 구비해야 할 조건 중 맞는 것은? [15, 17, 20]
① 절연 내력이 작고 산화하지 않을 것
② 비열이 작아서 냉각 효과가 클 것
③ 인화점이 높고 응고점이 낮을 것
④ 절연 재료나 금속에 접촉할 때 화학 작용을 일으킬 것

해설 변압기 절연유에 요구되는 성질 중에서
㉠ 냉각 작용이 좋고 비열과 열전도도가 크며, 점성도가 적고 유동성이 풍부해야 한다.
㉡ 절연 내력이 높아야 한다.
㉢ 인화의 위험성이 없고 인화점이 높으며, 사용 중의 온도로 발화하지 않아야 한다.
㉣ 화학적으로 안정하고, 응고점이 낮아야 한다.

55. 다음 중 변압기 기름의 열화 영향에 속하지 않는 것은? [예상]
① 냉각 효과의 감소
② 침식 작용
③ 공기 중 수분의 흡수
④ 절연 내력의 저하

해설 변압기 기름의 열화에 의한 영향
㉠ 냉각 효과가 감소된다.
㉡ 절연 내력이 저하된다.
㉢ 침식 작용

56. 변압기유의 열화 방지와 관계가 가장 먼 것은? [19]
① 브리더
② 콘서베이터
③ 불활성 질소
④ 부싱

정답 ● 53. ④   54. ③   55. ③   56. ④

해설 변압기유의 열화 방지

ㄱ 변압기 기름 : 절연과 냉각용으로, 광유 또는 불연성 합성 절연유를 쓴다.

ㄴ 콘서베이터(conservator) : 기름과 공기의 접촉을 끊어 열화를 방지하도록 변압기 위에 설치한 기름통이다.

ㄷ 브리더(breather) : 변압기 내함과 외부 기압의 차이로 인한 공기의 출입을 호흡 작용 이라 하고, 탈수제(실리카 겔)를 넣어 습기를 흡수하는 장치이다.

ㄹ 질소 봉입 : 컨서베이터 유면 위에 불활성 질소를 넣어 공기의 접촉을 막는다.

※ 부싱(bushing) : 변압기ㆍ차단기 등의 단자로서 사용하며, 애자의 내부에 도체를 관통 시키고 절연한 것을 말한다.

---

57. 변압기 콘서베이터의 사용 목적은 ? [08, 10]

① 일정한 유압의 유지

② 과부하로부터의 변압기 보호

③ 냉각 장치의 효과를 높임

④ 변압 기름의 열화 방지

해설 문제 56번 해설 참조

---

58. 다음의 변압기 극성에 관한 설명으로 틀린 것은 ? [15, 16]

① 우리나라는 감극성이 표준이다.

② 1차와 2차 권선에 유기되는 전압의 극성이 서로 반대이면 감극성이다.

③ 3상 결선 시 극성을 고려해야 한다.

④ 병렬 운전 시 극성을 고려해야 한다.

해설 전압의 극성이 서로 반대이면 가극성이다.

---

59. 변압기의 Y 결선 시 N선의 호칭은 무엇이라고 하는가 ? [20]

① 접지선

② 전력선

③ 중성선

④ 지락선

해설 Y 결선 시 N선을 중성선이라 한다.

---

60. 권수비 30인 변압기의 저압측 전압이 8 V인 경우 극성 시험에서 가극성과 감극성의 전압 차이는 몇 V인가 ? [14, 19]

① 24   ② 16   ③ 8   ④ 4

정답 ● 57. ④   58. ②   59. ③   60. ②

해설 (1) $V = V_1 + V_2$

(2) $V' = V_1 - V_2$

$\therefore V - V' = V_1 + V_2 - (V_1 - V_2) = 2V_2 = 2 \times 8 = 16\ V$

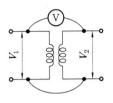

※ ㉮ 권수비 $a = \dfrac{V_1}{V_2} = 30$에서, $V_1 = a \cdot V_2 = 30 \times 8 = 240\ V$

㉯ 감극성 $V_1 - V_2 = 240 - 8 = 232\ V$

㉰ 가극성 $V_1 + V_2 = 240 + 8 = 248\ V$

$\therefore$ 전압 차이 $248 - 232 = 16\ V$

---

61. $Y - Y$ 결선의 특징이 아닌 것은 ? [예상]

① 고조파 포함
② 절연이 용이
③ 중성점 접지
④ V 결선 가능

해설 V 결선이 가능한 것은 $\varDelta - \varDelta$ 결선이다.

$Y - Y$ 결선의 특징

㉠ 중성점을 접지할 수 있다.

㉡ 절연이 쉽다.

㉢ 제 3 고조파를 주로 하는 고조파 충전 전류가 흘러 통신선에 장애를 준다.

㉣ 제 3 차 권선을 감고 $Y - Y - \varDelta$ 의 3권선 변압기를 만들어 송전 전용으로 사용한다.

---

62. 변압기의 결선에서 제 3 고조파를 발생하여 통신선에 장애를 주는 것은 ? [16]

① $\varDelta - \varDelta$
② $Y - \varDelta$
③ $\varDelta - Y$
④ $Y - Y$

해설 문제 61번 해설 참조

---

63. 변압기 결선 방식에서 $\varDelta - \varDelta$ 결선 방식의 특성이 아닌 것은 ? [예상]

① 단상 변압기 3대 중 1대의 고장이 생겼을 때 2대로 V 결선하여 송전할 수 있다.

② 외부에 고조파 전압이 나오지 않으므로 통신 장애의 염려가 없다.

③ 중성점 접지를 할 수 없다.

④ 100 kV 이상 되는 계통에서 사용되고 있다.

해설 30 kV 이하 배전용 변압기에 쓰이고, 100 kV 이상 되는 계통에는 전혀 쓰이지 않는다.

정답 → 61. ④   62. ④   63. ④

64. 다음 중 1차 변전소의 승압용으로 주로 사용하는 결선법은? [19]

① $Y-\Delta$ ② $Y-Y$

③ $\Delta-Y$ ④ $\Delta-\Delta$

해설 $\Delta-Y$ 결선과 $Y-\Delta$ 결선

㉠ $\Delta-Y$ 결선은 낮은 전압을 높은 전압으로 올릴 때 사용(1차 변전소의 승압용)

㉡ $Y-\Delta$ 결선은 높은 전압을 낮은 전압으로 낮추는 데 사용(수전단 강압용)

㉢ 어느 한쪽이 Δ 결선이어서 여자 전류가 제3고조파 통로가 있으므로, 제3고조파에 의한 장애가 적다.

65. 수전단 발전소용 변압기 결선에 주로 사용하고 있으며 한쪽은 중성점을 접지할 수 있고 다른 한쪽은 제3고조파에 의한 영향을 없애주는 장점을 가지고 있는 3상 결선 방식은? [13, 18, 20]

① $Y-Y$ ② $\Delta-\Delta$

③ $Y-\Delta$ ④ $V-V$

해설 문제 64번 해설 참조

66. 다음 중 $Y-\Delta$ 변압기 결선의 특징으로 옳은 사항은? [17]

① 1, 2차 간 전류, 전압의 위상 변화가 없다.

② 1상에 고장이 일어나도 송전을 계속할 수 있다.

③ 저압에서 고압으로 송전하는 전력용 변압기에 주로 사용된다.

④ 3상과 단상 부하를 공급하는 강압용 배전용 변압기에 주로 사용된다.

해설 문제 64번 해설 참조

67. 변압기 $V-V$ 결선의 특징으로 틀린 것은? [12, 15, 17]

① 고장 시 응급처치 방법으로도 쓰인다.

② 단상변압기 2대로 3상 전력을 공급한다.

③ 부하 증가가 예상되는 지역에 시설한다.

④ V 결선 시 출력은 Δ 결선 시 출력과 그 크기가 같다.

해설 출력비 $= \dfrac{V \text{ 결선의 출력}}{\text{변압기 3대의 정격 출력}} = \dfrac{\sqrt{3}\,P}{3P} = 0.577$

∴ 57.7 %

정답 64. ③ 65. ③ 66. ④ 67. ④

68. V 결선을 이용한 변압기의 결선은 Δ 결선한 때보다 출력비가 몇 %인가?[19]

① 57.7

② 86.6

③ 95.4

④ 96.2

해설 문제 67번 해설 참조

69. 1대의 출력이 100 kVA인 단상 변압기 2대로 V 결선하여 3상 전력을 공급할 수 있는 최대 전력은 몇 kVA인가? [18]

① 100

② 141.4

③ 173.2

④ 200

해설 $P_v = \sqrt{3}\,P = \sqrt{3} \times 100 ≒ 173.2\,\text{kVA}$

70. 용량 P[kVA]인 동일 정격의 단상 변압기 4대로 낼 수 있는 3상 최대 출력 용량 P_m은? [18, 19]

① $3P$

② $\sqrt{3}\,P$

③ $4P$

④ $2\sqrt{3}\,P$

해설 V 결선의 출력 : $P_v = \sqrt{3}\,P$[kVA]

∴ 3상 최대 용량

$P_m = 2 \times P_v = 2\sqrt{3}\,P$[kVA]

71. 다음 중 변압기를 병렬 운전하기 위한 조건이 아닌 것은? [17]

① 각 변압기의 극성이 같을 것

② 각 변압기의 권수비가 같을 것

③ 각 변압기의 출력이 반드시 같을 것

④ 각 변압기의 임피던스 전압이 같을 것

해설 변압기의 병렬 운전

ⓐ 각 변압기의 같은 극성의 단자를 접속할 것

ⓑ 각 변압기의 1차 및 2차 전압, 즉 권수비가 같을 것

ⓒ 각 변압기의 임피던스 전압이 같을 것

ⓓ 각 변압기의 내부 저항과 리액턴스 비가 같을 것

정답 ← 68. ① 69. ③ 70. ④ 71. ③

72. 다음 중 변압기를 병렬 운전하기 위한 조건이 아닌 것은? [예상]

① 극성이 같을 것
② 권수비가 같을 것
③ 중량이 같을 것
④ 백분율 임피던스 전압이 같을 것

해설 문제 71번 해설 참조

73. 3상 변압기의 병렬 운전 시 병렬 운전이 불가능한 결선 조합은? [13, 17, 18, 20]

① $\Delta - \Delta$와 $Y - Y$
② $\Delta - Y$와 $\Delta - Y$
③ $Y - Y$와 $Y - Y$
④ $\Delta - \Delta$와 $\Delta - Y$

해설 불가능한 결선 조합은 Δ 또는 Y의 숫자 합이 홀수인 경우이다.

병렬 운전 가능	병렬 운전 불가능
$\Delta - \Delta$와 $\Delta - \Delta$ $Y - Y$와 $Y - Y$	$\Delta - \Delta$와 $\Delta - Y$
$Y - \Delta$와 $Y - \Delta$ $\Delta - Y$와 $\Delta - Y$	
$\Delta - \Delta$와 $Y - Y$ $\Delta - Y$와 $Y - \Delta$	$Y - Y$와 $\Delta - Y$

74. 절연유를 충만시킨 외함 내에 변압기를 수용하고, 오일의 대류 작용에 의하여 철심 및 권선에 발생한 열을 외함에 전달하며, 외함의 방산이나 대류에 의하여 열을 대기로 방산시키는 변압기의 냉각방식은? [19]

① 유입 송유식
② 유입 수랭식
③ 유입 풍랭식
④ 유입 자랭식

해설 유입 자랭식(ONAN)
  ㉠ 절연 기름을 채운 외함에 변압기 본체를 넣고, 기름의 대류 작용으로 열을 외기 중에 발산시키는 방법이다.
  ㉡ 일반적으로 주상 변압기도 유입 자랭식 냉각 방식이다
  ※ 유입 풍랭식(ONAF) : 방열기가 붙은 유입 변압기에 송풍기를 붙여서 강제로 통풍시켜 냉각 효과를 높인 것

정답 72. ③   73. ④   74. ④

75. 일반적으로 주상 변압기의 냉각 방식은? [20]

① 유입 송유식
② 유입 수랭식
③ 유입 풍랭식
④ 유입 자랭식

해설 문제 74번 해설 참조

76. 주상 변압기의 고압측에 여러 개의 탭을 설치하는 이유는? [15]

① 선로 고장 대비
② 선로 전압 조정
③ 선로 역률 개선
④ 선로 과부하 방지

해설 탭 절환 변압기 : 주상 변압기에 여러 개의 탭을 만드는 것은 부하 변동에 따른 선로 전압을 조정하기 위해서이다.

77. 다음 중 ( ) 안에 들어갈 내용은? [16]

> 유입 변압기에 많이 사용되는 목면, 명주, 종이 등의 절연재료는 내열등급 ( )
> 으로 분류되고, 장시간 지속하여 최고 허용 온도 ( )℃를 넘어서는 안 된다.

① Y종, 90
② A종, 105
③ E종, 120
④ B종, 130

해설 (1) 절연 종별과 최고 허용 온도

종별	Y	A	E	B	F	H	C
℃	90	105	120	130	155	180	180 초과

(2) A종
  ㉠ 절연물의 종류 : 면, 명주, 종이 등으로 구성된 것을 니스로 함침하고, 또는 기름에 묻힌 것
  ㉡ 용도 : 보통의 회전기, 변압기의 절연
(3) B종
  ㉠ 절연물의 종류 : 운모, 석면, 유리 섬유 등을 접착제로 셀락, 아스팔트와 같이 사용한 것
  ㉡ 용도 : 고전압 발전기, 전동기의 권선의 절연
(4) E종
  ㉠ 절연물의 종류 : 에나멜선용에 폴리우레탄 수지, 페놀 수지 등을 충전한 셀룰로오스 성형품, 면적용품
  ㉡ 용도 : 비교적 대용량의 기기, 코일의 절연

정답 75. ④ 76. ② 77. ②

78. E종 절연물의 최고 허용 온도는 몇 ℃인가? [19]

① 40   ② 60

③ 120   ④ 125

해설 문제 77번 해설 참조

79. 변압기의 절연내력 시험법이 아닌 것은? [15, 17]

① 유도 시험   ② 가압 시험

③ 충격 전압 시험   ④ 단락 시험

해설 변압기의 절연내력 시험법

㉠ 유도 시험 : 변압기의 층간 절연을 시험하기 위하여, 권선의 단자 사이에 정상 유도 전
압의 2배 되는 전압을 유도시켜 유도 절연 시험을 실시한다.

㉡ 가압 시험 : 이 시험은 온도 상승 시험 직후에 하여야 하는데, 가압 시간은 1분 동안
이다.

㉢ 충격 전압 시험 : 변압기에 번개와 같은 충격파 전압의 절연 파괴 시험이다.

※ 단락 시험 : 권선의 온도 상승을 구하는 시험 방법이다.

80. 변압기의 절연내력 시험 중 유도 시험에서의 시험 시간은? (단, 유도 시험의 계속 시간은
시험 전압 주파수가 정격 주파수의 2배를 넘는 경우이다.) [12]

① $60 \times \dfrac{2 \times 정격\ 주파수}{시험\ 주파수}$ ② $120 - \dfrac{정격\ 주파수}{시험\ 주파수}$

③ $60 \times \dfrac{2 \times 시험\ 주파수}{정격\ 주파수}$ ④ $120 + \dfrac{정격\ 주파수}{시험\ 주파수}$

해설 유도 시험의 시험 시간 $= 60 \times \dfrac{2 \times 정격\ 주파수}{시험\ 주파수}$

전기 기기

유도기

Chapter 06

---

1. 유도 전동기의 동작 원리로 옳은 것은? [18, 19]

① 전자 유도와 플레밍의 왼손 법칙　　② 전자 유도와 플레밍의 오른손 법칙

③ 정전 유도와 플레밍의 왼손 법칙　　④ 정전 유도와 플레밍의 오른손 법칙

해설 유도 전동기의 원리 : 전자 유도 작용에 의한 전자력에 의해 회전력이 발생한 것으로, 회전 방향은 플레밍의 왼손 법칙에 의하여 정의된다.

---

2. 유도 전동기의 특성이 아닌 것은? [예상]

① 쉽게 전원을 얻을 수 있다.

② 부하의 변동에 따라 속도 변동이 심하다.

③ 구조가 간단하고 값이 싸다.

④ 다루기가 간편하다.

해설 유도 전동기의 특성

㉠ 쉽게 전원을 얻을 수 있다.

㉡ 구조가 간단하고 값이 싸며, 튼튼하고 고장이 적다.

㉢ 다루기가 간편하여 쉽게 운전할 수 있다.

㉣ 거의 정속도로 운전되는 전동기로서 부하가 변화하더라도 속도의 변동이 거의 없다.

---

3. 3상 유도 전동기의 최고 속도는 우리나라에서 몇 rpm인가? [11, 19]

① 3600　　　　　　　　　　② 3000

③ 1800　　　　　　　　　　④ 1500

해설 우리나라의 상용 주파수는 60 Hz이며 최소 극수는 '2'이다.

$$\therefore N_s = \frac{120 f}{p} = \frac{120 \times 60}{2} = 3600 \, \text{rpm}$$

정답 ● 1. ①　2. ②　3. ①

4. 6극 60 Hz 3상 유도 전동기의 동기 속도는 몇 rpm인가? [19]

① 200　　　　　　　　　　　② 750

③ 1200　　　　　　　　　　 ④ 1800

해설 $N_s = \dfrac{120f}{p} = \dfrac{120 \times 60}{6} = 1200\,\text{rpm}$

5. 3상 380 V, 60 Hz, 4P, 슬립 5 %, 55 kW 유도 전동기가 있다. 회전자 속도는 몇 rpm 인가? [14, 20]

① 1200　　　　　　　　　　② 1526

③ 1710　　　　　　　　　　 ④ 2280

해설 $N_s = \dfrac{120}{p} \cdot f = \dfrac{120}{4} \times 60 = 1800\,\text{rpm}$

$\therefore N = (1 - s) \cdot N_s = (1 - 0.05) \times 1800 = 1710\,\text{rpm}$

※　$N = \dfrac{120f(1-s)}{p} = \dfrac{120 \times 60(1 - 0.05)}{4} = 1710\,\text{rpm}$

6. 주파수 50 Hz용의 3상 유도 전동기를 60 Hz 전원에 접속하여 사용하면 그 회전 속도는 어떻게 되는가? [17]

① 20 % 늦어진다.　　　　　② 변치 않는다.

③ 10 % 빠르다.　　　　　　 ④ 20 % 빠르다.

해설 $N_s = \dfrac{120}{P} \cdot f\,[\text{rpm}]$에서, 회전수 N_s는 주파수 f에 비례한다.

$\therefore \dfrac{60}{50} = 1.2$배로 주파수가 증가했으므로, 회전 속도는 20 % 빠르다.

7. 유도 전동기의 농형 회전자에 비뚤어진 홈을 쓰는 이유로 잘못된 것은? [12, 20]

① 기동 특성 개선　　　　　② 파형 개선

③ 소음 경감　　　　　　　　④ 미관상 좋다.

해설 비뚤어진 홈(skewed slot)
㉠ 회전자가 고정자의 자속을 끊을 때 발생하는 소음을 억제하는 효과가 있다.
㉡ 기동 특성, 파형을 개선하는 효과가 있다.

정답 ▸ 4. ③　5. ③　6. ④　7. ④

8. 슬립 링(slip ring)이 있는 유도 전동기는? [17]

① 농형　　　　　　　　　② 권선형
③ 심홈형　　　　　　　　④ 2중 농형

해설 ㉠ 권선형 회전자 내부 권선의 결선은 일반적으로 Y 결선하고, 3상 권선의 세 단자각각 3개의 슬립 링(slip ring)에 접속하고 브러시(brush)를 통해서 바깥에 있는 기동 저항기와 연결한다.
ㄴ 구조가 복잡하고 운전이 까다로우며, 농형에 비하여 효율과 능률이 떨어지는 단점도 있다.

9. 다음 중 권선형 3상 유도 전동기의 장점이 아닌 것은? [예상]

① 속도 조정이 가능하다.　　　② 비례 추이를 할 수 있다.
③ 농형에 비하여 효율이 높다.　④ 기동시 특성이 좋다.

해설 문제 8번 해설 참조

10. 다음 중 유도 전동기 권선법 중 맞지 않는 것은? [11, 18]

① 고정자 권선은 단층 파권이다.
② 고정자 권선은 3상 권선이 쓰인다.
③ 소형 전동기는 보통 4극이다.
④ 홈 수는 24개 또는 36개이다.

해설 고정자 권선
㉠ 고정자 권선은 2층 중권으로 감은 3상 권선이다.
ㄴ 소형 전동기는 보통 4극이고, 홈수는 24개 또는 36개이다.

11. 다음 중 4극 24홈 표준 농형 3상 유도 전동기의 매 극 매 상당의 홈 수는? [18]

① 6　　　　　　　　　　　② 3
③ 2　　　　　　　　　　　④ 1

해설 1극 1상의 홈수 : $N_{sp} = \dfrac{홈수}{극수 \times 상수} = \dfrac{24}{4 \times 3} = 2$

12. 다음은 3상 유도 전동기 고정자 권선의 결선도를 나타낸 것이다. 맞는 사항을 고르
시오. [14, 19]

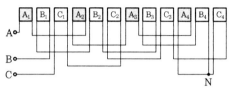

① 3상 2극, Y 결선

② 3상 4극, Y 결선

③ 3상 2극, △ 결선

④ 3상 4극, △ 결선

해설 ㉠ 3상 : A상, B상, C상

㉡ 4극 → 극 번호 1, 2, 3, 4

㉢ Y 결선 → 독립된 인출선 A, B, C 와 성형점 N이 존재

13. 4극 고정자 홈 수 36의 3상 유도 전동기의 홈 간격은 전기각으로 몇 도인가? [11]

① 5°   ② 10°   ③ 15°   ④ 20°

해설 전기각 : $\theta = \dfrac{4극 \times 180°}{36홈} = 20°$ (전기각은 1극당 π[rad]=180°)

14. 4극 24홈 유도 전동기의 1회전 시 전기각(rad)은? [예상]

① π ② 2π ③ 4π ④ 8π

해설 전기각은 1극당 π[rad]이므로, 4극이면 4π[rad]이 된다.

15. 유도 전동기에서 회전 자장의 속도가 1200 rpm이고, 전동기의 회전수가 1176 rpm일 때
슬립(%)은 얼마인가? [10, 17]

① 2   ② 4   ③ 4.5   ④ 5

해설 $s = \dfrac{N_s - N}{N_s} \times 100 = \dfrac{1200 - 1176}{1200} \times 100 = 2\,\%$

※ $s = 1 - \dfrac{N}{N_s} = 1 - \dfrac{1176}{1200} = 1 - 0.98 = 0.02$

정답 ● 12. ②   13. ④   14. ③   15. ①

16. 슬립이 4 %인 유도 전동기에서 동기 속도가 1200 rpm일 때 전동기의 회전 속도(rpm)는? [15]
① 697
② 1051
③ 1152
④ 1321

해설 $N = (1-s) \cdot N_S = (1-0.04) \times 1200 = 1152 \, \text{rpm}$

17. 60 Hz, 4극 유도 전동기가 1700 rpm으로 회전하고 있다. 이 전동기의 슬립은 약 얼마인가? [16, 17]
① 3.42 %
② 4.56 %
③ 5.56 %
④ 6.64 %

해설 ㉠ $N_s = \dfrac{120f}{p} = \dfrac{120 \times 60}{4} = 1800 \, \text{rpm}$

㉡ $s = \dfrac{N_s - N}{N_s} \times 100 = \dfrac{1800 - 1700}{1800} \times 100 \fallingdotseq 5.56 \, \%$

18. 4극의 3상 유도 전동기가 60 Hz의 전원에 연결되어 4[%]의 슬립으로 회전할 때 회전수는 몇 rpm인가? [16, 17, 19]
① 1656
② 1700
③ 1728
④ 1880

해설 ㉠ $N_s = \dfrac{120f}{p} = \dfrac{120 \times 60}{4} = 1800 \, \text{rpm}$

㉡ $N = (1-s)N_s = (1-0.04) \times 1800 = 1728 \, \text{rpm}$

19. 주파수 60 Hz의 회로에 접속되어 슬립 3 %, 회전수 1164 rpm으로 회전하고 있는 유도 전동기의 극수는? [11, 16]
① 4
② 6
③ 8
④ 10

해설 ㉠ $N_s = \dfrac{N}{1-s} = \dfrac{1164}{1-0.03} = 1200 \, \text{rpm}$

㉡ $p = \dfrac{120f}{N_s} = \dfrac{120 \times 60}{1200} = 6 \, \text{극}$

정답 → **16.** ③ **17.** ③ **18.** ③ **19.** ②

20. 다음 중 3상 유도 전동기가 정지하고 있는 상태를 나타낸 것은? [16]

① $s = 0$ ② $0 < s < 1$

③ $0 > s > 1$ ④ $s = 1$

해설 슬립(slip) : s

　㉠ 무부하 시 : $s = 0 \rightarrow N = N_s$

　∴ 동기 속도로 회전

　㉡ 기동 시 : $s = 1 \rightarrow N = 0$

　∴ 정지 상태

21. 유도 전동기에서 슬립이 0이라는 것은 어느 것과 같은가? [17, 20]

① 유도 전동기가 동기 속도로 회전한다.　② 유도 전동기가 정지 상태이다.

③ 유도 전동기가 전부하 운전 상태이다.　④ 유도 제동기의 역할을 한다.

해설 문제 20번 해설 참조

22. 용량이 작은(10 kW 이하)유도 전동기의 경우 전부하에서의 슬립(%)은? [11, 15]

① 1~2.5   ② 2.5~4   ③ 5~10   ④ 10~20

해설 ㉠ 소형 전동기의 경우에는 5~10 % 정도

　㉡ 중형 및 대형 전동기의 경우에는 2.5~5 % 정도

23. 슬립이 0.05이고 전원 주파수가 60 Hz인 유도 전동기의 회전자 회로의 주파수(Hz)는? [19]

① 1   ② 2   ③ 3   ④ 4

해설 $f' = s \cdot f = 0.05 \times 60 = 3 \text{ Hz}$

24. 6극, 3상 유도 전동기가 있다. 회전자도 3상이며 회전자 정지 시의 1상의 전압은 200 V이다. 전부하 시의 속도가 1152 rpm이면 2차 1상의 전압은 몇 V인가? (단, 1차 주파수는 60 Hz) [예상]

① 8.0   ② 8.3

③ 11.5   ④ 23.0

해설 ㉠ $N_s = \dfrac{120f}{p} = \dfrac{120 \times 60}{6} = 1200 \text{ rpm}$

㉡ $s = \dfrac{N_s - N}{N_s} = \dfrac{1200 - 1152}{1200} = 0.04$

∴ $E_{2s} = sE_2 = 0.04 \times 200 = 8 \text{ V}$

---

25. 다음 중 유도 전동기에서 슬립이 4 %이고, 2차 저항이 0.1 Ω일 때 등가 저항은 몇 Ω인가 ? [20]

① 0.4　　　　　② 0.5　　　　　③ 1.9　　　　　④ 2.4

해설 $R = \dfrac{r_2}{s} - r_2 = \dfrac{0.1}{0.04} - 0.1 = 2.4 \ \Omega$

---

26. 슬립 4 %인 유도 전동기의 등가 부하 저항은 2차 저항의 몇 배인가 ? [16, 18, 19]

① 5　　　　　② 19　　　　　③ 20　　　　　④ 24

해설 $R = \dfrac{1-s}{s} \cdot r_2 = \dfrac{1-0.04}{0.04} \times r_2 = 24\,r_2$

∴ 24배

※ $R = \dfrac{r_2}{s} - r_2 = \dfrac{r_2}{s} - \dfrac{sr_2}{s} = \dfrac{r_2 - sr_2}{s} = \dfrac{1-s}{s} \cdot r_2$

---

27. 2차 전압 200 V, 2차 권선 저항 0.03 Ω, 2차 리액턴스 0.04 Ω인 유도 전동기가 3 %의 슬립으로 운전 중이라면 2차 전류(A)는 ? [13]

① 20　　　　　② 100　　　　　③ 200　　　　　④ 254

해설 $I_2 = \dfrac{E_2}{\sqrt{\left(\dfrac{r_2}{s}\right)^2 + x_2^2}} = \dfrac{200}{\sqrt{\left(\dfrac{0.03}{0.03}\right)^2 + 0.04^2}} ≒ \dfrac{200}{1.0008} ≒ 200 \text{ A}$

---

28. 유도 전동기의 입력이 P_2일 때 슬립이 s라면 회전자 동손(W)은 ? [18]

① P_2 / s　　　　② sP_2　　　　③ $(1-s)\,P_2$　　　　④ $P_2 / (1-s)$

해설 회전자 동손 : $P_{c_2} = I_2^{\,2} r_2 = I_2^{\,2} \dfrac{r_2}{s}\, s = s\,P_2 \text{[W]}$

정답 25. ④　26. ④　27. ③　28. ②

29. 회전자 입력 10 kW, 슬립 3 %인 3상 유도 전동기의 2차 동손(W)은? [13, 15, 17]

① 300　　　　　② 400　　　　　③ 500　　　　　④ 700

해설 2차 동손 : $P_{c_2} = s\,P_2 = 0.03 \times 10 \times 10^3 = 300$ W

---

30. 출력 10 kW, 슬립 4 %로 운전되고 있는 3상 유도 전동기의 2차 동손(W)은? [13]

① 약 250　　　　② 약 315　　　　③ 약 417　　　　④ 약 620

해설 $P_0 = (1 - s)\,P_2$ 에서, 2차 입력 $P_2 = \dfrac{P_0}{1 - s} = \dfrac{10}{1 - 0.04} = 10.4$ kW

∴ $P_{c_2} = s\,P_2 = 0.04 \times 10.4 \times 10^3 \fallingdotseq 417$ W

---

31. 유도 전동기의 2차 입력 : 2차 동손 : 기계적 출력간의 비는? [예상]

① $1 : s : 1 - s$　　　　　　　② $1 : 1 - s : s$

③ $s : \dfrac{s}{1 - s} : 1$　　　　　④ $1 : s : s^2$

해설 (2차 입력 P_2) : (2차 저항손 P_{2c}) : 기계적 출력 P_0)

$= P_2 : P_{c2} : P_0 = P_2 : s P_2 : (1 - s) P_2 = 1 : s : 1 - s$

---

32. 회전자 입력을 P_2, 슬립을 s라 할 때 3상 유도 전동기의 기계적 출력의 관계식은? [12, 18, 20]

① $s P_2$　　　　② $(1 - s) P_2$　　　　③ $s^2 P_2$　　　　④ $\dfrac{P_2}{s}$

해설 $P_0 = P_2 - P_{c2} = P_2 - s\,P_2 = (1 - s)\,P_2$

---

33. 3상 유도 전동기의 1차 입력 60 kW, 1차 손실 1 kW, 슬립 3 %일 때 기계적 출력 kW은? [13, 14, 20]

① 57　　　　　② 75　　　　　③ 95　　　　　④ 100

해설 ㉠ 2차 입력 : $P_2 = $ 1차 압력 − 1차 손실 $= 60 - 1 = 59$ kW

㉡ 기계적 출력 $P_0 = (1 - s) P_2 = (1 - 0.03) \times 59 \fallingdotseq 57$ kW

정답 ● 29. ①　30. ③　31. ①　32. ②　33. ①

---

34. 출력 12 kW, 회전수 1140 rpm인 유도 전동기의 동기 와트는 약 몇 kW인가? (단, 동기 속도 N_s는 1200 rpm이다.) [12, 16]

① 10.4
② 11.5
③ 12.6
④ 13.2

해설 동기 와트 : $P_2 = \dfrac{N_s}{N}$ $P_o = \dfrac{1200}{1140} \times 12 = 12.6 \text{ kW}$

※ 토크 T는 2차 입력 P_2에 비례함을 알 수 있으며, P_2로 토크를 나타낸 것을 동기 와트로 나타낸 토크라 한다.

---

35. 60 Hz, 220 V, 7.5 kW인 3상 유도 전동기의 전부하시 회전자 동손이 0.485 kW, 기계손이 0.404 kW일 때 슬립은 몇 %인가? [18]

① 6.2
② 5.8
③ 5.5
④ 4.9

해설 $s = \dfrac{P_{c_2}}{P_2} \times 100 = \dfrac{P_{c2}}{P_0 + P_m + P_{c_2}} \times 100 = \dfrac{0.485}{7.5 + 0.404 + 0.485} \times 100 = 5.8\ \%$

---

36. 다음 중 전동기 토크의 단위는? [예상]

① kg
② kg · m^2
③ kg · m
④ kg · m/s

해설 토크의 단위 : N · m, kg · m

※ $1 \text{ kg} \cdot \text{m} = 9.8 \text{ N} \cdot \text{m}$

---

37. 다음 중 토크(회전력)의 단위는? [10]

① rpm
② W
③ N · m
④ N

해설 ㉠ rpm : 매분 회전수(revolutions per minute)

㉡ N·m : 토크(회전력, newton·meter)

㉢ W : 전력(watt)

㉣ N : 힘(newton)

정답 ● 34. ③ 35. ② 36. ③ 37. ③

38. 출력 3 kW, 1500 rpm 유도 전동기의 N·m는 약 얼마인가? [예상]

① 1.91

② 19.1

③ 29.1

④ 114.6

해설 $T = 975 \dfrac{P}{N} = 975 \times \dfrac{3}{1500} = 1.95 \text{ kg} \cdot \text{m}$

$\therefore T` = 9.8 \times 1.95 \fallingdotseq 19.1 \text{ N} \cdot \text{m}$

---

39. 일정한 주파수의 전원에서 운전하는 3상 유도 전동기의 전원 전압이 80 %가 되었다면 토크는 약 몇 %가 되는가? (단, 회전수는 변하지 않는 상태로 한다.) [11]

① 55

② 64

③ 76

④ 82

해설 T는 전원 전압 V의 제곱에 비례한다.

$T = kV^2$

$\therefore T' = \left(\dfrac{80}{100} \right)^2 \times 100 = 64 \%$

---

40. 유도 전동기에 기계적 부하를 걸었을 때 출력에 따라 속도, 토크, 효율, 슬립 등의 변화를 나타낸 출력 특성 곡선에서 슬립을 나타내는 곡선은? [13, 15, 18]

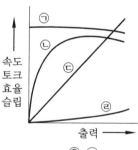

① ㉠

② ㉡

③ ㉢

④ ㉣

해설 ㉠ : 속도, ㉡ : 효율, ㉢ : 토크, ㉣ : 슬립

---

41. 2차 전압 200 V, 2차 권선 저항 0.03 Ω, 2차 리액턴스 0.04 Ω인 유도 전동기가 3 %의 슬립으로 운전 중이라면 2차 전류(A)는? [13]

① 20

② 100

③ 200

④ 254

정답 ● 38. ② 39. ② 40. ④ 41. ③

해설 회전자가 슬립 s로 회전하고 있을 때, 2차 전류

$$I_2 = \frac{s E_2}{\sqrt{{r_2}^2 + (s x_2)^2}}\,[\text{A}]\text{에서},\ s x_2 \ll r_2\text{ 이므로}$$

$$I_2 ≒ \frac{s E_2}{r_2} = \frac{0.03 \times 200}{0.03} = 200\,\text{A}$$

---

42. 슬립이 일정한 경우 유도 전동기의 공급 전압이 $\frac{1}{2}$로 감소되면 토크는 처음에 비해 어떻게 되는가? [15]

① 2배가 된다.　　　　　　　　　② 1배가 된다.

③ $\frac{1}{2}$로 줄어든다.　　　　　　　④ $\frac{1}{4}$로 줄어든다.

해설 $T \propto {V_1}^2$이므로, $\frac{1}{4}$배

---

43. 일정한 주파수의 전원에서 운전하는 3상 유도 전동기의 전원 전압이 80 %가 되었다면 토크는 약 몇 %가 되는가? (단, 회전수는 변하지 않는 상태로 한다.) [11]

① 55　　　　　　② 64　　　　　　③ 76　　　　　　④ 82

해설 $T = k V^2$

$$\therefore\ T' = \left(\frac{80}{100}\right)^2 \times 100 = 64\,\%$$

---

44. 다음 중 비례 추이의 성질을 이용할 수 있는 전동기는 어느 것인가? [10]

① 직권 전동기　　　　　　　　　② 단상 동기 전동기

③ 권선형 유도 전동기　　　　　　④ 농형 유도 전동기

해설 비례 추이

㉠ 토크 속도 곡선이 2차 합성 저항의 변화에 비례하여 이동하는 것을 토크 속도 곡선이 비례 추이한다고 한다.

㉡ 비례 추이는 권선형 유도 전동기의 기동전류 제한, 기동토크 증가, 속도제어 등에 이용되며 토크, 전류, 역률, 동기 와트, 1차 입력 등에 적용된다.

㉢ 최대 토크 T_m는 항상 일정하다.

정답 42. ④ 43. ② 44. ③

45. 다음 중 유도 전동기에서 비례 추이를 할 수 있는 것은? [14]

① 출력   ② 2차 동손   ③ 효율   ④ 역률

해설 문제 44번 해설 참조

---

46. 권선형 유도 전동기의 2차측 저항을 2배로 하면 그 최대 토크는 몇 배인가? [예상]

① $\frac{1}{2}$ 배   ② $\sqrt{2}$ 배   ③ 2배   ④ 불변

해설 문제 44번 해설 참조

---

47. 유도 전동기 원선도 작성에 필요한 시험과 원선도에서 구할 수 있는 것이 옳게 배열된 것은? [18, 20]

① 무부하 시험, 1차 입력   ② 부하 시험, 기동 전류
③ 슬립 측정 시험, 기동 토크   ④ 구속 시험, 고정자 권선의 저항

해설 원선도

(1) 유도 전동기의 특성을 실부하 시험을 하지 않아도, 등가 회로를 기초로 한 헤일랜드 (Heyland)의 원선도에 의하여 1차 입력, 전부하 전류, 역률, 효율, 슬립, 토크 등을 구할 수 있다.

(2) 원선도 작성에 필요한 시험
 ㉠ 저항 측정
 ㉡ 무부하 시험
 ㉢ 구속 시험

---

48. 3상 유도 전동기의 정격 전압을 V_n [V], 출력을 P [kW], 1차 전류를 I_1 [A], 역률을 $\cos\theta$ 라 하면 효율을 나타내는 식은? [16]

① $\dfrac{P \times 10^3}{\sqrt{3}\ V_n I_1 \cos\theta} \times 100\ \%$ ② $\dfrac{\sqrt{3}\ V_n I_1 \cos\theta}{P \times 10^3} \times 100\ \%$

③ $\dfrac{P \times 10^3}{3\ V_n I_1 \cos\theta} \times 100\ \%$ ④ $\dfrac{3\ V_n I_1 \cos\theta}{P \times 10^3} \times 100\ \%$

해설 $\eta = \dfrac{출력\ P}{1차\ 입력\ P_1} \times 100 = \dfrac{P \times 10^3}{\sqrt{3}\ V_n I_1 \cos\theta} \times 100\ \%$

정답 45. ④   46. ④   47. ①   48. ①

49. 기계적 출력 P_0, 2차 입력 P_2, 슬립을 s라 할 때 유도 전동기의 2차 효율을 나타낸 식은? (단, N은 회전 속도, N_s는 동기 속도) [16, 17]

① $\eta_2 = \dfrac{P_0}{P_2} = 1 - s = \dfrac{N}{N_s}$

② $\eta_2 = \dfrac{P_0}{P_2} = 1 - s = \dfrac{N_s}{N}$

③ $\eta_2 = \dfrac{P_2}{P_0} = 1 - s = \dfrac{N}{N_s}$

④ $\eta_2 = \dfrac{P_0}{P_2} = 1 - s^2 = \dfrac{N}{N_s}$

해설 $P_0 = P_2 - P_{c_2} = P_2 - sP_2 = (1-s)P_2 = \dfrac{N}{N_s}P_2[\mathrm{W}]$

$\therefore \ \eta_2 = \dfrac{P_0}{P_2} = (1-s) = \dfrac{N}{N_s}$

50. 다음 중 동기 와트 P_2, 출력 P_0, 슬립 s, 동기 속도 N_s, 회전 속도 N, 2차 동손 P_{2c}일 때 2차 효율 표기로 틀린 것은? [16, 17]

① $1-s$

② $\dfrac{P_{2c}}{P_2}$

③ $\dfrac{P_0}{P_2}$

④ $\dfrac{N}{N_s}$

해설 문제 49번 해설 참조

51. 슬립 5%인 유도 전동기의 2차 효율은 얼마인가? [예상]

① 90%

② 95%

③ 97.5%

④ 99.5%

해설 $\eta_2 = \dfrac{P_0}{P_2} = 1 - s = 1 - 0.05 = 0.95$

$\therefore 95\%$

52. 200 V, 50 Hz, 4극, 15 kW의 3상 유도 전동기가 있다. 전부하일 때의 회전수가 1320 rpm 이면 2차 효율(%)은? [19]

① 78

② 88

③ 96

④ 98

해설 $N_s = 120 \times \dfrac{f}{p} = 120 \times \dfrac{50}{4} = 1500 \,\mathrm{rpm}$

$\therefore \ \eta_2 = \dfrac{N}{N_s} \times 100 = \dfrac{1320}{1500} \times 100 = 88\%$

정답 ● 49. ① 50. ② 51. ② 52. ②

53. 유도 전동기가 회전하고 있을 때 생기는 손실 중에서 구리손이란? [15]

① 브러시의 마찰손
② 베어링의 마찰손
③ 표유 부하손
④ 1차, 2차 권선의 저항손

해설 ㉠ 회전할 때 생기는 구리손은 부하 전류에 의한 1차, 2차 권선의 저항손이다.
㉡ 표유 부하손 : 측정하거나 계산할 수 없는 손실로 부하에 비례하여 변화한다.

54. 유도 전동기의 손실 중 측정하거나 계산으로 구할 수 없는 손실은? [예상]

① 기계손
② 철손
③ 구리손
④ 표유 부하손

해설 문제 53번 해설 참조

55. 농형 유도 전동기의 기동법과 가장 거리가 먼 것은? [10, 12, 17, 18]

① 기동 보상기법
② 2차 저항 기동법
③ 전전압 기동법
④ $Y-\Delta$ 기동법

해설 농형 유도전동기의 기동방법
㉠ 전전압 기동
㉡ $Y-\Delta$ 기동 방법
㉢ 리액터 기동 방법
㉣ 기동 보상기법
※ 2차 저항 기동법은 권선형에 적용된다.

56. 3상 유도 전동기의 기동법 중 전전압 기동에 대한 설명으로 옳지 않은 것은? [18]

① 소용량 농형 전동기의 기동법이다.
② 소용량의 농형 전동기에서는 일반적으로 기동 시간이 길다.
③ 기동 시에는 역률이 좋지 않다.
④ 전동기 단자에 직접 정격 전압을 가한다.

해설 전전압 기동(line starting)
㉠ 직접 정격 전압을 가하여 기동하는 방법으로, 기동 시간이 짧고 기동이 잘 된다
㉡ 소형에 적용되는 직입 기동 방식이다.
㉢ 기동 시에는 역률이 좋지 않다.

정답 ● 53. ④   54. ④   55. ②   56. ②

---

57. 5~15 kW 범위 유도 전동기의 기동법은 주로 어느 것을 사용하는가? [17]
　① $Y - \Delta$ 기동　　　　　　　② 기동 보상기
　③ 전전압 기동　　　　　　　④ 2차 저항법

해설 ㉠ $Y - \Delta$ 기동 방법 : 10~15 kW 정도
　　 ㉡ 기동 보상기법 : 15~20 kW 정도 이상

---

58. 3상 농형 유도 전동기의 $Y - \Delta$ 기동시의 기동 전류를 전전압 기동 시와 비교하면? [15]
　① 전전압 기동 전류의 $\dfrac{1}{3}$ 로 된다.
　② 전전압 기동 전류의 $\sqrt{3}$ 배로 된다.
　③ 전전압 기동 전류의 3배로 된다.
　④ 전전압 기동 전류의 9배로 된다.

해설 $Y - \Delta$ 기동 방법은 기동 전류가 전전압 기동 방법에 비하여 $\dfrac{1}{3}$ 이 되므로, 기동 전류는 전부하 전류의 200~250 % 정도로 제한된다.

---

59. 10~15 kW의 농형 유도 전동기를 $Y - \Delta$ 기동법에 의해 기동시키는 경우 기동 전류는 전부하 전류의 대략 몇 %인가? [예상]
　① 200~250　　　　　　　② 250~400
　③ 400~600　　　　　　　④ 300~1000

해설 문제 58번 해설 참조

---

60. 펌프나 송풍기와 같이 부하 토크가 기동할 때는 작고, 가속하는 데 증가하는 부하에 15 kW 정도의 유도 전동기를 사용할 때 어떠한 기동 방법이 가장 적합한가? [예상]
　① 리액터 기동법　　　　　　② 기동 보상기법
　③ 쿠사 기동법　　　　　　　④ 3상 평형 저속 시동

해설 리액터 기동 방법
　　 ㉠ 전동기의 1차쪽에 직렬로 철심이 든 리액터를 접속하는 방법이다.
　　 ㉡ 펌프나 송풍기용 전동기에 적합하다.
　　 ㉢ 구조가 간단하므로 15 kW 정도에서 자동 운전 또는 원격 제어를 할 때에 쓰인다.

정답 ● 57. ①　58. ①　59. ①　60. ①

61. 다음 중 권선형 유도 전동기의 기동법은? [19]

① 분상 기동법   ② 2차 저항 기동법   ③ 콘덴서 기동법   ④ 반발 기동법

해설 권선형 유도 전동기의 기동 – 2차 저항법
- ⊙ 권선형 전동기에서 2차 권선 자체는 저항이 작은 재료로 쓰고, 슬립 링을 통하여 외부에서 조절할 수 있는 기동 저항기를 접속한다.
- ⓛ 기동할 때에는 2차 회로의 저항을 적당히 조절, 비례 추이를 이용하여 기동 전류는 감소시키고 기동 토크를 증가시킨다.

62. 다음 중 권선형에서 비례 추이를 이용한 기동법은? [15]

① 리액터 기동법   ② 기동 보상기법   ③ 2차 저항법   ④ $Y - \Delta$ 기동법

해설 문제 61번 해설 참조

63. 다음 설명에서 빈칸 ㉮~㉰에 알맞은 말은? [18, 19]

> 권선형 유도 전동기에서 2차 저항을 증가시키면 기동 전류는 (㉮)하고 기동 토크는 (㉯)하며, 2차 회로의 역률이 (㉰) 되고 최대 토크는 일정하다.

① ㉮ 감소, ㉯ 증가, ㉰ 좋아지게   ② ㉮ 감소, ㉯ 감소, ㉰ 좋아지게
③ ㉮ 감소, ㉯ 증가, ㉰ 나빠지게   ④ ㉮ 증가, ㉯ 감소, ㉰ 나빠지게

해설 권선형 유도 전동기에서 2차 저항을 증가시키면 기동 전류는 (㉮ 감소)하고 기동 토크는 (㉯ 증가)하며, 2차 회로의 역률이 (㉰ 좋아지게) 되고 최대 토크는 일정하다.

64. 교류 전동기를 기동할 때 그림과 같은 기동 특성을 가지는 전동기는? (단, 곡선 ㉠~㉱는 기동 단계에 대한 토크 특성 곡선이다.) [16, 19]

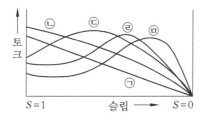

① 반발 유도 전동기   ② 2중 농형 유도 전동기
③ 3상 분권 정류자 전동기   ④ 3상 권선형 유도 전동기

해설 3상 권선형 유도 전동기의 기동 특성 : 그림은 기동 저항을 5 단으로 조정한 경우의 예로서, 기동 중의 토크 전류의 변화를 나타낸 것이다(2차 저항법).

65. 권선형 유도 전동기 기동 시 회전자 측에 저항을 넣는 이유는 ? [11, 13]
① 기동 전류 증가
② 기동 토크 감소
③ 회전수 감소
④ 기동 전류 억제와 토크 증대

해설 문제 63번 해설 참조

66. 3상 유도 전동기의 회전 방향을 바꾸기 위한 방법은 ? [11, 15, 18]
① 3상의 3선 접속을 모두 바꾼다.
② 3상의 3선 중 2선의 접속을 바꾼다.
③ 3상의 3선 중 1선에 리액턴스를 연결한다.
④ 3상의 3선 중 2선에 같은 값의 리액턴스를 연결한다.

해설 회전 자장의 회전 방향을 바꾸면 되므로 전원에 접속된 3개의 단자 중에서 어느 2개를 바꾸어 접속하면 된다.

67. 3상 유도 전동기의 속도 제어 방법 중 인버터(inverter)를 이용한 속도 제어법은 ? [16]
① 극수 변환법
② 전압 제어법
③ 초퍼 제어법
④ 주파수 제어법

해설 유도 전동기의 속도 제어 방법 중에서, 특히 3상 농형 유도 전동기의 주파수 제어는 3상 인버터를 사용하여 원활한 속도를 제어하고 있다.

68. 유도 전동기의 회전자에 슬립 주파수의 전압을 가하는 속도 제어는 ? [10, 12]
① 자극수 변환법
② 2차 여자법
③ 2차 저항법
④ 인버터 주파수 변환법

해설 권선형 유도 전동기의 2차 여자 방법
㉠ 2차 회로에 2차 주파수 f_2와 같은 주파수이며, 적당한 크기의 전압을 외부에서 가하는 것을 2차 여자라 한다.
㉡ 전동기의 속도를 동기 속도보다 크게 할 수도 있고 작게 할 수도 있다.

정답 65. ④ 66. ② 67. ④ 68. ②

69. 12극과 8극인 2개의 유도 전동기를 종속법에 의한 직렬 종속법으로 속도 제어할 때 전원 주파수가 50 Hz인 경우 무부하 속도 N은 몇 rps인가? [11]

① 5　　　　　　② 50　　　　　　③ 300　　　　　　④ 3000

해설 ㉠ 직렬 종속 : $N = \dfrac{2f}{p_1 + p_2} = \dfrac{2 \times 50}{12 + 8} = 5\,\text{rps}$

㉡ 차동 종속 : $N' = \dfrac{2f}{p_1 - p_2}\,[\text{rps}]$

70. 유도 전동기의 제동법이 아닌 것은? [15]

① 역상 제동　　② 발전 제동　　③ 회생 제동　　④ 3상 제동

해설 유도 전동기의 제동법

㉠ 역상 제동(plugging) : 회전 방향과 반대 방향으로 토크를 발생시켜 갑자기 정지시킨다.

㉡ 발전 제동 : 대형의 천장 기중기와 케이블 카 등에 많이 쓰이고 있다.

㉢ 회생 제동 : 전동기가 가지는 운동 에너지를 전기 에너지로 변화시키고 이것을 전원에 환원시켜 전력을 회생시킨다.

71. 전동기의 제동에서 전동기가 가지는 운동 에너지를 전기 에너지로 변화시키고 이것을 전원에 환원시켜 전력을 회생시킴과 동시에 제동하는 방법은? [10, 14]

① 발전 제동　　　　　　　　② 역전 제동

③ 맴돌이 전류 제동　　　　　④ 회생 제동

해설 문제 70번 해설 참조

72. 전동기가 회전하고 있을 때 회전 방향과 반대 방향으로 토크를 발생시켜 갑자기 정지시키는 제동법은? [11]

① 역상 제동　　② 회생 제동　　③ 발전 제동　　④ 단상 제동

해설 문제 70번 해설 참조

73. 유도 전동기의 슬립을 측정하는 방법으로 옳은 것은? [12, 19]

① 전압계법　　② 전류계법　　③ 평형 브리지법　　④ 스트로보코프법

정답 69. ①　70. ④　71. ④　72. ①　73. ④

해설 스트로보코프법(stroboscopic method) : 원판의 흑백 부채꼴의 겉보기의 회전수 n_2를 계산

하면, 슬립 : $s = \dfrac{n_2}{N_s} \times 100 = \dfrac{n_2 P}{120 f} \times 100\,\%$

여기서, P : 극수, f : 주파수

---

74. 단상 유도 전동기의 기동 토크가 큰 순서로 되어 있는 것은? [18]

① 반발 기동, 분상 기동, 콘덴서 기동　　② 분상 기동, 반발 기동, 콘덴서 기동

③ 반발 기동, 콘덴서 기동, 분상 기동　　④ 콘덴서 기동, 분상 기동, 반발 기동

해설 기동 토크가 큰 순서(정격 토크의 배수) : 반발 기동형(4~5배) → 콘덴서 기동형(3배) → 분상
기동형(1.25~1.5배) → 셰이딩 코일형(0.4~0.9배)

---

75. 단상 유도 전동기 중 ㉮ 반발 기동형, ㉯ 콘덴서 기동형, ㉰ 분상 기동형, ㉱ 셰이딩 코일
형이라 할 때, 기동 토크가 큰 것부터 옳게 나열한 것은? [10, 11, 15, 17]

① ㉮ > ㉯ > ㉰ > ㉱　　　　　　　　② ㉮ > ㉱ > ㉯ > ㉰

③ ㉮ > ㉰ > ㉱ > ㉯　　　　　　　　④ ㉮ > ㉯ > ㉱ > ㉰

해설 문제 74번 해설 참조

---

76. 역률과 효율이 좋아서 가정용 선풍기, 전기세탁기, 냉장고 등에 주로 사용되는 것은? [14, 16, 18]

① 분상 기동형 전동기　　　　　　　　② 반발 기동형 전동기

③ 콘덴서 기동형 전동기　　　　　　　④ 셰이딩 코일형 전동기

해설 콘덴서 기동형 : 단상 유도 전동기로서 역률(90 % 이상)과 효율이 좋아서 가전제품에 주로
사용된다.

---

77. 그림과 같은 분상 기동형 단상 유도 전동기를 역회전시키기 위한 방법이 아닌 것은? [15, 18, 19]

① 원심력 스위치를 개로 또는 폐로한다.

② 기동 권선이나 운전 권선의 어느 한 권선의 단자 접
속을 반대로 한다.

③ 기동 권선의 단자 접속을 반대로 한다.

④ 운전 권선의 단자 접속을 반대로 한다.

정답 ● 74. ③　75. ①　76. ③　77. ①

해설 분산 기동형 단상 유도 전동기는 기동 권선이나 운전 권선의 어느 한 권선의 단자 접속을 반대로 하면 역회전된다.

※ 기동 시 CS는 폐로(ON) 상태에서 일단 기동이 되면 원심력이 작용하여 CS는 자동적으로 개로(OFF) 가 된다.

---

78. 단상 유도 전동기에 보조 권선을 사용하는 주된 이유는? [13]

① 역률 개선을 한다.   ② 회전 자장을 얻는다.

③ 속도 제어를 한다.   ④ 기동 전류를 줄인다.

해설 보조 권선(ST) : 주권선과 직각으로 배치한 보조(기동) 권선을 이용하여 2상 교류의 회전 자장을 얻는다.

---

79. 다음 중 정역 운전을 할 수 없어 회전 방향을 바꿀 수 없는 전동기는 어느 것인가? [20]

① 분상 기동형   ② 셰이딩 코일형

③ 반발 기동형   ④ 콘덴서 기동형

해설 셰이딩 코일(shading coil)형의 특징

㉠ 구조는 간단하나 기동 토크가 매우 작고, 운전 중에도 셰이딩 코일에 전류가 흐르므로 효율, 역률 등이 모두 좋지 않다.

㉡ 정역 운전을 할 수 없다.

---

80. 셰이딩 코일형 유도 전동기의 특징을 나타낸 것으로 틀린 것은? [13]

① 역률과 효율이 좋고 구조가 간단하여 세탁기 등 가정용 기기에 많이 쓰인다.

② 회전자는 농형이고 고정자의 성층철심은 몇 개의 돌극으로 되어 있다.

③ 기동 토크가 작고 출력이 수 10 W 이하의 소형 전동기에 주로 사용된다.

④ 운전 중에도 셰이딩 코일에 전류가 흐르고 속도 변동률이 크다.

해설 문제 79번 해설 참조

특수기기와 보호 계전기 방식

1. 직류 스테핑 모터(DC stepping motor)의 특징 설명 중 가장 옳은 것은? [15]
① 교류 동기 서보 모터에 비하여 효율이 나쁘고 토크 발생도 작다.
② 이 전동기는 입력되는 각 전기 신호에 따라 계속하여 회전한다.
③ 이 전동기는 일반적인 공작 기계에 많이 사용된다.
④ 이 전동기의 출력을 이용하여 특수 기계의 속도, 거리, 방향 등의 정확한 제어가 가능하다.

해설 직류 스테핑(stepping) 모터
㉠ 교류 동기 서보(servo) 모터에 비하여 값이 싸고, 효율이 훨씬 좋고, 큰 토크를 발생한다.
㉡ 입력 펄스 제어만으로 속도 및 위치 제어가 용이하다.
㉢ 특수 직류 전동기로 특수 기계의 속도, 거리, 방향 등의 정확한 제어가 가능하다.

2. 입력으로 펄스 신호를 가해주고 속도를 입력 펄스의 주파수에 의해 조절하는 전동기는? [15]
① 전기 동력계　　② 서보 전동기　　③ 스테핑 전동기　　④ 권선형 유도 전동기

해설 문제 1번 해설 참조

3. 아크 용접용 변압기가 일반 전력용 변압기와 다른 점은? [13]
① 권선의 저항이 크다.　　　　　　② 누설 리액턴스가 크다.
③ 효율이 높다.　　　　　　　　　　④ 역률이 좋다.

해설 아크 용접용 변압기는 누설 리액턴스가 큰 누설 변압기(leakage transformer)가 사용된다.

4. 계기용 변압기의 2차측 단자에 접속하여야 할 것은? [예상]
① O.C.R　　　　　② 전압계　　　　　③ 전류계　　　　　④ 전열 부하

해설 계기용 변압기(PT) : 2차 정격 전압은 110 V이며, 2차측에는 전압계나 전력계의 전압 코일을 접속하게 된다.

정답 ● 1. ④　2. ③　3. ②　4. ②

5. 사용 중인 변류기의 2차를 개방하면 ? [15]

① 1차 전류가 감소한다.　　　　② 2차 권선에 110 V가 걸린다.

③ 개방단의 전압은 불변하고 안전하다.　④ 2차 권선에 고압이 유도된다.

해설 ㉠ CT는 사용 중 2차 회로를 개방해서는 안되며, 계기를 제거시킬 때에는 먼저 2차 단자를 단락시켜야 한다.

㉡ 2차를 개방하면 1차의 전전류가 전부 여자 전류가 되어, 2차 권선에 고압이 유도되며 절연이 파괴되기 때문이다.

6. 다음 괄호 안에 들어갈 알맞은 말은 ? [19, 20]

(㉮)는 높은 전류회로의 전류를 이에 비례하는 낮은 전류로 변성해 주는 기기로, 회로에 (㉯)접속하여 사용된다.

① ㉮ CT, ㉯ 직렬　　　　② ㉮ PT, ㉯ 직렬

③ ㉮ CT, ㉯ 병렬　　　　④ ㉮ PT, ㉯ 병렬

해설 (1) 계기용 변류기(CT)

㉠ 높은 전류 회로의 전류를 이에 비례하는 낮은 전류로 변성해 주는 기기로, 2차 정격 전류는 5 A이다.

㉡ 회로에 직렬로 접속하여 사용된다.

(2) 계기용 변압기(PT)

㉠ 고압 회로의 전압을 이에 비례하는 낮은 전압으로 변성해 주는 기기로, 2차 정격 전압은 110 V이다.

㉡ 회로에 병렬로 접속하여 사용된다.

7. 계기용 변류기(CT)는 어떤 역할을 하는가 ? [19]

① 대전류를 소전류로 변성하여 계전기나 측정계기에 전류를 공급한다.

② 고전압을 소전압으로 변성하여 계전기나 측정계기에 전압을 공급한다.

③ 지락사고가 발생하면 영상전류가 흘러 이를 검출하여, 지락 계전기에 영상전류를 공급한다.

④ 선로에 고장이 발생하였을 때, 고장 전류를 검출하여 지정된 시간 내에 고속 차단한다.

해설 문제 6번 해설 참조

정답 5. ④　6. ①　7. ①

8. 3권선 변압기에 대한 설명으로 옳은 것은? [14]
① 한 개의 전기 회로에 3개의 자기회로로 구성되어 있다.
② 3차 권선에 조상기를 접속하여 송전선의 전압 조정과 역률 개선에 사용된다.
③ 3차 권선에 단권 변압기를 접속하여 송전선의 전압 조정에 사용된다.
④ 고압 배전선의 전압을 10 % 정도 올리는 승압용이다.

해설 3권선 변압기($Y-Y-\Delta$)
㉠ 변압기 1개에 권선이 3개 감겨있는 구조로 되어있어, 한 개의 자기회로에 3개의 전기 회로로 구성되어 있다.
㉡ 3차 권선에 조상기(phase modifier)를 접속하여, 송전선의 전압 조정과 역률 개선용으로 사용한다.
㉢ Δ 결선으로 한 작은 용량의 제3의 권선을 따로 감아서, 제3 고조파를 제거하여 파형의 일그러짐을 막으려는 것이 3차 권선의 원래 목적이다.

9. 다음 중 3상 변압기의 장점에 해당되지 않는 것은? [예상]
① 사용 철심량이 약 15 % 경감된다.　　② 고장 시 수리가 쉽다.
③ 설치 면적이 작아진다.　　　　　　　④ 경제적으로 보아 가격이 싸다.

해설 3상 변압기의 장·단점
㉠ 철심량이 15~20 % 정도 절약되고, 무게와 철손이 줄고 효율이 좋다.
㉡ 부싱수, 외함, 기름의 양, 가격, 설치 면적 등이 작게 된다.
㉢ 고장 수리 곤란, 수선비 증가, 신뢰도 감소, 예비기가 대용량이다.
㉣ 1대로서의 무게가 크고, 고장이 발생하면 전체를 교환할 필요가 있다.

10. 다음 중 3상 전원을 이용하여 2상 전압을 얻고자 할 때 사용하는 결선 방법은? [18]
① Scott 결선　　② Fork 결선　　③ 환상 결선　　④ 2중 3각 결선

해설 ㉠ 3상-2상 사이의 상수 변환 : Scott 결선
㉡ 3상-6상 사이의 상수 변환 : 환상 결선, 대각 결선, 2중 성형(Y)결선, 2중 Δ 결선, Fork 결선

11. 최근 들어 위치 이동의 정밀성을 향상시키기 위하여 서보 시스템에서 고속의 필요성이 대두되면서 그 효용성이 높이 평가되고 있는 전동기는? [예상]
① 유도 동기 전동기　② 초동기 전동기　　③ 단상 동기 전동기　④ 리니어 전동기

정답　8. ② 　9. ② 　10. ① 　11. ④

해설 리니어 전동기

　㉠ 회전하는 전동기의 원리를 직선 운동에 응용한 것으로 볼 스크류(Ball screw)와 같은 직선 구동을 위한 보조 기구 없이 직선적인(linear) 방향으로 선형 운동을 하는 전동기 이다.

　㉡ 특히 최근 들어 위치 이동의 정밀성을 향상시키기 위하여 서보 시스템에서 고속의 필 요성이 대두되면서 그 효용성이 높이 평가되고 있다.

---

12. 믹서기, 전기 대패기, 전기 드릴, 재봉틀, 전기 청소기 등에 많이 사용되는 전동기는? [17]

　① 단상 분상형　　② 만능 전동기　　③ 반발 전동기　　④ 동기 전동기

해설 만능 전동기(univer-sal motor)

　㉠ 직류 직권 전동기 구조에서 교류를 가한 전동기를 말하며, 단상 직권 정류자 전동기이다.

　㉡ 소형은 믹서기, 전기 대패기, 전기 드릴, 재봉틀, 전기 청소기 등에 많이 사용된다.

---

13. 인견 공업에 사용되는 포트 전동기의 속도 제어는? [17]

　① 극수 변환에 의한 제어　　　　② 1차 회전에 의한 제어

　③ 주파수 변환에 의한 제어　　　④ 저항에 의한 제어

해설 ㉠ 6000~10000 rpm의 고속도 수직축형 유도 전동기로 인견 공업(섬유공장)에서 사용되고 있다.

　㉡ 독립된 주파수 변환기를 전원으로 사용, 즉 주파수 변환에 의한 속도 제어를 한다.

---

14. 보호 계전기를 동작 원리에 따라 구분할 때 해당되지 않는 것은? [11]

　① 유도형　　　　② 정지형　　　　③ 디지털형　　　　④ 저항형

해설 동작 원리에 따른 보호 계전기의 구분

　㉠ 전자형(電磁形) : 전자력 이용 - 유도형, 흡인형

　㉡ 정지형 : 트랜지스터형, 홀 효과형, 전자관형

　㉢ 디지털형 : IC, LSI 등 집적도가 높은 소자들로 구성

---

15. 변압기의 내부 고장 발생 시 고·저압측에 설치한 CT 2차측의 억제 코일에 흐르는 전류 차가 일정 비율 이상이 되었을 때 동작하는 보호 계전기는? [19]

　① 과전류 계전기　　② 비율 차동 계전기　　③ 방향 단락 계전기　　④ 거리 계전기

정답 → 12. ②　　13. ③　　14. ④　　15. ②

해설 비율 차동 계전기(RDFR)

㉠ 동작 코일과 억제 코일로 되어 있으며, 전류가 일정 비율 이상이 되면 동작한다.

㉡ 비율 동작 특성은 25~50 %, 동작 시한은 0.2 s 정도이다.

㉢ 변압기 단락 보호용으로 주로 사용된다.

---

16. 고장에 의하여 생긴 불평형의 전류차가 평형 전류의 어떤 비율 이상으로 되었을 때 동작하는 것으로 변압기 내부 고장의 보호용으로 사용되는 계전기는? [10, 11]

① 과전류 계전기　　　　　　　　② 방향 계전기

③ 비율 차동 계전기　　　　　　　④ 역상 계전기

해설 문제 15번 해설 참조

---

17. 변압기, 동기기 등의 층간 단락 등 내부 고장 보호에 사용되는 계전기는? [10, 11, 15, 16]

① 차동 계전기　　　　　　　　　② 접지 계전기

③ 과전압 계전기　　　　　　　　④ 역상 계전기

해설 차동 계전기(differential relay)

㉠ 피보호 구간에 유입하는 전류와 유출하는 전류의 벡터차, 혹은 피보호기기의 단자 사이의 전압 벡터차 등을 판별하여 동작하는 단일량형 계전기이다.

㉡ 변압기, 동기기 등의 층간 단락 등 내부 고장 보호에 사용된다.

---

18. 다음 중 거리 계전기에 대하여 올바르게 설명한 것은? [19]

① 보호 설비에 유입되는 총전류와 유출되는 총전류간의 차이가 일정치 이상으로 되면 동작하는 계전기

② 전류의 크기가 일정치 이상으로 되었을 때 동작하는 계전기

③ 전압과 전류를 입력량으로 하여 전압과 전류의 비가 일정값 이하로 되면 동작하는 계전기이다.

④ 지락 사고(1선지락, 2선지락 등) 검출을 주목적으로 하여 제작된 계전기

해설 거리 계전기(distance relay)

㉠ 계전기가 설치된 위치로부터 고장점까지의 전기적 거리(임피던스)에 비례하여 한시로 동작하는 계전기이다.

㉡ 고장점으로부터 일정한 거리 이내일 경우에는 순간적으로 동작할 수 있게 한 것을 고속도 거리 계전기라 한다.

정답 16. ③　17. ①　18. ③

19. 지락 보호용으로 사용하는 계전기는? [17]

① 과전류 계전기   ② 거리 계전기

③ 지락 계전기   ④ 차동 계전기

해설 지락 계전기 : 지락 보호용

※ 지락 과전류 계전기 : 과전류 계전기의 동작 전류를 특별히 작게 한 것으로, 지락 보호 용으로 사용한다.

20. 다음 중 최소 동작 전류값 이상이면 일정한 시간에 동작하는 한시 특성을 갖는 계전기는? [18]

① 정한시 계전기   ② 반한시 계전기

③ 순한시 계전기   ④ 반한시성 정한시 계전기

해설 동작 시한에 의한 분류

㉠ 정한시 계전기 : 최소 동작값 이상의 구동 전기량이 주어지면, 일정 시한으로 동작하는 것이다.

㉡ 반한시 계전기 : 동작 전류가 작을수록 시한이 길어지는 계전기이다.

㉢ 순한시 계전기 : 동작 시간이 0.3초 이내인 계전기를 말한다.

㉣ 반한시성 정한시 계전기 : 어느 한도까지의 구동 전기량에서는 반한시성이나, 그 이상 의 전기량에서는 정한시성의 특성을 가진 계전기이다.

21. 일정값 이상의 전류가 흘렀을 때 동작하는 계전기는? [16]

① OCR   ② OVR   ③ UVR   ④ GR

해설 ① OCR : 과전류 계전기

② OVR : 과전압 계전기

③ UVR : 부족 전압 계전기

④ GR : 접지 계전기

22. 낙뢰, 수목 접촉, 일시적인 섬락 등 순간적인 사고로 계통에서 분리된 구간을 신속히 계통 에 투입시킴으로써 계통의 안정도를 향상시키고 정전 시간을 단축시키기 위해 사용되는 계 전기는? [11, 17]

① 차동 계전기   ② 과전류 계전기

③ 거리 계전기   ④ 재폐로 계전기

정답 ◦ 19. ③   20. ①   21. ①   22. ④

해설 (1) 전력 계통에 주는 충격의 경감 대책의 하나로 재폐로 방식이 채용된다.
　　 (2) 재폐로 방식의 효과
　　　 ㉠ 계통의 안정도 향상
　　　 ㉡ 정전 시간 단축

---

23. 부흐홀츠 계전기로 보호되는 기기는? [13, 15, 17]
　　 ① 변압기　　　　　　　　　　② 유도 전동기
　　 ③ 직류 발전기　　　　　　　　④ 교류 발전기

해설 부흐홀츠 계전기(BHR)
　　 ㉠ 변압기 내부 고장으로 2차적으로 발생하는 기름의 분해 가스 증기 또는 유류를 이용하
　　　 여 부자(뜨는 물건)를 움직여 계전기의 접점을 닫는 것이다.
　　 ㉡ 변압기의 주탱크와 콘서베이터의 연결관 도중에 설비한다.

---

24. 부흐홀츠 계전기의 설치 위치로 가장 적당한 것은? [11, 12, 14, 15, 16, 17, 18, 20]
　　 ① 변압기 주탱크 내부　　　　② 컨서베이터 내부
　　 ③ 변압기의 고압측 부싱　　　④ 변압기 본체와 콘서베이터 사이

해설 문제 23번 해설 참조

---

25. 보호를 요하는 회로의 전류가 어떤 일정한 값(정정값) 이상으로 흘렀을 때 동작하는 계전
기는? [13]
　　 ① 과전류 계전기　　　　　　　② 과전압 계전기
　　 ③ 차동 계전기　　　　　　　　④ 비율 차동 계전기

해설 과전류 계전기(over-current relay)
　　 ㉠ 일정값 이상의 전류가 흘렀을 때 동작하는데, 일명 과부하 계전기라고도 한다.
　　 ㉡ 각종 기기(발전기, 변압기)와 배전 선로, 배전반 등에 널리 사용되고 있다.

정답 ► 23. ①　24. ④　25. ①

전기 기기

정류회로

---

1. 일반적으로 반도체의 저항값과 온도와의 관계가 바른 것은? [11, 17]

① 저항값은 온도에 비례한다.　　　② 저항값은 온도에 반비례한다.

③ 저항값은 온도의 제곱에 반비례한다.　　④ 저항값은 온도의 제곱에 비례한다.

해설 부(−)저항 온도계수 – 반도체의 부성 특성

㉠ 온도가 상승하면 저항값이 감소하는 특성을 나타낸다.

㉡ 반도체, 탄소, 절연체, 전해액, 서미스터 등이 있다.

---

2. N형 반도체의 주반송자는 어느 것인가? [13]

① 억셉터　　② 전자　　③ 도너　　④ 정공

해설 N형, P형 반도체의 비교

구분	첨가 불순물			반송자
	명칭	종류	원자가	
N형 반도체 (4가)	도너 (donor)	인(P), 비소(As), 안티몬(Sb)	5	과잉 전자에 의해서 전기 전도
P형 반도체 (4가)	억셉터 (accepter)	인디움(In), 붕소(B), 알루미늄(Al)	3	정공 : 결합 전자의 이탈

---

3. P형 반도체의 전기 전도의 주된 역할을 하는 반송자는? [13]

① 전자　　② 가전자　　③ 불순물　　④ 정공

해설 문제 2번 해설 참조

---

4. 다음 중 도너(doner)에 속하지 않는 것은? [예상]

① 알루미늄　　② 인　　③ 안티몬　　④ 비소

해설 문제 2번 해설 참조

정답 1. ②　2. ②　3. ④　4. ①

---

5. 반도체 내에서 정공은 어떻게 생성되는가? [08, 19]
  ① 결합 전자의 이탈　　　　　　　② 자유 전자의 이동
  ③ 접합 불량　　　　　　　　　　④ 확산 용량

해설 문제 2번 해설 참조

---

6. 전압을 일정하게 유지하기 위해서 이용되는 다이오드는? [13, 16, 17]
  ① 발광 다이오드　　　　　　　　② 포토 다이오드
  ③ 제너 다이오드　　　　　　　　④ 바리스터 다이오드

해설 제너 다이오드(Zener diode) : 제너 효과를 이용하여 전압을 일정하게 유지하는 작용을 하는 정전압 다이오드

---

7. 빛을 발하는 반도체 소자로서 각종 전자 제품류와 자동차 계기판 등의 전자표시에 활용되는 것은? [18]
  ① 제너 다이오드　　　　　　　　② 발광 다이오드
  ③ PN 접합 다이오드　　　　　　④ 포토다이오드

해설 ① 제너 다이오드 : 정전압 다이오드
　　 ② 발광 다이오드(LED) : 다이오드의 특성을 가지고 있으며, 전류를 흐르게 하면 붉은색, 녹색, 노란색으로 빛을 발한다.
　　 ③ PN 접합 다이오드 : 정류용 다이오드
　　 ④ 포토다이오드(photodiode) : 빛에너지를 전기 에너지로 변환하는 다이오드

---

8. 다이오드의 정특성이란 무엇을 말하는가? [16]
  ① PN 접합면에서의 반송자 이동 특성
  ② 소신호로 동작할 때의 전압과 전류의 관계
  ③ 다이오드를 움직이지 않고 저항률을 측정한 것
  ④ 직류 전압을 걸었을 때 다이오드에 걸리는 전압과 전류의 관계

해설 다이오드 정특성 : 직류 전압을 걸었을 때 다이오드에 걸리는 전압과 전류의 관계, 즉 전압－전류 특성이다.

정답 ● 5. ①　6. ③　7. ②　8. ④

9. PN 접합 정류 소자의 설명 중 틀린 것은? (단, 실리콘 정류 소자인 경우이다.) [15, 19]
① 온도가 높아지면 순방향 및 역방향 전류가 모두 감소한다.
② 순방향 전압은 P형에 (+), N형에 (−) 전압을 가함을 말한다.
③ 정류비가 클수록 정류 특성은 좋다.
④ 역방향 전압에서는 극히 작은 전류만이 흐른다.

해설 PN 접합 정류 소자(실리콘 정류 소자)
㉠ 사이리스터의 온도가 높아지면 전자−정공쌍의 수도 증가하게 되고, 누설 전류도 증가하게 된다.
㉡ 온도가 높아지면 순방향 및 역방향 전류가 모두 증가한다.

10. 다이오드를 사용한 정류회로에서 다이오드를 여러 개 직렬로 연결하여 사용하는 경우의 설명으로 가장 옳은 것은? [10, 18]
① 고조파 전류를 감소시킬 수 있다.   ② 출력 전압의 맥동률을 감소시킬 수 있다.
③ 입력 전압을 증가시킬 수 있다.   ④ 부하 전류를 증가시킬 수 있다.

해설 ㉠ 직렬로 연결 : 분압에 의하여, 입력 전압을 증가시킬 수 있다(과전압으로부터 보호).
㉡ 병렬로 연결 : 분류에 의하여, 부하 전류를 증가시킬 수 있다(과전류로부터 보호).

11. 다이오드를 사용한 정류회로에서 다이오드를 여러 개 직렬로 연결하여 사용하는 경우의 설명으로 가장 옳은 것은? [예상]
① 다이오드를 과전류로부터 보호할 수 있다.
② 다이오드를 과전압으로부터 보호할 수 있다.
③ 부하 출력의 맥동률을 감소시킬 수 있다.
④ 낮은 전압 전류에 적합하다.

해설 문제 10번 해설 참조

12. 다음 중 전력 제어용 반도체 소자가 아닌 것은? [13]
① TRIAC   ② GTO   ③ IGBT   ④ LED

해설 ① TRIAC(triode Ac switch)
② GTO(gate turn−off thyristor)
③ IGBT(insulated gate bipolar transistor)
④ LED : 발광 다이오드

정답 ● 9. ①   10. ③   11. ②   12. ④

---

13. 다음 사이리스터 중 3단자 형식이 아닌 것은? [14]

① SCR
② GTO
③ DIAC
④ TRIAC

해설 ① SCR : 3단자 단일방향성
② GTO : 3단자 단일방향성
③ DIAC : 2단자 양방향성
④ TRIAC : 3단자 양방향성

---

14. 통전 중인 사이리스터를 턴 오프(turn-off) 하려면? [14]

① 순방향 anode 전류를 유지 전류 이하로 한다.
② 순방향 anode 전류를 증가시킨다.
③ 게이트 전압을 0 또는 -로 한다.
④ 역방향 anode 전류를 통전한다.

해설 사이리스터(thyristor)의 턴 오프 방법 : 순방향 애노드(anode) 전류를 유지 전류 이하로 한다.
※ 유지 전류(holding current) : 게이트(G)를 개방한 상태에서 사이리스터가 도통(turn on)
상태를 유지하기 위한 최소의 순전류

---

15. 다음 중 실리콘 제어 정류기(SCR)에 대한 설명으로서 적합하지 않은 것은? [12, 20]

① 정류 작용을 할 수 있다.
② P-N-P-N 구조로 되어 있다.
③ 정방향 및 역방향의 제어 특성이 있다.
④ 인버터 회로에 이용될 수 있다.

해설 SCR은 정방향 제어 특성은 있으나, 역방향의 제어 특성은 없다.
※ 인버터 회로에 이용될 수 있으며, 조명의 조광 제어, 전기로의 온도 제어, 형광등의
고주파 점등에 사용된다.

---

16. 그림과 같은 기호가 나타내는 소자는? [10, 12, 10]

① SCR
② TRIAC
③ IGBT
④ Diode

---

17. SCR에서 Gate 단자의 반도체는 어떤 형태인가? [18, 20]

① N형   ② P형   ③ NP형   ④ PN형

해설 SCR은 PNPN의 구조로 되어 있으며, Gate 단자의 반도체는 P형 반도체의 형태이다.

18. SCR의 애노드 전류가 20 A로 흐르고 있었을 때 게이트 전류를 반으로 줄이면 애노드 전류는? [10]

① 5 A   ② 10 A   ③ 20 A   ④ 40 A

해설 SCR가 통전되어, 전원이 공급되어 있는 한 게이트 전류에 무관하여 계속 일정한 애노드 전류가 흐르게 된다.

19. 트라이액(TRIAC)의 기호는? [예상]

해설 ① DIAC   ② SCR
③ TRIAC   ④ GTO

20. 양방향성 3단자 사이리스터의 대표적인 것은? [11, 19]

① SCR   ② SSS
③ DIAC   ④ TRIAC

해설 트라이액(TRIAC : triode AC switch)
㉠ 2개의 SCR을 병렬로 접속하고 게이트를 1개로 한 구조로 3단자 소자이다.
㉡ 양방향성이므로 교류 전력 제어에 사용된다.

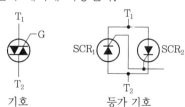

기호   등가 기호

정답 17. ②   18. ③   19. ③   20. ④

21. SCR 2개를 역병렬로 접속한 것과 같은 특성의 소자는? [09, 16]

① 다이오드　　② 사이리스터　　③ GTO　　④ TRIAC

해설 문제 20번 해설 참조

---

22. 교류회로에서 양방향 점호(ON) 및 소호(OFF)를 이용하며, 위상 제어를 할 수 있는 소자는? [10]

① TRIAC　　② SCR　　③ GTO　　④ IGBT

해설 문제 20번 해설 참조

※ 3단자 단일방향성 : SCR, GTO, IGBT

---

23. 다음 중 자기 소호 제어용 소자는 어느 것인가? [16, 17]

① SCR　　② TRIAC　　③ DIAC　　④ GTO

해설 GTO(gate turn-off thyristor)

㉠ 게이트 신호가 양(+)이면 턴 온(on), 음(-)이면 턴 오프(off) 된다.

㉡ 과전류 내량이 크며 자기소호성이 좋다.

---

24. 대전류·고전압의 전기량을 제어할 수 있는 자기소호형 소자는? [16]

① FET　　② Diode　　③ TRIAC　　④ IGBT

해설 IGBT는 전압 제어 전력용 반도체이기 때문에, 고속, 고효율의 전력 시스템에서 요구되는 300 V 이상의 전압 영역에서 널리 사용되고 있다.

---

25. $e = \sqrt{2}\,V\sin\omega t$[V]의 정현파 전압을 가했을 때 직류 평균값 $E_{do} = 0.45\,V$[V] 회로는? [13, 17]

① 단상 반파 정류회로　　　　② 단상 전파 정류회로

③ 3상 반파 정류회로　　　　④ 3상 전파 정류회로

해설 단상 반파 정류

㉠ (+) 반 주기(순방향 전압) 간에만 통전하여 반파 정류를 한다.

㉡ 직류 평균값 : $E_{d0} = \dfrac{\sqrt{2}\,V}{\pi} = 0.45\,V$

정답 ● 21. ④　22. ①　23. ④　24. ④　25. ①

26. 교류 전압의 실횻값이 200 V일 때 단상 반파 정류에 의하여 발생하는 직류 전압의 평균값은 약 몇 V인가? [예상]

① 45　　　　　② 90　　　　　③ 105　　　　　④ 110

해설 $E_d = 0.45\ V = 0.45 \times 200 = 90\ \mathrm{V}$

---

27. 단상 반파 정류회로의 전원 전압 200 V, 부하 저항이 10 Ω이면 부하 전류는 약 몇 A인가? [17, 18, 19]

① 4　　　　　② 9　　　　　③ 13　　　　　④ 18

해설 $I_{d0} = \dfrac{E_{d0}}{R} = 0.45\ \dfrac{V}{R} = 0.45 \times \dfrac{200}{10} \fallingdotseq 9\mathrm{A}$

---

28. 단상 전파 정류회로에서 직류 전압의 평균값으로 가장 적당한 것은? [12, 17]

① 1.35 V　　　　　② 1.25V　　　　　③ 0.9 V　　　　　④ 0.45 V

해설 $E_{d0} = \dfrac{2}{\pi}\ V_m = \dfrac{2\sqrt{2}}{\pi}\ V = 0.9\ \mathrm{V}$

---

29. 단상 전파 정류회로에서 전원이 220 V이면 부하에 나타나는 전압의 평균값은 약 몇 V인가? [15, 17, 19]

① 99　　　　　② 198　　　　　③ 257.4　　　　　④ 297

해설 $E_{do} = 0.9\ V = 0.9 \times 220 = 198\ \mathrm{V}$

---

30. 다음 그림에 대한 설명으로 틀린 것은? [10, 14]

① 브리지(bridge) 회로라고도 한다.
② 실제의 정류기로 널리 사용된다.
③ 반파 정류회로라고도 한다.
④ 전파 정류회로라고도 한다.

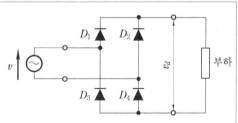

해설 ㉠ 단상 전파 정류회로이며, 브리지 회로라고도 한다.
　　㉡ 실제 정류회로로 널리 사용된다.

정답 **26.** ②　**27.** ②　**28.** ③　**29.** ②　**30.** ③

31. 그림과 같은 정류회로의 전원 전압이 200 V, 부하 저항 10 Ω이면 부하 전류는 약 몇 A인가? [20]

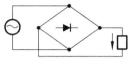

① 9
② 18
③ 23
④ 30

해설 브리지(bridge)형 단상 전파 정류회로(문제 30번 그림 참조)

$E_{d0} = 0.9 V = 0.9 \times 200 = 180$ V

$\therefore I_{d0} = \dfrac{E_{d0}}{R} = \dfrac{180}{10} = 18$ A

32. 상전압 300 V의 3상 반파 정류회로의 직류 전압은 약 몇 V인가? [10, 13]

① 520
② 350
③ 260
④ 50

해설 $E_{d0} = 1.17 \times$ 상전압 $= 1.17 \times 300 ≒ 350$ V

33. 3상 전파 정류회로에서 출력 전압의 평균 전압값은? (단, V는 선간 전압의 실횻값) [11]

① 0.45 V[V]
② 0.9 V[V]
③ 1.17 V[V]
④ 1.35 V[V]

해설 ① 단상 반파 : 0.45 V[V]
② 단상 전파 : 0.9 V[V]
③ 3상 반파 : 1.17 V[V]
④ 3상 전파 : 1.35 V[V]

34. 다음 정류 방식 중 맥동률이 가장 작은 방식은? [예상]

① 단상 반파
② 단상 전파
③ 3상 반파
④ 3상 전파

해설 맥동률(%)
㉠ 단상 반파 : 121
㉡ 단상 전파 : 48
㉢ 3상 반파 : 17
㉣ 3상 전파 : 4
※ 맥동률(ripple factor) : 정류된 직류 속에 포함되어 있는 교류 성분의 정도를 말한다.

정답 ● 31. ② 32. ② 33. ④ 34. ④

35. 60 Hz 3상 반파 정류회로의 맥동 주파수(Hz)는? [10, 12, 18]

① 360   ② 180   ③ 120   ④ 60

해설 $f_r = 3f = 3 \times 60 = 180$ Hz

맥동 주파수

㉠ 단상 반파 : f ㉡ 단상 전파 : $2f$

㉢ 3상 반파 : $3f$ ㉣ 3상 전파 : $6f$

---

36. 다음 그림과 같이 사이리스터를 이용한 전파 정류회로에서 입력 전압이 100 V이고, 점호 각이 60°일 때 출력 전압은 몇 V인가? (단, 부하는 저항만의 부하이다.) [19]

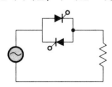

① 32.5   ② 45   ③ 67.5   ④ 90

해설 단상 전파 정류 회로-저항 부하

$E_d = 0.45\,V\,(1 + \cos \alpha) = 0.45 \times 100\,(1 + \cos 60°) = 45 + 45 \times 0.5 = 67.5$ V

※ 유도성 부하의 경우 : $E_d = 0.9\,V \cos \alpha$ [V]

---

37. 단상 전파 정류회로에서 $\alpha = 60°$일 때 정류 전압은? (단, 전원측 실횻값 전압은 100 V이며, 유도성 부하를 가지는 제어 정류기이다.) [12]

① 약 15 V   ② 약 22 V   ③ 약 35 V   ④ 약 45 V

해설 단상 전파 정류회로-유도성 부하

$E_d = 0.9\,V \cos \alpha = 0.9 \times 100 \times 0.5 = 45$ V

---

38. 전력 변환 기기가 아닌 것은? [15, 18]

① 변압기   ② 정류기   ③ 유도 전동기   ④ 인버터

해설 ① 변압기 : 교류 전력 변환

② 정류기 : 교류를 직류로 변환

③ 유도 전동기 : 전기 에너지를 기계 에너지로 변환

④ 인버터(inverter) : 직류를 교류로 변환

정답 35. ②   36. ③   37. ④   38. ③

39. 인버터(inverter)란? [10, 14, 17]

① 교류를 직류로 변환　　　　② 직류를 교류로 변환

③ 교류를 교류로 변환　　　　④ 직류를 직류로 변환

해설 ㉠ 역변환 장치(인버터 ; inverter) : 직류를 교류로 바꾸어 주는 장치

　　　㉡ 순변환 장치(컨버터 ; converter) : 교류를 직류로 바꾸어 주는 장치

40. 직류를 교류로 변환하는 장치는? [10, 11, 13]

① 정류기　　　　　　　　　　② 충전기

③ 순변환 장치　　　　　　　　④ 역변환 장치

해설 문제 39번 해설 참조

41. 어떤 직류 전압을 입력으로 하여 크기가 다른 직류를 얻기 위한 회로는 무엇인가? [예상]

① 초퍼　　　　　　　　　　　② 인버터

③ 컨버터　　　　　　　　　　④ 정류기

해설 초퍼(chopper) : 반도체 스위칭 소자에 의해 주 전류의 ON / OFF 동작을 고속·고빈도로 반복 수행하는 것으로, 일정 전압의 직류 전원을 단속하여 직류 평균 전압을 제어한다.

42. ON, OFF를 고속도로 변환할 수 있는 스위치이고 직류 변압기 등에 사용되는 회로는? [13]

① 초퍼 회로　　　　　　　　　② 인버터 회로

③ 컨버터 회로　　　　　　　　④ 정류기 회로

해설 문제 41번 해설 참조

43. 스위칭 주기 $10\mu s$, 오프(off) 시간 $2\mu s$일 때 초퍼의 입력 전압이 100 V이면 출력 전압(V)은 얼마인가? [예상]

① 90　　　　　　　　　　　　② 80

③ 50　　　　　　　　　　　　④ 20

정답 ◆━● 39. ②　40. ④　41. ①　42. ①　43. ②

해설 $V_d = \dfrac{T_{\mathrm{on}}}{T} \times V_s = \dfrac{10-2}{10} \times 100 = 80 \,\mathrm{V}$

※ 초퍼의 개념 : 스위칭 동작의 반복 주기 T를 일정하게 하고, 이 중 스위치를 닫는 구간의 시간을

T_{ON}이라 한다면 한 주기 동안 부하 전압의 평균값 $V_d = \dfrac{T_{ON}}{T} V_s\,[\mathrm{V}]$

---

44. 반도체 사이리스터에 의한 전동기의 속도 제어 중 주파수 제어는? [15]

① 초퍼 제어 ② 인버터 제어

③ 컨버터 제어 ④ 브리지 정류 제어

해설 3상 인버터(3 – phaseinverter) : 최근에 다이오드와 스위치의 작용을 동시에 하는 전력용 반도체 소자인 사이리스터가 개발되어, 3상 인버터라고 불리는 주파수 변환기가 전동기의 속도 제어에 사용된다.

---

45. 다음 중 유도 전동기의 속도 제어에 사용되는 인버터 장치의 약호는? [예상]

① CVCF ② VVVF ③ CVVF ④ VVCF

해설 VVVF(Variable Voltage Variable Frequency) : 인버터(inverter)에 의해 가변 전압, 가변 주파수의 교류전력을 발생하는 교류전원 장치로서 주파수 제어에 의한 유도 전동기 속도 제어에 많이 사용된다.

※ CVCF(Constant Voltage Constant Frequency) : 일정 전압, 일정 주파수를 발생하는 교류전원 장치

---

46. 그림과 같은 전동기 제어 회로에서 전동기 M의 전류 방향으로 올바른 것은? (단, 전동기의 역률은 100 %이고, 사이리스터의 점호각은 0°라고 본다.) [13, 17, 20]

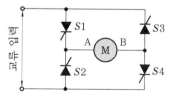

① 항상 "A"에서 "B"의 방향

② 항상 "B"에서 "A"의 방향

③ 입력의 반주기마다 "A"에서 "B"의 방향, "B"에서 "A"의 방향

④ S1과 S4, S2와 S3의 동작 상태에 따라 "A"에서 "B"의 방향, "B"에서 "A"의 방향

해설 전동기 M의 전류 방향

㉠ 교류 입력이 정(+) 반파일 때 : $S1$, $S4$ 턴 온

㉡ 교류 입력이 부(-) 반파일 때 : $S2$, $S3$ 턴 온

∴ 항상 "A"에서 "B"의 방향으로 흐르게 된다.

---

47. 그림은 교류 전동기 속도 제어 회로이다. 전동기 Ⓜ의 종류로 알맞은 것은? [13]

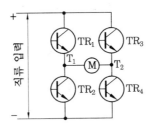

① 단상 유도 전동기

② 3상 유도 전동기

③ 3상 동기 전동기

④ 4상 스텝 전동기

해설 단상 유도 전동기의 속도 제어 회로 - 인버터 : 직류를 교류로 변환시키는 인버터 회로로서 등가 회로와 같이 $TR_1 \sim TR_4$는 4개 스위치로 동작하여 전동기 Ⓜ 양단에 양(+)의 전압과 음(-)의 전압을 교대로 나타나게 할 수 있다.

---

48. 다음 그림은 유도 전동기 속도 제어 회로 및 트랜지스터의 컬렉터 전류 그래프이다. ⓐ와 ⓑ에 해당하는 트랜지스터는? [11, 18]

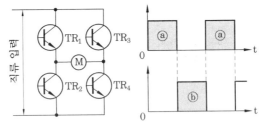

① ⓐ는 TR₁과 TR₂, ⓑ는 TR₃와 TR₄

② ⓐ는 TR₁과 TR₃, ⓑ는 TR₂와 TR₄

③ ⓐ는 TR₂와 TR₄, ⓑ는 TR₁과 TR₃

④ ⓐ는 TR₁과 TR₄, ⓑ는 TR₂와 TR₃

해설 문제 47번 해설 참조

ⓐ에 해당되는 것은 TR_1과 TR_4, ⓑ에 해당되는 것은 TR_2와 TR_3가 된다.

정답 ● 47. ① 48. ④

49. 그림은 전동기 속도 제어 회로이다. 다음에서 ⓐ와 ⓑ를 순서대로 나열한 것은? [11]

> 전동기를 기동할 때는 저항 R을 (ⓐ), 전동기를 운전할 때는 저항 R을 (ⓑ)로 한다.

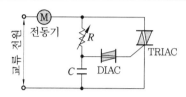

① ⓐ 최대, ⓑ 최대   ② ⓐ 최소, ⓑ 최소

③ ⓐ 최대, ⓑ 최소   ④ ⓐ 최소, ⓑ 최대

해설 위상 제어에 의한 전동기의 속도 제어 회로(DIAC을 이용한 TRIAC 제어)

　㉠ 저항 R을 최대로 하면 시정수 $T = RC$[s]에 의해서 TRIAC 트리거가 지연되어 적은 전류가 흐르게 되므로 낮은 속도로 기동한다.

　㉡ 저항 R을 최소로 하면 트리거가 빨라지므로 많은 전류가 흐르게 되어 정상 운전이 된다.

50. 그림은 전력 제어 소자를 이용한 위상 제어 회로이다. 전동기의 속도를 제어하기 위해서 '가' 부분에 사용되는 소자는? [15, 18]

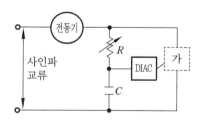

① 전력용 트랜지스터   ② 제너 다이오드

③ 트라이액   ④ 레귤레이터 78XX 시리즈

해설 문제 49번 그림 참조

전기기능사

전기 설비

01 공통사항과 배선재료 및 공구

Chapter

---

1. 전압을 저압, 고압 및 특고압으로 구분할 때 교류에서 "저압"이란? [예상]

① 2.0 kV 이하
② 1.5 kV 이하
③ 1.0 kV 이하
④ 0.5 kV 이하

해설 전압의 종별(KEC 111.1)

전압의 구분	기준
저압	직류 1.5 kV 이하, 교류 1 kV 이하
고압	• 직류 1.5 kV를 넘고, 7 kV 이하 • 교류 1 kV를 넘고, 7 kV 이하
특고압	7 kV를 초과

---

2. 전압의 구분에서 고압에 대한 설명으로 가장 옳은 것은? [예상]

① 직류는 1.5 kV를, 교류는 1 kV 이하인 것
② 직류는 1.5 kV를, 교류는 1 kV 이상인 것
③ 직류는 1.5 kV를, 교류는 1.5 kV를 초과하고, 7 kV 이하인 것
④ 7 kV를 초과하는 것

해설 문제 1번 해설 참조

---

3. 저압으로 수전하는 3상 4선식에서는 단상 접속 부하로 계산하여 설비 불평형률을 몇 % 이하로 하는 것을 원칙으로 하는가? [19]

① 10
② 20
③ 30
④ 40

해설 불평형 부하의 제한
㉠ 단상 3선식 : 40 % 이하
㉡ 3상 3선식 또는 3상 4선식 : 30 % 이하

정답 • 1. ③　2. ③　3. ③

4. 전로 이외를 흐르는 전류로서 전로의 절연체 내부 및 표면과 공간을 통하여 선간 또는 대지
사이를 흐르는 전류를 무엇이라 하는가? [17]

① 지락 전류　　　　　　　　　　② 누설 전류

③ 정격 전류　　　　　　　　　　④ 영상 전류

해설 누설 전류(leakage current) : 전로 이외의 절연물의 내부 또는 표면을 통하여 흐르는 미소 전류

※ 지락은 땅과 연결(대지와 혼촉, 또는 접지선과 혼촉)되어 흐르는 전류

5. 복잡한 전기 회로를 등가 임피던스를 사용하여 간단히 변화시킨 회로는? [14]

① 유도 회로　　　　　　　　　　② 전개 회로

③ 등가 회로　　　　　　　　　　④ 단순 회로

해설 등가 회로 : 등가 회로는 주어진 실제 전기 회로에 대해 그 회로의 모든 전기적 특성을 유지
하면서 동시에 단순한 형태로 표현된 이론적인 회로이다.

6. 전로의 사용 전압이 SELV 및 PELV일 때, 절연 저항 하한 값(MΩ)은? [예상]

① 0.5　　　　　　② 1.0　　　　　　③ 1.5　　　　　　④ 2.0

해설 저압 전로의 절연 성능(KEC 132참조)

전로의 사용 전압	DC 시험 전압	절연 저항 MΩ
SELV 및 PELV	250	0.5
PELV, 500 V 이하	500	1.0
500 V 초과	1000	1.0

※ ELV(Extra-Low Voltage) : 특별 저압

　㉠ SELV(Safety Extra-Low Voltage) : 비접지회로

　㉡ PELV(Protective Extra-Low Voltage) : 접지회로

7. 전로의 사용 전압이 PELV, 500V 이하일 때, 절연 저항 하한 값(MΩ)은? [예상]

① 0.5　　　　　　② 1.0　　　　　　③ 1.5　　　　　　④ 2.0

해설 문제 6번 해설 참조

정답 ● 4. ②　5. ③　6. ①　7. ②

8. 다음 중 큰 값일수록 좋은 것은? [11, 15, 18]
① 접지 저항 ② 절연 저항 ③ 도체 저항 ④ 접촉 저항

해설 절연 저항
㉠ 절연물에 직류 전압을 가하면 아주 미소한 전류가 흐른다. 이때의 전압과 전류의 비(比)로 구한 저항을 절연 저항이라 한다.
㉡ 절연 저항은 큰 값일수록 좋다.
※ 작은 값일수록 좋은 것은 접지 저항, 도체 저항, 접촉 저항 등이 있다.

9. 사용 전압 415 V의 3상 3선식 전선로의 1선과 대지 간에 필요한 절연 저항값의 최솟값은? (단, 최대 공급 전류는 500 A이다.) [13]
① 2560 Ω ② 1660 Ω ③ 3210 Ω ④ 4512 Ω

해설 절연 저항의 최솟값 = $\dfrac{\text{사용 전압} \times 2000}{\text{최대 공급 전류}} = \dfrac{415 \times 2000}{500} = 1660$ Ω

10. 22.9 kV 3상 4선식 다중 접지 방식의 지중 전선로의 절연 내력 시험을 직류로 할 경우 시험 전압은 몇 V인가? [18]
① 16448 ② 21068 ③ 32796 ④ 42136

해설 전로의 절연 내력 시험 전압(KEC 표132-1 참조)
㉠ 최대 사용 전압이 7 kV 초과 25 kV 이하인 중성점 다중직접 접지식 전로의 시험 전압은 최대 사용 전압의 0.92배의 전압
㉡ 전로에 케이블을 사용하는 경우 직류로 시험할 수 있으며 시험 전압은 교류의 2배로 한다.
∴ 시험 전압 = 22900 × 0.92 × 2 = 42136 V

11. 최대 사용 전압이 220 V인 3상 유도 전동기가 있다. 이것의 절연내력 시험 전압은 몇 V로 하여야 하는가? [16]
① 330 ② 500 ③ 750 ④ 1050

해설 회전기 및 정류기 시험 전압(KEC 표133-1 참조) : 최대 사용 전압이 7 kV 이하인 경우 : 최대 사용 전압의 1.5배의 전압(500 V 미만으로 되는 경우에는 500 V)
∴ 시험 전압 = 220 × 1.5 = 330 V → 500 V

정답 ━● 8. ② 9. ② 10. ④ 11. ②

12. 전선 및 케이블의 구비 조건으로 맞지 않는 것은? [19]

① 고유 저항이 클 것
② 기계적 강도 및 가요성이 풍부할 것
③ 내구성이 크고 비중이 작을 것
④ 시공 및 접속이 쉬울 것

해설 전선의 재료로서 구비해야 할 조건
㉠ 도전율이 클 것 → 고유 저항이 작을 것
㉡ 기계적 강도가 클 것
㉢ 비중이 작을 것 → 가벼울 것
㉣ 내구성이 있을 것
㉤ 공사가 쉬울 것
㉥ 값이 싸고 쉽게 구할 수 있을 것

13. 일반적으로 가정용, 옥내용으로 자주 사용되는 절연 전선은? [19]

① 경동선
② 연동선
③ 합성 연선
④ 합성 단선

해설 ㉠ 옥내용 : 연동선
㉡ 가공 전선로용 : 경동선

14. 전선의 공칭 단면적에 대한 설명으로 옳지 않은 것은? [13, 17]

① 소선 수와 소선의 지름으로 나타낸다.
② 단위는 mm^{2}로 표시한다.
③ 전선의 실제 단면적과 같다.
④ 연선의 굵기를 나타내는 것이다.

해설 전선의 공칭 단면적은 전선의 실제 단면적과는 다르다.
예 (소선 수/소선 지름) → (7/0.85)로 구성된 연선의 공칭 단면적은 4 mm^{2}이며, 계산 단면적은 3.97 mm^{2}이다.

15. 다음 중 450/750 V 전기기기용 비닐 절연 전선의 공칭 규격(mm^2)으로 맞는 것은? [19]

① 1.5
② 2.0
③ 2.6
④ 3.2

해설 공칭 단면적(mm^2) : 1.5, 2.5, 4, 6, 10, 16 등

정답 ◦━◦ 12. ①　13. ②　14. ③　15. ①

16. 다음 중 300/500 V 기기 배선용 유연성 단심 비닐 절연 전선을 나타내는 약호는? [14]

① NEV   ② NFI
③ NR   ④ NRC

해설 ① NEV : 폴리에틸렌 절연 비닐시스 네온 전선
     ② NFI : 300/500 V 기기 배선용 유연성 단심 비닐 절연 전선
     ③ NR : 450/750 V 일반용 단심 비닐 절연 전선
     ④ NRC : 고무 절연 클로로프렌시스 네온 전선

17. 다음 중 450/750 V 일반용 단심 비닐 절연 전선의 알맞은 약호는? [19]

① NR   ② CV   ③ MI   ④ OC

해설 ① NR : 450/750 V 일반용 단심 비닐 절연 전선
     ② CV : 0.6/1 kV 가교 폴리에틸렌 절연 비닐시스 케이블
     ③ MI : 미네랄 인슐레이션 케이블
     ④ OC : 옥외용 가교 폴리에틸렌 절연 전선

18. 절연 전선 중 옥외용 비닐 절연 전선을 무슨 전선이라고 호칭하는가? [12, 14, 16, 18]

① VV   ② NR   ③ OW   ④ DV

해설 ① VV : 비닐 절연 비닐 시스 케이블
     ② NR : 450/750 V 일반용 단심 비닐 절연 전선
     ③ OW : 옥외용 비닐 절연 전선
     ④ DV : 인입용 비닐 절연 전선

19. 인입용 비닐 절연 전선을 나타내는 약호는? [15, 18]

① OW   ② EV   ③ DV   ④ NV

해설 ① OW : 옥외용 비닐 절연 전선
     ② EV : 폴리에틸렌 절연 비닐시스 케이블
     ③ DV : 인입용 비닐 절연 전선
     ④ NV : 비닐 절연 네온 전선

정답 16. ②   17. ①   18. ③   19. ③

20. 절연 전선의 피복에 "RB"라고 표기되어 있다. 여기서 "RB"는 무엇을 나타내는 약호인가 ? [18]

① 형광 방전등용 비닐 전선 ② 고무 절연 클로로프렌시스 네온 전선
③ 고무 절연 전선 ④ 폴리에틸렌 절연 비닐시스 네온 전선

해설 ① : FL ② : NRC
③ : RB ④ : NEV

21. 전선 약호가 VV인 케이블의 종류로 옳은 것은 ? [15]

① 0.6/1 kV 비닐 절연 비닐시스 케이블
② 0.6/1 kV EP 고무 절연 클로로프렌시스 케이블
③ 0.6/1 kV EP 고무 절연 비닐시스 케이블
④ 0.6/1 kV 비닐 절연 비닐 캡타이어 케이블

해설 ① : VV ② : PN
③ : PV ④ : VCT

22. 연선 결정에 있어서 중심 소선을 뺀 층수가 2층이다. 소선의 총수 N은 얼마인가 ? [14, 18]

① 61 ② 37 ③ 19 ④ 7

해설 $N = 3n(n+1) + 1 = 3 \times 2(2+1) + 1 = 19$가닥

23. 연선 결정에 있어서 중심 소선을 뺀 층수가 3층이다. 전체 소선수는 ? [16]

① 91 ② 61 ③ 37 ④ 19

해설 $N = 3n(n+1) + 1 = 3 \times 3(3+1) + 1 = 37$가닥

24. 저압 인입선(DV선)의 색별에서 사용하지 않는 색은 ? [00]

① 흑색 ② 청색 ③ 녹색 ④ 적색

해설 인입용 비닐 절연 전선(DV)
㉠ 2개연 : 흑색, 녹색 또는 청색
㉡ 3개연 : 흑색, 녹색, 청색
※ 녹색은 중성선 또는 접지 측 전선에 사용된다.

정답 20. ③ 21. ① 22. ③ 23. ③ 24. ④

25. 나전선 등의 금속선에 속하지 않는 것은? [14]

① 경동선(지름 12 mm 이하의 것)
② 연동선
③ 경알루미늄선(단면적 35 mm^2 이하의 것)
④ 동합금선(단면적 35 mm^2 이하의 것)

해설 나전선 : ①, ②, ③ 이외에

㉠ 동합금선 : 단면적 25 mm^2 이하의 것에 한한다.
㉡ 알루미늄합금선 : 단면적 35 mm^2 이하의 것
㉢ 아연도강선 및 아연도철선

26. 절연 전선의 피복에 "154kV NRV"라고 표기되어 있다. 여기서 "NRV"는 무엇을 나타내는 약호인가? [18]

① 형광등 전선
② 고무 절연 폴리에틸렌시스 네온 전선
③ 고무 절연 비닐시스 네온 전선
④ 폴리에틸렌 절연 비닐시스 네온 전선

해설 네온 관용 전선의 기호(N : 네온 전선, R : 고무, V : 비닐, E : 폴리에틸렌, C : 클로로프렌)

㉠ N-RV : 고무 절연 비닐시스 네온 전선
㉡ N-RC : 고무 절연 클로로프렌시스 네온 전선

27. 해안 지방의 송전용 나전선에 가장 적당한 것은? [13, 17, 19]

① 철선
② 강심 알루미늄선
③ 동선
④ 알루미늄 합금선

해설 해안 지방의 송전용 나전선에는 염해에 강한 동선이 적당하다.

28. 전선의 식별에 있어서, L1, L2, L3의 색상이 순서적으로 맞게 표현된 것은? [예상]

① 갈, 흑, 회색
② 흑, 청, 녹색
③ 회, 갈, 황색
④ 녹, 청, 갈색

정답 ➡ 25. ④ 26. ③ 27. ③ 28. ①

해설 전선의 식별(KEC 121.2)

상(문자)	색상
L1	갈색
L2	흑색
L3	회색
N	청색
보호도체	녹색-노란색

※ 색상 식별이 종단 및 연결 지점에서만 이루어지는 나도체 등은 전선 종단부에 색상이 반영구적으로 유지될 수 있는 도색, 밴드, 색 테이프 등의 방법으로 표시해야 한다.

29. 전선의 식별에 있어서, 보호도체의 색상은? [예상]
① 녹색 – 노란색
② 갈색 – 노란색
③ 회색 – 노란색
④ 청색 – 노란색

해설 문제 28번 해설 참조

30. 다음 중 배선 기구가 아닌 것은? [16]
① 배전반
② 개폐기
③ 접속기
④ 배선용 차단기

해설 배전반(switchboard) : 빌딩이나 공장에서는 송전선으로부터 고압의 전력을 받아 변압기로 저압으로 변환하여 각종 전기설비 계통으로 배전하는데, 배전을 하기 위한 장치가 배전반이다.

31. 하나의 콘센트에 둘 또는 세 가지의 기계·기구를 끼워서 사용할 때 사용되는 것은? [14, 15]
① 노출형 콘센트
② 키리스 소켓
③ 멀티 탭
④ 아이언 플러그

해설 ㉠ 멀티 탭(multi tap) : 하나의 콘센트에 2~3가지의 기구를 사용할 때 쓴다.
  ㉡ 키리스 소켓(keyless socket) : 전구용 소켓으로, 점멸하기 위한 키를 갖지 않은 것으로, 먼지가 많은 장소 등에 사용
  ㉢ 아이언 플러그(iron plug) : 전기다리미, 온탕기 등에 사용한다.

정답 ➡ **29.** ① **30.** ① **31.** ③

32. 다음 개폐기 중에서 옥내 배선의 분기 회로 보호용에 사용되는 배선용 차단기의 약호는 어느 것인가? [예상]

① OCB
② ACB
③ NFB
④ DS

해설 NFB(No-Fuse Breaker) 배선용 차단기 : 전류가 비정상적으로 흐를 때 자동적으로 회로를 끊어서 전선 및 기계·기구를 보호

① OCB(oil circuit breaker) : 유입 차단기
② ACB(air circuit breaker) : 기중 차단기
④ DS(disconnecting switch) : 단로기

33. 누전 차단기의 설치 목적은 무엇인가? [16]

① 단락
② 단선
③ 지락
④ 과부하

해설 목적 : 전로에 지락이 발생했을 때에 자동적으로 전로를 차단

34. 다음 중 "ELB"은 어떤 차단기를 의미하는가? [08, 20]

① 유입 차단기
② 진공 차단기
③ 배선용 차단기
④ 누전 차단기

해설 ① 유입 차단기(OCB : oil circuit breaker)
② 진공 차단기(VCB : vacuum circuit breaker)
③ 배선용 차단기(NFB : No-Fuse Breaker)
④ 누전 차단기(ELB : earth leakage breaker)

35. 옥내 배선 공사에서 절연 전선의 피복을 벗길 때 사용하면 편리한 공구는? [16, 19]

① 드라이베이트 툴
② 피시 테이프
③ 압착 펜치
④ 와이어 스트리퍼

해설 와이어 스트리퍼(wire striper)
㉠ 절연 전선의 피복 절연물을 벗기는 자동 공구이다.
㉡ 도체의 손상 없이 정확한 길이의 피복 절연물을 쉽게 처리할 수 있다.

36. 큰 건물의 공사에서 콘크리트에 구멍을 뚫어 드라이브 핀을 경제적으로 고정하는 공구는? [15]
① 스패너　　　　　　　　　　② 드라이베이트 툴
③ 오스터　　　　　　　　　　④ 로크 아웃 펀치

해설 드라이베이트 툴(driveit tool)
　㉠ 큰 건물의 공사에서 드라이브 핀을 콘크리트에 경제적으로 박는 공구이다.
　㉡ 화약의 폭발력을 이용하기 때문에 취급자는 보안상 훈련을 받아야 한다.

37. 굵은 전선을 절단할 때 주로 쓰이는 공구의 이름은? [12, 14, 15, 16, 17]
① 파이프 커터　　　　　　　　② 토크 렌치
③ 녹아웃 펀치　　　　　　　　④ 클리퍼

해설 클리퍼(clipper, cable cutter) : 굵은 전선을 절단할 때 사용하는 가위이다.

38. 다음 중 전선에 압착 단자를 접속시키는 공구는? [00, 17]
① 와이어 스트리퍼　　　　　　② 프레셔 툴
③ 볼트 클리퍼　　　　　　　　④ 드라이베이트 툴

해설 프레셔 툴(pressure tool) : 솔더리스(solderless) 커넥터 또는 솔더리스 터미널을 압착하는
것이다.

39. 금속관 절단구에 대한 다듬기에 쓰이는 공구는? [16]
① 리머　　　　　　　　　　　② 홀 소
③ 프레셔 툴　　　　　　　　　④ 파이프 렌치

해설 리머(reamer) : 금속관을 쇠톱이나 커터로 끊은 다음, 관 안의 날카로운 것을 다듬는 것이다.

40. 다음 중 피시 테이프(fish tape)의 용도는 무엇인가? [10]
① 전선을 테이핑하기 위해서　　② 전선관의 끝마무리를 위해서
③ 배관에 전선을 넣을 때　　　　④ 합성수지관을 구부릴 때

정답　36. ②　37. ④　38. ②　39. ①　40. ③

해설 피시 테이프(fish tape)

　　㉠ 전선관에 전선을 넣을 때 사용되는 평각 강철선이다.

　　㉡ 폭 : 3.2~6.4 mm, 두께 : 0.8~1.5 mm

---

41. 전기공사 시공에 필요한 공구 사용법 설명 중 잘못된 것은? [14]

　① 콘크리트의 구멍을 뚫기 위한 공구로 타격용 임팩트 전기 드릴을 사용한다.

　② 스위치 박스에 전선관용 구멍을 뚫기 위해 녹아웃 펀치를 사용한다.

　③ 합성수지 가요전선관의 굽힘 작업을 위해 토치 램프를 사용한다.

　④ 금속 전선관의 굽힘 작업을 위해 파이프 벤더를 사용한다.

해설 배·분전반 캐비닛, 스위치 박스 등에 구멍을 뚫기 위해 홀 소(hole saw)를 사용한다.

---

42. 옥내 배선 공사 중 금속관 공사에 사용되는 공구의 설명 중 잘못된 것은? [13]

　① 전선관의 굽힘 작업에 사용하는 공구는 토치 램프나 스프링 벤더를 사용한다.

　② 전선관의 나사를 내는 작업에 오스터를 사용한다.

　③ 전선관을 절단하는 공구에는 쇠톱 또는 파이프 커터를 사용한다.

　④ 아웃트렛 박스의 천공 작업에 사용되는 공구는 녹아웃 펀치를 사용한다.

해설 금속 전선관의 굽힘 작업에 사용하는 공구는 벤더(bender) 또는 히키(hickey)이다.

　　※ 토치 램프, 스프링 벤더(spring bender)는 합성수지관, PE관 굽힘 작업용이다.

---

43. 다음 중 옥내에 시설하는 저압 전로와 대지 사이의 절연 저항 측정에 사용되는 계기는? [18]

　① 코올라시 브리지

　② 메거

　③ 어스 테스터

　④ 네온 검전기

해설 ① 코올라시 브리지(kohlrausch bridge) : 저 저항 측정용 계기로 접지 저항, 전해액의 저
항 측정에 사용

　② 메거(megger) : 절연 저항 측정

　③ 어스 테스터(earth tester) : 접지 저항 측정기

　④ 네온 검전기 : 네온(neon) 충전 유무를 확인

정답 ◆ 41. ②　42. ①　43. ②

전기 설비

전선 접속

1. 전선을 접속하는 경우 전선의 강도는 몇 % 이상 감소시키지 않아야 하는가? [17, 19, 20]

① 10   ② 20   ③ 40   ④ 80

해설 전선의 강도(인장하중)를 20 % 이상 감소시키지 않아야 한다.

2. 전선의 접속에 대한 설명으로 틀린 것은? [94, 15]

① 접속 부분의 전기 저항을 20 % 이상 증가되도록 한다.
② 접속 부분의 인장강도를 80 % 이상 유지되도록 한다.
③ 접속 부분에 전선 접속 기구를 사용한다.
④ 알루미늄 전선과 구리선의 접속 시 전기적인 부식이 생기지 않도록 한다.

해설 접속 부분의 전기 저항이 증가되지 않아야 한다.

3. 기구 단자에 전선 접속 시 진동 등으로 헐거워지는 염려가 있는 곳에 사용되는 것은? [17, 19]

① 스프링 와셔   ② 2중 볼트   ③ 삼각 볼트   ④ 접속기

해설 전선을 나사로 고정할 경우에 진동 등으로 헐거워질 우려가 있는 장소는 2중 너트, 스프링 와셔 및 나사 풀림 방지 기구가 있는 것을 사용한다.

4. 다음 괄호 안에 들어갈 알맞은 말은? [19]

전선의 접속에서 트위스트 접속은 (㉮) mm^2 이하의 가는 전선, 브리타니어 접속은 (㉯) mm^2 이상의 굵은 단선을 접속할 때 적합하다.

① ㉮ 4, ㉯ 10   ② ㉮ 6, ㉯ 10
③ ㉮ 8, ㉯ 12   ④ ㉮ 10, ㉯ 14

정답 → 1. ②   2. ①   3. ①   4. ②

해설 전선의 접속에서 트위스트(twist joint) 접속은 $6\,\text{mm}^2$ 이하의 가는 전선, 브리타니어 (britania) 접속은 $10\,\text{mm}^2$ 이상의 굵은 단선을 접속할 때 적합하다.

---

5. 절연 전선을 서로 접속할 때 사용하는 방법이 아닌 것은? [13]
① 커플링에 의한 접속   ② 와이어 커넥터에 의한 접속
③ 슬리브에 의한 접속   ④ 압축 슬리브에 의한 접속

해설 커플링에 의한 접속은 전선관을 접속할 때 사용하는 방법이다.

---

6. 동전선의 직선 접속에서 단선 및 연선에 적용되는 접속 방법은? [04, 15, 20]
① 직선 맞대기용 슬리브(B형)에 의한 압착 접속
② 가는 단선(2.6 mm 이상)의 분기 접속
③ S형 슬리브에 의한 분기 접속
④ 터미널 러그에 의한 접속

해설 ㉠ 직선 맞대기용 슬리브 압착 접속 방법은 단선 및 연선의 직선 접속에 적용된다.
㉡ 터미널 러그는 주로 알루미늄 굵은 전선 종단 접속에 적용된다.

---

7. 동전선의 종단 접속 방법이 아닌 것은? [16]
① 동선 압착 단자에 의한 접속
② 종단 겹침용 슬리브에 의한 접속
③ C형 전선 접속기 등에 의한 접속
④ 비틀어 꽂는 형의 전선 접속기에 의한 접속

해설 C형 전선 접속기 등에 의한 접속은 알루미늄 전선 종단 접속 방법에 적용된다.

---

8. S형 슬리브를 사용하여 전선을 접속하는 경우의 유의 사항이 아닌 것은? [14, 15]
① 전선은 연선만 사용이 가능하다.
② 전선의 끝은 슬리브의 끝에서 조금 나오는 것이 좋다.
③ 슬리브는 전선의 굵기에 적합한 것을 사용한다.
④ 도체는 샌드페이퍼 등으로 닦아서 사용한다.

정답 5. ①   6. ①   7. ③   8. ①

해설 S형 슬리브 사용 시 유의 사항
　㉠ S형 슬리브는 단선, 연선 어느 것에도 사용할 수 있으며, 직선 접속 및 분기 접속에
　　사용된다.
　㉡ 도체는 샌드페이퍼 등을 사용하여 충분히 닦은 후 접속한다.
　㉢ 전선의 끝은 슬리브의 끝에서 조금 나오는 것이 바람직하다.
　㉣ 슬리브는 전선의 굵기에 적합한 것을 선정한다.
　㉤ 슬리브의 양단을 비트는 공구로 물리고 완전히 두 번 이상 비튼다.

---

9. 옥내 배선에서 주로 사용하는 직선 접속 및 분기 접속 방법은 어떤 것을 사용하여 접속
하는가? [13, 17]
　① 동선 압착 단자　　　　　　　　② S형 슬리브
　③ 와이어 커넥터　　　　　　　　④ 꽂음형 커넥터

해설 문제 8번 해설 참조
　※ ①, ③, ④는 모두 종단 접속에 사용된다.

---

10. 일반적으로 정션 박스 내에서 전선을 접속할 수 있는 것은? [18]
　① S형 슬리브　　　　　　　　　② 꽂음형 커넥터
　③ 와이어 커넥터　　　　　　　　④ 매킹타이어

해설 와이어 커넥터 : 정션 박스 내에서 절연 전선을 쥐꼬리 접속을 할 때 절연을 위해 사용된다.

---

11. 옥내 배선의 접속함이나 박스 내에서 접속할 때 주로 사용하는 접속법은? [20]
　① 슬리브 접속　　　　　　　　　② 쥐꼬리 접속
　③ 트위스트 접속　　　　　　　　④ 브리타니아 접속

해설 쥐꼬리 접속(rat tail joint) : 박스 내에서 가는 전선을 종단 접속에 적용된다.

---

12. 전선 접속 시 사용되는 슬리브(sleeve)의 종류가 아닌 것은? [14]
　① D형　　　　　② S형　　　　　③ E형　　　　　④ P형

해설 슬리브(sleeve)의 종류 : S형, E형, P형, C형, H형

정답 ➡ 9. ②　10. ③　11. ②　12. ①

13. 코드 상호, 캡타이어 케이블 상호 접속 시 사용하여야 하는 것은?[10]

① 와이어 커넥터 　　　　　　　　　② 코드 접속기
③ 케이블 타이 　　　　　　　　　　④ 테이블 탭

해설 코드 상호, 캡타이어 케이블 상호 접속(KEC 123/234.4 참조) : 코드 접속기 · 접속함 기타의 기구를 사용할 것
※ 케이블 타이(cable tie)는 주로 전기 케이블들을 함께 묶어주는 잠금장치의 일종이다.

14. 전선의 접속법에서 두 개 이상의 전선을 병렬로 사용하는 경우의 시설기준으로 틀린 것은?[16]

① 각 전선의 굵기는 구리인 경우 50 mm² 이상이어야 한다.
② 각 전선의 굵기는 알루미늄인 경우 70 mm² 이상이어야 한다.
③ 병렬로 사용하는 전선은 각각에 퓨즈를 설치해야 한다.
④ 동극의 각 전선은 동일한 터미널러그에 완전히 접속해야 한다.

해설 옥내에서 전선을 병렬로 사용하는 경우(KEC 123 참조)
　㉠ 각 전선의 굵기는 동 50 mm² 이상 또는 알루미늄 70 mm² 이상이어야 한다.
　㉡ 병렬로 사용하는 전선에는 각각에 퓨즈를 설치하지 말아야 한다.
　㉢ 같은 극(極)의 각 전선은 동일한 터미널 러그에 완전히 접속한다.

15. 옥내에서 두 개 이상의 전선을 병렬로 사용하는 경우 동선은 각 전선의 굵기가 몇 mm² 이상이어야 하는가?[10]

① 50 　　　　　　② 70 　　　　　　③ 95 　　　　　　④ 150

해설 문제 14번 해설 참조

16. 저압 옥내 배선 공사에서 부득이한 경우 전선 접속을 해도 되는 곳은?[예상]

① 가요 전선관 내 　　　　　　　　② 금속관 내
③ 금속 덕트 내 　　　　　　　　　④ 경질 비닐관 내

해설 전선의 접속 장소의 제한
　㉠ 전선 접속 금지 : 전선관(금속, 가요, 경질 비닐) 내에서는 전선의 접속은 절대 금지된다.
　㉡ 금속 덕트 배선에서는 전선을 분기하는 경우로, 그 접속점을 용이하게 점검할 수 있는 경우에 한하여 접속점을 만들 수 있다.

정답 ●― 13. ② 　 14. ③ 　 15. ① 　 16. ③

17. 옥내 노출 공사 시 전선을 접속하는 경우 다음 설명 중 틀린 것은? [예상]

① 노출형 스위치 박스 내에서 접속하였다.
② 덮개가 있는 C형 엘보 속에서 접속하였다.
③ 형광등용 프렌치 커버 속에서 접속하였다.
④ 팔각 정크션 박스 내에서 접속하였다.

해설 엘보(elbow) 속에서는 전선 접속을 하여서는 안된다.

18. 연피 케이블을 접속할 때 반드시 사용하는 테이프는? [17, 18]

① 리노 테이프   ② 면 테이프
③ 비닐 테이프   ④ 자기 융착 테이프

해설 ① 리노 테이프 (lino tape) : 점착성이 없으나 절연성, 내온성 및 내유성이 있으므로 연피 케이블 접속에는 반드시 사용된다.
② 면 테이프 : 건조한 목면 테이프로, 점착성이 강하다.
③ 비닐 테이프 : 염화비닐 콤파운드로 만든 것으로 색은 9종류가 있다.
④ 자기 융착 테이프 : 내오존성, 내수성, 내약품성, 내온성이 우수해서 비닐 외장 케이블 및 클로로프렌 외장 케이블의 접속에 사용된다.

19. 전선 접속에 있어서 클로로프렌 외장 케이블의 접속에 쓰이는 테이프는? [예상]

① 블랙 테이프   ② 자기 융착 테이프
③ 리노 테이프   ④ 비닐 테이프

해설 문제 18번 해설 참조

20. 다음 중 거즈 테이프(gauze tape) 에 점착성의 고무 혼합물을 양면에 합침시킨 전기용 절연 테이프는? [예상]

① 면 테이프   ② 고무 테이프
③ 리노 테이프   ④ 자기 융착 테이프

해설 문제 18번 해설 참조
거즈 테이프(gauze tape) : 면 테이프

정답 ● 17. ②   18. ①   19. ②   20. ①

배선설비공사 및 전선허용전류 계산공사

---

Chapter 03

1. 다음 중 금속관 공사의 특징에 대한 설명이 아닌 것은? [19]

① 전선이 기계적으로 완전히 보호된다.
② 접지 공사를 완전히 하면 감전의 우려가 없다.
③ 단락 사고, 접지 사고 등에 있어서 화재의 우려가 적다.
④ 중량이 가볍고 시공이 용이하다.

해설 금속 전선관 공사는 중량이 무겁고, 시공이 용이하지 않다.

---

2. 금속관공사에서 금속관을 콘크리트에 매설할 경우 관의 두께는 몇 mm 이상의 것이어야 하는가? [11]

① 0.8 ② 1.0
③ 1.2 ④ 1.5

해설 관의 두께는 콘크리트에 매입할 경우는 1.2 mm 이상, 기타의 경우는 1 mm 이상일 것(단, 이음매(joint)가 없는 길이 4 m 이하의 것을 건조한 노출장소에 시설하는 경우는 0.5 mm 이상일 것)

---

3. 굵기가 다른 절연 전선을 동일 금속관 내에 넣어 시설하는 경우에 전선의 절연 피복물을 포함한 단면적이 관내 단면적의 몇 % 이하가 되어야 하는가? [16, 17]

① 25 ② 32
③ 45 ④ 70

해설 관의 굵기 선정
  ㉠ 같은 굵기의 전선을 넣을 때 : 48 % 이하
  ㉡ 굵기가 다른 전선을 넣을 때 : 32 % 이하

정답 • 1. ④ 2. ③ 3. ②

4. 다음 중 금속 전선관의 호칭을 맞게 기술한 것은? [05, 06, 19]

① 박강, 후강 모두 내경으로 나타낸다.　② 박강은 내경, 후강은 외경으로 나타낸다.

③ 박강은 외경, 후강은 내경으로 나타낸다. ④ 박강, 후강 모두 외경으로 나타낸다.

해설 ㉠ 박강 : 외경(바깥지름)에 가까운 홀수

㉡ 후강 : 내경(안지름)에 가까운 짝수

5. 금속 전선관의 종류에서 후강 전선관 규격(mm)이 아닌 것은? [14, 17, 19]

① 16　　　　② 19　　　　③ 28　　　　④ 36

해설 후강 전선관 규격 : 16, 22, 28, 36, 42, 54, 70, 82, 92, 104 mm

6. 박강 전선관의 호칭 값이 아닌 것은? [예상]

① 19 mm　　② 22 mm　　③ 25 mm　　④ 39 mm

해설 박강 전선관의 규격 : 19, 25, 31, 39, 51, 63, 75 mm

7. 다음 중 금속관 공사에서 관을 박스 내에 붙일 때 사용하는 것은? [08, 10]

① 로크너트　　　　　　　② 새들

③ 커플링　　　　　　　　④ 링 리듀서

해설 ㉠ 로크너트(lock nut) : 금속 전선관을 박스에 고정시킬 때 사용

㉡ 링 리듀서(ring reducer) : 금속관을 아웃렛 박스 등의 녹아웃에 취부할 때 관보다 지름이 큰 관계로 로크 너트만으로는 고정할 수 없을 때 보조적으로 사용한다.

8. 금속 전선관 공사에서 금속관과 접속함을 접속하는 경우 녹아웃 구멍이 금속관보다 클 때 사용하는 부품은? [11, 15, 17]

① 로크 너트　　　　　　② 부싱

③ 새들　　　　　　　　④ 링 리듀서

해설 문제 7번 해설 참조

정답 ● 4. ③　5. ②　6. ②　7. ①　8. ④

---

9. 유니언 커플링의 사용 목적은? [17]
  ① 안지름이 틀린 금속관 상호의 접속
  ② 돌려 끼울 수 없는 금속관 상호의 접속
  ③ 금속관의 박스와 접속
  ④ 금속관 상호를 나사로 연결하는 접속

해설 유니언 커플링(union coupling) : 금속 전선관을 돌려 끼울 수 없는 금속관 상호의 접속 시 사용한다.

---

10. 콘크리트에 매입하는 금속관 공사에서 직각으로 배관할 때 사용하는 것은 어느 것인가? [예상]
  ① 노멀 밴드
  ② 뚜껑이 있는 엘보
  ③ 서비스 엘보
  ④ 유니버설 엘보

해설 노멀 밴드(normal band) : 배관의 직각 굴곡 부분에 사용되며, 특히 콘크리트 매입 배관의 직각 굴곡 부분에 사용한다.

---

11. 금속관 배관 공사에서 절연 부싱을 사용하는 이유는? [예상]
  ① 박스 내에서 전선의 접속을 방지
  ② 관의 입구에서 조영재의 접속을 방지
  ③ 관 단에서 전선의 인입 및 교체 시 발생하는 전선의 손상 방지
  ④ 관이 손상되는 것을 방지

해설 관의 단면에서 전선의 보호
  ㉠ 관의 단면은 부싱을 사용할 것
  ㉡ 금속관에서 애자 사용 배선으로 바뀌는 개소는 절연 부싱, 터미널 캡, 엔드 등을 사용할 것

---

12. 금속관 공사를 노출로 시공할 때 직각으로 구부러지는 곳에는 어떤 배선 기구를 사용 하는가? [13]
  ① 유니언 커플링
  ② 아우트렛 박스
  ③ 픽스처 히키
  ④ 유니버설 엘보

해설 유니버설 엘보(universal elbow) : 금속관이 벽면에 따라 직각으로 구부러지는 곳은 뚜껑이 있는 엘보를 쓴다.

정답 ● 9. ②   10. ①   11. ③   12. ④

13. 금속관 공사를 할 때 엔트런스 캡의 사용으로 옳은 것은? [예상]

① 금속관이 고정되어 회전시킬 수 없을 때 사용
② 저압 가공 인입선의 인입구에 사용
③ 배관의 직각 굴곡 부분에 사용
④ 조명 기구가 무거울 때 조명 기구 부착용으로 사용

해설 엔트런스 캡의 사용
㉠ 저압 가공 인입선에서 옥측 금속관 공사로 옮겨지는 곳
㉡ 금속관으로부터 전선을 뽑아 전동기 단자 부분에 접속할 때 전선을 보호하기 위해서 관 끝에 취부한다.

14. 16 mm 금속 전선관의 나사 내기를 할 때 반 직각 구부리기를 한 곳의 나사산은 몇 산 정도로 하는가? [10]

① 3~4산   ② 5~6산   ③ 8~10산   ④ 11~12산

해설 16 mm 관 나사 내기
㉠ 반 직각 구부리기를 한 곳 : 3~4산 정도
㉡ 오프셋 구부리기를 한 곳 : 8~10산 정도

15. 금속관 구부리기에 있어서 관의 굴곡이 3개소가 넘거나 관의 길이가 30 m를 초과하는 경우 적용하는 것은? [16]

① 커플링   ② 풀 박스   ③ 로크 너트   ④ 링 리듀서

해설 금속관의 굴곡
㉠ 굴곡 개소가 많은 경우 또는 관의 길이가 30 m를 초과하는 경우는 풀 박스를 설치하는 것이 바람직하다.
㉡ 아웃렛 박스 사이 또는 전선 인입구가 있는 기구 사이의 금속관은 3개소를 초과하는 직각 또는 직각에 가까운 굴곡 개소를 만들어서는 안 된다.

16. 금속 전선관을 구부릴 때 금속관의 단면이 심하게 변형되지 않도록 구부려야 하며, 일반적으로 그 안측의 반지름은 관 안지름의 몇 배 이상이 되어야 하는가? [10, 16]

① 2배   ② 4배   ③ 6배   ④ 8배

해설 금속관을 구부릴 때 : 그 안측의 반지름은 관 안지름의 6배 이상이 되어야 한다.

정답 ━● 13. ②   14. ①   15. ②   16. ③

17. 금속 전선관을 직각 구부리기 할 때 굽힘 반지름 r은? (단, d는 금속 전선관의 안지름, D는 금속 전선관의 바깥지름이다.) [10]

① $r = 6d + \dfrac{D}{2}$

② $r = 6d + \dfrac{D}{4}$

③ $r = 2d + \dfrac{D}{6}$

④ $r = 4d + \dfrac{D}{6}$

해설 금속 전선관을 구부릴 때, 그 안쪽의 반지름은 관 안지름의 6배 이상이 되게 한다.

㉠ 굽힘 반지름 : $r \geqq 6d + \dfrac{D}{2}$

㉡ 구부리는 길이 : $L \geqq 2\pi r \times \dfrac{1}{4}$

18. 금속 전선관을 직각 구부리기 할 때 굽힘 반지름(mm)은? (단, 내경은 18 mm, 외경은 22 mm이다.) [19]

① 113　　　　② 115　　　　③ 119　　　　④ 121

해설 $r = 6d + \dfrac{D}{2} = 6 \times 18 + \dfrac{22}{2} = 119\,\text{mm}$

19. 금속관을 조영재에 따라서 시설하는 경우는 새들 또는 행어 등으로 견고하게 지지하고 그 간격을 몇 m 이하로 하는 것이 가장 바람직한가? [예상]

① 3.0　　　　② 2.5　　　　③ 2　　　　④ 1

해설 금속전선관 및 부속품의 연결과 지지 : 금속관을 조영재에 따라서 시설하는 경우는 새들 또는 행어 (hanger) 등으로 견고하게 지지하고, 그 간격을 2 m 이하로 하는 것이 바람직하다.

20. 교류 전등 공사에서 금속관 내에 전선을 넣어 연결한 방법 중 옳은 것은? [19]

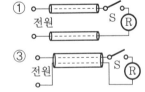
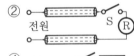
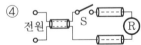

해설 전선·전자적 평형 : 교류회로는 1회로의 전선 전부를 동일 관내에 넣는 것을 원칙으로 하며, 관내에 전자적 불평형이 생기지 않도록 시설하여야 한다.

정답 　17. ①　　18. ③　　19. ③　　20. ③

21. 금속관 배선에 대한 설명으로 잘못된 것은? [13]

① 금속관 두께는 콘크리트에 매입하는 경우 1.2 mm 이상일 것

② 교류회로에서 전선을 병렬로 사용하는 경우 관내에 전자적 불평형이 생기지 않도록 시설할 것

③ 굵기가 다른 절연 전선을 동일 관내에 넣은 경우 피복 절연물을 포함한 단면적이 관 내 단면적의 48 % 이하일 것

④ 관의 호칭에서 후강 전선관은 짝수, 박강 전선관은 홀수로 표시할 것

해설 관의 굵기 선정 : 굵기가 다른 절연 전선을 동일 관 내에 넣는 경우 : 32 % 이하일 것

22. 금속관 공사에 의한 저압 옥내 배선의 방법으로 틀린 것은? [16, 18]

① 전선은 연선을 사용하였다.

② 옥외용 비닐 절연 전선을 사용하였다.

③ 콘크리트에 매설하는 금속관의 두께는 1.2 mm를 사용하였다.

④ 사람이 접촉할 우려가 없어 관에는 규정에 준하여 접지공사를 하였다.

해설 금속관공사의 사용 전선

① 절연 전선을 사용(옥외용 비닐 절연 전선은 제외)

② 단면적 10 mm^2(알루미늄선은 16 mm^2)을 초과할 경우는 연선을 사용

23. 금속관 공사에 의한 저압 옥내 배선의 방법으로 틀린 것은? [16, 18]

① 전선은 연선을 사용하였다.

② 옥외용 비닐 절연 전선을 사용하였다.

③ 콘크리트에 매설하는 금속관의 두께는 1.2 mm를 사용하였다.

④ 전선은 금속관 안에서 접속점이 없도록 하였다.

해설 금속관공사의 시설 조건 및 부속품 선정(KEC 232.12 참조)

(1) 전선은 절연 전선(옥외용 비닐 절연 전선을 제외한다)일 것

(2) 전선은 연선일 것(다만, 다음의 것은 적용하지 않는다.)

㉠ 짧고 가는 금속관에 넣은 것

㉡ 단면적 10 mm^2(알루미늄선은 단면적 16 mm^2) 이하의 것

(3) 전선은 금속관 안에서 접속점이 없도록 할 것

(4) 콘크리트에 매설하는 금속관의 두께는 1.2 mm 이상. 이외의 것은 1 mm 이상(단, 이음매가 없는 길이 4 m 이하인 것을 건조하고 전개된 곳에 시설하는 경우에는 0.5 mm까지로 감할 수 있다.)

24. 전선관 지지점 간의 거리에 대한 설명으로 옳은 것은? [예상]

① 합성수지관을 새들 등으로 지지하는 경우 그 지지점 간의 거리는 2.0 m 이하로 한다.

② 금속관을 조영재에 따라서 시설하는 경우 새들 등으로 견고하게 지지하고 그 간격을 2.5 m 이하로 하는 것이 바람직하다.

③ 합성수지제 가요관을 새들 등으로 지지하는 경우 그 지지점 간의 거리는 2.5 m 이하로 한다.

④ 사람이 접촉될 우려가 있을 때 가요 전선관을 새들 등으로 지지하는 경우 그 지지점 간의 거리는 1 m 이하로 한다.

해설 지지점 간의 거리

㉠ 합성수지관 : 1.5 m 이하   ㉡ 금속관 : 2 m 이하

㉢ 합성수지제 가요관 : 1 m 이하   ㉣ 가요 전선관 : 1 m 이하

---

25. 다음 설명 중 합성수지 전선관의 특징으로 틀린 것은? [19]

① 누전의 우려가 없다.

② 무게가 가볍고 시공이 쉽다.

③ 관 자체를 접지할 필요가 없다.

④ 비자성체이므로 교류의 왕복선을 반드시 같이 넣어야 한다.

해설 비자성체이므로 금속관처럼 전자 유도 작용이 발생하지 못한다. 따라서 왕복선을 같이 넣지 않아도 된다.

---

26. 합성수지관이 금속관과 비교하여 장점으로 볼 수 없는 것은? [10, 17]

① 누전의 우려가 없다.

② 온도 변화에 따른 신축 작용이 크다.

③ 내식성이 있어 부식성 가스 등을 사용 하는 사업장에 적당하다.

④ 관 자체를 접지할 필요가 없고, 무게가 가벼우며 시공하기 쉽다.

해설 온도 변화에 따른 신축 작용이 큰 것은 합성수지관의 단점이다.

---

27. 합성수지제 전선관의 호칭은 관 굵기의 무엇으로 표시하는가? [13, 17]

① 홀수인 안지름   ② 짝수인 바깥지름   ③ 짝수인 안지름   ④ 홀수인 바깥지름

해설 합성수지관의 호칭과 규격 : 1본의 길이는 4 m가 표준이고, 굵기는 관 안지름의 크기에 가까운 짝수의 mm로 나타낸다.

정답 ● 24. ④   25. ④   26. ②   27. ③

28. PVC 전선관의 표준 규격품의 길이는 ? [12, 14, 19]

① 3 m　　　　② 3.6 m　　　　③ 4 m　　　　④ 4.5 m

해설 문제 27번 해설 참조

---

29. 합성수지관에 사용할 수 있는 단선의 최대 규격은 몇 mm^2인가 ? [16, 20]

① 2.5　　　　② 4　　　　③ 6　　　　④ 10

해설 단선의 최대 규격 : 단면적 $10\ mm^2$(알루미늄 전선은 $16\ mm^2$)을 초과하는 것은 연선이어야 한다.

---

30. 합성수지관 상호 및 관과 박스는 접속 시에 삽입하는 깊이를 관 바깥지름의 몇 배 이상으로 하여야 하는가 ? (단, 접착제를 사용하는 경우이다.) [11, 17, 18]

① 0.6배　　　　② 0.8배　　　　③ 1.2배　　　　④ 1.6배

해설 합성수지관 및 부속품의 시설(KEC 232.11.3 참조) : 관 상호 간 및 박스와는 관을 삽입하는 깊이를 관의 바깥지름의 1.2배(접착제를 사용하는 경우에는 0.8배) 이상으로 하고 또한 꽂음 접속에 의하여 견고하게 접속할 것

---

31. 16 mm 합성수지 전선관을 직각 구부리기를 할 경우 구부림 부분의 길이는 약 몇 mm인가 ? (단, 16 mm 합성수지관의 안지름은 18 mm, 바깥지름은 22 mm이다.) [13]

① 119　　　　② 132　　　　③ 187　　　　④ 220

해설 합성수지 전선관의 직각 구부리기 가공작업(예)

(1) 구부리기는 길이를 관내경의 10배로 한다.

(2) 16 mm 관은 180 mm 이상이어야 한다.

(3) 합성수지 전선관을 직각 구부릴 때에는 곡률 반지름은 관 안지름의 6배 이상으로 한다.

　㉠ 전선관 중심부의 곡률 반지름 : $r = 6 \times 18 + \dfrac{22}{2} = 119\ mm$

　㉡ 반지름 r로 그린 원주의 길이 : $L_0 = 2\pi r = 2 \times 3.14 \times 119 = 747.32\ mm$

　∴ 직각 구부림 길이 : $L = \dfrac{747}{4} = 187\ mm\left(L = \dfrac{1}{4}L_0\right)$

정답 ● 28. ③　29. ④　30. ②　31. ③

32. 합성수지 전선관 공사에서 관 상호간 접속에 필요한 부속품은? [16]
① 커플링 　　　② 커넥터 　　　③ 리머 　　　④ 노멀 밴드

해설 커플링(coupling) : 관 상호간 접속에 필요한 부속품으로, TS, 컴비네이션, 유니언 커플링이 있다.

33. 합성수지관 공사에서 옥외 등 온도 차가 큰 장소에 노출 배관을 할 때 사용하는 커플링은? [18, 19]
① 신축 커플링(0C) 　② 신축 커플링(1C) 　③ 신축 커플링(2C) 　④ 신축 커플링(3C)

해설 합성수지관의 커플링 접속의 종류
　　㉠ 1호 커플링 : 커플링을 가열하여 양쪽 관이 같은 길이로 맞닿게 한다.
　　㉡ 2호 커플링 : 커플링 중앙부에 관막이가 있다.
　　㉢ 3호 커플링 : 커플링 중앙부의 관막이가 2호보다 좁아 관이 깊이 들어가고, 온도 변화
　　　에 따른 신축 작용이 용이하게 되어 있다.

34. 합성수지관을 새들 등으로 지지하는 경우 지지점 간의 거리는 몇 m 이하인가? [16]
① 1.5 　　　② 2.0 　　　③ 2.5 　　　④ 3.0

해설 배관의 지지 : 지지점 사이의 거리는 1.5 m 이하

35. 합성수지제 가요 전선관(PF관 및 CD관)의 호칭에 포함되지 않는 것은? [10, 17, 18, 20]
① 16 　　　② 28 　　　③ 38 　　　④ 42

해설 호칭 : 14, 16, 22, 28, 36, 42

36. 합성수지관 공사의 설명 중 틀린 것은? [15, 17]
① 관의 지지점 간의 거리는 1.5 m 이하로 할 것
② 합성 수지관 안에는 전선에 접속점이 없도록 할 것
③ 전선은 절연 전선(옥외용 비닐 절연 전선을 제외한다.)일 것
④ 관 상호 간 및 박스와는 관을 삽입하는 깊이를 관의 바깥지름의 1.5배 이상으로 할 것

해설 관 상호 간 및 박스와는 관을 삽입하는 깊이를 바깥지름의 1.2배 이상으로 한다.

정답 ● 32. ① 　33. ④ 　34. ① 　35. ③ 　36. ④

37. 합성수지제 가요 전선관으로 옳게 짝지어진 것은? [12]
① 후강 전선관과 박강 전선관
② PVC 전선관과 PF 전선관
③ PVC 전선관과 제 2 종 가요 전선관
④ PF 전선관과 CD 전선관

해설 합성수지제 가요 전선관
㉠ PF(plastic flexible) 전선관
㉡ CD(combine duct) 전선관

38. 다음 중 가요 전선관 공사로 적당하지 않은 것은? [16]
① 엘리베이터
② 전차 내의 배선
③ 콘크리트 매입
④ 금속관 말단

해설 시설 장소 : 건조한 노출 장소 및 점검 가능한 은폐 장소
㉠ 굴곡 개소가 많은 곳
㉡ 안전함과 전동기 사이
㉢ 짧은 부분, 작은 증설 공사, 금속관 말단
㉣ 엘리베이터, 기차, 전차 안의 배선 금속관 말단

39. 다음 중 2종 가요 전선관의 호칭에 해당하지 않는 것은? [19]
① 12
② 16
③ 24
④ 30

해설 2종 가요 전선관의 호칭 : 10, 12, 15, 17, 24, 30, 38, 50, 63, 76, 83, 101

40. 가요 전선관의 상호 접속은 무엇을 사용하는가? [10, 11, 12, 18]
① 콤비네이션 커플링
② 스플릿 커플링
③ 더블 커넥터
④ 앵글 커넥터

해설 가요 전선관 지지 · 접속
㉠ 전선관의 상호 접속 : 스플릿 커플링(split coupling)
㉡ 금속 전선관의 접속 : 콤비네이션 커플링(combination coupling)
㉢ 박스와의 접속 : 스트레이트 커넥터, 앵글 커넥터, 더블 커넥터

정답 37. ④ 38. ③ 39. ② 40. ②

41. 노출 장소 또는 점검 가능한 은폐 장소에서 제2종 가요 전선관을 시설하고 제거하는 것이 부자유하거나 점검 불가능한 경우의 곡률 반지름은 안지름의 몇 배 이상으로 해야 하는가 ? [15, 17, 19]

① 2   ② 3   ③ 5   ④ 6

해설 2종 가요 전선관을 구부리는 경우
　㉠ 부자유하거나 또는 점검이 불가능할 경우는 6배 이상
　㉡ 자유로운 경우 3배 이상

42. 가요 전선관 공사에 다음의 전선을 사용하였다. 맞게 사용 한 것은 ? [11]

① 알루미늄 35 mm^{2}의 단선   ② 절연 전선 16 mm^{2}의 단선
③ 절연 전선 10 mm^{2}의 연선   ④ 알루미늄 25 mm^{2}의 단선

해설 금속제 가요 전선관 공사의 시설 조건(KEC 232.13.1 참조)
　㉠ 전선은 절연 전선(옥외용 비닐 절연 전선을 제외한다)일 것
　㉡ 전선은 연선일 것. 다만, 단면적 10 mm^2(알루미늄선은 단면적 16 mm^2) 이하인 것은 그러하지 아니하다.
　㉢ 가요 전선관 안에는 전선의 접속점이 없도록 할 것

43. 사람이 접촉될 우려가 있는 것으로서 가요 전선관을 새들 등으로 지지하는 경우 지지점 간의 거리는 얼마 이하이어야 하는가 ? [11]

① 0.3 m 이하   ② 0.5 m 이하   ③ 1 m 이하   ④ 1.5 m 이하

해설 ㉠ 사람이 접촉될 우려가 있는 경우 : 1 m 이하
　㉡ 가요 전선관 상호 및 금속제 가요 전선관과 박스 기구와의 접속 개소 : 0.3 m 이하

44. 전선의 도체 단면적이 2.5 mm^{2}인 전선 3본을 동일 관 내에 넣는 경우의 2종 가요 전선관의 최소 굵기(mm)는 ? [10, 15]

① 10   ② 15   ③ 17   ④ 24

해설 도체 단면적 2.5 mm^{2}인 전선을 동일 관 내에 넣는 경우

전선 본수	1	2	3	4	5
전선관의 최소 굵기(mm)	10	15	15	17	24

정답 ➤ **41.** ④   **42.** ③   **43.** ③   **44.** ②

45. 가요 전선관 공사 방법에 대한 설명으로 잘못된 것은? [10]

① 전선은 옥외용 비닐 절연 전선을 제외한 절연 전선을 사용한다.
② 일반적으로 전선은 연선을 사용한다.
③ 가요 전선관 안에는 전선의 접속점이 없도록 한다.
④ 사용 전압 400 V 이하의 저압의 경우에만 사용한다.

해설 2종 가요 전선관 배선은 400 V 이상 저압 옥내, 옥측 옥외 공사에 적용된다.

46. 건축물에 고정되는 본체부와 제거할 수 있거나 개폐할 수 있는 커버로 이루어지며 절연 전선, 케이블 및 코드를 완전하게 수용할 수 있는 구조의 배선 설비의 명칭은? [16]

① 케이블 래더   ② 케이블 트레이
③ 케이블 트렁킹   ④ 케이블 브래킷

해설 케이블 트렁킹(trunking) 방식 : 건축물에 고정된 본체부와 벗겨내기가 가능한 커버(cover)로 이루어진 것으로 절연 전선, 케이블 또는 코드를 완전히 수용할 수 있는 크기의 것을 말한다.

47. 합성수지 몰드 공사에서 틀린 것은? [15]

① 전선은 절연 전선일 것
② 합성수지 몰드 안에는 접속점이 없도록 할 것
③ 합성수지 몰드는 홈의 폭 및 깊이가 65 mm 이하일 것
④ 합성수지 몰드와 박스 기타의 부속품과는 전선이 노출되지 않도록 할 것

해설 문제 48번 해설 참조

48. 다음 (   ) 안에 들어갈 내용으로 알맞은 것은? [14, 19]

사람의 접촉 우려가 있는 합성수지제 몰드는 홈의 폭 및 깊이가 (㉠) cm 이하로 두께는 (㉡) mm 이상의 것이어야 한다.

① ㉠ 3.5, ㉡ 1   ② ㉠ 5, ㉡ 1
③ ㉠ 3.5, ㉡ 2   ④ ㉠ 5, ㉡ 2

정답 45. ④   46. ③   47. ③   48. ③

해설 합성수지 몰드 공사 시설 조건(KEC 232.21.1 참조)
  ㉠ 전선은 절연 전선(옥외용 비닐 절연 전선을 제외한다)일 것
  ㉡ 합성수지 몰드 안에는 전선에 접속점이 없도록 할 것
  ㉢ 합성수지 몰드는 홈의 폭 및 깊이가 35 mm 이하, 두께는 2 mm 이상의 것일 것. 다만, 사람이 쉽게 접촉할 우려가 없도록 시설하는 경우에는 폭이 50 mm 이하, 두께 1 mm 이상의 것을 사용할 수 있다.
  ㉣ 합성수지 몰드와 박스 기타의 부속품과의 전선이 노출되지 않도록 할 것

---

49. 합성수지 몰드 공사의 시공에서 잘못된 것은 ? [12]
  ① 사용 전압이 400 V 미만에 사용
  ② 점검할 수 있고 전개된 장소에 사용
  ③ 베이스를 조영재에 부착할 경우 1 m 간격마다 나사 등으로 견고하게 부착한다.
  ④ 베이스와 캡이 완전하게 결합하여 충격으로 이탈되지 않을 것

해설 베이스를 조영재에 부착할 경우 40~50 cm 간격마다 나사못 또는 접착제를 이용하여 견고하게 부착해야 한다.

---

50. 금속 몰드 배선의 사용 전압은 몇 V 미만이어야 하는가 ? [12, 13]
  ① 110   ② 220   ③ 400   ④ 600

해설 금속 몰드 배선은 사용 전압은 400 V 미만에 적용된다.

---

51. 금속 몰드의 지지점 간의 거리는 몇 m 이하로 하는 것이 가장 바람직한가 ? [15]
  ① 1   ② 1.5   ③ 2   ④ 3

해설 금속 몰드는 조영재에 1.5 m 이하마다 고정하고, 금속 몰드 및 기타 부속품에는 제 3 종 접지 공사를 하여야 한다.

---

52. 1종 금속 몰드 배선 공사를 할 때 동일 몰드 내에 넣는 전선 수는 최대 몇 본 이하로 하여야 하는가 ? [20]
  ① 3   ② 5   ③ 10   ④ 12

정답 ● 49. ③   50. ③   51. ②   52. ③

해설 금속 몰드에 넣는 전선 수

　㉠ 1종 : 10본 이하

　㉡ 2종 : 피복 절연물을 포함한 단면적의 총합계가 몰드 내 단면적의 20 % 이하

---

53. 2종 금속 몰드 공사에서 같은 몰드 내에 들어가는 전선은 피복 절연물을 포함하여 단면적의 총합이 몰드 내의 내면 단면적의 몇 % 이하로 하여야 하는가? [예상]

　① 20 % 이하　　　　　　　　　　② 30 % 이하

　③ 40 % 이하　　　　　　　　　　④ 50 % 이하

해설 문제 52번 해설 참조

---

54. 금속 트렁킹 공사방법은 다음 중 어떤 공사방법의 규정에 준용하는가? [예상]

　① 금속 몰드 공사　　　　　　　　② 금속관 공사

　③ 금속 덕트 공사　　　　　　　　④ 금속 가요 전선관 공사

해설 금속 트렁킹(trunking) 공사방법(KEC 232.23) : 본체부와 덮개가 별도로 구성되어 덮개를 열고 전선을 교체하는 금속 트렁킹 공사방법은 금속 덕트 공사 규정을 준용한다.

---

55. 시설상태에 따른 배선 설비의 설치방법 중, 케이블 트렁킹 시스템에 속하지 않는 것은? [예상]

　① 금속 몰드 공사　　　　　　　　② 합성수지 몰드 공사

　③ 금속 덕트 공사　　　　　　　　④ 금속 트렁킹 공사

해설 공사방법의 분류(KEC 표 232.2–3 참조)

종류	방법
전선관시스템	합성수지관공사, 금속관공사, 가요전선관공사
케이블 트렁킹시스템	합성수지몰드공사, 금속몰드공사, 금속트렁킹공사 – a
케이블 덕팅시스템	플로어덕트공사, 셀룰러덕트공사, 금속덕트공사 – b

※ a : 금속본체와 커버가 별도로 구성되어 커버를 개폐할 수 있는 금속 덕트 공사를 말한다.

　b : 본체와 커버 구분 없이 하나로 구성된 금속 덕트 공사를 말한다.

56. 옥내 배선 공사를 위하여 바닥을 파서 만든 도랑 및 부속 설비를 말하며 수용가의 옥내 수전 설비 및 발전 설비 설치 장소에만 적용하는 것은? [예상]
① 금속 덕트
② 셀룰러 덕트
③ 케이블 트렌치
④ 금속 몰드

해설 케이블 트렌치(trench) 공사(KEC 232.24)
㉠ 케이블 트렌치 : 옥내 배선 공사를 위하여 바닥을 파서 만든 도랑 및 부속 설비를 말하며 수용가의 옥내 수전 설비 및 발전 설비 설치 장소에만 적용한다.
㉡ 케이블 트렌치 내의 사용 전선 및 시설방법은 케이블 트레이 공사(KEC 232.41)를 준용한다.
㉢ 케이블 트렌치의 뚜껑, 받침대 등 금속재는 내식성의 재료이거나 방식처리를 할 것
㉣ 케이블은 배선 회로별로 구분하고 2 m 이내의 간격으로 받침대 등을 시설할 것
㉤ 케이블 트렌치는 외부에서 고형물이 들어가지 않도록 IP2X 이상으로 시설할 것

57. 케이블 트렌치(trench) 공사방법은 다음 중 어떤 공사방법의 규정에 준용하는가? [예상]
① 케이블 트레이 공사
② 케이블 공사
③ 라이팅 덕트 공사
④ 가요 전선관 공사

해설 문제 56번 해설 참조

58. 케이블 트렌치 공사에서, 케이블은 배선 회로별로 구분하고 몇 m 이내의 간격으로 받침대 등을 시설하여야 하는가? [예상]
① 2
② 2.5
③ 3
④ 3.5

해설 문제 56번 해설 참조

59. 다음 중 덕트 공사의 종류가 아닌 것은? [09]
① 금속 덕트 공사
② 버스 덕트 공사
③ 케이블 덕트 공사
④ 플로어 덕트 공사

해설 덕트 공사의 종류
㉠ 금속 덕트 공사
㉡ 버스 덕트 공사
㉢ 플로어 덕트 공사
㉣ 라이팅 덕트 공사
㉤ 셀룰러 덕트 공사

정답 • 56. ③　57. ①　58. ①　59. ③

60. 금속 덕트의 크기는 전선의 피복 절연물을 포함한 단면적의 총합계가 금속 덕트 내 단면적의 몇 % 이하가 되도록 선정하여야 하는가? [18]

① 20 %   ② 30 %   ③ 40 %   ④ 50 %

해설 금속 덕트 공사의 시설 조건 및 덕트의 시설(KEC 232.31 참조)

ㄱ 전선은 절연 전선(옥외용 비닐 절연 전선을 제외한다)일 것

ㄴ 금속 덕트에 넣은 전선의 단면적(절연피복의 단면적을 포함한다)의 합계는 덕트의 내부 단면적의 20 %(전광 표시장치 기타 이와 유사한 장치 또는 제어 회로 등의 배선만을 넣는 경우에는 50 %) 이하일 것

ㄷ 금속 덕트 안에는 전선에 접속점이 없도록 할 것

ㄹ 덕트의 끝부분(종단부)은 막을 것

ㅁ 덕트 상호 간은 견고하고 또한 전기적으로 완전하게 접속할 것

ㅂ 덕트를 조영재에 붙이는 경우에는 덕트의 지지점 간의 거리를 3 m 이하로 하고 또한 견고하게 붙일 것(취급자 이외의 자가 출입할 수 없도록 설비한 곳에서 수직으로 붙이는 경우에는 6 m)

61. 금속 덕트 공사에 있어서 전광 표시장치, 출퇴 표시장치 등 제어 회로용 배선만을 공사할 때 절연 전선의 단면적은 금속 덕트 내 몇 % 이하이어야 하는가? [13]

① 80   ② 70   ③ 60   ④ 50

해설 문제 60번 해설 참조

62. 금속 덕트를 조영재에 붙이는 경우에는 지지점 간의 거리는 최대 몇 m 이하로 하여야 하는가? [10, 16]

① 1.5   ② 2.0   ③ 3.0   ④ 3.5

해설 문제 60번 해설 참조

63. 다음 중 금속 덕트 공사의 시설 방법 중 틀린 것은? [14, 16]

① 덕트 상호 간은 견고하고 또한 전기적으로 완전하게 접속할 것
② 덕트 지지점 간의 거리는 3 m 이하로 할 것
③ 덕트 종단부는 열어둘 것
④ 금속 덕트 안에는 전선의 접속점이 없도록 할 것

해설 금속 덕트의 종단부는 막을 것

정답 ● 60. ①   61. ④   62. ③   63. ③

64. 금속 덕트는 폭이 5 cm를 초과하고 두께는 몇 mm 이상의 철판 또는 동등 이상의 세기를 가지는 금속제로 제작된 것이어야 하는가? [19]

① 0.8
② 1.0
③ 1.2
④ 1.4

해설 금속 덕트의 선정(KEC 232.31.2)

㉠ 폭이 40 mm 이상, 두께가 1.2 mm 이상인 철판 또는 동등 이상의 기계적 강도를 가지는 금속제의 것으로 견고하게 제작한 것일 것

㉡ 안쪽 면은 전선의 피복을 손상시키는 돌기(突起)가 없는 것일 것

㉢ 안쪽 면 및 바깥 면에는 산화 방지를 위하여 아연 도금 한 것일 것

65. 빌딩, 공장 등의 전기실에서 많은 간선을 입출하는 곳에 사용하며, 건조하고 전개된 장소에서만 시설할 수 있는 공사는 무엇인가? [01]

① 경질 비닐관 공사
② 금속관 공사
③ 금속 덕트 공사
④ 케이블 공사

해설 금속 덕트 공사 : 주로 빌딩, 공장 등의 전기실에서 많은 간선을 입출하는 곳에 사용한다(단, 건조하고 전개된 장소에서만 시설할 수 있다).

66. 절연 전선을 넣어 마루 밑에 매입하는 배선용 홈통으로 마루 위의 전선 인출을 목적으로 하는 것은? [예상]

① 플로어 덕트
② 셀룰러 덕트
③ 금속 덕트
④ 라이팅 덕트

67. 다음 중 플로어 덕트 공사의 설명으로 틀린 것은? [12, 16, 18]

① 덕트 상호 및 덕트와 박스 또는 인출구와 접속은 견고하고 전기적으로 완전하게 접속하여야 한다.

② 덕트의 끝 부분은 막을 것

③ 덕트 및 박스 기타 부속품은 물이 고이는 부분이 없도록 시설하여야 한다.

④ 플로어 덕트 안에는 전선의 접속점이 2곳 이상 없도록 할 것

해설 문제 68번 해설 참조

68. 플로어 덕트 배선에서 사용할 수 있는 단선의 최대 규격은 몇 mm²인가? [19]

① 2.5　　　　　② 4　　　　　③ 6　　　　　④ 10

해설 플로어 덕트 공사의 시설 조건과 덕트 및 부속품 시설(KEC 232.32)

ㄱ 전선은 절연 전선(옥외용 비닐 절연 전선을 제외한다)일 것

ㄴ 전선은 연선일 것(단, 단면적 10 mm²(알루미늄선은 단면적 16 mm²) 이하인 것은 그러하지 아니하다.)

ㄷ 플로어 덕트 안에는 전선의 접속점이 없도록 할 것

ㄹ 덕트의 끝 부분은 막을 것

ㅁ 덕트 상호 간 및 덕트와 박스 및 인출구와는 견고하고 또한 전기적으로 완전하게 접속할 것

ㅂ 덕트 및 박스 기타의 부속품은 물이 고이는 부분이 없도록 시설하여야 한다.

ㅅ 박스 및 인출구는 마루 위로 돌출하지 아니하도록 시설하고 또한 물이 스며들지 아니하도록 밀봉할 것

ㅇ 덕트의 끝부분은 막을 것

69. 절연 전선을 동일 플로어 덕트 내에 넣을 경우 플로어 덕트 크기는 전선의 피복 절연물을 포함한 단면적의 총합계가 플로어 덕트 내 단면적의 몇 % 이하가 되도록 선정하여야 하는가? [11, 17]

① 12　　　　　② 22　　　　　③ 32　　　　　④ 42

해설 플로어 덕트 내 단면적의 32 % 이하가 되도록 선정하여야 한다.

70. 플로어 덕트 배선의 사용 전압은 몇 V 미만으로 제한되는가? [16]

① 220　　　　　② 400　　　　　③ 600　　　　　④ 700

해설 사용 전압 : 400 V 미만이어야 한다.

71. 플로어 덕트 공사에서 금속제 박스는 강판이 몇 mm 이상 되는 것을 사용하여야 하는가? [11]

① 2.0　　　　　② 1.5　　　　　③ 1.2　　　　　④ 1.0

해설 금속제 플로어 덕트 및 기타 부속품은 두께 2.0 mm 이상인 강판으로 견고하게 만들고, 아연 도금을 하거나 에나멜 등으로 피복하여야 한다.

정답 ● 68. ④　69. ③　70. ②　71. ①

72. 셀룰러 덕트 공사 시 덕트 상호 간을 접속하는 것과 셀룰러 덕트 끝에 접속하는 부속품에 대한 설명으로 적합하지 않은 것은? [13]
① 알루미늄 판으로 특수 제작할 것
② 부속품의 판 두께는 1.6 mm 이상일 것
③ 덕트 끝과 내면은 전선의 피복이 손상하지 않도록 매끈한 것일 것
④ 덕트의 내면과 외면은 녹을 방지하기 위하여 도금 또는 도장을 한 것일 것

해설 셀룰러 덕트 및 부속품의 선정(KEC 232.33)
㉠ 강판으로 제작한 것일 것
㉡ 덕트 끝과 안쪽 면은 전선의 피복이 손상하지 아니하도록 매끈한 것일 것
㉢ 덕트의 안쪽 면 및 외면은 방청을 위하여 도금 또는 도장을 한 것일 것
㉣ 부속품의 판 두께는 1.6 mm 이상일 것

73. 케이블 트레이 공사에 사용되는 케이블 트레이는 수용된 모든 전선을 지지할 수 있는 적합한 강도의 것으로서 이 경우 케이블 트레이 안전율은 얼마 이상으로 하여야 하는가? [예상]
① 1.1   ② 1.2   ③ 1.3   ④ 1.5

해설 케이블 트레이 공사의 시설 조건 및 부속품 선정(KEC 232.40.2)
(1) 수용된 모든 전선을 지지할 수 있는 적합한 강도의 것이어야 한다. 이 경우 케이블 트레이의 안전율은 1.5 이상으로 하여야 한다.
(2) 금속제의 것은 적절한 방식 처리를 한 것이거나 내식성 재료의 것이어야 한다.
(3) 비금속제 케이블 트레이는 난연성 재료의 것이어야 한다.
※ 케이블 트레이 공사
㉠ 케이블 트레이 공사는 케이블을 지지하기 위하여 사용하는 금속재 또는 불연성 재료로 제작된 유닛 또는 유닛의 집합체 및 그에 부속하는 부속재 등으로 구성된 견고한 구조물을 말한다.
㉡ 사다리형, 펀칭형, 메시형, 바닥밀폐형 기타 이와 유사한 구조물을 포함하여 적용한다.

74. 케이블 트레이 공사의 시설 조건 및 부속품 선정에 있어서, 적합하지 않은 것은? [예상]
① 금속제의 것은 내식성 재료의 것이어야 한다.
② 케이블 트레이의 안전율은 1.5 이상으로 하여야 한다.
③ 비금속제 케이블 트레이는 사용하지 말아야 한다.
④ 사다리형, 펀칭형, 메시형, 바닥밀폐형 기타 이와 유사한 구조물을 포함하여 적용한다.

해설 문제 73번 해설 참조

정답 ▸ 72. ①   73. ④   74. ③

75. 케이블을 조영재의 아랫면 또는 옆면에 따라 붙이는 경우에는 전선의 지지점 간의 거리는 몇 m 이하이어야 하는가 ? [예상]

① 0.5   ② 1

③ 1.5   ④ 2

해설 케이블 공사의 시설 조건(KEC 232.51)

  (1) 전선은 케이블 및 캡타이어 케이블일 것

  (2) 전선을 조영재의 아랫면 또는 옆면에 따라 붙이는 경우 지지점 간의 거리

     ㄱ 케이블은 2 m 이하(사람이 접촉할 우려가 없는 곳에서 수직으로 붙이는 경우에는 6 m)

     ㄴ 캡타이어 케이블은 1 m 이하

76. 케이블 공사에서 비닐 외장 케이블을 조영재의 옆면에 따라 붙이는 경우 전선의 지지점 간의 거리는 최대 몇 m인가 ? [예상]

① 1.0   ② 1.5

③ 2.0   ④ 2.5

해설 문제 75번 해설 참조

77. 캡타이어 케이블을 조영재에 따라 시설하는 경우로서 새들, 스테이플 등으로 지지하는 경우 그 지지점 간의 거리는 얼마로 하여야 하는가 ? [19, 20]

① 1 m 이하   ② 1.5 m 이하

③ 2.0 m 이하   ④ 2.5 m 이하

해설 문제 75번 해설 참조

78. 케이블을 고층 건물에 수직으로 배선하는 경우에는 다음 중 어떤 방법으로 지지하는 것이 가장 적당한가 ? [예상]

① 3층마다   ② 2층마다

③ 매 층마다   ④ 4층마다

해설 케이블을 수직으로 시설하는 경우는 매 층마다 지지하는 것이 가장 적당하다.

정답 ●   **75.** ④   **76.** ③   **77.** ①   **78.** ③

79. 케이블을 배선할 때 직각 구부리기(L형)는 대략 굴곡 반지름을 케이블의 바깥지름의 몇 배 이상으로 하는가? [15, 18]

① 6
② 8
③ 12
④ 15

해설 ㉠ 연피가 없는 케이블 : 굴곡부의 곡률반경은 원칙적으로 케이블 완성품 외경의 6배(단심인 것은 8배) 이상
　　㉡ 연피 케이블 : 케이블 바깥지름의 12배 이상의 반지름으로 구부릴 것. 단, 금속관에 넣는 것은 15배 이상

80. 케이블을 구부리는 경우는 피복이 손상되지 않도록 하고 그 굴곡부의 곡률반경은 원칙적으로 케이블이 단심인 경우 완성품 외경의 몇 배 이상이어야 하는가? [12, 15, 17]

① 4
② 6
③ 8
④ 10

해설 문제 79번 해설 참조

81. 연피 케이블이 구부러지는 곳은 케이블 바깥지름의 최소 몇 배 이상의 반지름으로 구부려야 하는가? [19]

① 8
② 12
③ 15
④ 20

해설 문제 79번 해설 참조

82. 가공 전선에 케이블을 사용하는 경우에는 조가용선에 행어를 사용하여 조가한다. 사용 전압이 고압일 경우 그 행어의 간격은? [12, 17]

① 50 cm 이하
② 50 cm 이상
③ 75 cm 이하
④ 75 cm 이상

해설 사용 전압이 저압, 고압 및 특고압인 경우는 그 행어의 간격을 50 cm 이하로 하여 시설할 것(내선 2140 – 21)

정답 ●— 79. ①　80. ③　81. ②　82. ①

83. 가공 케이블 시설 시 조가용선에 금속 테이프 등을 사용하여 케이블 외장을 견고하게 붙여 조가하는 경우 나선형으로 금속 테이프를 감는 간격은 몇 cm 이하를 확보하여 감아야 하는가 ? [14]

① 50   ② 30

③ 20   ④ 10

해설 금속 테이프 등을 20 cm 이하의 간격을 확보하며 나선형으로 감아 붙여 조가한다.

84. 애자사용 배선 공사 시 사용할 수 없는 전선은 ? [15]

① 고무 절연 전선   ② 폴리에틸렌 절연 전선

③ 플루오르 수지 절연 전선   ④ 인입용 비닐 절연 전선

해설 애자사용 공사의 시설 조건(KEC 232.56)

ㄱ 전선은 절연 전선일 것(옥외용 비닐 절연 전선 및 인입용 비닐 절연 전선은 제외)

ㄴ 전선 상호 간의 간격은 0.06 m 이상일 것

85. 애자 사용 공사에 의한 저압 옥내 배선에서 일반적으로 전선 상호 간의 간격은 몇 m 이상이어야 하는가 ? [10, 12, 15, 17, 18, 20]

① 0.025   ② 0.06

③ 0.25   ④ 0.6

해설 문제 84번 해설 참조

86. 애자사용 공사를 건조한 장소에 시설하고자 한다. 사용 전압이 400 V 미만인 경우, 전선과 조영재 사이의 이격 거리는 최소 몇 mm 이상이어야 하는가 ? [16]

① 25   ② 45

③ 60   ④ 120

해설 이격 거리

사용 전압 거리	400 V 미만의 경우	400 V 이상의 경우
전선과 조영재와의 거리	25 mm 이상	45 mm 이상

87. 애자사용 공사에서 전선의 지지점 간의 거리는 전선을 조영재의 윗면 또는 옆면에 따라 붙이는 경우에는 몇 m 이하인가? [11, 14, 17, 18]

① 1

② 1.5

③ 2

④ 3

해설 전선의 지지점 간의 거리는 전선을 조영재의 윗면 또는 옆면에 따라 붙일 경우에는 2 m 이하일 것

88. 저압 옥내 배선에서 애자사용 공사를 할 때 올바른 것은? [14, 16]

① 전선 상호 간의 간격은 6 cm 이상

② 400 V 초과하는 경우 전선과 조영재 사이의 이격 거리는 2.5 cm 미만

③ 전선의 지지점 간의 거리는 조영재의 윗면 또는 옆면에 따라 붙일 경우에는 3 m 이상

④ 애자사용 공사에 사용되는 애자는 절연성, 난연성 및 내수성과 무관

해설 ①의 경우 : 사용 전압에 관계없이 6 cm 이상

②의 경우 : 4.5 cm 이상

③의 경우 : 2 m 이하

④의 경우 : 애자는 절연성, 난연성 및 내수성이 있는 것이어야 한다.

89. 애자사용 공사에 사용하는 애자가 갖추어야 할 성질이 아닌 것은? [10, 17]

① 절연성

② 난연성

③ 내수성

④ 내유성

해설 애자가 갖추어야 할 성질(KEC 232.56.2)

㉠ 절연성 : 전기가 통하지 못하게 하는 성질

㉡ 난연성 : 불에 잘 타지 아니하는 성질

㉢ 내수성 : 수분을 막아 견디어 내는 성질

90. 저압 전선이 조영재를 관통하는 경우 사용하는 애관 등의 양단은 조영재에서 몇 cm 이상 돌출되어야 하는가? [예상]

① 1.5

② 3.0

③ 4.5

④ 6.0

해설 전선이 조영재를 관통하는 경우에는 애관, 합성수지관 등의 양단이 1.5 cm 이상 돌출되어야 한다.

정답 ● 87. ③   88. ①   89. ④   90. ①

91. 저압 크레인 또는 호이스트 등의 트롤리선을 애자사용 공사에 의하여 옥내의 노출 장소에 시설하는 경우 트롤리선의 바닥에서의 최소 높이는 몇 m 이상으로 설치하는가? [14, 16, 18]

① 2

② 2.5

③ 3

④ 3.5

해설 트롤리 선의 최소 높이 : 3.5 m 이상

※ 트롤리 선(trolley wire) : 주행 크레인이나 전동차 등과 같이 전동기를 보유하는 이동 기기에 전기를 공급하기 위한 접촉 전선을 트롤리 선이라 한다.

92. 다음 중 버스 덕트가 아닌 것은? [15, 18]

① 플로어 버스 덕트

② 피더 버스 덕트

③ 트랜스 포지션 버스 덕트

④ 플러그인 버스 덕트

해설 버스 덕트의 종류

㉠ 피더 버스 덕트

㉡ 익스팬션 버스 덕트

㉢ 탭붙이 버스 덕트

㉣ 트랜스 포지션 버스 덕트

㉤ 플러그인 버스 덕트

93. 버스 덕트 공사에서 덕트를 조영재에 붙이는 경우에는 덕트의 지지점 간의 거리를 몇 m 이하로 하여야 하는가? [11]

① 3

② 4.5

③ 6

④ 9

해설 버스 덕트 공사의 시설 조건(KEC 232.61.1)

(1) 덕트 상호 간 및 전선 상호 간은 견고하고 또한 전기적으로 완전하게 접속할 것

(2) 덕트를 조영재에 붙이는 경우에는 덕트의 지지점 간의 거리를 3 m 이하로 하고 또한 견고하게 붙일 것(취급자 이외의 자가 출입할 수 없도록 설비한 곳에서 수직으로 붙이는 경우에는 6 m)

※ 버스 덕트의 선정(KEC 232.61.2)

㉠ 도체는 단면적 20 mm² 이상의 띠 모양, 지름 5 mm 이상의 관 모양이나 둥글고 긴 막대 모양의 동 또는 단면적 30 mm² 이상의 띠 모양의 알루미늄을 사용한 것일 것

㉡ 도체 지지물은 절연성·난연성 및 내수성이 있는 견고한 것일 것

94. 버스 덕트 공사에서, 도체는 띠 모양의 단면적 (a) mm² 이상 동(구리) 또는 단면적 (b) mm² 이상의 알루미늄을 사용한다. (a), (b)의 값은? [예상]

① (a) 10, (b) 20
② (a) 20, (b) 30
③ (a) 25, (b) 35
④ (a) 35, (b) 45

해설 문제 93번 해설 참조

95. 라이팅 덕트 공사에 의한 저압 옥내 배선 시 덕트의 지지점 간의 거리는 몇 m 이하로 해야 하는가? [11, 14]

① 1.0
② 1.2
③ 2.0
④ 3.0

해설 라이팅 덕트 공사의 시설 조건(KEC 232.71.1)
　㉠ 덕트 상호 간 및 전선 상호 간은 견고하게 또한 전기적으로 완전히 접속할 것
　㉡ 덕트는 조영재에 견고하게 붙일 것
　㉢ 덕트의 지지점 간의 거리는 2 m 이하로 할 것
　㉣ 덕트의 끝부분은 막을 것
　㉤ 덕트의 개구부(開口部)는 아래로 향하여 시설할 것

96. 라이팅 덕트 공사에 의한 저압 옥내 배선의 시설 기준으로 틀린 것은? [16]

① 덕트의 끝부분은 막을 것
② 덕트는 조영재에 견고하게 붙일 것
③ 덕트의 개구부는 위로 향하여 시설할 것
④ 덕트는 조영재를 관통하여 시설하지 아니할 것

해설 문제 95번 해설 참조

97. 라이팅 덕트 공사에 의한 저압 옥내 배선 시 덕트의 지지점은 매 덕트마다 몇 개소 이상 견고하게 지지하면 되는가? [예상]

① 5
② 4
③ 2
④ 1

해설 조영재에 부착할 경우 : 덕트의 지지점은 매 덕트마다 2개소 이상 및 지지점 간의 거리는 2 m 이하로 견고하게 부착할 것

정답 ← → 94. ②　95. ③　96. ③　97. ③

98. 고압 옥내 배선은 다음 중 하나에 의하여 시설하여야 한다. 해당되지 않는 것은? [예상]
① 애자사용 배선
② 케이블 배선
③ 케이블 트레이 배선
④ 가요 전선관 공사

해설 고압 옥내 배선(KEC 342.1)
(1) 다음 중 하나에 의하여 시설할 것
  ㉠ 애자사용 배선
  ㉡ 케이블 배선
  ㉢ 케이블 트레이 배선
(2) 애자사용 배선에 의한 고압 옥내 배선
  ㉠ 전선은 공칭단면적 $6 \, \text{mm}^2$ 이상의 연동선
  ㉡ 전선의 지지점 간의 거리는 $6 \, \text{m}$ 이하일 것(전선을 조영재의 면을 따라 붙이는 경우에는 $2 \, \text{m}$ 이하)
  ㉢ 전선 상호 간의 간격은 $0.08 \, \text{m}$ 이상, 전선과 조영재 사이의 이격 거리는 $0.05 \, \text{m}$ 이상일 것
(3) 고압의 이동 전선은 고압용의 캡타이어 케이블일 것

99. 애자사용 배선에 의한 고압 옥내 배선에서, 전선의 지지점 간의 거리는 몇 m 이하이면 되는가? (단, 전선을 조영재의 면을 따라 붙이는 경우이다.) [예상]
① 0.5
② 1.0
③ 1.5
④ 2.0

해설 문제 98번 해설 참조

100. 애자사용 배선에 의한 고압 옥내 배선에서, 전선 상호 간의 간격은 (a) m 이상, 전선과 조영재 사이의 이격 거리는 (b) m 이상이다. ( )에 올바른 값은? [예상]
① (a) 0.08, (b) 0.05
② (a) 0.05, (b) 0.08
③ (a) 0.10, (b) 0.08
④ (a) 0.15, (b) 0.20

해설 문제 98번 해설 참조

101. 옥내 고압용 이동 전선은? [예상]
① 비닐 절연 비닐시스 케이블
② MI 케이블
③ 고압 절연 전선
④ 고압용 캡타이어 케이블

해설 문제 98번 해설 참조

정답 • 98. ④ 99. ④ 100. ① 101. ④

102. 특고압 옥내 전기 설비의 시설에서, 사용 전압은 몇 kV 이하이여야 하는가? [예상]
① 75　　　　② 100　　　　③ 175　　　　④ 200

(해설) 특고압 옥내 전기 설비의 시설(KEC 342.4)
㉠ 사용 전압은 100 kV 이하일 것(단, 케이블 트레이 배선에 의하여 시설하는 경우에는 35 kV 이하일 것)
㉡ 전선은 케이블일 것
㉢ 케이블은 철재 또는 철근 콘크리트제의 관덕트 기타의 견고한 방호 장치에 넣어 시설할 것

103. 전선에 일정량 이상의 전류가 흘러서 온도가 높아지면 절연물을 열화하여 절연성을 극도로 악화시킨다. 그러므로 도체에는 안전하게 흘릴 수 있는 최대 전류가 있다. 이 전류는? [13, 17]
① 줄 전류　　② 허용 전류　　③ 평형 전류　　④ 상 전류

(해설) 허용 전류(allowable current) : 전선은 그 사용목적에 따라 많은 종류가 있으며, 각각의 전선에는 안전하게 흐를 수 있는 최대 전류가 각각 정해져 있다. 이 최대 전류를 허용 전류라고 한다.

104. 절연물 중에서 가교폴리에틸렌(XLPE)과 에틸렌프로필렌고무혼합물(EPR)의 허용 온도(℃)는? [16]
① 70(전선)　　② 90(전선)　　③ 95(전선)　　④ 105(전선)

(해설) 절연물의 종류에 대한 허용 온도(KEC 232.5.1)
㉠ PVC (염화비닐) → 70℃(전선)
㉡ XLPE와 EPR → 90℃(전선)

105. 허용 전류의 값을 공기 중의 절연 전선 및 케이블은 공사방법과 상관없이 주위 온도는 몇 ℃를 기준하는가? [예상]
① 20　　　　② 25　　　　③ 30　　　　④ 35

(해설) 주위 온도의 기준
㉠ 케이블 또는 절연 전선이 무부하일 때를 기준으로 한다.
㉡ 공기 중의 절연 전선 및 케이블은 공사방법과 상관없이 30℃를 기준으로 한다.
㉢ 매설 케이블은 토양에 직접 또는 지중 덕트 내에 설치시는 20℃를 기준으로 한다.

106. 저압 옥내 간선 시설 시 전동기의 정격 전류가 20 A이다. 전동기 전용 분기 회로에 있어서 허용 전류는 몇 A 이상으로 하여야 하는가? [14]

① 20　　　　　② 25　　　　　③ 30　　　　　④ 60

해설 전동기 전용 분기 회로의 허용 전류 산정(KEC 232.5.6 참조)
　㉠ 정격 전류가 50 A 이하인 경우
　　$I_a = 1.25 \times I_M = 1.25 \times 20 = 25\,\text{A}$
　㉡ 50 A를 넘는 경우
　　$I_a = 1.1 \times I_M$

107. 저압 옥내 전로에서 전동기의 정격 전류가 60 A인 경우 전선의 허용 전류(A)는 얼마 이상이 되어야 하는가? [13]

① 66　　　　　② 75　　　　　③ 78　　　　　④ 90

해설 허용 전류 $= 1.1 \times 60 = 66\,\text{A}$

108. 도체의 최소 단면적에서, 조명 회로에 사용하는 절연 전선(구리)의 최소 단면적(mm^3)은? [예상]

① 0.75　　　　　② 1.5
③ 2.5　　　　　④ 10

해설 도체의 최소 단면적(KEC 232.6.1)

배선 설비의 종류		사용회로	도체	
			재료	단면적(mm^3)
고정 설비	케이블과 절연 전선	전력과 조명 회로	구리	2.5
			알루미늄	10
		신호와 제어 회로	구리	1.5
	나전선	전력 회로	구리	10
			알루미늄	16
		신호와 제어 회로	구리	4

※ 중성선의 단면적은 최소한 선도체의 단면적 이상이어야 한다(KEC 232.6.2 중성선의 단면적).

정답 • 106. ②　107. ①　108. ③

전기 설비

Chapter 04

전선 기계·기구 보안공사

---

1. 다음 중 과전류 차단기를 설치하는 곳은? [19]

① 간선의 전원 측 전선
② 접지 공사의 접지선
③ 접지 공사를 한 저압 가공 전선의 접지 측 전선
④ 다선식 전로의 중성선

해설 과전류 차단기의 시설 금지 장소
　㉠ 접지 공사의 접지선
　㉡ 다선식 전로의 중성
　㉢ 접지 공사를 한 저압 가공 전로의 접지측 전선

---

2. 간선에서 분기하여 분기 과전류 차단기를 거쳐서 부하에 이르는 사이에 배선을 무엇이라 하는가? [13, 17]

① 간선　　　　　　　　　② 인입선
③ 중성선　　　　　　　　④ 분기 회로

해설 분기 회로(branch circuit) : 간선에서 분기하여 부하에 이르는 배선 회로
　※ 간선(main line) : 저압 배전반에서 분기 보안 장치에 이르는 배선 회로

---

3. 일반적으로 분기 회로의 개폐기 및 과전류 차단기는 전압 옥내 간선과의 분기 시점에 전선의 길이가 몇 m 이하의 곳에 시설하여야 하는가? [11, 13, 17]

① 3　　　　　　　　　　② 4
③ 5　　　　　　　　　　④ 8

해설 개폐기 및 과전류 차단기 시설 : 분기점에서 전선의 길이가 3 m 이하인 곳에 시설하여야 한다.

정답 ● 1. ①　2. ④　3. ①

4. 옥내 전로의 대지 전압의 제한에서 잘못된 설명은 ? [01, 05, 16]

① 백열전등 또는 방전등 및 이에 부속하는 전선은 사람이 접촉할 우려가 없도록 한다.

② 백열전등 및 방전등용 안정기는 옥내 배선에 직접 접속하여 시설한다.

③ 백열전등의 전구 소켓은 키나 그 밖의 점멸 기구가 있는 것으로 한다.

④ 사용 전압은 400 V 미만일 것

해설 옥내 전로의 대지 전압의 제한(KEC 231.6) : 백열전등 또는 방전등에 전기를 공급하는 옥내의 전로

㉠ 대지 전압은 300 V 이하여야 한다.

㉡ 사람이 접촉할 우려가 없도록 시설하여야 한다.

㉢ 안정기는 저압의 옥내 배선과 직접 접속하여 시설하여야 한다.

㉣ 백열전등의 전구 소켓은 키나 그 밖의 점멸 기구가 없는 것이어야 한다.

㉤ 사용 전압은 400 V 이하여야 한다.

---

5. 백열전등을 사용하는 전광 사인에 전기를 공급하는 전로의 사용 전압은 몇 V 이하로 하는가 ? [예상]

① 200 V 이하

② 300 V 이하

③ 400 V 이하

④ 600 V 이하

해설 문제 4번 해설 참조

---

6. 수용가 설비의 전압 강하에서, 수용가 설비의 인입구로부터 기기까지의 전압 강하는 저압으로 수전하는 경우, 조명은 (a) %, 기타는 (b) % 이하여야 한다. (a), (b)의 값은 ? [예상]

① (a) 2, (b) 3

② (a) 3, (b) 5

③ (a) 6, (b) 8

④ (a) 10, (b) 12

해설 수용가 설비의 전압 강하(KEC 표 232.3-1)

설비의 유형	조명 (%)	기타 (%)
A – 저압으로 수전하는 경우	3	5
B – 고압 이상으로 수전하는 경우[a]	6	8

a : 가능한 한 최종 회로 내의 전압 강하가 A 유형의 값을 넘지 않도록 하는 것이 바람직하다.

※ 사용자의 배선 설비가 100 m를 넘는 부분의 전압 강하는 미터 당 0.005 % 증가할 수 있으나 이러한 증가분은 0.5 %를 넘지 않아야 한다.

정답 4. ③   5. ③   6. ②

7. 저압 전로에 사용하는 과전류 차단기용 퓨즈에서, 정격 전류가 32 A인 퓨즈는 40 A가 흐르는 경우 몇 분 이내에는 동작되지 않아야 하는가? [예상]

① 30 ② 60
③ 120 ④ 180

해설 다음 표에서, 32 A는 '16 A 이상 63 A 이하'에 해당되고, 40 A는 32 A의 1.25배 이므로 60분 이내에는 동작되지 않아야 한다.

과전류 차단기로 저압 전로에 사용하는 퓨즈의 용단 특성(KEC 표 212.6-1)

정격 전류의 구분	시간	정격 전류의 배수	
		불 용단 전류	용단 전류
4 A 이하	60분	1.5배	2.1배
4 A 초과 16 A 미만	60분	1.5배	1.9배
16 A 이상 63 A 이하	60분	1.25배	1.6배
63 A 초과 160 A 이하	120분	1.25배	1.6배
160 A 초과 400 A 이하	180분	1.25배	1.6배
400 A 초과	240분	1.25배	1.6배

8. 저압 전로에 사용하는 과전류 차단기용 퓨즈에서, 정격 전류가 100 A인 퓨즈는 1.6배의 전류가 흐를 경우에 몇 분 이내에 동작되어야 하는가? [예상]

① 30 ② 60 ③ 120 ④ 180

해설 문제 7번 해설 참조

9. 저압 전로에 사용되는 주택용 배선용 차단기에 있어서 정격 전류가 50 A인 경우에 1.45배 전류가 흘렀을 때 몇 분 이내에 자동적으로 동작하여야 하는가? [예상]

① 30 ② 60 ③ 120 ④ 180

해설 주택용 배선용 차단기 특성(KEC 표 212.6-4)

정격 전류의 구분	시간	정격 전류의 배수	
		불 용단 전류	용단 전류
63 A 이하	60분	1.13배	1.45배
63 A 초과	120분	1.13배	1.45배

정답 ► 7. ② 8. ③ 9. ②

10. 저압 전로 중의 전동기 보호용 과전류 보호 장치의 시설에서, 단락 보호 전용 퓨즈는 정격 전류의 배수가 6.3배 일 경우, 몇 초 이내에 자동적으로 동작하여야 하는가? [예상]

① 0.5   ② 5.0
③ 60   ④ 120

해설 저압 전로 중의 전동기 보호용 과전류 보호 장치의 시설

단락 보호 전용 퓨즈의 용단 특성(KEC 표 212.6-5)

정격 전류의 배수	불 용단 시간	용단 시간
4배	60초 이내	-
6.3배	-	60초 이내
8배	0.5초 이내	-
10배	0.2초 이내	-
12.5배	-	0.5초 이내
19배	-	0.1초 이내

11. 사람이 쉽게 접촉할 우려가 있는 장소에 저압의 금속제 외함을 가진 기계 기구에 전기를 공급하는 전로에는 사용 전압이 몇 V를 초과하는 누전 차단기를 시설하여야 하는가? [예상]

① 50   ② 100
③ 120   ④ 150

해설 누전 차단기를 시설(KEC 211.2.4) : 금속제 외함을 가진 사용 전압 50 V를 초과하는 경우이다.

12. 사람의 전기 감전을 방지하기 위하여 설치하는 주택용 누전 차단기는 정격 감도 전류와 동작 시간이 얼마 이하이어야 하는가? [19]

① 3 mA, 0.03초   ② 30 mA, 0.03초
③ 300 mA, 0.3초   ④ 300 mA, 0.03초

해설 누전 차단기(전류 동작형) 정격 감도 전류와 동작 시간
㉠ 고감도형 정격 감도 전류(mA) 4종 : 5, 10, 15, 30
㉡ 고속형 인체 감전 보호용 : 0.03초 이내

13. 다음 중 접지의 목적으로 알맞지 않는 것은 어느 것인가? [17]
① 감전의 방지
② 전로의 대지 전압 상승
③ 보호 계전기의 동작 확보
④ 이상 전압의 억제

해설 접지의 목적
㉠ 전로의 대지 전압 저하
㉡ 감전 방지
㉢ 보호 계전기 등의 동작 확보
㉣ 보호 협조
㉤ 기기 전로의 영전위 확보(이상 전압의 억제)
㉥ 외부의 유도에 의한 장애를 방지한다.

14. 저압 옥내용 기기에 접지 공사를 시설하는 주된 목적은? [16]
① 기기의 효율을 좋게 한다.
② 기기의 절연을 좋게 한다.
③ 기기의 누전에 의한 감전을 방지한다.
④ 기기의 누전에 의한 역률을 좋게 한다.

해설 문제 13번 해설 참조

15. 접지 저항값에 가장 큰 영향을 주는 것은 어느 것인가? [15]
① 접지선 굵기
② 접지 전극 크기
③ 온도
④ 대지 저항

해설 접지선과 접지 저항 : 접지선이란, 주 접지 단자나 접지 모선을 접지극에 접속한 전선을 말하며, 접지 저항은 접지 전극과 대지 사이의 저항을 말한다.
∴ 대지 저항은 접지 저항값에 가장 큰 영향을 준다.

16. 접지 전극과 대지 사이의 저항은? [11]
① 고유 저항
② 대지 전극 저항
③ 접지 저항
④ 접촉 저항

해설 문제 15번 해설 참조

정답 ● 13. ② 14. ③ 15. ④ 16. ③

17. 접지 저항 저감 대책이 아닌 것은? [14]
① 접지봉의 연결개수를 증가시킨다.　　② 접지판의 면적을 감소시킨다.
③ 접지극을 깊게 매설한다.　　④ 토양의 고유 저항을 화학적으로 저감시킨다.

해설 접지판의 면적을 증대시킨다.

18. 다음 중 옥내에 시설하는 저압 전로와 대지 사이의 절연 저항 측정에 사용되는 계기는? [18]
① 코올라시 브리지　② 메거　　③ 어스 테스터　　④ 네온 검전기

해설 ① 코올라시 브리지(kohlrausch bridge) : 저 저항 측정용 계기로 접지 저항, 전해액의 저
항 측정에 사용
② 메거(megger) : 절연 저항 측정
③ 어스 테스터(earth tester) : 접지 저항 측정기
④ 네온 검전기 : 네온(neon) 충전 유무를 확인

19. 접지 저항 측정 계기로 가장 적당한 것은? [예상]
① 절연 저항계　　　　　　　② 전력계
③ 교류의 전압, 전류계　　　④ 코올라시 브리지

해설 문제 18번 해설 참조

20. 접지시스템의 구분에 해당되지 않는 것은? [예상]
① 공통 접지　　② 계통 접지　　③ 보호 접지　　④ 피뢰 시스템 접지

해설 접지시스템의 구분(KEC 141) : 계통 접지, 보호 접지, 피뢰 시스템 접지
※ 공통 접지는 접지시스템의 시설 종류에 해당된다.

21. 접지시스템의 시설 종류에 해당되지 않는 것은? [예상]
① 단독 접지　　② 보호 접지　　③ 공통 접지　　④ 통합 접지

해설 접지시스템의 시설 종류 : 단독 접지, 공통 접지, 통합 접지
※ 보호 접지는 접지시스템의 구분에 해당된다.

정답 ● 17. ②　18. ②　19. ④　20. ①　21. ②

22. 다음 중 접지시스템 구성요소에 해당되지 않는 것은? [예상]

① 접지극   ② 접지 도체   ③ 충전부   ④ 보호 도체

해설 접지시스템의 구성요소(KEC 142.1.1) : 접지극, 접지 도체, 보호 도체 및 기타 설비로 구성된다.
※ 충전부(Live Part) : 통상적인 운전 상태에서 전압이 걸리도록 되어 있는 도체 또는 도전부를 말한다.

23. 다음 중 접지시스템의 요구사항에 적합하지 않은 것은? [예상]

① 전기 설비의 보호 요구사항을 충족하여야 한다.
② 지락 전류와 보호 도체 전류를 대지에 전달되지 않아야 한다.
③ 전기 · 기계적 응력 및 이러한 전류로 인한 감전 위험이 없어야 한다.
④ 전기 설비의 기능적 요구사항을 충족하여야 한다.

해설 접지시스템 요구사항(KEC 142.1.2) : 지락 전류와 보호 도체 전류를 대지에 전달할 것

24. 다음 중 접지극 형태에 해당되지 않는 것은? [예상]

① 접지봉이나 관   ② 접지 테입이나 선
③ 합성수지제 수도관 설비   ④ 철근 콘크리트

해설 접지극 형태는 ①, ②, ④ 이외에 접지판, 기초부에 매입한 접지극, 금속제 수도관 설비 등이 있다.

25. 접지시스템의 시설에서, 접지극의 매설 깊이는 지표면으로부터 지하 몇 m 이상으로 하면 되는가? [예상]

① 0.25   ② 0.50   ③ 0.75   ④ 1.0

해설 접지극의 매설(KEC 142.2) : 매설 깊이는 지표면으로부터 지하 0.75 m 이상으로 한다.

26. 접지 도체를 철주 기타의 금속체를 따라서 시설하는 경우, 접지극을 지중에서 그 금속체로부터 몇 m 이상 떼어 매설하면 되는가? [예상]

① 0.5   ② 1.0   ③ 1.5   ④ 2.0

해설 접지극의 매설(KEC 142.2) : 금속체로부터 1 m 이상 떼어 매설하여야 한다.

정답 22. ③   23. ②   24. ③   25. ③   26. ②

27. 접지극 시설에서, 지중에 매설되어 있고 대지와의 전기저항 값이 몇 Ω 이하의 값을 유지하고 있는 금속제 수도관로는 접지극으로 사용이 가능한가? [예상]

① 3

② 5

③ 8

④ 10

해설 접지극의 매설(KEC 142.2) : 대지와의 전기저항 값이 3 Ω 이하의 값을 유지하면 된다.

28. 접지 도체의 선정에 있어서, 접지 도체의 최소 단면적은 구리는 (a) mm^2 이상, 철제는 (b) mm^2 이상이면 된다. (　)에 알맞은 값은? (단, 큰 고장 전류가 접지 도체를 통하여 흐르지 않을 경우이다.) [예상]

① (a) 6, (b) 50

② (a) 26, (b) 48

③ (a) 10, (b) 25

④ (a) 8, (b) 32

해설 접지 도체의 선정(KEC 142.3.1) : 접지 도체의 단면적은 구리 6 mm^2 또는 철 50 mm^2 이상으로 하여야 한다.

29. 보호 도체와 계통 도체를 겸용하는 겸용 도체의 단면적은 구리 (a) mm^2 또는 알루미늄 (b) mm^2 이상이어야 한다. (　)에 올바른 값은? [예상]

① (a) 6, (b) 10

② (a) 10, (b) 16

③ (a) 14, (b) 18

④ (a) 18, (b) 24

해설 겸용 도체(KEC 142.3.4) : 단면적은 구리 10 mm^2 또는 알루미늄 16 mm^2 이상이어야 한다.

30. 직류회로에서 선도체 겸용 보호 도체의 표시 기호는? [예상]

① PEM

② PEL

③ PEN

④ PET

해설 겸용 도체(KEC 142.3.4)

㉠ PEM : 중간선 겸용 보호 도체

㉡ PEL : 선도체 겸용 보호 도체

㉢ PEN : 교류회로에서, 중성선 겸용 보호 도체

31. 접지시스템의 주 접지단자에 접속되는 도체에 해당되지 않는 것은? [예상]

① 등전위 본딩 도체 ② 접지 도체

③ 보호 도체 ④ 충전부 도체

해설 주 접지단자에 접속되는 도체(KEC 142.3.7)

㉠ 등전위 본딩 도체

㉡ 접지 도체

㉢ 보호 도체

㉣ 관련이 있는 경우, 기능성 접지 도체

32. 저압 수용가 인입구 접지에 있어서, 지중에 매설되어 있고 대지와의 전기저항 값이 몇 Ω 이하의 값을 유지하고 있는 금속제 수도관로는 접지극으로 사용할 수 있는가? [예상]

① 3 ② 5 ③ 10 ④ 12

해설 저압 수용가 인입구 접지(KEC 142.4.1) : 대지와의 전기저항 값이 3 Ω 이하의 값을 유지하고 있으면 된다.

33. 저압 수용 장소에서 계통 접지가 TN-C-S 방식인 경우, 중성선 겸용 보호 도체(PEN)는 그 도체의 단면적이 구리는 (a) mm² 이상, 알루미늄은 (b) mm² 이상이어야 한다. (   )에 알 맞은 값은? [예상]

① (a) 6, (b) 10 ② (a) 10, (b) 16

③ (a) 14, (b) 18 ④ (a) 18, (b) 24

해설 중성선 겸용 보호 도체(PEN)[KEC 142.4.2] : 그 도체의 단면적이 구리는 10 mm² 이상, 알루미늄은 16 mm² 이상이어야 한다.

34. 다음 중 배전용 변압기에 접지 공사의 목적을 올바르게 설명한 것은? [20]

① 고압 및 특고압의 저압과 혼촉 사고를 보호

② 전위상승으로 인한 감전보호

③ 뇌해에 의한 특고압 · 고압 기기의 보호

④ 기기절연물의 열화방지

해설 저 · 고압이 혼촉한 경우에 저압 전로에 고압이 침입할 경우 기기의 소손이나 사람의 감전을 방지하기 위한 것

정답 • 31. ④ 32. ① 33. ② 34. ①

35. 변압기의 중성점 접지 저항값을 결정하는 가장 큰 요인은? [19]

① 변압기의 용량

② 고압 가공 전선로의 전선 연장

③ 변압기 1차측에 넣는 퓨즈 용량

④ 변압기 고압 또는 특고압측 전로의 1선 지락 전류의 암페어 수

해설 변압기 중성점 접지 저항값 결정(KEC 142.5) : 일반적으로 변압기의 고압 · 특고압측 전로 1선 지락 전류로 150을 나눈 값과 같은 저항값 이하

36. 전로에 시설하는 기계 기구의 철대 및 금속제 외함에는 접지시스템 규정에 의한 접지 공사를 하여야 한다. 단, 사용 전압이 직류 (a) V 또는 교류 대지 전압이 (b) V 이하인 기계 기구를 건조한 곳에 시설하는 경우는 규정에 따르지 않을 수 있다. ( )에 올바른 값은? [예상]

① (a) 200, (b) 100

② (a) 300, (b) 150

③ (a) 350, (b) 200

④ (a) 440, (b) 220

해설 기계 기구의 철대 및 금속제 외함 접지(KEC 142.7) : 사용 전압이 직류 300 V 또는 교류 대지 전압이 150 V 이하인 기계 기구를 건조한 곳에 시설하는 경우

※ 감전 보호용 등전위 본딩(KEC 143)

37. 주 접지단자에 접속하기 위한 등전위 본딩 도체의 단면적은 구리 도체 (a) mm^2 이상, 알루미늄 도체 (b) mm^2 이상, 강철 도체 50 mm^2 이상이어야 한다. ( )에 올바른 값은? [예상]

① (a) 6, (b) 10

② (a) 6, (b) 16

③ (a) 14, (b) 18

④ (a) 18, (b) 24

해설 등전위 본딩 도체의 단면적(KEC 143.3.1) : 구리 도체는 6 mm^2 이상, 알루미늄 도체는 16 mm^2 이상이어야 한다.

※ 등전위 본딩(Equipotential Bonding)

ㄱ 등전위를 형성하기 위해 도전성 부분 상호 간을 전기적으로 연결하는 것

ㄴ 보호 본딩 도체 : 보호 등전위 본딩을 제공하는 보호 도체

38. 계통 접지의 구성에 있어서, 저압 전로의 보호 도체 및 중성선의 접속 방식에 따른 접지 계통 방식에 해당되지 않는 것은? [예상]

① TN 계통

② TT 계통

③ IT 계통

④ IM

정답 • 35. ④　36. ②　37. ②　38. ④

해설 계통 접지의 구성(KEC 203.1)
  ㉠ TN 계통   ㉡ TT 계통
  ㉢ IT 계통

---

39. 계통 접지 구성에 있어서, 충전부 전체를 대지로부터 절연시키거나, 한 점을 임피던스를 통해 대지에 접속시키는 방식은? [예상]
  ① TN 계통   ② TT 계통   ③ IT 계통   ④ TN-C-S

해설 IT 계통(KEC 203.1) : 충전부 전체를 대지로부터 절연시키거나, 한 점을 임피던스를 통해 대지에 접속시킨다.

---

40. 피뢰기의 약호는? [16]
  ① LA   ② PF   ③ SA   ④ COS

해설 ① LA(lightning arrester) : 피뢰기
  ② PF(power fuse) : 파워 퓨즈
  ③ SA(surge absorber) : 서지 흡수기
  ④ COS(cut-out switch) : 컷 아웃 스위치
  ※ 고압 및 특고압의 전로 중 피뢰기를 시설하여야 하는 곳(KEC 341.13)
    ㉠ 발전소·변전소 또는 이에 준하는 장소의 가공 전선 인입구 및 인출구
    ㉡ 특고압 가공 전선로에 접속하는 배전용 변압기의 고압측 및 특고압측
    ㉢ 고압 및 특고압 가공 전선로로부터 공급을 받는 수용 장소의 인입구
    ㉣ 가공 전선로와 지중 전선로가 접속되는 곳

---

41. 일반적으로 특고압 전로에 시설하는 피뢰기의 접지 저항 값은 몇 Ω 이하로 하여야 하는가? [예상]
  ① 10   ② 25   ③ 50   ④ 100

해설 피뢰기의 접지(KEC 341.14) : 고압 및 특고압의 전로에 시설하는 피뢰기 접지 저항 값은 10 Ω 이하로 하여야 한다.

---

42. 피뢰기의 제한 전압이란? [예상]
  ① 피뢰기의 평균 전압   ② 피뢰기의 파형 전압
  ③ 피뢰기 동작 중 단자 전압의 파고치   ④ 뇌 전압의 값

해설 제한 전압 : 충격파 전류가 흐르고 있을 때의 피뢰기의 단자 전압을 말한다.

정답 ● → 39. ③ 40. ① 41. ① 42. ③

전기 설비

05 가공 인입선 및 배전선 공사

Chapter

---

1. 가공 전선로의 지지물에서 다른 지지물을 거치지 아니하고 인입선 접속점에 이르는 가공 전선을 무엇이라 하는가? [11, 14, 15, 17]

① 옥외 전선　　　　　　　　　② 연접 인입선
③ 가공 인입선　　　　　　　　④ 관등 회로

해설 가공 인입선(service drop)
　㉠ 다른 지지물을 거치지 않고 수용 장소의 지지점에 이르는 가공 전선
　㉡ 수용 장소에서 인입선의 회선 수는 동일 전기 방식에 대하여 한 개로 한다.

---

2. 일반적으로 저압 가공 인입선이 도로를 횡단하는 경우 노면상 설치 높이는 몇 m 이상이어야 하는가? [10, 14, 16, 17]

① 3　　　　　　② 4　　　　　　③ 5　　　　　　④ 6.5

해설 저압 인입선의 시설(KEC 221.1.1) 저압 인입선의 높이

구분	이격 거리
도로	도로를 횡단하는 경우는 5 m 이상
철도 또는 궤도를 횡단	레일면상 6.5 m 이상
횡단보도교의 위쪽	횡단보도교의 노면상 3 m 이상
상기 이외의 경우	지표상 4 m 이상

---

3. 저압 가공 인입선이 횡단보도교 위에 시설되는 경우 노면 상 몇 m 이상의 높이에 설치되어야 하는가? [13]

① 3　　　　　　② 4　　　　　　③ 5　　　　　　④ 6

해설 문제 2번 해설 참조

정답 1. ③　2. ③　3. ①

4. 저압 인입선 공사 시 저압 가공 인입선이 철도 또는 궤도를 횡단하는 경우 레일면상에서 몇 m 이상 시설하여야 하는가? [12, 14, 17]

① 3   ② 4   ③ 5.5   ④ 6.5

해설 문제 2번 해설 참조

5. 한 수용 장소의 인입선에서 분기하여 지지물을 거치지 아니하고 다른 수용 장소의 인입구에 이르는 부분의 전선을 무엇이라 하는가? [11, 19]

① 가공 전선   ② 가공지선   ③ 가공 인입선   ④ 연접 인입선

해설 연접 인입선 : 수용 장소의 인입선에서 분기하여 지지물을 거치지 않고 다른 수용 장소의 인입구에 이르는 부분의 전선로이다.

6. 연접 인입선 시설 제한 규정에 대한 설명이다. 틀린 것은? [11, 17]

① 분기하는 점에서 100 m를 넘지 않아야 한다.
② 폭 5 m를 넘는 도로를 횡단하지 않아야 한다.
③ 옥내를 통과해서는 아니 된다.
④ 분기하는 점에서 고압의 경우에는 200 m를 넘지 않아야 한다.

해설 저압 연접 인입선의 시설 규정(KEC 221.1.2)
㉠ 인입선에서 분기하는 점에서 100 m를 초과하는 지역에 미치지 아니할 것
㉡ 폭 5 m를 초과하는 도로를 횡단하지 아니할 것
㉢ 옥내를 통과하지 아니할 것
※ 고압 연접 인입선은 시설할 수 없다.

7. 저압 인입선의 접속점 선정으로 잘못된 것은? [12]

① 인입선이 옥상을 가급적 통과하지 않도록 시설할 것
② 인입선은 약전류 전선로와 가까이 시설할 것
③ 인입선은 장력에 충분히 견딜 것
④ 가공 배전 선로에서 최단 거리로 인입선이 시설될 수 있을 것

해설 저압 인입선의 접속점 선정 : ①, ③, ④ 이외에
㉠ 인입선은 타 전선로 또는 약전류 전선로와 충분히 이격할 것(60 cm 이상 이격시킬 것)
㉡ 외상을 받을 우려가 없을 것
㉢ 굴뚝, 아테나, 및 이들의 지선 또는 수목과 접근하지 않도록 시설할 것

정답 ● 4. ④   5. ④   6. ④   7. ②

8. 저압 구내 가공 인입선으로 DV전선 사용 시 전선의 길이가 15 m 이하인 경우 사용할 수 있는 최소 굵기는 몇 mm 이상인가? [14]

① 1.5   ② 2.0   ③ 2.6   ④ 4.0

해설 저압 구내 가공 인입선의 전선의 종류 및 굵기(KEC 221.1.1)

전선의 종류	전선의 굵기	
	전선의 길이 15 m 이하	전선의 길이 15 m 초과
OW 전선, DV 전선, 고압 및 특고압 절연 전선	2.0 mm 이상	2.6 mm 이상
450/750 V 일반용 단심 비닐 절연 전선	4 mm² 이상	6 mm² 이상
케이블	기계적 강도면의 제한은 없음	

9. OW 전선을 사용하는 저압 구내 가공 인입 전선으로 전선의 길이가 15 m를 초과하는 경우 그 전선의 지름은 몇 mm 이상을 사용하여야 하는가? [13]

① 1.6   ② 2.0   ③ 2.6   ④ 3.2

해설 문제 8번 해설 참조

10. 토지의 상황이나 기타 사유로 인하여 보통 지선을 시설할 수 없을 때 전주와 전주 간 또는 전주와 지주 간에 시설할 수 있는 지선은 어느 것인가? [14, 17]

① 보통 지선   ② 수평 지선
③ Y 지선   ④ 궁지선

해설 지선의 종류

㉠ 보통 지선 : 전주 근원으로부터 전주 길이의 약 $\frac{1}{2}$ 거리에 지선용 근가를 매설하여 설치하는 것으로 일반적인 경우에 사용한다.

㉡ 수평 지선 : 지형의 상황 등으로 보통 지선을 시설할 수 없는 경우에 적용한다.

㉢ Y 지선 : 다단의 완철이 설치되고 또한 장력이 클 때 또는 H주일 때 보통 지선을 2단으로 시설하는 것이다.

㉣ 궁지선 : 장력이 비교적 적고 다른 종류의 지선을 시설할 수 없을 경우에 적용하며, 시공 방법에 따라 A형, R형 지선으로 구분한다.

㉤ 공동 지선 : 두 개의 지지물에 공통으로 시설하는 지선으로서 지지물 상호간 거리가 비교적 근접한 경우에 시설한다.

정답 ● 8. ②   9. ③   10. ②

11. 저압 가공 인입선의 인입구에 사용하며 금속관 공사에서 끝 부분의 빗물 침입을 방지하는 데 적당한 것은? [10, 13]

① 플로어 박스
② 엔트런스 캡
③ 부싱
④ 터미널 캡

해설 엔트런스 캡(entrance cap)

㉠ 저압 가공 인입선의 인입구에 사용된다.

㉡ 인입구 또는 인출구 끝에 붙여서 관 내에 물의 침입을 방지할 수 있도록 사용된다.

12. 다단의 크로스 암이 설치되고 또한 장력이 클 때와 H주일 때 보통 지선을 2단으로 부설하는 지선은? [17]

① 보통 지선
② 공동 지선
③ 궁지선
④ Y 지선

해설 문제 10번 해설 참조

13. 가공 전선로의 지지물에 시설하는 지선에서 맞지 않은 것은? [예상]

① 지선의 안전율은 2.5 이상일 것
② 지선의 안전율이 2.5 이상일 경우에 허용 인장하중의 최저는 4.31 kN으로 한다.
③ 소선의 단면적 2.5 mm² 이상의 동선을 사용한 것일 것
④ 지선에 연선을 사용할 경우에는 소선 3가닥 이상의 연선일 것

해설 지선의 시설(KEC 222.2/331.11)

(1) 지선의 안전율은 2.5 이상일 것(허용 인장하중의 최저는 4.31 kN)

(2) 선을 사용할 경우

㉠ 소선(素線) 3가닥 이상의 연선일 것

㉡ 소선의 지름이 2.6 mm 이상의 금속선을 사용한 것일 것

14. 지지물의 지선에 연선을 사용하는 경우 소선 몇 가닥 이상의 연선을 사용하는가? [13]

① 1
② 2
③ 3
④ 4

해설 문제 13번 해설 참조

정답 11. ② 12. ④ 13. ③ 14. ③

15. 가공 전선로의 지지물에 시설하는 지선의 안전율은 얼마 이상이어야 하는가? [예상]

① 3.5　　　　② 3.0　　　　③ 2.5　　　　④ 1.0

해설 문제 13번 해설 참조

16. 도로를 횡단하여 시설하는 지선의 높이는 지표상 몇 m 이상이어야 하는가? [12]

① 5　　　　② 6　　　　③ 8　　　　④ 10

해설 지선의 높이(KEC 331.11)
　㉠ 도로 횡단 시 : 5 m 이상 (단, 교통에 지장을 초래할 염려가 없는 경우 4.5 m 이상)
　㉡ 보도의 경우 : 2.5 m 이상

17. 지선의 중간에 넣는 애자는? [10, 19]

① 저압 핀 애자　　　　　　② 구형 애자
③ 인류 애자　　　　　　　④ 내장 애자

해설 구형 애자 : 인류용과 지선용이 있으며, 지선용은 지선의 중간에 넣어 양측 지선을 절연한다.

18. 가공 전선로의 지지물에 지선을 사용해서는 안 되는 곳은? [11, 14, 19]

① 목주　　　　　　　　　② A종 철근 콘크리트주
③ A종 철주　　　　　　　④ 철탑

해설 가공 전선로의 지지물로 사용하는 철탑은 지선을 사용하여 그 강도를 분담시켜서는 안 된다.

19. 가공 전선로의 지지물에 시설하는 지선은 지표상 몇 m까지의 부분에 내식성이 있는 것 또는 아연도금을 한 철봉을 사용하여야 하는가? [14]

① 0.15　　　　② 0.2　　　　③ 0.3　　　　④ 0.5

해설 지중 부분 및 지표상 0.3 m까지의 부분에는 내식성이 있는 것 또는 아연도금을 한 철봉을 사용하고 쉽게 부식되지 않는 근가에 견고하게 붙일 것(목주에 시설하는 지선에 대해서는 적용하지 않는다.)

정답 ● 15. ③　16. ①　17. ②　18. ④　19. ③

20. 전선로의 종류가 아닌 것은 ? [예상]
① 옥측 전선로　　　　　　② 지중 전선로
③ 가공 전선로　　　　　　④ 산간 전선로

해설 전선로 : 옥측 전선로 , 옥상 전선로, 옥내 전선로, 지상 전선로, 가공 전선로, 지중 전선로, 특별 전선로

21. 가공 전선로의 지지물이 아닌 것은 ? [11, 13, 18]
① 목주　　　　　　　　　② 지선
③ 철근 콘크리트주　　　　④ 철탑

해설 지지물로는 목주, 철근 콘크리트주, 철주, 철탑이 사용된다.
※ 철근 콘크리트주가 일반적인 장소로 가장 많이 사용된다.

22. 전선로의 직선 부분에 사용하는 애자는 ? [11, 18]
① 핀 애자　　　　　　　　② 지지 애자
③ 가지 애자　　　　　　　④ 구형 애자

해설 ㉠ 핀 애자 : 전선의 직선 부분에 사용
　　㉡ 지지 애자 : 전선의 지지부에 사용
　　㉢ 가지 애자 : 전선을 다른 방향으로 돌리는 부분에 사용
　　㉣ 구형 애자 : 지선의 중간에 넣어 양측 지선을 절연에 사용
　　㉤ 인류 애자 : 인입선 등, 선로의 인류 개소에 사용
　　㉥ 곡핀 애자 : 인입선에 사용
　　㉦ 현수 애자 : 선로의 종단, 선로의 분기, 수평각 30° 이상인 인류 개소와 개폐기 설치
　　　 전주 등의 내장 장소에 사용

23. 인류하는 곳이나 분기하는 곳에 사용하는 애자는 ? [예상]
① 구형 애자　　　　　　　② 가지 애자
③ 곡핀 애자　　　　　　　④ 현수 애자

해설 문제 22번 해설 참조

정답 → 20. ④　21. ②　22. ①　23. ④

24. 철탑의 사용 목적에 의한 분류에서 서로 인접하는 경간의 길이가 크게 달라 지나친 불평형 장력이 가해지는 경우 어떤 형의 철탑을 사용하여야 하는가? [17]

① 각도형　　　　② 인류형　　　　③ 보강형　　　　④ 내장형

해설 ① 각도형 : 전선로 중, 수평 각도가 3°를 넘은 장소에 사용
② 인류형 : 송 · 수 전단에 사용
③ 보강형 : 전선로의 직선 부분을 보강하는 데 사용
④ 내장형 : 전선로의 지지물 양쪽의 경간차가 큰 장소에 사용

25. 다음 중 철근 콘크리트주에 완금을 고정시키는 데 사용하는 밴드는? [예상]

① 암 밴드　　　　② 암타이 밴드　　　　③ 지선 밴드　　　　④ 정크 밴드

해설 ㉠ 암 밴드(arm band) : 완금을 고정시키는 것이다.
㉡ 암타이 밴드(armtie band) : 암타이를 고정시키는 것이다.
㉢ 지선 밴드(stay band) : 지선을 붙일 때에 사용하는 것이다.

26. 가공 전선로의 지지물에 하중이 가하여지는 경우에 그 하중을 받는 지지물의 기초 안전율은 일반적으로 얼마 이상이어야 하는가? [10, 18]

① 1.5　　　　② 2.0　　　　③ 2.5　　　　④ 4.0

해설 가공 전선로 지지물의 기초 안전율(KEC 331.7) : 가공 전선로의 지지물에 하중이 가하여지는 경우에 그 하중을 받는 지지물의 기초 안전율은 2 이상이어야 한다.

27. 전주의 길이가 15 m 이하인 경우 땅에 묻히는 깊이는 전주 길이의 얼마 이상으로 하여야 하는가? (단, 설계 하중은 6.8 kN 이하이다.) [11, 12, 17]

① $\dfrac{1}{2}$　　　　② $\dfrac{1}{3}$　　　　③ $\dfrac{1}{5}$　　　　④ $\dfrac{1}{6}$

해설 강관을 주체로 하는 철주 또는 철근 콘크리트주로서 그 전체 길이가 16 m 이하, 설계 하중이 6.8 kN 이하인 것 또는 목주를 다음에 의하여 시설하는 경우(KEC 331.7 참조)
㉠ 전체의 길이가 15 m 이하인 경우는 땅에 묻히는 깊이를 전체 길이의 6분의 1 이상으로 할 것
㉡ 전체의 길이가 15 m를 초과하는 경우는 땅에 묻히는 깊이를 2.5 m 이상으로 할 것
㉢ 논이나 그 밖의 지반이 연약한 곳에서는 견고한 근가(根架)를 시설할 것

정답 ● 24. ④　25. ①　26. ②　27. ④

28. A종 철근 콘크리트주의 길이가 10 m이면 땅에 묻는 표준 깊이는 최저 약 몇 m인가? (단, 설계 하중이 6.8 kN 이하이다.) [15, 20]

① 1.7

② 2.0

③ 2.3

④ 2.7

해설 땅에 묻는 표준 깊이 $= 10 \times \dfrac{1}{6} \fallingdotseq 1.7$ m

29. 철근 콘크리트주로서 전체의 길이가 15 m이고, 설계 하중이 7.8 kN이다. 이 지지물을 논이나 지반이 연약한 곳 이외에 기초 안전율의 고려 없이 시설하는 경우에 그 묻히는 깊이는 기준보다 몇 cm를 가산하여 시설하여야 하는가? [17, 20]

① 20

② 30

③ 50

④ 70

해설 철근 콘크리트주로서 전체의 길이가 14 m 이상 20 m 이하이고, 설계 하중이 6.8 kN 초과 9.8 kN 이하의 것을 논이나 지반이 연약한 곳 이외에 시설하는 경우 최저 깊이에 30 cm를 가산하여 할 것

30. 논이나 기타 지반이 약한 곳에 건주 공사 시 전주의 넘어짐을 방지하기 위해 시설하는 것은? [13, 17]

① 완금

② 근가

③ 완목

④ 행어밴드

해설 논이나 그 밖의 지반이 연약한 곳에서는 견고한 근가(根架)를 시설할 것

※ 근가(뿌리 받침)

ⓐ 뿌리 받침은 지표면에서 30~40 cm 되는 곳에 전선로와 같은 방향(평행)으로 시설한다.

ⓑ 곡선 선로 및 인류 전주에서는 장력의 방향에 뿌리 받침이 놓이도록 시설한다.

31. 전주의 뿌리 받침은 전선로 방향과 어떤 상태인가? [예상]

① 평행이다.

② 직각 방향이다.

③ 평행에서 45° 정도이다.

④ 직각 방향에서 30° 정도이다.

해설 문제 30번 해설 참조

정답 ● 28. ① 29. ② 30. ② 31. ①

32. 지지물에 전선 그 밖의 기구를 고정시키기 위해 완목, 완금, 애자 등을 장치하는 것을 무엇이라 하는가? [예상]

① 장주　　　　② 건주　　　　③ 터파기　　　　④ 가선 공사

해설 장주(pole fittings)

㉠ 지지물에 완목, 완금, 애자 등을 장치하는 것을 장주라 한다.

㉡ 배전 선로의 장주에는 저·고압선의 가설 이외에도 주상 변압기, 유입 개폐기, 진상 콘덴서, 승압기, 피뢰기 등의 기구를 설치하는 경우가 있다.

33. 저압 2조의 전선을 설치 시, 크로스 완금의 표준 길이(mm)는? [15]

① 900　　　　② 1400　　　　③ 1800　　　　④ 2400

해설 전압과 가선 조수에 따라 완금 사용의 표준(단위 : mm)

가선 조수	저압	고압	특고압
2조	900	1400	1800
3조	1400	1800	2400

34. 고압 가공 전선로의 전선의 조수가 3조일 때 완금의 길이는? [09, 19]

① 1200 mm　　　② 1400 mm　　　③ 1800 mm　　　④ 2400 mm

해설 문제 33번 해설 참조

35. 저·고압 가공 전선이 도로를 횡단하는 경우 지표상 몇 m 이상으로 시설하여야 하는가? [10, 15]

① 4　　　　② 6　　　　③ 8　　　　④ 10

해설 저압 및 고압 가공 전선의 최저 높이(KEC 222.7/332.5)

(1) 도로 횡단의 경우 : 지표상 6 m 이상

(2) 철도 횡단의 경우 : 레일면상 6.5 m 이상

(3) 횡단보도교 위에 시설하는 경우

　㉠ 고압의 경우 : 노면상 3.5 m 이상

　㉡ 저압의 경우 : 노면상 3 m 이상

(4) 그 밖의 장소 : 지표상 5 m 이상

정답 ● 32. ①　33. ①　34. ③　35. ②

36. 저·고압 가공 전선이 철도 또는 궤도를 횡단하는 경우, 높이는 궤조면상 몇 m 이상이어야 하는가? [15]

① 10 　　　　② 8.5 　　　　③ 7.5 　　　　④ 6.5

해설 문제 35번 해설 참조

37. 고압 가공 인입선이 케이블 이외의 것으로서 그 아래에 위험표시를 하였다면 전선의 지표상 높이는 몇 m까지로 감할 수 있는가? [18]

① 2.5 　　　　② 3.5 　　　　③ 4.5 　　　　④ 5.5

해설 고압 구내 가공 인입선의 높이(KEC 331.12.1 참조)
- ㉠ 도로 : 지표상 6.0 m 이상
- ㉡ 철도 : 레일면상 6.5 m 이상
- ㉢ 횡단보도교의 위쪽 : 노면상 3.5 m 이상
- ㉣ 상기 이외의 경우 : 지표상 5.0 m 이상(단, 문제의 내용과 같은 경우에는 지표상 높이를 3.5 m까지 감할 수 있다.)

38. 저압 배전 선로에서 전선을 수직으로 지지하는데 사용되는 장주용 자재명은? [17, 18]

① 경완철 　　　　② LP 애자
③ 현수 애자 　　　　④ 래크

해설 저압 가공 전선로에 있어서 완금이나 완목 대신에 래크(rack)를 사용하여 전선을 수직 배선한다.

39. 가공 전선의 지지물에 승탑 또는 승강용으로 사용하는 발판 볼트 등은 지표상 몇 m 미만에 시설하여서는 안 되는가? [15, 19]

① 1.2 　　　　② 1.5 　　　　③ 1.6 　　　　④ 1.8

해설 가공 전선로 지지물의 철탑 오름 및 전주 오름 방지(KEC 331.4)
- ㉠ 가공 전선로의 지지물에 취급자가 오르고 내리는데 사용하는 발판 볼트 등을 지표상 1.8 m 미만에 시설하여서는 아니 된다.
- ㉡ 180° 방향에 0.45 m씩 양쪽으로 설치하여야 한다.

정답 ● 36. ④ 37. ② 38. ④ 39. ④

40. 우리나라 특고압 배전방식으로 가장 많이 사용되고 있으며, 220/380 V의 전원을 얻을 수 있는 배전방식은 ? [18]

① 단상 2선식   ② 3상 3선식

③ 3상 4선식   ④ 2상 4선식

해설 중성선을 가진 3상 4선식 배전방식는 상전압 220 V와 선간 전압 380 V의 전원을 얻을 수 있다.

※ 중성선이란 다선식 전로에서 전원의 중성극에 접속된 전선을 말한다.

---

41. 3상 4선식 380/220 V 전로에서 전원의 중성극에 접속된 전선을 무엇이라 하는가 ? [16]

① 접지선   ② 중성선

③ 전원선   ④ 접지측선

해설 문제 40번 해설 참조

---

42. 특고압(22.9 kV-Y) 가공 전선로의 완금 접지 시 접지선은 어느 곳에 연결하여야 하는가 ? [14]

① 변압기   ② 전주

③ 지선   ④ 중성선

해설 특고압 가공 전선로

㉠ 특고압(22.9 kV-Y)은 3상 4선식으로, 다중 접지된 중성선을 가진다.

㉡ 완금은 접지 공사를 하여야 하며, 이때 접지선은 중성선에 연결한다.

---

43. 22.9 kV – Y 가공 전선의 굵기는 단면적이 몇 mm² 이상이어야 하는가 ? (단, 동선의 경우이다.) [15, 17]

① 22   ② 32

③ 40   ④ 50

해설 특고압 가공 전선의 굵기 및 종류 : 케이블인 경우 이외에는 인장 강도 8.71 kN 이상의 연동선 또는 단면적 22 mm² 이상의 경동연선이어야 한다.

정답 ● 40. ③   41. ②   42. ④   43. ①

44. 고압과 저압의 서로 다른 가공 전선을 동일 지지물에 가설하는 방식을 무엇이라고 하는가? [20]

① 공가   ② 연가
③ 병가   ④ 조가선

해설 ㉠ 병가(竝架) : 동일 지지물에 저 · 고압 가공 전선을 동일 지지물에 가설하는 방식

ⓛ 공가(common use) : 전력선과 통신선을 동일 지지물에 가설하는 방식

ⓒ 연가(Transposition) : 3상 선로에서 정전 용량을 평형 전압으로 유지하기 위해 송전 선의 위치를 바꾸어주는 배치 방식.

ⓔ 조가선 : 케이블 등을 가공으로 시설할 때 이를 지지하기 위한 금속선

45. 저압 가공 전선과 고압 가공 전선을 동일 지지물에 시설하는 경우 상호 이격 거리는 몇 cm 이상이어야 하는가? [09, 17]

① 20   ② 30
③ 40   ④ 50

해설 저 · 고압 가공 전선 등의 병가

㉠ 저압 가공 전선을 고압 가공 전선의 아래로 하고 별개의 완금류에 시설할 것

ⓛ 저압 가공 전선과 고압 가공 전선 사이의 이격 거리는 50 cm 이상일 것

※ 특고압 가공 전선과 저고압 가공 전선의 병가 : 이격거리는 1.2 m 이상일 것

46. 고압 가공 전선로 철탑의 경간은 몇 m 이하로 제한하고 있는가? [16, 17]

① 150   ② 250
③ 500   ④ 600

해설 고압 가공 전선로의 경간의 제한(KEC 332.9)

지지물의 종류	경간
철탑	600 m 이하
B종 철주 또는 B종 철근 콘크리트주	250 m 이하
A종 철주 또는 A종 철근 콘크리트주	150 m 이하

정답 ● 44. ③   45. ④   46. ④

47. 가공 전선에 케이블을 사용하는 경우 케이블은 조가용선에 행거로 시설하여야 한다. 이 경우 사용 전압이 고압인 때에는 그 행거의 간격은 몇 cm 이하로 시설하여야 하는가? [16]

① 50   ② 60

③ 70   ④ 80

해설 가공 케이블의 시설

㉠ 케이블은 조가용선에 행거를 사용하여 조가한다.

㉡ 사용 전압이 고압 및 특고압인 경우는 그 행거의 간격을 50 cm 이하로 하여 시설한다.

48. 주상 변압기를 철근 콘크리트 전주에 설치할 때 사용되는 기구는? [예상]

① 암 밴드   ② 암타이 밴드

③ 앵커   ④ 행어 밴드

해설 행어 밴드(hanger band) : 소형 변압기에 많이 적용되고 있다.

㉠ 암 밴드(arm band) : 완금을 고정시키는 것

㉡ 암타이 밴드(armtie band) : 암타이를 고정시키는 것

㉢ 앵커(anchor) : 어떤 설치물을 튼튼히 정착시키기 위한 보조 장치(지선 끝에 근가 정착)

49. 배전용 전기 기계 기구인 COS(컷 아웃 스위치)의 용도로 알맞은 것은? [10, 12, 17, 20]

① 변압기의 1차측에 시설하여 변압기의 단락 보호용

② 변압기의 2차측에 시설하여 변압기의 단락 보호용

③ 변압기의 1차측에 시설하여 배전 구역 전환용

④ 변압기의 2차측에 시설하여 배전 구역 전환용

해설 COS(cut out switch) : 주로 배전용 변압기의 1차측에 설치하여 변압기의 단락 보호와 개폐를 위하여 단극으로 제작되며 내부에 퓨즈를 내장하고 있다.

50. 주상 변압기에 시설하는 캐치 홀더는 어느 부분에 직렬로 삽입하는가? [20]

① 1차측 양전선   ② 1차측 1선

③ 2차측 비접지측 선   ④ 2차측 접지측 선

해설 문제 51번 해설 참조

정답 47. ①   48. ④   49. ①   50. ③

51. 주상 변압기의 1차측 보호 장치로 사용하는 것은 ? [10, 15]
① 컷 아웃 스위치
② 유입 개폐기
③ 캐치 홀더
④ 리클로저

해설 변압기를 보호하기 위한 기구 설치
㉠ 1차측 : 컷 아웃 스위치(COS : cut out switch)를 설치하여 과부하에 대한 보호 장치로 사용하기 위한 것이다.
㉡ 2차측 : 저압 가공 전선을 보호하기 위하여 과전류 차단기를 넣는 캐치 홀더(catch-holder)를 2차측 비접지측 선로에 직렬로 삽입 설치한다.

52. 배전 선로 보호를 위하여 설치하는 보호 장치는 ? [예상]
① 기중 차단기
② 진공 차단기
③ 자동 재폐로 차단기
④ 누전 차단기

해설 자동 재폐로 차단 장치 : 배전 선로에 고장이 발생하였을 때, 고장 전류를 검출하여 지정된 시간 내에 고속 차단하고 자동 재폐로 동작을 수행하여 고장 구간을 분리하거나 재송전하는 장치이다.

53. 다음 중 배전 선로에 사용되는 개폐기의 종류와 그 특성의 연결이 바르지 못한 것은 ? [18]
① 컷 아웃 스위치 – 주된 용도로는 주상 변압기의 고장이 배전 선로에 파급되는 것을 방지하고 변압기의 과부하 소손을 예방하고자 사용한다.
② 부하 개폐기 – 고장 전류와 같은 대 전류는 차단할 수 없지만 평상 운전시의 부하 전류는 개폐할 수 있다.
③ 리클로저 – 선로에 고장이 발생하였을 때, 고장 전류를 검출하여 지정된 시간 내에 고속 차단하고 자동 재폐로 동작을 수행하여 고장 구간을 분리하거나 재송전하는 장치이다.
④ 섹셔널라이저 – 고장 발생 시 신속히 고장 전류를 차단하여 사고를 국부적으로 분리시키는 것으로 후비 보호 장치와 직렬로 설치하여야 한다.

해설 섹셔널라이저(sectionalizer) : 고압 배전선에서 사용되는 차단 능력이 없는 유입 개폐기로 리클로저의 부하쪽에 설치되고, 리클로저의 개방 동작 횟수보다 1-2회 적은 횟수로 리클로저의 개방 중에 자동적으로 개방 동작을 한다.

정답 ● 51. ① 52. ③ 53. ④

54. 다음 (　) 안에 알맞은 내용은 ? [14]

> 고압 및 특고압용 기계 기구의 시설에 있어 고압은 지표상 (a) 이상(시가지에 시설하는 경우), 특고압은 지표상 (b) 이상의 높이에 설치하고 사람이 접촉될 우려가 없도록 시설하여야 한다.

① (a) 3.5 m, (b) 4 m　　　　　② (a) 4.5 m, (b) 5 m
③ (a) 5.5 m, (b) 6 m　　　　　④ (a) 5.5 m, (b) 7 m

해설 고압 및 특고압용 기계 기구 시설
㉠ 시가지에 시설하는 고압 : 4.5 m 이상(시가지 이외는 4 m)
㉡ 특고압 5 m 이상

55. 절연 전선으로 가선된 배전 선로에서 활선 상태인 경우 전선의 피복을 벗기는 것은 매우 곤란한 작업이다. 이런 경우 활선 상태에서 전선의 피복을 벗기는 공구는 ? [11, 18]
① 전선 피박기　　　　　② 애자 커버
③ 와이어 통　　　　　　④ 데드 엔드 커버

해설 활선 작업(hotline work) : 고압 전선로에서 충전 상태, 즉 송전을 계속하면서 애자, 완목, 전주 및 주상 변압기 등을 교체하는 작업이다.
㉠ 전선 피박기 : 활선 상태에서 전선의 피복을 벗기는 공구이다.
㉡ 애자 커버 : 활선 작업 시 특고핀 및 라인포스트 애자를 절연하여 작업자의 부주의로 접촉되더라도 안전 사고가 발생하지 않도록 사용되는 절연 덮개
㉢ 와이어 통(wire tong) : 핀 애자나 현수 애자의 장주에서 활선을 작업권 밖으로 밀어낼 때 사용하는 절연봉
㉣ 데드 엔드 커버(dead end cover) : 활선 작업 시 작업자가 현수 애자 및 데드 엔드 클램프에 접촉되는 것을 방지하기 위하여 사용되는 절연 장구

56. 배전 선로 공사에서 충전되어 있는 활선을 움직이거나 작업권 밖으로 밀어낼 때, 또는 활선을 다른 장소로 옮길 때 사용하는 활선 공구는 ? [예상]
① 피박기　　　　　② 활선 커버
③ 데드 엔드 커버　　　④ 와이어 통

해설 문제 55번 해설 참조

정답 54. ②　55. ①　56. ④

57. 지중 전선로 시설 방식이 아닌 것은? [15]

① 직접 매설식
② 관로식
③ 트리이식
④ 암거식

해설 지중 전선로의 시설 방식(KEC 334.1)

(1) 직접 매설식 : 전력 케이블을 직접 지중에 매설하는 방식이다.

(2) 관로식 : 합성수지 평형관, PVC 직관, 강관 등 파이프를 사용하여 관로를 구성한 뒤 케이블을 부설하는 방식이다.

(3) 암거식(전력 구식)

㉠ 터널과 같이 상부가 막힌 형태의 지하 구조물에 포설하는 방식이다.

㉡ 가스, 통신, 상하수도 관로 등과 전력 설비를 동시에 설치하는 공동 구식도 전력 구식의 일종이다.

58. 지중 선로를 직접 매설식에 의하여 시설하는 경우에 차량 등 중량물의 압력을 받을 우려가 있는 장소에는 매설 깊이를 몇 m 이상으로 하여야 하는가? [10, 18, 10, 11, 14, 15, 17, 20]

① 0.6
② 0.8
③ 1.0
④ 1.2

해설 ㉠ 차량, 기타 중량물의 압력을 받을 우려가 있는 장소 : 1.2 m 이상

㉡ 기타 장소 : 0.6 m 이상

59. 전선 약호가 CN－CV－W인 케이블의 명명은? [12]

① 동심 중성선 수밀형 전력 케이블
② 동심 중성선 차수형 전력 케이블
③ 동심 중성선 수밀형 저독성 난연 전력 케이블
④ 동심 중성선 차수형 저독성 난연 전력 케이블

해설 ㉠ CV : 가교 폴리에틸렌 절연 비닐시스 케이블

㉡ CNCV : 동심 중성선 가교 폴리에틸렌 절연 비닐시스 케이블

㉢ CNCV－W : 동심 중성선 수밀형 가교 폴리에틸렌 절연 비닐시스 케이블

정답 ● 57. ③ 58. ④ 59. ①

전기 설비

Chapter 06 고압 및 저압 배전반 공사

---

1. 점유 면적이 좁고 운전 보수에 안전하며 공장, 빌딩 등의 전기실에 많이 사용되는 배전반은 어떤 것인가? [18]

① 데드 프런트형 ② 수직형
③ 큐비클형 ④ 라이브 프런트형

해설 큐비클형(cubicle type) : 폐쇄식 배전반으로 점유 면적이 좁고 운전·보수에 안전하므로 공장, 빌딩 등의 전기실에 많이 사용된다.

---

2. 배전반 및 분전반의 설치 장소로 적합하지 않은 곳은? [14]

① 접근이 어려운 장소 ② 전기 회로를 쉽게 조작할 수 있는 장소
③ 개폐기를 쉽게 개폐할 수 있는 장소 ④ 안정된 장소

해설 분전반 및 배전반의 설치 장소(내선 1455)
㉠ 전기 회로를 쉽게 조작할 수 있는 장소
㉡ 개폐기를 쉽게 조작할 수 있는 장소
㉢ 노출된 장소
㉣ 안정된 장소

---

3. 간선에서 각 기계 기구로 배선하는 전선을 분기하는 곳에 주 개폐기, 분기 개폐기 및 자동 차단기를 설치하기 위하여 다음 중 무엇을 설치하는가? [예상]

① 분전반 ② 운전반
③ 배전반 ④ 스위치반

해설 분전반(panel board) : 간선에서 각 기계·기구로 배선하는 전선을 분기하는 곳에 주 개폐기, 분기 개폐기 및 자동 차단기를 설치하기 위하여 시설한 것

정답 1. ③ 2. ① 3. ①

4. 옥내 분전반의 설치에 관한 내용 중 틀린 것은? [13]

① 분전반에서 분기 회로를 위한 배관의 상승 또는 하강이 용이한 곳에 설치한다.
② 분전반에 넣는 금속제의 함 및 이를 지지하는 구조물은 접지를 하여야 한다.
③ 각 층마다 하나 이상을 설치하나, 회로수가 6 이하인 경우 2개 층을 담당할 수 있다.
④ 분전반에서 최종 부하까지의 거리는 40 m 이내로 하는 것이 좋다.

해설 분전반에서 최종 부하까지의 거리는 30 m 이내로 하는 것이 좋다.

5. 다음 중 분전반 및 분전반을 넣은 함에 대한 설명으로 잘못된 것은? [20]

① 분전반 및 분전반의 뒤쪽은 배선 및 기구를 배치할 것
② 절연 저항 측정 및 전선 접속 단자의 점검이 용이한 구조일 것
③ 난연성 합성수지로 된 것을 두께 1.5 mm 이상으로 내 아크성인 것이어야 한다.
④ 강판제의 것은 두께 1.2 mm 이상이어야 한다.

해설 분전반 및 분전반의 반(般)의 뒤쪽은 배선 및 기구를 배치하지 말 것

6. 특고압 수전 설비의 기호와 명칭으로 잘못된 것은? [10]

① CB – 차단기   ② DS – 단로기
③ LA – 피뢰기   ④ LF – 전력 퓨즈

해설 수전 설비의 결선 기호와 명칭

기호	CB	DS	LA	PF	CT	PT	ZCT
명칭	차단기	단로기	피뢰기	전력 퓨즈	계기용 변류기	계기용 변압기	영상 변류기

7. 고압 이상에서 기기의 점검, 수리 시 무전압, 무전류 상태로 전로에서 단독으로 전로의 접속 또는 분리하는 것을 주목적으로 사용되는 수변전 기기는? [15, 17]

① 기중 부하 개폐기   ② 단로기
③ 전력 퓨즈   ④ 컷 아웃 스위치

해설 단로기(DS) : 개폐기의 일종으로 기기의 점검, 측정, 시험 및 수리를 할 때 기기를 활선으로부터 분리하여 확실하게 회로를 열어놓거나 회로변경을 위하여 설치한다.

정답 ◆ 4. ④   5. ①   6. ④   7. ②

---

8. 피뢰기의 약호는? [예상]

① CT   ② LA   ③ DS   ④ CB

해설 LA : 피뢰기(lightning arrester)

---

9. 단로기에 대한 설명으로 옳지 않은 것은? [19]

① 소호 장치가 있어서 아크를 소멸시킨다.

② 회로를 분리하거나, 계통의 접속을 바꿀 때 사용한다.

③ 고장 전류는 물론 부하 전류의 개폐에도 사용할 수 없다.

④ 배전용의 단로기는 보통 디스커넥팅 바로 개폐한다.

해설 단로기(DS) : 소호 장치가 없어서 아크를 소멸시키지 못하므로 고장 전류는 물론 부하 전류의 개폐에도 사용할 수 없다.

※ 디스커넥팅 바(bar) : 절단하는 기구

---

10. 차단기 문자 기호 중 "OCB"는? [16, 18]

① 진공 차단기   ② 기중 차단기

③ 자기 차단기   ④ 유입 차단기

해설 유입 차단기(OCB ; oil circuit breaker)

    ㉠ 기중 차단기(ACB ; air circuit breaker)

    ㉡ 자기 차단기(MBCB ; magnetic-blast circuit breaker)

    ㉢ 진공 차단기(VCB ; vacuum circuit breaker)

    ㉣ 가스 차단기(GCB ; gas circuit breaker)

---

11. 다음 중 용어와 약호가 바르게 짝지어진 것은? [예상]

① 유입 차단기 – ABB   ② 공기 차단기 – ACB

③ 자기 차단기 – OCB   ④ 가스 차단기 – GCB

해설 ㉠ 유입 차단기 – OCB

    ㉡ 공기 차단기 – ABB

    ㉢ 자기 차단기 – MBCB

정답 8. ②   9. ①   10. ④   11. ④

12. 다음 중 차단기와 차단기의 소호 매질이 틀리게 연결된 것은? [18]
① 공기 차단기-압축공기
② 가스 차단기-가스
③ 자기 차단기-진공
④ 유입 차단기-절연유

해설 자기 차단기(MBCB) : 아크와 직각으로 자기장을 주어 소호실 안에 아크를 밀어 넣고 아크 전압을 증대시키며, 또한 냉각하여 소호한다.

13. 자연 공기 내에서 개방할 때 접촉자가 떨어지면서 자연 소호되는 방식을 가진 차단기로 저압의 교류 또는 직류 차단기로 많이 사용되는 것은? [예상]
① 유입 차단기
② 자기 차단기
③ 가스 차단기
④ 기중 차단기

해설 기중 차단기(ACB) : 자연 공기 내에서 개방할 때 접촉자가 떨어지면서 자연 소호에 의한 소호 방식을 가지는 차단기로서 교류 또는 직류 차단기로 많이 사용된다.

14. 가스 절연 개폐기나 가스 차단기에 사용되는 가스인 SF_6 의 성질이 아닌 것은? [10, 13, 19]
① 같은 압력에서 공기의 2.5~3.5배의 절연 내력이 있다.
② 무색, 무취, 무해 가스이다.
③ 가스압력 3~4 kgf/cm^{2}에서 절연 내력은 절연유 이상이다.
④ 소호능력은 공기보다 2.5배 정도 낮다.

해설 SF_6의 성질 : 소호능력은 공기보다 100배 정도로 높다.

15. 정격전압 3상 24 kV, 정격 차단 전류 300 A인 수전설비의 차단 용량은 몇 MVA인가? [15]
① 17.26
② 28.34
③ 12.47
④ 24.94

해설 $Q = \sqrt{3} \times$ 정격전압 $\times$ 정격 차단 전류 $\times 10^{-6} = \sqrt{3} \times 24 \times 10^3 \times 300 \times 10^{-6} \fallingdotseq 12.47$ MVA
※ 단상 : 정격 차단 용량 = 정격전압 × 정격 차단 전류

정답 ► **12.** ③ **13.** ④ **14.** ④ **15.** ③

16. 수변전 설비에서 차단기의 종류 중 가스 차단기에 들어가는 가스의 종류는? [11]
① CO_2
② LPG
③ SF_6
④ LNG

17. 인입 개폐기가 아닌 것은? [14]
① ASS
② LBS
③ LS
④ UPS

해설 ① ASS(Automatic Section Switch) : 자동 고장 구분 개폐기
② LBS(Load Breaking Switch) : 부하 개폐기(결상을 방지할 목적으로 채용)
③ LS(Line Switch) : 선로 개폐기(보안상 책임 분계점에서 보수 점검 시)
④ UPS(Uninterruptible Power Supply) : 무정전 전원장치

18. 수 · 변전 설비의 인입구 개폐기로 많이 사용되고 있으며 전력 퓨즈의 용단 시 결상을 방지하는 목적으로 사용되는 개폐기는? [12]
① 부하 개폐기
② 자동 고장 구분 개폐기
③ 선로 개폐기
④ 기중부하 개폐기

해설 문제 17번 해설 참조

19. 고압 수전설비의 인입구에 낙뢰나 혼촉 사고에 의한 이상전압으로부터 선로와 기기를 보호할 목적으로 시설하는 것은? [10, 17]
① 단로기(DS)
② 배선용 차단기(MCCB)
③ 피뢰기(LA)
④ 누전 차단기(ELB)

해설 피뢰기(LA ; lightning arrester) : 낙뢰나 혼촉 사고에 의한 이상전압으로부터 선로와 기기를 보호한다.

20. 전압 22.9 V – Y 이하의 배전선로에서 수전하는 설비의 피뢰기 정격전압은 몇 kV로 적용하는가? [10]
① 18
② 24
③ 144
④ 288

해설 배전선로용 피뢰기의 정격전압은 18 kV을 적용한다.

정답 ━● 16. ③ 17. ④ 18. ① 19. ③ 20. ①

21. 무효전력을 조정하는 전기 기계기구는? [10]

① 조상설비　　　　　　　　　② 개폐설비

③ 차단설비　　　　　　　　　④ 보상설비

해설 조상설비의 주 목적 : 무효전력을 조정하여 역률개선에 의한 전력손실 경감

　※ 조상설비의 종류

　　㉠ 전력용 콘덴서(진상용 콘덴서)

　　㉡ 리액터

　　㉢ 동기 조상기

22. 역률개선의 효과로 볼 수 없는 것은? [10, 16]

① 전력 손실 감소　　　　　　② 전압 강하 감소

③ 설비 용량의 이용률 증가　　④ 감전사고 감소

해설 부하의 역률 개선의 효과

　㉠ 선로 전력 손실의 감소

　㉡ 전압 강하 감소

　㉢ 설비 용량의 이용률 증가

　㉣ 전력 요금의 경감

23. 수·변전 설비 중에서 동력설비 회로의 역률을 개선할 목적으로 사용되는 것은? [14, 19]

① 전력 퓨즈　　　　　　　　② MOF

③ 지락 계전기　　　　　　　④ 진상용 콘덴서

해설 진상용 콘덴서 : 고압의 수·변전 설비 또는 개개의 부하의 역률 개선을 위해 사용하는 콘덴서이다.

24. 전력용 콘덴서를 회로로부터 개방하였을 때 전하가 잔류함으로써 일어나는 위험의 방지와 재투입 할 때 콘덴서에 걸리는 과전압의 방지를 위하여 무엇을 설치하는가? [11]

① 직렬 리액터　　　　　　　② 콘덴서

③ 방전 코일　　　　　　　　④ 피뢰기

정답 ●━ 21. ①　22. ④　23. ④　24. ③

해설 전력용 콘덴서의 부속기기

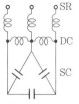
전력용 콘덴서의 구성

㉠ 방전 코일(DC) : 콘덴서를 회로에 개방하였을 때 전하가 잔류함으로써 일어나는 위험과 재투입 시 콘덴서에 걸리는 과전압을 방지하는 역할을 한다. 전력용 콘덴서의 구성

㉡ 직렬 리액터(SR) : 제5 고조파, 그 이상의 고조파를 제거하여 전압, 전류 파형을 개선한다.

---

25. 설치면적과 설치비용이 많이 들지만 가장 이상적이고 효과적인 진상용 콘덴서 설치 방법은 ? [11, 19]

① 수전단 모선에 설치
② 수전단 모선과 부하 측에 분산하여 설치
③ 부하 측에 분산하여 설치
④ 가장 큰 부하 측에만 설치

해설 진상용 콘덴서(SC)의 설치 방법 중에서 각 부하 측에 분산 설치하는 방법이 가장 효과적으로 역률이 개선되나 설치면적과 설치비용이 많이 든다.

---

26. 150 kW의 수전설비에서 역률을 80 %에서 95 %로 개선하려고 한다. 이때 전력용 콘덴서의 용량은 약 몇 kVA인가 ? [14]

① 63.2
② 126.4
③ 133.5
④ 157.6

해설 $Q_c = P\left(\sqrt{\dfrac{1}{\cos^2\theta_1} - 1} - \sqrt{\dfrac{1}{\cos^2\theta_2} - 1} \right) = 150 \left(\sqrt{\dfrac{1}{0.8^2} - 1} - \sqrt{\dfrac{1}{0.95^2} - 1} \right) = 63.2 \text{ kVA}$

---

27. 역률 0.8 유효전력 4000 kW인 부하의 역률을 100 %로 하기 위한 콘덴서의 용량(kVA)은 얼마인가 ? [13, 18]

① 3200
② 3000
③ 2800
④ 2400

해설 문제 26번 해설에서, $\cos\theta_2 = 1$이므로,

$Q_c = P\left(\sqrt{\dfrac{1}{\cos^2\theta_1} - 1} \right) = 4000 \left(\sqrt{\dfrac{1}{0.8^2} - 1} \right) = 3000 \text{ kVA}$

정답 25. ③ 26. ① 27. ②

---

28. 계기용 변류기의 약호는? [14, 17]
① CT   ② WH
③ CB   ④ DS

해설 계기용 변류기(CT : current transfomer)

---

29. 변류비 100/5 A의 변류기(C.T)와 5 A의 전류계를 사용하여 부하전류를 측정한 경우 전류계의 지시가 4 A이었다. 이때 부하전류는 몇 A인가? [예상]
① 30   ② 40
③ 60   ④ 80

해설 부하전류 = 전류계 지시전류 × 변류비 $= 4 \times \dfrac{100}{5} = 80$ A

---

30. 대전류를 소전류로 변성하여 계전기나 측정계기에 전류를 공급하는 기기는? [18, 20]
① 단로기(DS)   ② 계기용 변압기(PT)
③ 계기용 변류기(CT)   ④ 컷 아웃 스위치(COS)

해설 계기용 변성기
(1) 계기용 변압기(PT)
  ㉠ 고전압을 저전압으로 변성-회로에 병렬로 접속
  ㉡ 배전반의 전압계, 전력계, 주파수계, 역률계 표시등 및 부족전압 트립 코일의 전원으로 사용
(2) 계기용 변류기(CT)
  ㉠ 높은 전류를 낮은 전류로 변성-회로에 직렬로 접속
  ㉡ 배전반의 전류계, 전력계, 차단기의 트립 코일의 전원으로 사용

---

31. 수 · 변전 설비 구성기기의 계기용 변압기(PT)에 대한 설명으로 맞지 않는 것은? [15]
① 높은 전압을 낮은 전압으로 변성하는 기기이다.
② 높은 전류를 낮은 전류로 변성하는 기기이다.
③ 회로에 병렬로 접속하여 사용하는 기기이다.
④ 부족전압 트립 코일의 전원으로 사용된다.

해설 문제 30번 해설 참조

정답 28. ①   29. ④   30. ③   31. ②

32. 고압 전로에 지락사고가 생겼을 때 지락전류를 검출하는데 사용하는 것은? [14, 17]

① CT
② ZCT
③ MOF
④ PT

해설 영상 변류기(ZCT ; zero-phase current transformer) : 지락사고가 생겼을 때 흐르는 지락(영상)전류를 검출하여 접지계전기에 의하여 차단기를 동작시켜 사고의 파급을 방지한다.

33. 고압 전기회로의 전기 사용량을 적산하기 위한 계기용 변압 변류기의 약자는? [예상]

① ZPCT
② MOF
③ DCS
④ DSPF

해설 전력 수급용 계기용 변성기(MOF ; metering out fit)

34. 코일 주위에 전기적 특성이 큰 에폭시 수지를 고진공으로 침투시키고, 다시 그 주위를 기계적 강도가 큰 에폭시 수지로 몰딩한 변압기는? [10]

① 건식 변압기
② 유입 변압기
③ 몰드 변압기
④ 타이 변압기

해설 몰드 변압기

㉠ 고압 및 저압권선을 모두 에폭시로 몰드(mold)한 고체 절연방식 채용
㉡ 난연성, 절연의 신뢰성, 보수 및 점검이 용이, 에너지 절약 등의 특징이 있다.

35. 1차가 22.9 kV-Y의 배전 선로이고, 2차가 220/380 V 부하 공급시는 변압기 결선을 어떻게 하여야 하는가? [예상]

① Δ - Y
② Y - Δ
③ Y - Y
④ Δ - Δ

해설 배전 방식에 의한 간선

㉠ 특별 고압 간선 : 3상 4선식 22.9 kV 다중 접지식
㉡ 저압 간선 : 3상 4선식 220/380 V(Y-Y)
※ 3상 4선식은 Y 결선에서, 중성선을 가지므로 4선식이 된다.

특수장소 공사

1. 폭연성 분진이 존재하는 곳의 저압 옥내 배선 공사 시 공사 방법으로 짝지어진 것은 ? [15, 18, 19]

① 금속관 공사, MI 케이블공사, 개장된 케이블공사

② CD 케이블공사, MI 케이블공사, 금속관 공사

③ CD 케이블공사, MI 케이블공사, 제1종 캡타이어 케이블 공사

④ 개장된 케이블공사, CD 케이블공사, 제1종 캡타이어 케이블 공사

해설 폭연성 분진 위험장소(KEC 242.2.1) : 폭연성 분진(마그네슘·알루미늄·티탄·지르코늄) 등의 먼지가 쌓여있는 상태에서 불이 붙었을 때에 폭발할 우려가 있는 곳을 말한다.

(1) 옥내 배선은 금속 전선관 배선 또는 케이블 배선에 의할 것

(2) 금속 전선관 배선에 의하는 경우

　㉠ 금속관은 박강 전선관 또는 이와 동등 이상의 강도를 가지는 것을 사용할 것

　㉡ 관 상호 및 관과 박스는 5턱 이상의 나사 조임으로 견고하게 접속할 것

　㉢ 가요성을 필요로 하는 부분의 배선은 분진 방폭형 플렉시블 피팅(flexible fitting)을 사용할 것

(3) 케이블 배선에 의하는 경우

　㉠ 케이블에 고무나 플라스틱 외장 또는 금속제 외장을 한 것일 것

　㉡ 케이블은 강관, 강대 및 활동대를 개장으로 한 케이블 또는 MI 케이블을 사용하는 경우를 제외하고 보호관에 넣어서 시설 할 것

2. 폭연성 분진 또는 화학류의 분말이 전기설비가 발화원이 되어 폭발할 우려가 있는 곳에 시설하는 저압 옥내 전기설비의 저압 옥내 배선 공사는 ? [10, 17]

① 금속관 공사

② 합성수지관 공사

③ 가요 전선관 공사

④ 애자사용 공사

해설 문제 1번 해설 참조

정답 ●─● 1. ①　2. ①

3. 폭연성 분진이 존재하는 곳의 금속관 공사 시 전동기에 접속하는 부분에서 가요성을 필요로 하는 부분의 배선에는 방폭형의 부속품 중 어떤 것을 사용하여야 하는가? [19]

① 플렉시블 피팅
② 분진 플렉시블 피팅
③ 분진 방폭형 플렉시블 피팅
④ 안전 증가 플렉시블 피팅

해설 문제 1번 해설 참조

4. 폭발성 분진이 있는 위험장소에 금속관 배선에 의할 경우 관 상호 및 관과 박스 기타의 부속품이나 풀박스 또는 전기 기계기구는 몇 턱 이상의 나사 조임으로 접속하여야 하는가? [10, 11, 12, 13, 14, 18]

① 2턱
② 3턱
③ 4턱
④ 5턱

해설 문제 1번 해설 참조

5. 티탄을 제조하는 공장으로 먼지가 쌓여진 상태에서 착화된 때에 폭발할 우려가 있는 곳에 저압 옥내 배선을 설치하고자 한다. 알맞은 공사 방법은? [12]

① 합성수지 몰드 공사
② 라이팅 덕트 공사
③ 금속 몰드 공사
④ 금속관 공사

해설 티탄을 제조하는 공장의 저압 옥내 배선 공사 방법 : 금속관 공사, 케이블 공사(CD 케이블, 캡타이어 케이블은 제외)

※ 티탄(Titanium) : 여러 가지 광석 중에 함유되어 있으나 주광석은 금홍석(rutile) 및 티탄 철광(ilmenite)이다.

6. 소맥분, 전분 기타 가연성의 분진이 존재하는 곳의 저압 옥내 배선 공사 방법에 해당되는 것으로 짝지어진 것은? [15, 17, 19]

① 케이블 공사, 애자사용 공사
② 금속관 공사, 콤바인 덕트관, 애자사용 공사
③ 케이블 공사, 금속관 공사, 애자사용 공사
④ 케이블 공사, 금속관 공사, 합성수지관 공사

해설 가연성 분진 위험장소(KEC 242.2.2) : 가연성 분진(소맥분·전분·유황 기타 가연성의 먼지로 폭발할 우려가 있는 것을 말하며 폭연성 분진은 제외
  ㉠ 합성수지관 공사·금속관 공사 또는 케이블 공사에 의할 것
  ㉡ 두께 2 mm 미만의 합성수지 전선관 및 난연성이 없는 콤바인 덕트관을 사용하는 것을 제외한다.

7. 가연성 분진에 전기설비가 발화원이 되어 폭발의 우려가 있는 곳에 시설하는 저압 옥내 배선 공사방법이 아닌 것은? [14]
  ① 금속관 공사   ② 케이블 공사
  ③ 애자사용 공사   ④ 합성수지관 공사

해설 문제 6번 해설 참조

8. 셀룰로이드, 성냥, 석유류 등 기타 가연성 위험물질을 제조 또는 저장하는 장소의 배선으로 잘못된 것은? [18]
  ① 금속관 배선   ② 가요 전선관 배선
  ③ 합성수지관 배선   ④ 케이블 배선

해설 위험물이 있는 곳의 공사(KEC 242.4) : 셀룰로이드·성냥·석유류 기타 타기 쉬운 위험한 물질을 제조하거나 저장하는 곳
  ㉠ 배선은 금속관 배선, 합성수지관 배선 또는 케이블 배선 등에 의할 것
  ㉡ 금속 전선관 배선, 합성수지 전선관 배선(두께 2 mm 미만의 합성수지관 제외) 또는 케이블 배선으로 시공한다.

9. 셀룰로이드, 성냥, 석유류 등 기타 가연성 위험물질을 제조 또는 저장하는 장소의 배선 방법이 아닌 것은? [11, 17]
  ① 배선은 금속관 배선, 합성수지관 배선 또는 케이블 배선에 의할 것
  ② 금속관은 박강 전선관 또는 이와 동등 이상의 강도가 있는 것을 사용할 것
  ③ 두께가 2 mm 미만의 합성수지제 전선관을 사용할 것
  ④ 합성수지관 배선에 사용하는 합성수지관 및 박스 기타 부속품은 손상될 우려가 없도록 시설할 것

해설 문제 8번 해설 참조

정답 ● 7. ③   8. ②   9. ③

---

10. 성냥을 제조하는 공장의 공사 방법으로 틀린 것은? [16]

① 금속관 공사

② 케이블 공사

③ 금속 몰드 공사

④ 합성수지관 공사

해설 성냥, 석유류 등 기타 가연성 위험물질을 제조하는 공장의 공사 방법에는 금속관 공사, 케이블 공사, 합성수지관 공사가 있다.

---

11. 가연성 가스가 존재하는 장소의 저압 시설공사 방법으로 옳은 것은? [11, 18]

① 가요 전선관 공사

② 합성수지관 공사

③ 금속관 공사

④ 금속 몰드 공사

---

12. 부식성 가스 등이 있는 장소에 시설할 수 없는 배선은? [10, 12]

① 애자사용 배선

② 제1종 금속제 가요 전선관 배선

③ 케이블 배선

④ 캡타이어 케이블 배선

해설 부식성 가스 또는 용액의 종류에 따라서 애자사용 배선, 금속 전선관 배선, 합성수지관 배선, 2종 금속제 가요 전선관, 케이블 배선 또는 캡타이어 케이블 배선으로 시공하여야 한다.

---

13. 부식성 가스 등이 있는 장소에 전기설비를 시설하는 방법으로 적합하지 않은 것은? [10, 13]

① 애자사용 배선 시 부식성 가스의 종류에 따라 절연 전선인 DV전선을 사용한다.

② 애자사용 배선에 의한 경우에는 사람이 쉽게 접촉될 우려가 없는 노출장소에 한한다.

③ 애자사용 배선 시 부득이 나전선을 사용하는 경우에는 전선과 조영재와의 거리를 4.5 cm 이상으로 한다.

④ 애자사용 배선 시 전선의 절연물이 상해를 받는 장소는 나전선을 사용할 수 있으며, 이 경우는 바닥 위 2.5 m 이상 높이에 시설한다.

해설 부식성 가스 등이 있는 장소

㉠ 전선은 부식성 가스 또는 용액의 종류에 따라서 절연 전선(DV 전선은 제외한다.) 또는 이와 동등 이상의 절연 효력이 있는 것을 사용할 것

㉡ 다만, 전선의 절연물이 상해를 받는 장소는 나전선을 사용할 수 있으며, 이 경우는 바닥 위 2.5 m 이상 높이에 시설한다.

정답 • 10. ③ 11. ③ 12. ② 13. ①

14. 화약고 등의 위험장소의 배선 공사에서 전로의 대지 전압은 몇 V 이하이어야 하는가? [11, 17, 18, 20]

① 300 ② 400

③ 500 ④ 600

[해설] 화약류 저장소에서 전기설비의 시설(KEC 242.5.1)

(1) 화약류 저장소 안에는 전기설비를 시설해서는 안 된다(다만, 백열전등, 형광등 또는 이들에 전기를 공급하기 위한 경우에는 그러하지 아니하다).

㉠ 전로에 대지 전압은 300 V 이하일 것

㉡ 전기 기계기구는 전폐형의 것일 것

(2) 옥내 배선은 금속 전선관 배선 또는 케이블 배선에 의하여 시설할 것

(3) 개폐기 및 과전류 차단기에서 화약고의 인입구까지의 배선은 케이블을 사용하고 또한 이것을 지중에 시설하여야 한다.

15. 화약고 등의 위험장소에서 전기설비 시설에 관한 내용으로 옳은 것은? [14]

① 전로의 대지 전압은 400 V 이하일 것

② 전기 기계기구는 전폐형을 사용할 것

③ 화약고 내의 전기설비는 화약고 장소에 전용 개폐기 및 과전류 차단기를 시설할 것

④ 개폐기 및 과전류 차단기에서 화약고 인입구까지의 배선은 케이블 배선으로 노출로 시설할 것

[해설] 문제 14번 해설 참조

16. 화약류 저장장소의 배선공사에서 전용 개폐기에서 화약류 저장소의 인입구까지는 어떤 공사를 하여야 하는가? [12, 15, 20]

① 케이블을 사용한 옥측 전선로

② 금속관을 사용한 지중 전선로

③ 케이블을 사용한 지중 전선로

④ 금속관을 사용한 옥측 전선로

[해설] 문제 14번 해설 참조

[정답] 14. ① 15. ② 16. ③

17. 불연성 먼지가 많은 장소에 시설할 수 없는 저압 옥내 배선의 방법은? [14, 20]
① 금속관 배선
② 두께가 1.2 mm인 합성수지관 배선
③ 금속제 가요 전선관 배선
④ 애자사용 배선

해설 불연성 먼지가 많은 장소
㉠ 애자사용 배선
㉡ 금속 전선관 배선
㉢ 금속제 가요 전선관 배선
㉣ 금속 덕트 배선, 버스 덕트 배선
㉤ 합성수지 전선관 배선(두께 2 mm 미만의 합성수지 전선관 제외)
㉥ 케이블 배선 또는 캡타이어 케이블 배선으로 시공하여야 한다.

18. 가스증기 위험장소의 배선 방법으로 적합하지 않은 것은? [예상]
① 옥내 배선은 금속관 배선 또는 합성수지관 배선으로 할 것
② 전선관 부품 및 전선 접속함에는 내압 방폭 구조의 것을 사용할 것
③ 금속관 배선으로 할 경우 관 상호 및 관과 박스는 5턱 이상의 나사 조임으로 견고하게 접속할 것
④ 금속관과 전동기의 접속 시 가요성을 필요로 하는 짧은 부분의 배선에는 안전 증가 방폭 구조의 플렉시블 피팅을 사용할 것

해설 배선은 금속 전선관 배선 또는 케이블 배선에 의할 것

19. 흥행장의 저압 배선 공사 방법으로 잘못된 것은? [13]
① 전선 보호를 위해 적당한 방호장치를 할 것
② 무대나 영사실 등의 사용 전압은 400 V 미만일 것
③ 이동전선은 0.6/1 kV 비닐 절연 비닐 케이블이어야 한다.
④ 플라이 덕트를 시설하는 경우에는 덕트의 끝부분은 막아야 한다.

해설 문제 20번 해설 참조

정답 17. ② 18. ① 19. ③

20. 무대 · 오케스트라 박스 · 영사실 기타 사람이나 무대 도구가 접촉될 우려가 있는 장소에 시설하는 저압 옥내 배선의 사용 전압은? [14]

① 400 V 미만
② 500 V 이상
③ 600 V 미만
④ 700 V 이상

해설 전시회, 쇼 및 공연장의 전기설비(KEC 242.6)

(1) 무대 · 무대마루 밑 · 오케스트라 박스 · 영사실 기타 사람이나 무대 도구가 접촉할 우려가 있는 곳에 시설하는 저압 옥내 배선, 전구선 또는 이동전선은 사용 전압이 400 V 미만이어야 한다.

(2) 배선용 케이블은 구리 도체로 최소 단면적 : 1.5 mm² (염화비닐 절연 케이블, 고무 절연 케이블)

(3) 무대마루 밑에 시설하는 전구선은 300/300 V 편조 고무코드 또는 0.6/1 kV EP 고무절연 클로로프렌 캡타이어 케이블이어야 한다.

(4) 이동전선

   ㉠ 0.6/1 kV EP 고무 절연 클로로프렌 캡타이어 케이블 또는 0.6/1 kV 비닐 절연 비닐 캡타이어 케이블이어야 한다.

   ㉡ 보더라이트에 부속된 이동전선은 0.6/1 kV EP 고무 절연 클로로프렌 캡타이어 케이블이어야 한다.

   ㉢ 전선 보호를 위해 적당한 방호장치를 하여야 한다.

   ㉣ 플라이 덕트를 시설하는 경우에는 덕트의 끝부분은 막아야 한다.

21. 흥행장의 저압 공사에서 잘못된 것은? [12]

① 무대, 무대 밑, 오케스트라 박스 및 영사실의 전로에는 전용 개폐기 및 과전류 차단기를 시설할 필요가 없다.
② 무대용의 콘센트, 박스, 플라이 덕트 및 보더라이트의 금속제 외함에는 접지공사를 하여야 한다.
③ 플라이 덕트는 조영재 등에 견고하게 시설하여야 한다.
④ 사용 전압 400 V 미만의 이동전선은 0.6/1 kV EP 고무 절연 클로로프렌 캡타이어 케이블을 사용한다.

해설 전로에 전용 개폐기 및 과전류 차단기를 설치하여야 한다.

22. 옥내에 시설하는 사용 전압이 400 V 이상인 저압의 이동전선은 0.6/1 kV EP 고무 절연 클로로프렌 캡타이어 케이블로서 단면적이 몇 mm² 이상이어야 하는가? [12]

① 0.75
② 2
③ 5.5
④ 8

해설 옥내 저압용 이동전선의 시설 : 단면적이 0.75 mm² 이상인 것일 것

정답 → 20. ① 21. ① 22. ①

23. 전기울타리의 시설에 관한 내용 중 틀린 것은? [20]

① 수목과의 이격 거리는 0.3 m 이상일 것
② 전선은 지름이 2 mm 이상의 경동선일 것
③ 전선과 이를 지지하는 기둥 사이의 이격 거리는 10 mm 이상일 것
④ 전기울타리용 전원장치에 전기를 공급하는 전로의 사용 전압은 250 V 이하일 것

해설 전기울타리 시설(KEC 241.1)

㉠ 전기울타리는 목장·논밭 등 옥외에서 가축의 탈출 또는 야생짐승의 침입을 방지하기
위하여 시설하는 경우를 제외하고는 시설해서는 안 된다.
㉡ 전기울타리용 전원장치에 전원을 공급하는 전로의 사용 전압은 250 V 이하이어야 한다.
㉢ 전기울타리는 사람이 쉽게 출입하지 아니하는 곳에 시설할 것
㉣ 전선은 지름 2 mm 이상의 경동선일 것
㉤ 전선과 이를 지지하는 기둥 사이의 이격 거리는 25 mm(2.5 cm) 이상일 것
㉥ 전선과 다른 시설물 또는 수목과의 이격 거리는 0.3 m 이상일 것
㉦ 전로에는 쉽게 개폐할 수 있는 곳에 전용 개폐기를 시설하여야 한다.
㉧ 전기울타리의 접지전극과 다른 접지계통의 접지전극의 거리는 2 m 이상이어야 한다.
㉨ 가공전선로의 아래를 통과하는 전기울타리의 금속 부분은 교차 지점의 양쪽으로부터
5 m 이상의 간격을 두고 접지하여야 한다.

24. 다음 중 전기울타리용 전원장치에 공급하는 전로의 사용 전압은 최대 몇 V 미만이어야 하는가? [예상]

① 110
② 220
③ 250
④ 380

해설 문제 23번 해설 참조

25. 다음 중 목장의 전기울타리에 사용하는 경동선의 지름은 최소 몇 mm 이상이어야 하는가? [예상]

① 1.6
② 2.0
③ 2.6
④ 3.2

해설 문제 23번 해설 참조

정답 ● **23.** ③ **24.** ③ **25.** ②

26. 전기울타리의 접지전극과 다른 접지계통의 접지전극의 거리는 몇 m 이상이어야 하는가? [예상]

① 0.5
② 1.0
③ 1.5
④ 2.0

해설 문제 23번 해설 참조

27. 전기욕기용 전원 변압기 2차측 전로의 사용 전압은 몇 V 이하의 것에 한하는가? [예상]

① 50
② 30
③ 20
④ 10

해설 전기욕기(KEC 241.2)

(1) 전원장치의 2차측 배선

ㄱ 전기욕기용 전원 변압기 2차측 전로의 사용 전압은 10 V 이하이어야 한다.

ㄴ 합성수지관 공사, 금속관 공사 또는 케이블 공사에 의하여 시설하거나 또는 공칭단면적이 1.5 mm² 이상의 캡타이어 코드를 합성수지관이나 금속관에 넣고 관을 조영재에 견고하게 고정하여야 한다.

(2) 욕기 내의 시설

ㄱ 욕기 내의 전극 간의 거리는 1 m 이상일 것

ㄴ 욕기 내의 전극은 사람이 쉽게 접촉될 우려가 없도록 시설할 것

28. 전기욕기용 전원장치의 2차측 배선공사에 적용되지 않는 것은? [예상]

① 합성수지관 공사
② 가요 전선관 공사
③ 케이블 공사
④ 금속관 공사

해설 문제 27번 해설 참조

29. 욕기 내의 전극 간의 거리는 몇 m 이상이여야 하는가? [예상]

① 0.25
② 0.50
③ 0.75
④ 1.0

해설 문제 27번 해설 참조

정답 ● 26. ④ 27. ④ 28. ② 29. ④

30. 욕실 내에 콘센트를 시설할 경우 콘센트의 시설 위치는 바닥면상 몇 cm 이상 설치하여야 하는가? [18]

① 30

② 50

③ 80

④ 100

해설 욕실 내에 콘센트를 시설할 경우 : 바닥면상 80 cm 이상

31. 터널·갱도 기타 이와 유사한 장소에서 사람이 상시 통행하는 터널 내의 배선방법으로 적절하지 않은 것은? (단, 사용 전압은 저압이다.) [18, 20]

① 라이팅 덕트 배선

② 금속제 가요 전선관 배선

③ 합성수지관 배선

④ 애자사용 배선

해설 터널 및 갱도(KEC 242.7 참조)
ⓐ 사람이 상시 통행하는 터널 내의 배선은 저압에 한하며 애자사용, 금속 전선관, 합성수지관, 금속제 가요 전선관, 케이블 배선으로 시공하여야 한다.
ⓑ 애자사용 배선의 경우 전선은 노면상 2.5 m 이상의 높이로 하고, 단면적 $2.5\,mm^2$ 이상의 절연 전선을 사용해야 한다(단, OW, DV 전선 제외).
ⓒ 터널의 인입구 가까운 곳에 전용의 개폐기를 시설하여야 한다.

32. 다음 중 사람이 상시 통행하는 터널 내 배선의 사용 전압이 저압일 때 배선 방법으로 틀린 것은? [12, 16]

① 금속관 배선

② 금속 덕트 배선

③ 합성수지관 배선

④ 금속제 가요 전선관 배선

해설 문제 31번 해설 참조

정답 ● 30. ③   31. ①   32. ②

08 전기응용시설 공사

Chapter

---

1. 옥내 배선의 지름을 결정하는 가장 중요한 요소는? [19]

① 허용 전류　　　　　　　　　② 전압 강하
③ 기계적 강도　　　　　　　　④ 공사 방법

해설 (1) 전선의 지름을 결정하는데 고려하여야 할 사항

ㄱ 허용 전류
ㄴ 전압 강하
ㄷ 기계적 강도
ㄹ 사용 주파수

(2) 가장 중요한 요소는 허용 전류이다.

---

2. 전선 굵기의 결정에서 다음과 같은 요소를 만족하는 굵기를 사용해야 한다. 가장 잘 표현된 것은? [00]

① 기계적 강도, 전선의 허용 전류를 만족하는 굵기
② 기계적 강도, 수용률, 전압 강하를 만족하는 굵기
③ 인장 강도, 수용률, 최대 사용 전압을 만족하는 굵기
④ 기계적 강도, 전선의 허용 전류, 전압 강하를 만족하는 굵기

해설 문제 1번 해설 참조

---

3. 옥내 배선 공사에 사용하는 연동선의 최소 굵기(mm^2)는? [16]

① 1.5　　　　　　　　　　　② 2.5
③ 3.0　　　　　　　　　　　④ 4.0

해설 전선의 굵기는 단면적 $2.5\,mm^2$ 이상의 연동선 또는 $1\,mm^2$ 이상의 MI 케이블이어야 한다.

정답 ● 1. ①　2. ④　3. ②

4. 일반 주택의 저압 옥내 배선을 점검하였더니 다음과 같이 시공되어 있었다. 잘못 시공된 것은? [18]

① 욕실의 전등으로 방습 형광등이 시설되어 있다.
② 단상 3선식 인입개폐기의 중성선에 동판이 접속되어 있었다.
③ 합성수지관 공사의 관의 지지점 간의 거리가 2 m로 되어 있었다.
④ 금속관 공사로 시공하였고 절연 전선을 사용하였다.

해설 합성수지관 공사의 관의 지지점 간의 거리 : 1.5 m 이하로 시설할 것

5. 옥내 배선에 많이 사용하는 전선으로 가요성이 크고 전기 저항이 작은 구리선은? [예상]

① 경동선
② 단선
③ 연동선
④ 강심 알루미늄선

해설 ㉠ 연동선 : 옥내 배선용
㉡ 경동선 : 가공 선로용
㉢ 강심 알루미늄선 : 송전 선로용

6. 조명 설계 시 고려해야 할 사항 중 틀린 것은? [예상]

① 적당한 조도일 것
② 휘도 대비가 높을 것
③ 균등한 광속 발산도 분포일 것
④ 적당한 그림자가 있을 것

해설 우수한 조명의 조건
㉠ 조도가 적당할 것
㉡ 그림자가 적당할 것
㉢ 휘도의 대비가 적당할 것
㉣ 광색이 적당할 것
㉤ 균등한 광속 발산도 분포(얼룩이 없는 조명)일 것

7. 조명공학에서 사용되는 칸델라(cd)는 무엇의 단위인가? [16]

① 광도
② 조도
③ 광속
④ 휘도

정답 ━●━ 4. ③ 5. ③ 6. ② 7. ①

해설 조명에 관한 용어의 정의와 단위

구분	정의	기호	단위
조도	장소의 밝기	E	럭스(lx)
광도	광원에서 어떤 방향에 대한 밝기	I	칸델라(cd)
광속	광원 전체의 밝기	F	루멘(lm)
휘도	광원의 외관상 단위 면적당의 밝기	B	스틸브(sb)
광속 발산도	물건의 밝기 (조도, 반사율)	M	래드럭스(rlx)

8. 조명공학에서 사용되는 럭스(lx)는 무엇의 단위인가? [예상]
① 조도   ② 휘도
③ 광도   ④ 광속

해설 문제 7번 해설 참조

9. 눈부신 정도로서 어느 방향에서 본 겉보기의 면적 대비 어느 방향의 광도를 의미하는 것은? [20]
① 조도   ② 휘도
③ 광도   ④ 반사율

해설 휘도 : 어느 면을 어느 방향에서 보았을 때의 발산 광속으로 단위는 (sb ; stilb)를 사용한다.

10. 완전 확산면은 어느 방향에서 보아도 무엇이 동일한가? [20]
① 조도   ② 휘도
③ 광도   ④ 반사율

해설 완전 확산면
㉠ 반사면이 거칠면 난반사하여 빛이 확산한다.
㉡ 이 확산 반사 중 면의 휘도가 어느 방향에서 보더라도 같은 표면을 완전 확산면이라 한다.

정답 8. ①   9. ②   10. ②

11. 60 cd의 점광원으로부터 2 m의 거리에서 그 방향과 직각인 면과 30° 기울어진 평면 위의 조도 lx는? [13, 20]

① 11

② 13

③ 15

④ 19

해설 $E_h = E_n \cos\theta = \dfrac{I_\theta}{\gamma^2}\cos\theta = \dfrac{60}{2^2}\times\cos 30° = 15\times\dfrac{\sqrt{3}}{2} ≒ 13$ lx

※ 입사각 여현의 법칙(수평면 조도) : $E_h = E_n \cos\theta = \dfrac{I_\theta}{\gamma^2}\cos\theta$ [lx]

12. 실내 전체를 균일하게 조명하는 방식으로 광원을 일정한 간격으로 배치하여 공장, 학교, 사무실 등에서 채용되는 조명 방식은? [12, 16]

① 국부 조명

② 전반 조명

③ 직접 조명

④ 간접 조명

해설 (1) 전반 조명

ㄱ 작업면의 전체를 균일한 조도가 되도록 조명하는 방식이다.

ㄴ 공장, 사무실, 교실 등에 사용하고 있다.

(2) 국부 조명 : 높은 정밀도의 작업을 하는 특정한 장소만을 고조도하기 위한 곳에서 사용된다.

13. 특정한 장소만을 고조도로 하기 위한 조명 기구의 배치 방식은? [예상]

① 국부 조명 방식

② 전반 조명 방식

③ 간접 조명 방식

④ 직접 조명 방식

해설 문제 12번 해설 참조

14. 조명 기구를 배광에 따라 분류하는 경우 특정한 장소만을 고조도로 하기 위한 조명 기구는? [15]

① 직접 조명 기구

② 전반 확산 조명 기구

③ 광천장 조명 기구

④ 반직접 조명 기구

정답 ● 11. ② 12. ② 13. ① 14. ①

15. 조명 기구를 반간접 조명 방식으로 설치하였을 때, 상향 광속의 양(%)은? [14, 17]
① 0~10　　　　② 10~40　　　　③ 40~60　　　　④ 60~90

해설 조명 기구의 배광

조명 방식	직접 조명	반직접 조명	전반 확산 조명	반간접 조명	간접 조명
상향 광속	0~10 %	10~40 %	40~60 %	60~90 %	90~100 %

16. 조명 기구의 배광에 의한 분류 중 40~60 % 정도의 빛이 위쪽과 아래쪽으로 고루 향하고 가장 일반적인 용도를 가지고 있으며, 상하 좌우로 빛이 모두 나오므로 부드러운 조명이 되는 방식은? [예상]
① 직접 조명 방식　　　　　　　② 반직접 조명 방식
③ 전반 확산 조명 방식　　　　　④ 반간접 조명 방식

해설 문제 15번 해설 참조

17. 천장에 작은 구멍을 뚫어 그 속에 등기구를 매입시키는 방식으로 건축의 공간을 유효하게 하는 조명 방식은? [11, 17]
① 코브 방식　　　　　　　　② 코퍼 방식
③ 밸런스 방식　　　　　　　④ 다운 라이트 방식

해설 ㉠ 다운 라이트(down-light) 방식 : 천장에 작은 구멍을 뚫어 그 속에 등기구를 매입시키는 방법으로 매입형에 따라 하면 개방형, 하면 루버형, 하면 확산형, 반사형 등이 있다.
　　㉡ 코브(cove) 방식 : 간접 조명에 속하며 코브의 벽이나 천장면에 플라스틱, 목재 등을 이용하여 광원을 감추고, 그 반사광으로 채광하는 조명 방식이다.

18. 가로 20 m, 세로 18 m, 천장의 높이 3.85 m, 작업면의 높이 0.85 m, 간접 조명 방식인 호텔 연회장의 실지수는 약 얼마인가? [15, 19]
① 1.16　　　　② 2.16　　　　③ 3.16　　　　④ 4.16

해설 $H = 3.85 - 0.85 = 3$ m

∴ 실지수 $K = \dfrac{XY}{H(X+Y)} = \dfrac{20 \times 18}{3(20+18)} = \dfrac{360}{114} ≒ 3.16$

정답 ● 15. ④　16. ③　17. ④　18. ③

19. 작업 면에서 천장까지의 높이가 3 m일 때 직접 조명일 경우의 광원의 높이는 몇 m인가? [17]

① 1   ② 2   ③ 3   ④ 4

해설 광원의 높이는 작업 면에서 $\frac{2}{3}H_0$[m]로 한다.

$\therefore$ 광원 높이 $= \frac{2}{3}H_0 = \frac{2}{3} \times 3 = 2\,\text{m}$

20. 실내 전반 조명을 하고자 한다. 작업대로부터 광원의 높이가 2.4 m인 위치에 조명 기구를 배치할 때 벽에서 한 기구 이상 떨어진 기구에서 기구 간의 거리는 일반적으로 최대 몇 m로 배치하여 설치하는가? (단, $S \leq 1.5H$를 사용하여 구하도록 한다.) [18, 19]

① 1.8   ② 2.4   ③ 3.2   ④ 3.6

해설 $L \leq 1.5\,H$[m]

$\therefore$ $L = 1.5 \times 2.4 = 3.6\,\text{m}$

21. 실내 면적 100 m²인 교실에 전광속이 2500 lm인 40 W 형광등을 설치하여 평균 조도를 150 lx로 하려면 몇 개의 등을 설치하면 되겠는가? (단, 조명률은 50 %, 감광 보상률은 1.25로 한다.) [16]

① 15개   ② 20개   ③ 25개   ④ 30개

해설 $N = \dfrac{AED}{FU} = \dfrac{100 \times 150 \times 1.25}{2500 \times 0.5} = \dfrac{18750}{1250} = 15$ 개

22. 건축물의 종류에서 표준 부하를 20 VA/m²으로 하여야 하는 건축물은 다음 중 어느 것인가? [19]

① 교회, 극장   ② 학교, 음식점

③ 은행, 상점   ④ 아파트, 미용원

해설 건물의 표준 부하

건물의 종류	표준 부하(VA/m²)
공장, 공회당, 사원, 교회, 극장, 연회장 등	10
기숙사, 여관, 호텔, 병원, 학교, 음식점 등	20
주택, 아파트, 사무실, 은행, 상점, 미장원 등	30

정답 ● 19. ②   20. ④   21. ①   22. ②

23. 다음 중 주택, 아파트, 사무실, 은행, 상점, 이발소, 미장원에서 사용하는 표준 부하 (VA/m²)는? [11, 17, 16]

① 5
② 10
③ 20
④ 30

해설 문제 22번 해설 참조

24. 일반적으로 학교 건물이나 은행 건물 등의 간선의 수용률은 얼마인가? [14, 16, 18, 19, 20]

① 50 %
② 60 %
③ 70 %
④ 80 %

해설 간선의 수용률

건물의 종류	수용률(%)
주택, 기숙사, 여관, 호텔, 병원, 창고	50
학교, 사무실, 은행	70

25. 220 V로 인입하는 어느 주택의 총 부하 설비 용량이 7050 VA이다. 최소 분기 회로수는 몇 회로로 하여야 하는가? (단, 전등 및 소형 전기 기계·기구이고, 3300 VA 이하마다 분기하게 되어 있다.) [예상]

① 1
② 3
③ 5
④ 8

해설 분기 회로수 $= \dfrac{\text{총 부하 설비 용량}}{3300} = \dfrac{7050}{3300} ≒ 2.136$

∴ 최소 분기 회로수는 2.136 보다 큰 3이 된다.

26. 수용 설비 용량이 2.2 kW인 주택에서 최대 사용 전력이 0.8 kW이었다면 수용률은 몇 %가 되겠는가? [예상]

① 26.5
② 36.4
③ 46.8
④ 56.2

해설 수용률 $= \dfrac{\text{최대 수용 전력}}{\text{수용 설비 용량}} \times 100 = \dfrac{0.8}{2.2} \times 100 = 36.4\,\%$

정답 ▸ 23. ④ 24. ③ 25. ② 26. ②

27. 어느 수용가의 설비 용량이 각각 1 kW, 2 kW, 3 kW, 4 kW인 부하설비가 있다. 그 수용률이 60 %인 경우 그 최대 수용 전력은 몇 kW인가? [20]

① 3
② 6
③ 30
④ 60

해설 수용률 $= \dfrac{최대\ 수용\ 전력}{수용\ 설비\ 용량} \times 100\,\%$ 에서,

최대 수용 전력 = 수용률 × 수용 설비 용량 $= 0.6 \times (1+2+3+4) = 6 \text{ kW}$

---

28. 각 수용가의 최대 수용 전력이 각각 5 kW, 10 kW, 15 kW, 22 kW이고, 합성 최대 수용 전력이 50 kW이다. 수용가 상호 간의 부등률은 얼마인가? [11]

① 1.04
② 2.34
③ 4.25
④ 6.94

해설 부등률 $= \dfrac{각각의\ 최대\ 수용전력\ 합}{합성\ 최대\ 수용\ 전력} = \dfrac{5+10+15+22}{50} = 1.04$

---

29. 최대 수용 전력이 50 kW인 수용가에서 하루의 소비 전력이 600 kWh이다. 일부하율은 몇 %인가? [예상]

① 50
② 65
③ 80
④ 95

해설 ㉠ 1일 평균 수용 전력 $= \dfrac{1일\ 소비\ 전력량}{시간} = \dfrac{600}{24} \fallingdotseq 25 \text{ kW}$

㉡ 부하율 $= \dfrac{평균\ 수용\ 전력}{합성\ 최대\ 수용\ 전력} \times 100 = \dfrac{25}{50} \times 100 = 50\,\%$

---

30. 각 수용가의 수용 설비 용량의 합이 50 kW, 수용률이 65 %, 각 수용가 사이의 부등률은 1.3, 부하 역률 80 %일 때 공급 설비 용량은 몇 kVA이겠는가? [예상]

① 25.38
② 31.25
③ 42.25
④ 52.38

해설 ㉠ 최대 수용 전력 = 수용 설비 용량 × 수용률 $= 50 \times 0.65 = 32.5 \text{ kW}$

㉡ 합성 최대 수용 전력 $= \dfrac{최대\ 수용\ 전력}{부등률} = \dfrac{32.5}{1.3} = 25 \text{ kW}$

∴ 변압기의 용량 $= \dfrac{합성\ 최대\ 수용\ 전력}{역률} = \dfrac{25}{0.8} = 31.25 \text{ kVA}$

정답 ● 27. ② 28. ① 29. ① 30. ②

31. 접지측 전선을 접속하여 사용하여야 하는 것은? [예상]

① 캐치 홀더   ② 점멸 스위치

③ 단극 스위치   ④ 리셉터클 베이스 단자

해설 소켓, 리셉터클 등에 전선을 접속할 때

ⓐ 전압측 전선을 중심 접촉면에, 접지측 전선을 속 베이스에 연결하여야 한다.

ⓑ 이유 : 충전된 속 베이스를 만져서 감전될 우려가 있는 것을 방지하기 위해서이다.

32. 가정용 전등에 사용되는 점멸 스위치를 설치하여야 할 위치에 대한 설명으로 가장 적당한 것은? [10]

① 접지 측 전선에 설치한다.   ② 중성선에 설치한다.

③ 부하의 2차 측에 설치한다.   ④ 전압 측 전선에 설치한다.

해설 전등 점멸용 점멸 스위치를 시설할 때

ⓐ 반드시 전압 측 전선에 시설하여야 한다.

ⓑ 이유 : 접지 측 전선에 접지 사고가 생기면 누설 전류가 생겨서 화재의 위험성이 있고, 또 점멸 역할도 할 수 없게 되기 때문이다.

33. 전환 스위치의 종류로 한 개의 전등을 두 곳에서 자유롭게 점멸할 수 있는 스위치는? [18]

① 펜던트 스위치   ② 3로 스위치

③ 코드 스위치   ④ 단로 스위치

해설 3로 스위치(three-way switch) : 3개의 단자를 가진 전환용 스냅 스위치이다.

34. 전등 한 개를 2개소에서 점멸하고자 할 때 옳은 배선은? [예상]

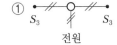

해설 전선 가닥 수

ⓐ S_3 : 3로 스위치 3가닥

ⓑ 전원 : 2가닥

35. 1개의 전등을 3곳에서 자유롭게 점등하기 위해서는 3로 스위치와 4로 스위치가 각각 몇 개씩 필요한가? [예상]

① 3로 스위치 1개, 4로 스위치 2개 ② 3로 스위치 2개, 4로 스위치 1개

③ 3로 스위치 3개 ④ 4로 스위치 3개

해설 N개소 점멸을 위한 스위치의 소요

$N =$ (2개의 3로 스위치) $+$ [$(N-2)$개의 4로 스위치]

$\quad = 2S_3 + (N-2)S_4 = 2S_3 + (3-2)S_4 = 2S_3 + 1S_4$

∴ 3로 스위치 2개, 4로 스위치 1개

※ $N=2$일 때 : 2개의 3로 스위치

$\quad N=3$일 때 : 2개의 3로 스위치 + 1개의 4로 스위치

$\quad N=4$일 때 : 2개의 3로 스위치 + 2개의 4로 스위치

36. 전주 외등 설치 시 백열전등 및 형광등의 조명 기구를 전주에 부착하는 경우 부착한 점으로부터 돌출되는 수평거리는 몇 m 이내로 하여야 하는가? [15, 17]

① 0.5 ② 0.8 ③ 1.0 ④ 1.2

해설 백열전등 및 형광등에 있어서는 기구를 전주에 부착한 점으로부터 돌출되는 수평 거리를 1 m 이내로 할 것

※ 전주 외등 설치(KEC 234.10) : 대지전압 300 V 이하의 형광등, 고압방전등, LED등 등을 배전선로의 지지물 등에 시설하는 경우

(1) 기구의 인출선은 도체 단면적이 $0.75 \, \text{mm}^2$ 이상일 것

(2) 배선은 단면적 $2.5 \, \text{mm}^2$ 이상의 절연 전선 또는 이와 동등 이상의 절연 성능이 있는 것을 사용하고 다음 공사방법 중에서 시설하여야 한다.

　　㉠ 케이블 공사

　　㉡ 합성수지관 공사

　　㉢ 금속관 공사

(3) 배선이 전주에 연한 부분은 1.5 m 이내마다 새들(saddle) 또는 밴드로 지지할 것

(4) 기구의 부착 높이는 하단에서 지표상 4.5 m 이상으로 할 것(교통에 지장이 없는 경우는 지표상 3.0 m 이상)

37. 전주에 가로등을 설치 시 부착 높이는 지표상 몇 m 이상으로 하여야 하는가? (단, 교통에 지장이 없는 경우이다.) [19, 20]

① 2.5 ② 3 ③ 4 ④ 4.5

해설 문제 36번 해설 참조

정답 35. ② 36. ③ 37. ②

38. 교통 신호등의 제어장치로부터 신호등의 전구까지의 전로에 사용하는 전압은 몇 V 이하 인가? [13, 17]

① 60　　　　　② 100　　　　　③ 300　　　　　④ 440

해설 교통 신호등(KEC 234.15)

(1) 제어장치의 2차측 배선의 최대 사용 전압은 300 V 이하이어야 한다.

(2) 2차측 배선(인하선을 제외)

ㄱ 전선은 케이블인 경우 이외에는 공칭단면적 2.5 mm² 연동선과 동등 이상의 세기 및 굵기의 450/750 V 일반용 단심 비닐 절연 전선 또는 450/750 V 내열성 에틸렌아세 테이트 고무 절연 전선일 것

ㄴ 조가용선은 인장강도 3.7 kN 이상의 금속선 또는 지름 4 mm 이상의 아연도철선을 2가닥 이상 꼰 금속선을 사용할 것

(3) 인하선의 지표상의 높이는 2.5 m 이상일 것

(4) 제어장치 전원 측에는 전용 개폐기 및 과전류 차단기를 각 극에 시설하여야 한다.

(5) 사용 전압이 150 V를 넘는 경우는 전로에 지락이 생겼을 경우 자동적으로 전로를 차단 하는 누전 차단기를 시설할 것

39. 교통 신호등 회로의 사용 전압이 몇 V를 초과하는 경우에는 지락 발생 시 자동적으로 전 로를 차단하는 장치를 시설하여야 하는가? [16, 17]

① 50　　　　　② 100　　　　　③ 150　　　　　④ 200

해설 문제 38번 해설 참조

40. 교통 신호등의 인하선은 지표상 몇 m 이상이어야 하는가? (단, 금속관, 케이블공사에 의 하여 시설하는 경우는 예외이다) [17]

① 1.8　　　　　② 2.5　　　　　③ 2.8　　　　　④ 3.5

해설 문제 38번 해설 참조

41. 교통 신호등의 가공 전선의 지표상 높이는 도로를 횡단하는 경우 몇 m 이상이어야 하 는가? [20]

① 4　　　　　② 5　　　　　③ 6　　　　　④ 6.5

정답 ━● 38. ③　39. ③　40. ②　41. ③

제8장 전기응용시설 공사 **313**

해설 교통 신호등의 가공 전선의 지표상 높이
　　㉠ 도로횡단 : 6 m 이상
　　㉡ 철도 및 궤도 : 6.5 m 이상

---

42. 엘리베이터 장치를 시설할 때 승강기 내부에서 사용하는 전등 및 전기 기계기구에 사용할 수 있는 최대 전압은? [11]

① 110 V 미만　　② 220 V 미만　　③ 400 V 미만　　④ 440 V 미만

해설 엘리베이터(elevator)
　(1) 승강로 안의 저압 옥내 배선 등의 시설에서, 최대 사용 전압은 400 V 미만일 것
　(2) 승강로 및 승강기에 시설하는 절연 전선 및 이동케이블의 굵기
　　㉠ 절연 전선 : 1.5 mm² 이상
　　㉡ 이동케이블 : 0.75 mm² 이상
　(3) 주로 사용되는 전동기는 3상 유도 전동기이다.

---

43. 엘리베이터의 승강로 및 승강기에 시설하는 전선은 절연 전선을 사용하는 경우 동 전선의 최소 굵기는 몇 mm² 이상이여야 하는가? [20]

① 0.75　　　② 1　　　③ 1.25　　　④ 1.5

해설 문제 42번 해설 참조

---

44. 출퇴 표시등 회로에 전기를 공급하기 위한 절연 변압기의 2차측 전로는 몇 V 이하이어야 하는가? [예상]

① 200　　　② 100　　　③ 80　　　④ 60

해설 출퇴 표시등 회로의 절연 변압기
　　㉠ 1차측 전로의 대지 전압은 300 V 이하일 것
　　㉡ 2차측 전로는 60 V 이하일 것

---

45. 자동 화재 탐지설비는 화재의 발생을 초기에 자동적으로 탐지하여 소방대상물의 관계자에게 화재의 발생을 통보해주는 설비이다. 이러한 자동 화재 탐지설비의 구성요소가 아닌 것은? [09, 11]

① 수신기　　　② 비상경보기　　　③ 발신기　　　④ 중계기

정답 　42. ③　43. ④　44. ④　45. ②

해설 자동 화재 탐지설비의 구성요소
- ㉠ 감지기
- ㉡ 수신기
- ㉢ 발신기
- ㉣ 중계기
- ㉤ 표시등
- ㉥ 음향 장치 및 배선

---

46. 다음 그림 기호 ————의 배선 명칭은 무엇인가? [10, 16, 19]
- ① 천장 은폐선
- ② 바닥 은폐선
- ③ 노출 배선
- ④ 바닥면 노출배선

해설 배선 심벌

명 칭	심 벌
천장 은폐 배선	———
노출 배선	-----------
바닥 은폐 배선	— — — —
바닥면 노출 배선	— ‥ —

---

47. 다음 심벌의 명칭은 무엇인가? [19]

Ⓗ

- ① 지진감지기
- ② 실링라이트
- ③ 전열기
- ④ 발전기

해설 ㉠ 지진감지기 : Ⓔⓠ

㉡ 실링라이트 : Ⓒⓛ

㉢ 발전기 : Ⓖ

---

48. 다음 중 형광 램프를 나타내는 기호는? [20]
- ① HID
- ② FL
- ③ H
- ④ M

해설 ㉠ FL : 형광 램프

㉡ HID 등(H : 수은 등, M : 메탈할라이드 등, N : 나트륨 등)

정답 ● 46. ① 47. ③ 48. ②

49. 실링 직접 부침등을 시설하고자 한다. 배선도에 표기할 그림 기호는? [15]

① ─(N)   ② (외등 기호)   ③ (CL)   ④ (R)

해설 ① : 벽등(나트륨 등)
② : 외등
③ : 실링 직접 부침등
④ : 리셉터클

50. 다음 중 배선용 차단기를 나타내는 그림 기호는? [14, 18]

① B   ② E   ③ BE   ④ S

해설 ① : 배선용 차단기
② : 누전 차단기
③ : 과전류 붙이 누전 차단기
④ : 개폐기

51. 다음의 심벌 명칭은 무엇인가? [18]

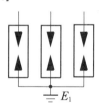

① 파워퓨즈   ② 단로기
③ 피뢰기   ④ 고압 컷 아웃 스위치

52. 지락사고가 생겼을 때 흐르는 영상전류(지락전류)를 검출하여 지락계전기에 의하여 차단기를 차단시켜 사고 범위를 작게 하는 기기의 기호는? [18]

① GR   ② OCR

③ ZCT (기호)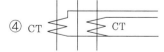

정답 ● 49. ③   50. ①   51. ③   52. ③

해설 ① GR : 접지 계전기(Ground Relay)
② OCR : 과전류 계전기(Over Current Relay)
③ ZCT : 영상 변류기(Zero phase Current Transformer)
④ CT : 계기용 변류기(Current Relay)

---

53. 아래의 그림 기호가 나타내는 것은? [19]

① 리셉터클 ② 비상용 콘센트
③ 점검구 ④ 방수형 콘센트

---

54. 배전반을 나타내는 그림 기호는? [12, 16]

① ② ③ ④ S

해설 ① : 분전반 ② : 배전반
③ : 제어반 ④ : 개폐기

---

55. 조명용 백열전등을 일반주택 및 아파트 각 호실에 설치할 때 현관 등은 최대 몇 분 이내에 소등되는 타임 스위치를 시설하여야 하는가? [17]

① 1 ② 2 ③ 3 ④ 4

해설 ㉠ 일반 주택 및 아파트 각 호실의 형광등은 3분 이내에 소등
㉡ 숙박업에 이용되는 객실의 입구등은 1분 이내에 소등

---

56. 동력 배선에서 경보를 표시하는 램프의 일반적인 색깔은? [10]

① 백색 ② 오렌지색 ③ 적색 ④ 녹색

해설 표시 램프(일반적)
㉠ 녹색 : 전원 표시(정지) ㉡ 적색 : 동작 표시
㉢ 황색(오렌지색) : 경보 표시 ㉣ 백색 : 기타

정답 ● 53. ② 54. ② 55. ③ 56. ②

57. 물탱크의 물의 양에 따라 동작하는 스위치로서 공장, 빌딩 등의 옥상에 있는 물탱크의 급수펌프에 설치된 전동기 운전용 마그네트 스위치와 조합하여 사용하는 스위치는? [18]

① 수은 스위치　　　　　　　　② 타임 스위치
③ 압력 스위치　　　　　　　　④ 플로트리스 스위치

해설 플로트리스(float less) 스위치 : 플로트를 쓰지 않고 액체 내에 전류가 흘러 그 변화로 제어하는 것으로, 전극 간에 흐르는 전류의 변화를 증폭하여 전자 계전기를 동작시키는 것이다.

58. 물탱크의 물의 양에 따라 동작하는 자동 스위치는? [15]

① 부동 스위치　　　　　　　　② 압력 스위치
③ 타임 스위치　　　　　　　　④ 수은 스위치

해설 자동 스위치
　㉠ 부동 스위치(float switch) : 물탱크의 물의 양에 따라 동작하는 자동 스위치이다.
　㉡ 압력 스위치 : 액체 또는 기체의 압력이 높고 낮음에 따라 자동 조절되는 스위치이다.
　㉢ 타임 스위치 : 시계 장치와 조합하여 자동 개폐하는 스위치이다.
　㉣ 수은 스위치 : 생산 공장 작업의 자동화, 바이메탈과 조합하여 실내 난방 장치의 자동 온도 조절에도 사용된다.

59. 위치 검출용 스위치로서 물체가 접촉하면 내장 스위치가 동작하는 구조로 되어있는 것은? [18]

① 리밋 스위치　　　　　　　　② 플로트 리스 스위치
③ 텀블러 스위치　　　　　　　④ 타임 스위치

해설 리밋 스위치(limit switch) : 보통 한계점 스위치라고도 하며, 물체의 위치 검출에 주로 사용한다.

60. 전동기 과부하 보호장치에 해당되지 않는 것은? [11]

① 전동기용 퓨즈　　　　　　　② 열동 계전기
③ 전동기보호용 배선용 차단기　④ 전동기 기동장치

해설 전동기의 과부하 보호장치의 시설 : 전동기는 소손방지를 위하여 전동기용 퓨즈, 열동 계전기(thermal relay), 전동기보호용 배선용 차단기, 유도형전기, 정지형 계전기 등이 사용되며, 자동적으로 회로를 차단하거나 과부하 시에 경보를 내는 장치를 사용하여야 한다.

정답 57. ④　58. ①　59. ①　60. ④

61. 전자 개폐기에 부착하여 전동기의 과부하 보호에 사용되는 자동 장치는? [17]
① 온도 퓨즈　　　　② 열동 계전기
③ 서모스탯　　　　④ 선택 접지 계전기

해설 전자 개폐기
㉠ 전자 접촉기와 과전류에 의해 동작하는 과부하 계전기가 조합되어 외부의 조작 스위치에 의해 동작하는 개폐기이다.
㉡ 과부하 계전기는 주 회로에 접속된 과부하 전류 히터의 발열로 바이메탈이 작용하여 전자석의 회로를 차단하는 열동 계전기(thermal relay)로 되어 있다.

62. 전동기의 정·역 운전을 제어하는 회로에서 2개의 전자 개폐기의 작동이 동시에 일어나지 않도록 하는 회로는? [17]
① Y−△ 회로　　　　② 자기유지 회로
③ 촌동 회로　　　　④ 인터로크 회로

해설 인터로크(interlock) 회로 : 우선도 높은 측의 회로를 ON 조작하면 다른 회로가 열려서 작동하지 않도록 하는 회로
※ 촌동(inching)의 제어 회로는 조작하고 있을 때에만 전동기를 회전시키고, 스위치에서 손을 떼면 전동기가 정지하도록 설계된 회로이다.

63. 기중기로 200 t의 하중을 1.5 m/min의 속도로 권상할 때 소요되는 전동기 용량은? (단, 권상기의 효율은 70 %이다.) [10]
① 약 35 kW　　　　② 약 50 kW
③ 약 70 kW　　　　④ 약 75 kW

해설 $P_M = \dfrac{W \cdot v}{6.12\eta} = \dfrac{200 \times 1.5}{6.12 \times 0.7} = 70\,\mathrm{kW}$

64. UPS는 무엇을 의미하는가? [18, 19]
① 구간자동개폐기　　　　② 단로기
③ 무정전 전원장치　　　　④ 계기용 변성기

해설 무정전 전원장치(UPS ; Uninterruptible Power Supply)

정답 61. ②　62. ④　63. ③　64. ③

부록

실전 모의고사

실전 모의고사 1

제1과목	제2과목	제3과목
전기 이론 : 20문항	전기 기기 : 20문항	전기 설비 : 20문항

1과목 : 전기 이론

1. 다음 중 콘덴서의 정전용량에 대한 설명으로 틀린 것은? [18년 1회]

① 전압에 반비례한다.

② 이동 전하량에 비례한다.

③ 극판의 넓이에 비례한다.

④ 극판의 간격에 비례한다.

해설 콘덴서의 정전용량

㉠ $C = \dfrac{Q}{V}$ [F] : 전압(V)에 반비례한다. → 이동 전하량(Q)에 비례한다.

㉡ $C = \epsilon \dfrac{A}{l}$ [F] : 극판의 넓이(A)에 비례한다. → 극판의 간격(l)에 반비례한다.

2. 다음 중 정전 용량 1 pF과 같은 것은? [18년 2회]

① 10^{-3} F ② 10^{-6} F

③ 10^{-9} F ④ 10^{-12} F

해설 정전용량의 단위 : $1\,F = 10^3\,mF = 10^6\,\mu F$
$= 10^9\,nF = 10^{12}\,pF$
$\therefore 1\,pF = 10^{-12}\,F$

3. 0.02 μF의 콘덴서에 12 μC의 전하를 공급하면 몇 V의 전위차를 나타내는가? [18년 1회]

① 600 ② 900

③ 1200 ④ 2400

해설 $V = \dfrac{Q}{C} = \dfrac{12}{0.02} = 600\,V$

4. 정전 용량 C[F]의 콘덴서에 W[J]의 에너지를 축적하려면 이 콘덴서에 가해줄 전압(V)은 얼마인가? [18년 1회]

① $\dfrac{2W}{C}$ ② $\sqrt{\dfrac{2W}{C}}$

③ $\dfrac{2C}{W}$ ④ $\sqrt{\dfrac{2C}{W}}$

해설 $W = \dfrac{1}{2}CV^2$[J]에서, $V^2 = \dfrac{2W}{C}$

$\therefore V = \sqrt{\dfrac{2W}{C}}$ [V]

5. 다음 설명 중 옳은 것은? [18년 1회]

① 상자성체는 자화율이 0보다 크고, 반자성체에서는 자화율이 0보다 작다.

② 상자성체는 투자율이 1보다 작고, 반자성체에서는 투자율이 1보다 크다.

③ 반자성체는 자화율이 0보다 크고, 투자율이 1보다 크다.

④ 상자성체는 자화율이 0보다 작고, 투자율이 1보다 크다.

해설 (1) 상자성체는 자화율이 0보다 크고, 반자성체에서는 자화율이 0보다 작다.

(2) 반자성체는 자화율이 0보다 작고, 투자율이 1보다 작다.

※ 자성체(magnetic material)

㉠ 상자성체 : $\mu_s > 1$인 물체로서, 자화율 $\chi > 0$

㉡ 강자성체 : $\mu_s \gg 1$인 물체로서, 자화율 $\chi \gg 0$

㉢ 반자성체 : $\mu_s < 1$인 물체로서, 자화율 $\chi < 0$

정답 ▸ 1. ④ 2. ④ 3. ① 4. ② 5. ①

6. 비투자율이 1인 환상철심 중의 자장의 세기가 H[AT/m]이었다. 이때 비투자율이 10인 물질로 바꾸면 철심의 자속밀도(Wb/m²)는?

[18년 2회]

① $\frac{1}{10}$ 로 줄어든다. ② 10배 커진다.

③ 50배 커진다. ④ 100배 커진다.

해설 $B = \mu H = \mu_0 \mu_s H$[Wb/m²]에서, μ_0와 H가 일정하면 자속밀도는 비투자율 μ_s에 비례한다.

∴ 비투자율이 10배가 되면 자속밀도도 10배가 된다.

7. 공기 중에서 자기장의 세기가 100 A/m인 점에 8×10^{-2} Wb의 자극을 놓을 때 이 자극에 작용하는 기자력(N)은?

[18년 1회]

① 8×10^{-4} ② 8

③ 125 ④ 1250

해설 기자력 $F = mH = 8 \times 10^{-2} \times 100 = 8$ N

8. 자기장 내의 도선에 전류가 흐를 때 도선이 받는 힘의 방향을 나타내는 법칙은? [18년 2회]

① 렌츠의 법칙

② 플레밍의 오른손 법칙

③ 플레밍의 왼손 법칙

④ 옴의 법칙

해설 플레밍의 왼손 법칙

(1) 자기장 내의 도선에 전류가 흐를 때 도선이 받는 힘(전자력)의 방향을 나타낸다.

(2) 전동기의 회전 방향을 결정한다.

㉠ 엄지손가락 : 전자력(힘)의 방향

㉡ 집게손가락 : 자장의 방향

㉢ 가운뎃손가락 : 전류의 방향

9. 공기 중에 자속밀도가 0.3 Wb/m²인 평등자계 내에 5 A의 전류가 흐르고 있는 길이 2 m의 직선도체를 자계의 방향에 대하여 60°의 각

도로 놓았을 때 이 도체가 받는 힘은 약 몇 N인가?

[18년 2회]

① 1.3 ② 2.6

③ 4.7 ④ 5.2

해설 $F = BlI \sin\theta$

$$= 0.3 \times 2 \times 5 \times \frac{\sqrt{3}}{2} \fallingdotseq 2.6 \text{ N}$$

여기서, $\sin 60° = \frac{\sqrt{3}}{2}$

10. 전기와 자기의 요소를 서로 대칭되게 나타내지 않은 것은?

[18년 1회]

① 전계 – 자계

② 전속 – 자속

③ 유전율 – 투자율

④ 전속밀도 – 자기량

해설 전속밀도 D[C/m²] – 자속밀도 B[Wb/m²]

11. 1 AH는 몇 C인가?

[18년 1회]

① 7200 ② 3600

③ 120 ④ 60

해설 $Q = I \cdot t = 1 \times 60 \times 60 = 3600$ C

12. 다음과 같은 그림에서 4 Ω의 저항에 흐르는 전류는 몇 A인가?

[18년 2회]

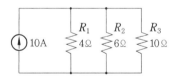

① 3.25 ② 4.84

③ 5.62 ④ 8.42

해설 R_2와 R_3의 합성저항

$$R_{23} = \frac{6 \times 10}{6 + 10} = 3.75 \ \Omega$$

∴ R_1에 흐르는 전류

$$I_1 = \frac{R_{23}}{R_1 + R_{23}} \times I_0 = \frac{3.75}{4 + 3.75} \times 10 \fallingdotseq 4.84 \text{ A}$$

13. 2 Ω과 3 Ω의 저항을 병렬로 접속했을 때 흐르는 전류는 직렬로 접속했을 때의 약 몇 배인가? [18년 1회]

① $\frac{1}{2}$ 배   ② 2배

③ 2.08배   ④ 4.17배

해설 ㉠ 병렬접속 시 합성저항

$$R_p = \frac{R_1 R_2}{R_1 + R_2} = \frac{2 \times 3}{2 + 3} = \frac{6}{5} = 1.2\ \Omega$$

㉡ 직렬접속 시 합성저항

$$R_s = R_1 + R_2 = 2 + 3 = 5\ \Omega$$

㉢ 합성저항의 비

$$\frac{R_p}{R_s} = \frac{1.2}{5} = 0.24$$

∴ 전류의 비는 저항의 비에 반비례하므로 병렬로 접속했을 때 흐르는 전류

$$I_p = \frac{1}{0.24} I_s \doteqdot 4.17\ I_s$$

14. 다음 중 교류 220 V의 평균값은 약 몇 V인가? [18년 2회]

① 148   ② 155

③ 198   ④ 380

해설 $V_a = \dfrac{1}{1.11} \times V = \dfrac{1}{1.11} \times 220 \doteqdot 198\ V$

※ $\dfrac{V_a}{V} = \dfrac{0.637\ V_m}{0.707\ V_m} \doteqdot \dfrac{1}{1.11} \Rightarrow V_a = \dfrac{1}{1.11} \times V$

15. 다음 중 RLC 직렬회로에서 임피던스 Z의 크기를 나타내는 식은? [18년 1회]

① $R^2 + X_L^2 - X_C^2$

② $R^2 + X_L^2 + X_C^2$

③ $\sqrt{R^2 + (X_L - X_C)^2}$

④ $\sqrt{R^2 + (X_L^2 + X_C^2)}$

해설 $Z = \sqrt{R^2 + X^2}$
$= \sqrt{R^2 + (X_L - X_C)^2}\ [\Omega]$

16. 어떤 단상 전압 220 V에 소형 전동기를 접속 하였더니 15 A의 전류가 흘렀다. 이때 45도 뒤진 전류가 흘렀다면, 이 전동기의 소비전력 W은 약 얼마인가? [18년 2회]

① 1224   ② 1485

③ 2333   ④ 3300

해설 $P = VI\cos\theta = 220 \times 15 \times \cos 45°$

$= 220 \times 15 \times \dfrac{1}{\sqrt{2}} \doteqdot 2333\ W$

17. 다음 중 △ 결선에서 상전류와 선전류의 위상차 관계를 설명한 것 중 옳은 것은? [18년 2회]

① 선전류가 상전류보다 30° 뒤진다.

② 선전류가 상전류보다 60° 뒤진다.

③ 선전류가 상전류보다 30° 앞선다.

④ 선전류가 상전류보다 60° 앞선다.

해설 대칭 3상 △ 결선에서 선전류 I_l가 상전류 I_p보다 30° 뒤진다.

• 3상 △ 결선 : 상전류 I_p는 선전류 I_l보다 위상이 30° 앞선다.

• 3상 Y 결선 : 선간 전압은 상전압보다 위상이 30° 앞선다.

18. $i = 100 + 50\sqrt{2}\sin\omega t + 20\sqrt{2}\sin\left(3\omega t + \dfrac{\pi}{6}\right)$로 표시되는 비정현파 전류의 실횻값은 약 얼마인가? [18년 2회]

① 20 V   ② 50 V

③ 114 V   ④ 150 V

해설 $V = \sqrt{V_0^2 + V_1^2 + V_3}$
$= \sqrt{100^2 + 50^2 + 20^2} = \sqrt{12900}$
$\doteqdot 114\ V$

19. 묽은 황산(H_2SO_4) 용액에 구리(Cu)와 아연(Zn)판을 넣으면 전지가 된다. 이때 양극 (+)에 대한 설명으로 옳은 것은? [18년 1회]

① 구리판이며 수소 기체가 발생한다.

정답 ● 13. ④   14. ③   15. ③   16. ③   17. ①   18. ③   19. ①

② 구리판이며 산소 기체가 발생한다.

③ 아연판이며 산소 기체가 발생한다.

④ 아연판이며 수소 기체가 발생한다.

해설 볼타 전지(voltaic cell)

㉠ 묽은 황산 용액에 구리(Cu)와 아연(Zn) 전극을 넣으면, 두 전극 사이에 기전력이 생겨 약 1 V의 전압이 나타난다.

㉡ 분극 작용(polarization effect) : 전류를 얻게 되면 구리판(양극)의 표면이 수소 기체에 의해 둘러싸이게 되는 현상으로, 전지의 기전력을 저하시키는 요인이 된다.

20. 기전력 1.5 V, 내부저항 0.1 Ω인 전지 5개를 직렬로 접속하여 단락시켰을 때의 전류 (A)는? [18년 2회]

① 7.5   ② 15

③ 17.5   ④ 22.5

해설 $I_s = \dfrac{nE}{nr} = \dfrac{5 \times 1.5}{5 \times 0.1} = 15 \, A$

2과목 : 전기 기기

21. 다음 중 직류 발전기의 정류를 개선하는 방법 중 틀린 것은? [18년 1회]

① 코일의 자기 인덕턴스가 원인이므로 접촉 저항이 작은 브러시를 사용한다.

② 보극을 설치하여 리액턴스 전압을 감소시킨다.

③ 보극 권선은 전기자 권선과 직렬로 접속한다.

④ 브러시를 전기적 중성축을 지나서 회전 방향으로 약간 이동시킨다.

해설 브러시의 접촉 저항이 큰 것을 사용하여, 정류 코일의 단락 전류를 억제하여 양호한 정류를 얻는다(탄소질 및 금속 흑연질의 브러시 사용).

22. 정격속도로 회전하고 있는 무부하의 분권 발전기가 있다. 계자저항 40 Ω, 계자전류 3 A, 전기자 저항이 2 Ω일 때 유도 기전력은 약 몇 V인가? [18년 2회]

① 126   ② 132

③ 156   ④ 185

해설 분권 발전기의 유도 기전력(무부하 시)

㉠ 단자 전압 : $V = I_f R_f = 3 \times 40 = 120 \, V$

㉡ 유도 기전력 : $E = V + I_f R_a$
$= 120 + 3 \times 2 = 126 \, V$

※ $I_a = I_f + I$ 에서 무부하일 때 : $I_a = I_f$

23. 10극의 직류 파권 발전기의 전기자 도체 수 400, 매 극의 자속 수 0.02 Wb, 회전수 600 rpm일 때 기전력은 몇 V인가? [18년 1회]

① 200   ② 220

③ 380   ④ 400

해설 $E = p\phi \dfrac{N}{60} \cdot \dfrac{Z}{a}$
$= 10 \times 0.02 \times \dfrac{600}{60} \times \dfrac{400}{2} = 400 \, V$

여기서, 파권 $a = 2$

24. 직류 분권 전동기의 계자저항을 운전 중에 증가시키는 경우 일어나는 현상으로 옳은 것은? [18년 1회]

① 자속 증가   ② 속도 감소

③ 부하 증가   ④ 속도 증가

해설 계자저항 증가→계자전류 감소→자속 감소→회전 속도 증가
$N = K \dfrac{E}{\phi} [rpm]$

25. 60 Hz의 동기 발전기 2극일 때 동기 속도는 몇 rpm인가? [18년 2회]

① 7200   ② 4800

③ 3600   ④ 2400

해설 $N_s = \dfrac{120f}{p} = \dfrac{120 \times 60}{2} = 3600 \, \text{rpm}$

26. 다음 중 동기 발전기 단절권의 특징이 아닌 것은? [18년 1회]

① 고조파를 제거해서 기전력의 파형이 좋아진다.
② 코일 단이 짧게 되므로 재료가 절약된다.
③ 전절권에 비해 합성 유기 기전력이 증가한다.
④ 코일 간격이 극 간격보다 작다.

해설 단절권(short pitch winding)

㉠ 코일 피치 $\beta\pi$ 가 자극 피치 π 보다 작은 권선법이다($\beta = 5/6$ 정도).
㉡ 전절권에 비하여 파형(고조파 제거) 개선, 코일 단부 단축, 동량 감소 및 기계 길이가 단축되지만, 유도 기전력이 감소한다.

27. 다음 중 병렬운전을 하고 있는 3상 동기 발전기에 동기화 전류가 흐르는 경우는 어느 때인가? [18년 2회]

① 부하가 증가할 때
② 여자전류를 변화시킬 때
③ 부하가 감소할 때
④ 원동기의 출력이 변화할 때

해설 원동기의 출력이 변화하면 기전력의 위상차가 발생하게 되면서 동기화 전력에 의한 동기화 전류가 흐르게 된다.

28. 다음 중 동기 전동기에 관한 설명에서 잘못된 것은? [18년 1회]

① 기동 권선이 필요하다.
② 난조가 발생하기 쉽다.
③ 여자기가 필요하다.
④ 역률을 조정 할 수 없다.

해설 동기 전동기 → 동기 조상기
㉠ 동기 전동기는 V곡선(위상 특성곡선)을 이

용하여 역률을 임의로 조정하고, 진상 및 지상전류를 흘릴 수 있다.
㉡ 이 전동기를 동기 조상기라 하며, 앞선 무효 전력은 물론 뒤진 무효 전력도 변화시킬 수 있다.

29. 1차 권수 3000, 2차 권수 100인 변압기에서 이 변압기의 전압비는 얼마인가? [18년 2회]

① 20   ② 30
③ 40   ④ 50

해설 $a = \dfrac{V_1}{V_2} = \dfrac{3000}{100} = 30$

30. 일정 전압 및 일정 파형에서 주파수가 상승하면 변압기 철손은 어떻게 변하는가? [18년 1회]

① 증가한다.
② 감소한다.
③ 불변이다.
④ 어떤 기간 동안 증가한다.

해설 $E = 4.44fN\phi_m [\text{V}]$ 에서, 전압이 일정하고 주파수 f 만 높아지면 자속 ϕ_m 이 감소, 즉 여자전류가 감소하므로 철손이 감소하게 된다.

31. 어느 변압기의 백분율 저항 강하가 2 %, 백분율 리액턴스 강하가 3 %일 때 부하역률이 80 %인 변압기의 전압변동률(%)은? [18년 2회]

① 1.2   ② 2.4
③ 3.4   ④ 3.6

해설 $\epsilon = p\cos\theta + q\sin\theta$
$= 2 \times 0.8 + 3 \times 0.6 = 3.4\%$
$※ \sin\theta = \sqrt{1 - \cos\theta^2} = \sqrt{1 - 0.8^2} = 0.6$

32. 절연유를 충만시킨 외함 내에 변압기를 수용하고, 오일의 대류작용에 의하여 철심 및 권선에 발생한 열을 외함에 전달하며, 외함의 방산이나 대류에 의하여 열을 대기로 방산시

키는 변압기의 냉각방식은? [18년 1회]

① 유입 송유식   ② 유입 수랭식

③ 유입 풍랭식   ④ 유입 자랭식

해설 변압기의 냉각방식

ㄱ 건식 자랭식(AN) : 공기에 의하여 자연적으로 냉각

ㄴ 건식 풍랭식(AF) : 강제로 통풍시켜 냉각 효과를 크게 한 것

ㄷ 유입 자랭식(ONAN) : 절연 기름을 채운 외함에 변압기 본체를 넣고, 기름의 대류 작용으로 열을 외기 중에 발산시키는 방법

ㄹ 유입 풍랭식(ONAF) : 방열기가 붙은 유입 변압기에 송풍기를 붙여서 강제로 통풍시켜 냉각 효과를 높인 것

ㅁ 송유 풍랭식(OFAF) : 외함 위쪽에 있는 가열된 기름을 펌프로 외부에 있는 냉각기를 통하여 나오도록 한 다음, 냉각된 기름을 외함의 밑으로 돌려보내는 방법

33. 용량 P[kVA]인 동일 정격의 단상 변압기 4대로 낼 수 있는 3상 최대 출력 용량 P_m은? [18년 1회]

① $3P$ ② $\sqrt{3}\,P$

③ $4P$ ④ $2\sqrt{3}\,P$

해설 V 결선의 출력

$P_v = \sqrt{3}\,P\,[\text{kVA}]$

∴ 3상 최대 용량

$P_m = 2 \times P_v = 2\sqrt{3}\,P\,[\text{kVA}]$

34. 다음 중 유도 전동기 권선법 중 맞지 않는 것은? [18년 2회]

① 고정자 권선은 단층 파권이다.

② 고정자 권선은 3상 권선이 쓰인다.

③ 소형 전동기는 보통 4극이다.

④ 홈 수는 24개 또는 36개이다.

해설 유도 전동기 고정자 권선은 2층 중권으로 주로 3상 권선의 Y결선이 쓰인다.

35. 다음 중 농형 회전자에 비뚤어진 홈을 쓰는 이유는? [18년 1회]

① 출력을 높인다.

② 회전수를 증가시킨다.

③ 소음을 줄인다.

④ 미관상 좋다.

해설 농형 회전자(squirrel-cage rotor)

(1) 구리 또는 알루미늄 도체를 사용한 것으로, 단락 고리와 냉각용의 날개가 한 덩어리의 주물로 되어 있다.

(2) 비뚤어진 홈(skewed slot)

ㄱ 회전자가 고정자의 자속을 끊을 때 발생하는 소음을 억제하는 효과가 있다.

ㄴ 기동 특성, 파형을 개선하는 효과가 있다.

36. 슬립 4 %인 유도전동기의 등가 부하 저항(R)은 2차 저항(r)의 몇 배인가? [18년 1회]

① 5   ② 19

③ 20   ④ 24

해설 등가 부하 저항

$$R = \frac{1-s}{s} \cdot r_2 = \frac{1-0.04}{0.04} \times r_2 = 24r_2$$

∴ 24배

37. 3상 유도 전동기의 기동법 중 전전압 기동에 대한 설명으로 옳지 않은 것은? [18년 2회]

① 소용량 농형 전동기의 기동법이다.

② 소용량의 농형 전동기에서는 일반적으로 기동 시간이 길다.

③ 기동시에는 역률이 좋지 않다.

④ 전동기 단자에 직접 정격 전압을 가한다.

해설 전전압 기동(line starting)

ㄱ 기동 장치를 따로 쓰지 않고, 직접 정격 전압을 가하여 기동하는 방법으로, 일반적으로 기동 시간이 짧고 기동이 잘 된다.

ㄴ 보통 3.7 kW(5 Hp) 이하의 소형 유도 전동기에 적용되는 직입 기동 방식이다.

ㄷ 기동 전류가 4~6배로 커서, 권선이 탈 염려가 있다.

ㄹ 기동 시에는 역률이 좋지 않다.

정답 ● 33. ④   34. ①   35. ③   36. ④   37. ②

38. 다음 중 트라이액(TRIAC)의 기호는? [18년 1회]

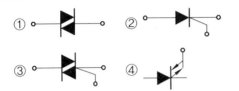

① DIAC
② SCR
③ TRIAC
④ GTO

39. 다음 그림은 유도 전동기 속도제어 회로 및 트랜지스터의 컬렉터 전류 그래프이다. ⓐ와 ⓑ에 해당하는 트랜지스터는? [18년 1회]

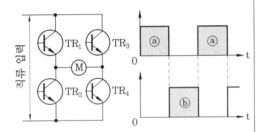

① ⓐ는 TR_1과 TR_2, ⓑ는 TR_3와 TR_4
② ⓐ는 TR_1과 TR_3, ⓑ는 TR_2와 TR_4
③ ⓐ는 TR_2와 TR_4, ⓑ는 TR_1과 TR_3
④ ⓐ는 TR_1과 TR_4, ⓑ는 TR_2와 TR_3

해설 ⓐ : 대각선 방향의 TR 두 개 → TR_1과 TR_4
ⓑ : 반대쪽 대각선 방향의 TR 두 개 → TR_2와 TR_3

40. 전력 변환 기기가 아닌 것은? [18년 2회]
① 변압기   ② 정류기
③ 유도 전동기   ④ 인버터

해설 ① 변압기 : 교류 전압, 전류 변환
② 정류기 : 교류를 직류로 변환
③ 유도 전동기 : 전기 에너지를 기계 에너지(회전력)로 변환
④ 인버터 (inverter) : 직류를 교류로 변환

3과목 : 전기 설비

41. 전압의 구분에서 저압 직류전압은 몇 kV 이하인가? [예상]
① 0.75   ② 1.05
③ 1.5   ④ 2.0

해설 전압의 종별(KEC 111.1)

전압의 구분	기준
저압	직류 1.5 kV 이하, 교류 1 kV 이하
고압	• 직류 1.5 kV를 넘고, 7 kV 이하 • 교류 1 kV를 넘고, 7 kV 이하
특고압	7 kV를 초과

42. 22.9 kV 3상 4선식 다중 접지방식의 지중 전선로의 절연 내력 시험을 직류로 할 경우 시험 전압은 몇 V인가? [18년 2회]
① 16448   ② 21068
③ 32796   ④ 42136

해설 전로의 절연 내력 시험 전압(KEC 표132-1) : 전로에 케이블을 사용하는 경우 직류로 시험할 수 있으며 시험 전압은 교류의 2배로 한다.
∴ 시험 전압 $= 0.92 \times 22900 \times 2 = 42136$ V

전로의 종류	시험 전압
1. 최대 사용 전압이 7 kV 이하인 전로	최대 사용 전압의 1.5배의 전압
2. 최대 사용 전압이 7 kV 초과 25 kV 이하인 중성점 직접 접지식 전로(중성점 다중 접지식에 한함)	최대 사용 전압의 0.92배의 전압
이하 생략	

43. 일반적으로 인장강도가 커서 가공전선로에 주로 사용하는 구리선은? [18년 2회]

① 경동선　　　② 연동선
③ 합성연선　　④ 합성단선

해설 ㉠ 경동선 : 가공전선로에 주로 사용
　㉡ 연동선 : 옥내 배선에 주로 사용
　㉢ 합성연선, 합성단선(쌍금속선) : 가공 송전 선로에 사용

44. 다음 중 소형 분전반이나 배전반을 고정시키기 위하여 콘크리트에 구멍을 뚫어 드라이브핀을 박는 공구는? [18년 1회]

① 드라이브이트 툴　② 익스팬션
③ 스크루 앵커　　　④ 코킹 앵커

해설 드라이브이트 툴(driveit tool)
㉠ 큰 건물의 공사에서 드라이브 핀을 콘크리트에 경제적으로 박는 공구이다.
㉡ 화약의 폭발력을 이용하기 때문에 취급자는 보안상 훈련을 받아야 한다.

45. 합성수지관 상호 및 관과 박스는 접속 시에 삽입하는 깊이를 관 바깥지름의 몇 배 이상으로 하여야 하는가? (단, 접착제를 사용하는 경우이다.) [18년 1회]

① 0.6배　　　② 0.8배
③ 1.2배　　　④ 1.6배

해설 관과 관의 접속 방법
㉠ 커플링에 들어가는 관의 길이는 관 바깥지름의 1.2배 이상으로 되어 있다.
㉡ 접착제를 사용하는 경우에는 0.8배 이상으로 할 수 있다.

46. 다음 중 합성수지제 가요 전선관(PF관 및 CD관)의 호칭에 포함되지 않는 것은? [18년 2회]

① 16　　　② 28
③ 38　　　④ 42

해설 합성수지제 가요 전선관의 호칭 : 14, 16, 22, 28, 36, 42

47. 애자사용 공사에 의한 저압 옥내 배선에서 일반적으로 전선 상호 간의 간격은 몇 cm 이상이어야 하는가? [18년 1회]

① 2.5　　　② 6
③ 25　　　④ 60

해설 애자사용 공사의 시설조건(KEC 232.56)
㉠ 전선은 절연 전선일 것(옥외용 비닐 절연 전선 및 인입용 비닐 절연 전선은 제외)
㉡ 전선 상호 간의 간격은 0.06 m 이상일 것

48. 다음 중 버스 덕트가 아닌 것은? [18년 1회]

① 플로어 버스 덕트
② 피더 버스 덕트
③ 트랜스포지션 버스 덕트
④ 플러그인 버스 덕트

해설 버스 덕트(bus duct) 종류
㉠ 피더 버스 덕트
㉡ 플러그인 버스 덕트
㉢ 익스팬션 버스 덕트
㉣ 탭붙이 버스 덕트
㉤ 트랜스포지션 버스 덕트
※ 플로어 덕트(floor duct) : 주로 콘크리트 건조물 밑에 가로 세로 십자로 매설하여 밑에 아웃트렛을 설치하는 배선에 사용되는 덕트이다.

49. 욕실 등 인체가 물에 젖어 있는 상태에서 물을 사용하는 장소에 콘센트를 시설하는 경우에 적합한 누전 차단기는? [18년 2회]

① 정격감도전류 15 mA 이하, 동작시간 0.03 초 이하의 전압 동작형 누전 차단기
② 정격감도전류 15 mA 이하, 동작시간 0.03 초 이하의 전류 동작형 누전 차단기
③ 정격감도전류 15 mA 이하, 동작시간 0.3 초 이하의 전압 동작형 누전 차단기
④ 정격감도전류 15 mA 이하, 동작시간 0.3 초 이하의 전류 동작형 누전 차단기

정답 • 44. ①　45. ②　46. ③　47. ②　48. ①　49. ②

해설 욕실 등의 장소에 콘센트를 시설하는 경우 : 인체감전보호용 누전 차단기는 정격감도전류 15 mA 이하, 동작시간 0.03초 이하의 전류 동작형의 것

50. 다음 중 접지시스템의 구분에 해당되지 않는 것은? [예상]
① 공통접지
② 계통접지
③ 보호접지
④ 피뢰 시스템 접지

해설 접지시스템의 구분(KEC 141) : 계통접지, 보호접지, 피뢰 시스템 접지
※ 공통접지는 접지시스템의 시설 종류에 해당된다.

51. 접지선의 절연 전선 색상은 특별한 경우를 제외하고는 어느 색으로 표시를 하여야 하는가? [18년 1회]
① 적색
② 황색
③ 녹색
④ 흑색

해설 접지선의 표시
㉠ 접지선은 원칙적으로 녹색으로 표시한다.
㉡ 다심 케이블, 다심 캡타이어 케이블 또는 다심 코드의 한 심선을 접지선으로 사용하는 경우에는 녹색 또는 황녹색 및 얼룩무늬 모양의 것 이외에 심선을 접지선으로 사용해서는 안 된다.

52. 우리나라 특고압 배전방식으로 가장 많이 사용되고 있으며, 220/380 V의 전원을 얻을 수 있는 배전방식은? [18년 1회]
① 단상 2선식
② 3상 3선식
③ 3상 4선식
④ 2상 4선식

해설 중성선을 가진 3상 4선식 배전방식은 상전압 220 V와 선간전압 380 V의 전원을 얻을 수 있다.
※ 중성선이란 다선식 전로에서 전원의 중성극에 접속된 전선을 말한다.

53. 가공 전선로의 지지물에 하중이 가하여지는 경우에 그 하중을 받는 지지물의 기초의 안전율은 일반적으로 얼마 이상이어야 하는가? [18년 2회]
① 1.5
② 2.0
③ 2.5
④ 4.0

해설 지지물의 기초 안전율(판단 제63) : 지지물의 기초 안전율은 2 이상이어야 한다.

54. 지중선로를 직접 매설식에 의하여 시설하는 경우에 차량 등 중량물의 압력을 받을 우려가 있는 장소에는 매설 깊이를 몇 m 이상으로 하여야 하는가? [18년 2회]
① 0.6
② 0.8
③ 1.0
④ 1.2

해설 직접 매설식의 매설 깊이(KEC 334.1 참조)
㉠ 차량, 기타 중량물의 압력을 받을 우려가 있는 장소 : 1.2 m 이상
㉡ 기타 장소 : 0.6 m 이상

55. 대전류를 소전류로 변성하여 계전기나 측정계기에 전류를 공급하는 기기를 무엇이라 하는가? [18년 1회]
① 계기용 변류기(CT)
② 계기용 변압기(PT)
③ 단로기(DS)
④ 컷 아웃 스위치(COS)

해설 계기용 변류기(CT : current transfomer)
㉠ 높은 전류를 낮은 전류로 변성
㉡ 배전반의 전류계·전력계, 차단기의 트립 코일의 전원으로 사용

56. 지락사고가 생겼을 때 흐르는 영상전류(지락전류)를 검출하여 지락계전기(GR)에 의하여 차단기를 차단시켜 사고범위를 작게 하는 기기의 기호는? [18년 2회]
① GR

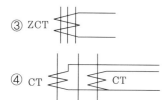

② OCR

③ ZCT

④ CT   CT

해설 ① GR : 접지 계전기(Ground Relay)

② OCR : 과전류 계전기(Over Current Relay)

③ ZCT : 영상 변류기(Zero phase Current Transformer)

④ CT : 계기용 변류기(Current Relay)

57. 다음 중 접지시스템 구성요소에 해당되지 않는 것은? [예상]

① 접지극　　　② 접지도체

③ 충전부　　　④ 보호도체

해설 접지시스템 구성요소(KEC 142.1.1) : 접지극, 접지도체, 보호도체 및 기타 설비로 구성된다.

※충전부(Live Part) : 통상적인 운전 상태에서 전압이 걸리도록 되어 있는 도체 또는 도전부를 말한다.

58. 셀룰로이드, 성냥, 석유류 등 기타 가연성 위험물질을 제조 또는 저장하는 장소의 배선으로 잘못된 배선은? [18년 1회]

① 금속관 배선

② 가요 전선관 배선

③ 합성수지관 배선

④ 케이블 배선

해설 위험물이 있는 곳의 공사(KEC 242.4) : 셀룰로이드·성냥·석유류 기타 타기 쉬운 위험한 물질을 제조하거나 저장하는 곳

㉠ 배선은 금속관 배선, 합성수지관 배선 또는 케이블 배선 등에 의할 것

㉡ 금속 전선관 배선, 합성수지 전선관 배선(두께 2 mm 미만의 합성수지관 제외) 또는 케이블 배선으로 시공한다.

59. 흥행장의 저압 옥내 배선, 전구선 또는 이동전선의 사용 전압은 최대 몇 V 미만인가? [18년 2회]

① 400　　　② 440

③ 450　　　④ 750

해설 전시회, 쇼 및 공연장의 전기설비(KEC 242.6) : 무대·무대마루 밑·오케스트라 박스·영사실 기타 사람이나 무대 도구가 접촉할 우려가 있는 곳에 시설하는 저압 옥내 배선, 전구선 또는 이동전선은 사용 전압이 400 V 미만이어야 한다.

60. 조명기구의 용량 표시에 관한 사항이다. 다음 중 F40의 설명으로 알맞은 것은? [18년 2회]

① 수은등 40 W

② 나트륨등 40 W

③ 메탈 헬라이드등 40 W

④ 형광등 40 W

해설 ① 수은등 : H

② 나트륨등 : N

③ 메탈 헬라이드등 : M

④ 형광등 : F

※ 형광등(fluorescent lamp)

실전 모의고사 2

제1과목	제2과목	제3과목
전기 이론 : 20문항	전기 기기 : 20문항	전기 설비 : 20문항

1과목 : 전기 이론

1. 다음 그림과 같이 박 검전기의 원판 위에 양
(+)의 대전체를 가까이 했을 경우에 박 검전
기는 양으로 대전되어 벌어진다. 이와 같은
현상을 무엇이라고 하는가? [18년 4회]

양(+)의 대전체

음(−)으로 대전

양(+)으로 대전

① 정전 유도　　　② 정전 차폐
③ 자기 유도　　　④ 대전

해설 정전 유도 현상 : 양(+)의 대전체 근처에 대
전되지 않은 도체를 가져오면 대전체 가까운 쪽
에는 음(−)으로, 먼 쪽에는 양(+)으로 대전되
는 현상으로, 전기량은 대전체의 전기량과 같
고 유도된 양 전하와 음전하의 양은 같다.

2. 진공 중에 10 μC과 20 μC의 점전하를 1 m의
거리로 놓았을 때 작용하는 힘(N)은? [18년 4회]
① 18×10^{-1}　　　② 28×10^{-2}
③ 38×10^{-4}　　　④ 68×10^{-9}

해설 $F = 9 \times 10^9 \times \dfrac{Q_1 \cdot Q_2}{r^2}$

$= 9 \times 10^9 \times \dfrac{10 \times 10^{-6} \times 20 \times 10^{-6}}{1^2}$

$= 9 \times 10^9 \times \dfrac{2 \times 10^{-10}}{1}$

$= 18 \times 10^{-1}$

3. 다음 중 극성이 있는 콘덴서는? [18년 3회]
① 바리콘　　　　② 탄탈 콘덴서
③ 마일러 콘덴서　④ 세라믹 콘덴서

해설 탄탈 콘덴서(tantal condenser)
　㉠ 전극에 탄탈륨이라는 재료를 사용하는 전
　　해 콘덴서의 일종이다.
　㉡ 극성이 있으며, 콘덴서 자체에 (+)의 기
　　호로 전극을 표시한다.

4. 정전용량이 같은 콘덴서 2개가 있다. 이것
을 직렬 접속할 때의 값은 병렬 접속할 때의
값보다 어떻게 되는가? [18년 4회]

① $\dfrac{1}{2}$ 로 감소한다.　② $\dfrac{1}{4}$ 로 감소한다.
③ 2배로 증가한다.　④ 4배로 증가한다.

해설 콘덴서 직·병렬 접속의 합성 정전 용량
비교

㉠ 직렬 접속 시 : $C_s = \dfrac{C_1 \cdot C_2}{C_1 + C_2} = \dfrac{C^2}{2C} = \dfrac{C}{2}$

㉡ 병렬 접속 시 : $C_p = C_1 + C_2 = 2C$

㉢ $\dfrac{C_s}{C_p} = \dfrac{C/2}{2C} = \dfrac{C}{4C} = \dfrac{1}{4}$

∴ $C_s = \dfrac{1}{4} C_p$

5. 진공의 투자율 μ_0[H/m]는? [18년 3회]
① 6.33×10^4　　　② 8.85×10^{-12}

③ $4\pi \times 10^{-7}$　　　④ 9×10^9

해설 진공의 투자율

$$\mu_0 = 4\pi \times 10^{-7} = 1.257 \times 10^{-6}\,\text{H/m}$$

※ 진공의 유전율 : $\epsilon_0 = 8.85 \times 10^{-12}\,\text{F/m}$

6. 공심 솔레노이드의 내부 자계의 세기가 800 AT/m일 때, 자속밀도(Wb/m²)는 약 얼마인가?　　　　　　　　　　[18년 4회]

① 1×10^{-3}　　　② 1×10^{-4}

③ 1×10^{-5}　　　④ 1×10^{-6}

해설 $B = \mu_0 H = 4\pi \times 10^{-7} \times 800$

$$= 1 \times 10^{-3}\,\text{Wb/m}^2$$

7. 자체 인덕턴스가 각각 160 mH, 250 mH의 두 코일이 있다. 두 코일 사이의 상호 인덕턴스가 150 mH이고, 가동접속을 하면 합성인덕턴스는?　　　　　　　　　　[18년 3회]

① 410 mH　　　② 260 mH

③ 560 mH　　　④ 710 mH

해설 $L = L_1 + L_2 \pm 2M\,[\text{H}]$

㉠ 가동 접속

$L_p = L_1 + L_2 + 2M = 160 + 250 + 2 \times 150$

$$= 710\,\text{mH}$$

㉡ 차동 접속

$L_s = L_1 + L_2 - 2M = 160 + 250 - 2 \times 150$

$$= 110\,\text{mH}$$

8. 자기 히스테리시스 곡선의 횡축과 종축은 어느 것을 나타내는가?　　　　　　　[18년 3회]

① 자기장의 크기와 자속밀도
② 투자율과 자속밀도
③ 투자율과 잔류자기
④ 자기장의 크기와 보자력

해설 히스테리시스 곡선(hysteresis loop)

㉠ 횡축 : 자기장의 크기(H)
㉡ 종축 : 자속밀도(B)

9. 자체 인덕턴스가 2 H인 코일에 전류가 흘러 25 J의 에너지가 축적되었다. 이때 흐르는 전류(A)는?　　　　　　　　　　[18년 3회]

① 2　　　　　② 5

③ 10　　　　④ 12

해설 $W = \dfrac{1}{2} L I^2\,[\text{J}]$

$$\therefore I = \sqrt{\dfrac{2W}{L}} = \sqrt{\dfrac{2 \times 25}{2}} = \sqrt{25} = 5\,\text{A}$$

10. 전류를 계속 흐르게 하려면 전압을 연속적으로 만들어 주는 어떤 힘이 필요하게 되는데, 이 힘은?　　　　　　　　[18년 4회]

① 자기력　　　　② 전자력
③ 전기장　　　　④ 기전력

해설 기전력(electromotive force, e.m.f.) : 전류를 계속 흐르게 하려면 전압을 연속적으로 만들어 주는 어떤 힘이 필요하게 되는데, 이 힘을 기전력이라 하며, 단위는 전압과 마찬가지로 V를 사용한다.

11. 2 Ω, 4 Ω, 6 Ω의 세 개의 저항을 병렬로 연결하였을 때 전전류가 10 A이면, 2 Ω에 흐르는 전류는 몇 A인가?　　[18년 3회]

① 1.81　　　　② 2.72

③ 5.45　　　　④ 7.64

해설 R_2와 R_3의 합성저항

$$R_{23} = \frac{R_2 R_3}{R_2 + R_3} = \frac{4 \times 6}{4 + 6} = 2.4\,\Omega$$

$\therefore R_1$에 흐르는 전류

$$I_1 = \frac{R_{23}}{R_1 + R_{23}} \times I_0 = \frac{2.4}{2 + 2.4} \times 10 \fallingdotseq 5.45\,\text{A}$$

12. 1 m에 저항이 20 Ω인 전선의 길이를 2배로 늘리면 저항은 몇 Ω이 되는가? (단, 동선의 체적은 일정하다.)　　　　[18년 4회]

① 10　　　　　② 20

③ 40　　　　　④ 80

해설 $R = \rho \dfrac{l}{A} = \rho \dfrac{2l}{\dfrac{1}{2}A} = 4\rho \dfrac{l}{A}[\Omega] \rightarrow$ 길이는

2배, 단면적은 $\dfrac{1}{2}$ 배가 되므로 저항은 4배가

된다.

$\therefore R' = 4 \times 20 = 80 \ \Omega$

13. 아래와 같은 회로에서 폐회로에 흐르는 전류는 몇 A인가? [18년 4회]

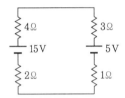

① 0.5 A   ② 1 A

③ 1.5 A   ④ 2 A

해설 키르히호프의 제2 법칙 : $\sum V = \sum IR$

$\therefore I = \dfrac{\sum V}{\sum R} = \dfrac{15-5}{4+3+1+2} = 1 \ \text{A}$

14. 각속도 $\omega = 300 \ \text{rad/s}$인 사인파 교류의 주파수(Hz)는 얼마인가? [18년 3회]

① $\dfrac{70}{\pi}$ ② $\dfrac{150}{\pi}$

③ $\dfrac{180}{\pi}$ ④ $\dfrac{360}{\pi}$

해설 $\omega = 2\pi f[\text{rad/s}]$에서,

$f = \dfrac{\omega}{2\pi} = \dfrac{300}{2\pi} = \dfrac{150}{\pi}[\text{Hz}]$

15. 단자 $a-b$에 30 V의 전압을 가했을 때 전류 I는 3 A가 흘렀다고 한다. 저항 $r[\Omega]$은 얼마인가? [18년 3회]

① 5   ② 10   ③ 15   ④ 20

해설 ㉠ $R_{ab} = \dfrac{V}{I} = \dfrac{30}{3} = 10 \ \Omega$

㉡ $R_{ab} = \dfrac{r \times 2r}{r+2r} = \dfrac{2r^2}{3r} = \dfrac{2r}{3} = 10$

$\therefore r = 10 \times \dfrac{3}{2} = 15 \ \Omega$

16. 다음 중 그림과 같은 RC 병렬회로의 위상각 θ는? [18년 4회]

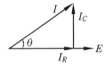

① $\tan^{-1} \dfrac{\omega C}{R}$ ② $\tan^{-1} \omega CR$

③ $\tan^{-1} \dfrac{R}{\omega C}$ ④ $\tan^{-1} \dfrac{1}{\omega CR}$

해설 $\theta = \tan^{-1} \dfrac{I_C}{I_R} = \tan^{-1} \dfrac{\omega CE}{E/R}$

$= \tan^{-1} \omega CR$

17. 다음 중 어드미턴스에 대한 설명으로 옳은 것은? [18년 4회]

① 교류에서 저항 이외에 전류를 방해하는 저항성분

② 전기회로에서 회로 저항의 역수

③ 전기회로에서 임피던스의 역수의 허수부

④ 교류회로에서 전류의 흐르기 쉬운 정도를 나타낸 것으로서 임피던스의 역수

해설 어드미턴스(admittance) : $\dot{Y} = G + jB$

㉠ 교류회로에서 전류의 흐르기 쉬운 정도를 나타낸 것

㉡ 임피던스의 역수로 기호는 Y, 단위는 ℧을 사용한다.

18. 그림과 같은 평형 3상 $\triangle$ 회로를 등가 Y 결선으로 환산하면 각 상의 임피던스는 몇 Ω이 되는가? (단, Z는 12Ω이다.) [18년 4회]

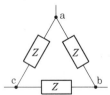

① 48   ② 36
③ 4   ④ 3

해설 $Z_Y = \dfrac{1}{3} Z_\Delta = \dfrac{12}{3} = 4$

※ 평형 3상 Δ 회로를 등가 Y 결선으로 환산하려면 각상의 임피던스를 $\dfrac{1}{3}$ 배로 한다.

19. 다음 중 줄의 법칙에서 발생하는 열량의 계산식이 옳은 것은? [18년 3회]

① $H = 0.24 R I^2 t$ [cal]

② $H = 0.024 I^2 R t$ [cal]

③ $H = 0.24 R I^2$ [cal]

④ $H = 0.024 R I^2$ [cal]

해설 줄의 법칙(Joule's law)

㉠ 저항 $R[\Omega]$에 전류 $I[A]$가 $t[s]$ 동안 흘렀을 때 발생한 열에너지

$H = I^2 R t [J] \rightarrow H = 0.24 I^2 R t$ [cal]

(1J = 0.24 cal)

㉡ 열량은 전류 세기의 제곱에 비례한다.

20. 서로 다른 종류의 안티몬과 비스무트의 두 금속을 접속하여 여기에 전류를 통하면, 그 접점에서 열의 발생 또는 흡수가 일어난다. 줄열과 달리 전류의 방향에 따라 열의 흡수와 발생이 다르게 나타나는 이 현상을 무엇이라 하는가? [18년 4회]

① 펠티에 효과

② 제베크 효과

③ 제3 금속의 법칙

④ 열전 효과

해설 열전 효과

(1) 펠티에 효과(Peltier effect)

㉠ 두 종류의 금속 접속점에 전류를 흘리면 전류의 방향에 따라 줄열(Joule heat) 이외의 열의 흡수 또는 발생 현상이 생기는 것이다.

㉡ 전자 냉동기, 전자 온풍기 등에 응용된다.

(2) 제베크 효과(seebeck effect)

㉠ 두 종류의 금속을 접속하여 폐회로를 만들고, 두 접속점에 온도의 차이를 주면 기전력이 발생하여 전류가 흐른다.

㉡ 열전 온도계, 열전 계기 등에 응용된다.

2과목 : 전기 기기

21. 다음 권선법 중 직류기에서 주로 사용되는 것은? [18년 3회]

① 폐로권, 환상권, 이층권

② 폐로권, 고상권, 이층권

③ 개로권, 환상권, 단층권

④ 개로권, 고상권, 이층권

해설 직류기 전기자 권선법은 고상권, 폐로권, 2층권이고 중권과 파권이 있다.

㉠ 고상권 : 원통 철심 외부에만 코일을 배치하고 내부에는 감지 않는다.

㉡ 폐로권 : 코일 전체가 폐회로를 이루며, 브러시 사이에 의하여 몇 개의 병렬로 만들어진다.

㉢ 2층권 : 1개의 홈에 2개의 코일군을 상하로 넣는다.

22. 직류 발전기의 특성 곡선 중 상호 관계가 옳지 않은 것은? [18년 4회]

① 무부하 포화 곡선 : 계자전류와 단자전압

② 외부 특성 곡선 : 부하전류와 단자전압

③ 부하 특성 곡선 : 계자전류와 단자전압

④ 내부 특성 곡선 : 부하전류와 단자전압

해설 직류 발전기의 특성 곡선

㉠ 무부하 특성 곡선 : 무부하로 운전하였을 때 계자전류와 단자전압과의 관계를 나타내는 곡선

㉡ 외부 특성 곡선 : 단자전압과 부하전류와의 관계를 나타내는 곡선

ⓒ 부하 특성 곡선 : 계자전류와 단자전압의 관계를 나타내는 곡선

ⓔ 내부 특성 곡선 : 부하전류와 유기기전력과의 관계를 나타내는 곡선

23. 직류 전동기에 있어 무부하일 때의 회전수 N_o은 1200 rpm, 정격부하일 때의 회전수 N_n은 1150 rpm이라 한다. 속도 변동률은? [18년 3회]

① 약 3.45 %　　② 약 4.16 %

③ 약 4.35 %　　④ 약 5.0 %

해설 $\epsilon = \dfrac{N_o - N_n}{N_n} \times 100$

$= \dfrac{1200 - 1150}{1150} \times 100 ≒ 4.35\%$

24. 전동기의 회전 방향을 바꾸는 역회전의 원리를 이용한 제동 방법은? [18년 4회]

① 역상제동　　② 유도제동

③ 발전제동　　④ 회생제동

해설 역상제동(plugging) : 역회전의 원리를 이용하여 전동기를 매우 빨리 정지시킬 때 사용한다.

25. 3상 동기 발전기에 무부하 전압보다 90도 뒤진 전기자 전류가 흐를 때 전기자 반작용은? [18년 3회]

① 감자 작용을 한다.

② 증자 작용을 한다.

③ 교차 자화 작용을 한다.

④ 자기 여자 작용을 한다.

해설 ㉠ 90도 뒤진 전기자 전류가 흐를 때 : 감자 작용으로 기전력을 감소시킨다.

ⓛ 90도 앞선 전기자 전류가 흐를 때 : 증자 작용을 하여 기전력을 증가시킨다.

26. 단락비 1.2인 발전기의 퍼센트 동기 임피던스(%)는 약 얼마인가? [18년 3회]

① 100　　　　② 83

③ 60　　　　④ 45

해설 $Z_s' = \dfrac{1}{K_s} \times 100 = \dfrac{1}{1.2} \times 100 ≒ 83\%$

27. 동기 발전기의 돌발 단락 전류를 주로 제한하는 것은? [18년 4회]

① 누설 리액턴스　　② 동기 임피던스

③ 권선 저항　　　　④ 동기 리액턴스

해설 (1) 누설 리액턴스

㉠ 누설 자속에 의한 권선의 유도성 리액턴스 $x_l = \omega L$을 누설 리액턴스라 한다.

ⓛ 돌발(순간) 단락 전류를 제한한다.

(2) 동기 리액턴스 : $x_s = x_a + x_l$

영구(지속) 단락 전류를 제한한다.

(3) 동기 임피던스

$\dot{Z_s} = r_a + j x_s = r_a + j(x_l + x_a)$

28. 동기 전동기의 기동법 중 자기 기동법에서 계자 권선을 단락하는 이유는? [18년 3회]

① 고전압의 유도를 방지한다.

② 전기자 반작용을 방지한다.

③ 기동 권선으로 이용한다.

④ 기동이 쉽다.

해설 동기 전동기의 자기 기동법

㉠ 계자의 자극면에 감은 기동(제동) 권선이 마치 3상 유도 전동기의 농형 회전자와 비슷한 작용을 하므로, 이것에 의한 토크로 기동시키는 기동법이다.

ⓛ 기동 시에는 회전 자기장에 의하여 계자 권선에 높은 고전압을 유도하여 절연을 파괴할 염려가 있기 때문에 계자 권선을 저항을 통하여 단락해 놓고 기동시켜야 한다.

29. 다음 중 변압기의 원리는 어느 작용을 이용한 것인가? [18년 3회]

① 전자 유도 작용　　② 정류 작용

③ 발열 작용　　　　④ 화학 작용

정답 ◆━ 23. ③　24. ①　25. ①　26. ②　27. ①　28. ①　29. ①

해설 변압기는 일정 크기의 교류 전압을 받아 전자 유도 작용(electromagnetic induction)에 의하여 다른 크기의 교류 전압으로 바꾸어, 이 전압을 부하에 공급하는 역할을 하며, 전류, 임피던스를 변환시킬 수 있다.

30. 변압기의 성층철심 강판 재료로서 철의 함유량은 대략 몇 %인가? [18년 4회]
① 99   ② 96
③ 92   ④ 89

해설 변압기 철심 : 철손을 적게 하기 위하여 약 3~4 %의 규소를 포함한 연강판을 성층하여 사용한다.
∴ 철의 %는 약 96~97 % 정도이다.

31. 어떤 단상 변압기의 2차 무부하 전압이 240 V이고, 정격 부하시의 2차 단자 전압이 230 V이다. 전압 변동률은 약 몇 %인가? [18년 4회]
① 4.35   ② 5.15
③ 6.65   ④ 7.35

해설 $\epsilon = \dfrac{V_{20} - V_{2n}}{V_{2n}} \times 100$
$= \dfrac{240 - 230}{230} \times 100 = \dfrac{10}{230} \times 100$
$\fallingdotseq 4.35 \%$

32. 수전단 발전소용 변압기 결선에 주로 사용하고 있으며 한쪽은 중성점을 접지할 수 있고 다른 한쪽은 제3 고조파에 의한 영향을 없애주는 장점을 가지고 있는 3상 결선 방식은? [18년 4회]
① Y–Y   ② Δ–Δ
③ Y–Δ   ④ V

해설 Δ–Y, Y–Δ결선
㉠ Δ–Y 결선은 낮은 전압을 높은 전압으로 올릴 때 사용한다.
㉡ Y–Δ 결선은 높은 전압을 낮은 전압으로 낮추는 데 사용한다.

㉢ 어느 한쪽이 Δ 결선이어서 여자 전류가 제3고조파 통로가 있으므로, 제3고조파에 의한 장애가 적다.

33. 3상 변압기의 병렬운전 시 병렬운전이 불가능한 결선 조합은? [18년 4회]
① Δ–Δ와 Y–Y   ② Δ–Δ와 Δ–Y
③ Δ–Y와 Δ–Y   ④ Δ–Δ와 Δ–Δ

해설 불가능한 결선 조합
㉠ Δ–Δ와 Δ–Y
㉡ Y–Y와 Δ–Y

34. 다음 중 유도 전동기의 동작원리로 옳은 것은? [18년 4회]
① 전자유도와 플레밍의 왼손 법칙
② 전자유도와 플레밍의 오른손 법칙
③ 정전유도와 플레밍의 왼손 법칙
④ 정전유도와 플레밍의 오른손 법칙

해설 동작원리
㉠ 전자유도에 의한 전자력에 의해 회전력이 발생한다.
㉡ 회전 방향은 플레밍의 왼손 법칙에 의하여 정의된다.

35. 4극 60 Hz 3상 유도 전동기의 동기속도는 몇 rpm인가? [18년 3회]
① 200   ② 750
③ 1200   ④ 1800

해설 $N_s = \dfrac{120f}{p} = \dfrac{120 \times 60}{4} = 1800\,\text{rpm}$

36. 회전자 입력을 P_2, 슬립을 s라 할 때 3상 유도 전동기의 기계적 출력의 관계식은? [18년 3회]
① sP_2 ② $(1-s)P_2$
③ $s^2 P_2$ ④ $\dfrac{P_2}{s}$

해설 $P_0 = P_2 - P_{c2} = P_2 - sP_2 = (1-s)P_2$
※ P_{c2} : 2차 저항손

37. 다음 중 정역 운전을 할 수 없는 단상 유도 전동기는? [18년 4회]

① 분상 기동형
② 셰이딩 코일형
③ 반발 기동형
④ 콘덴서 기동형

해설 셰이딩 코일(shading coil)형의 특징

ㄱ 구조는 간단하나 기동 토크가 매우 작고, 운전 중에도 셰이딩 코일에 전류가 흐르므로 효율, 역률 등이 모두 좋지 않다.
ㄴ 정역 운전을 할 수 없다.

38. 단상 반파 정류회로의 전원 전압 200 V, 부하 저항이 10 Ω이면 부하 전류는 약 몇 A인가? [18년 3회]

① 4
② 9
③ 13
④ 18

해설 $I_{d0} = \dfrac{E_{d0}}{R} = \dfrac{\sqrt{2}}{\pi} \cdot \dfrac{V}{R}$

$= 0.45 \times \dfrac{200}{10} \fallingdotseq 9 \, \text{A}$

39. 60 Hz 3상 반파 정류회로의 맥동 주파수 (Hz)는? [18년 4회]

① 360
② 180
③ 120
④ 60

해설 맥동 주파수 : $f_r = 3f = 3 \times 60 = 180 \, \text{Hz}$

※ 맥동률(ripple factor) : 정류된 직류 속에 포함되어 있는 교류 성분의 정도를 말한다.

40. 빛을 발하는 반도체 소자로서 각종 전자 제품류와 자동차 계기판 등의 전자표시에 활용되는 것은? [18년 4회]

① 제너다이오드
② 발광다이오드
③ PN접합 다이오드
④ 포토다이오드

해설 ① 제너다이오드(Zener diode) : 정전압 다이오드

② 발광다이오드(light emitting diode ; LED) : 다이오드의 특성을 가지고 있으며,

전류를 흐르게 하면 붉은색, 녹색, 노란색으로 빛을 발한다.

③ PN접합 다이오드 : 정류용 다이오드

④ 포토다이오드(photodiode) : 빛에너지를 전기에너지로 변환하는 다이오드

3과목 : 전기 설비

41. 다음 중 인입용 비닐 절연 전선을 나타내는 약호는? [18년 3회]

① OW
② EV
③ DV
④ NV

해설 ① OW : 옥외용 비닐 절연 전선

② EV : 폴리에틸렌 절연 비닐시스 케이블

③ DV : 인입용 비닐 절연 전선

④ NV : 비닐 절연 네온 전선

42. 연선 결정에 있어서 중심 소선을 뺀 층수가 3층이다. 소선의 총수 N은 얼마인가? [18년 3회]

① 61
② 37
③ 19
④ 7

해설 $N = 3n(n+1) + 1$

$= 3 \times 3(3+1) + 1 = 37$ 가닥

43. 다음 중 전환 스위치의 종류로 한 개의 전등을 두 곳에서 자유롭게 점멸할 수 있는 스위치는? [18년 3회]

① 펜던트 스위치
② 3로 스위치
③ 코드 스위치
④ 단로 스위치

해설 3로 또는 4로 스위치 : 3로 또는 4로 점멸기를 사용하여 2개소 이상의 장소에 전등을 점멸할 경우는 전로의 전압 측에 각각의 점멸기를 설치하는 것을 원칙으로 한다.

44. 연피 케이블의 접속에 반드시 사용되는 테이프는? [18년 4회]

① 고무 테이프　　② 비닐 테이프
③ 리노 테이프　　④ 자기융착 테이프

해설 리노 테이프(lino tape)는 점착성이 없으나 절연, 내온성 및 내유성이 있으므로 연피 케이블 접속에는 반드시 사용된다.

45. 옥내에 시설하는 저압 전로와 대지 사이의 절연 저항 측정에 사용되는 계기는? [18년 4회]
① 코올라시브리지　　② 메거
③ 어스테스터　　④ 마그넷 벨

해설 ① 코올라시브리지(kohlrausch bridge) : 저 저항 측정용 계기로 접지 저항, 전해액의 저항 측정
② 메거(megger) : 절연 저항 측정
③ 어스테스터(earth tester) : 접지 저항 측정
④ 마그넷 벨 : 도통 시험용

46. 합성수지관 공사에서 옥외 등 온도 차가 큰 장소에 노출 배관을 할 때 사용하는 커플링은? [18년 4회]
① 신축커플링(0C)　　② 신축커플링(1C)
③ 신축커플링(2C)　　④ 신축커플링(3C)

해설 합성수지관의 커플링 접속의 종류
㉠ 1호 커플링 : 커플링을 가열하여 양쪽 관이 같은 길이로 맞닿게 한다.
㉡ 2호 커플링 : 커플링 중앙부에 관막이가 있다.
㉢ 3호 커플링 : 커플링 중앙부의 관막이가 2호 보다 좁아 관이 깊이 들어가고, 온도 변화에 따른 신축작용이 용이하게 되어 있다.

47. 연피가 없는 케이블을 배선할 때 직각 구부리기(L형)는 대략 굴곡 반지름을 케이블의 바깥지름의 몇 배 이상으로 하는가? [18년 4회]
① 3　　② 4
③ 6　　④ 10

해설 연피가 없는 케이블 공사 : 케이블을 구부리는 경우 피복이 손상되지 않도록 하고, 그 굴곡부의 곡률 반지름은 원칙적으로 케이블

완성품 지름의 6배(단심인 것은 8배) 이상으로 하여야 한다.
※ 연피가 있는 케이블 공사 : 연피 케이블이 구부러지는 곳은 케이블 바깥지름의 12배 이상의 반지름으로 구부릴 것(단, 금속관에 넣는 것은 15배 이상으로 하여야 한다.)

48. 제1종 금속제 가요전선관의 두께는 최소 몇 mm 이상이어야 하는가? [18년 3회]
① 0.8　　② 1.2
③ 1.6　　④ 2.0

해설 가요전선관 1종은 두께 0.8 mm 이상의 연강대에 아연도금을 하고, 이것을 약 반폭씩 겹쳐서 나선 모양으로 만들어 자유롭게 구부릴 수 있는 전선관이다.

49. 금속 덕트의 크기는 전선의 피복 절연물을 포함한 단면적의 총 합계가 금속 덕트 내 단면적의 몇 % 이하가 되도록 선정하여야 하는가? [18년 3회]
① 20　　② 30
③ 40　　④ 50

해설 금속 덕트 공사의 시설조건 및 덕트의 시설 (KEC 232.31 참조)
㉠ 전선은 절연 전선(옥외용 비닐 절연 전선은 제외한다)일 것
㉡ 금속 덕트에 넣은 전선의 단면적(절연피복의 단면적을 포함한다)의 합계는 덕트의 내부 단면적의 20 %(전광표시장치 기타 이와 유사한 장치 또는 제어회로 등의 배선만을 넣는 경우에는 50 %) 이하일 것

50. 다음 중 배선용 차단기를 나타내는 그림 기호는? [18년 4회]
① B　　② E
③ BE　　④ S

해설 ① 배선용 차단기

② 누전 차단기
③ 과전류 붙이 누전 차단기
④ 개폐기

51. 다음 중 접지시스템의 요구사항에 적합하지 않은 것은? [예상]

① 전기설비의 보호 요구사항을 충족하여야 한다.

② 지락전류와 보호도체 전류를 대지에 전달되지 않도록 하여야 한다.

③ 전기·기계적 응력 및 이러한 전류로 인한 감전 위험이 없어야 한다.

④ 전기설비의 기능적 요구사항을 충족하여야 한다.

해설 접지시스템 요구사항(KEC 142.1.2) : 지락전류와 보호도체 전류를 대지에 전달할 것

52. 다음 중 배전용 변압기에 접지공사의 목적을 올바르게 설명한 것은? [20년]

① 고압 및 특고압의 저압과 혼촉 사고를 보호

② 전위상승으로 인한 감전보호

③ 뇌해에 의한 특고압·고압 기기의 보호

④ 기기절연물의 열화방지

해설 저·고압이 혼촉한 경우에 저압 전로에 고압이 침입할 경우 기기의 소손이나 사람의 감전을 방지하기 위한 것

53. 고압 가공 인입선이 케이블 이외의 것으로서 그 아래에 위험표시를 하였다면 전선의 지표상 높이는 몇 m까지로 감할 수 있는가? [18년 4회]

① 2.5
② 3.5
③ 4.5
④ 5.5

해설 고압 구내 가공 인입선의 높이

㉠ 도로 : 지표상 6.0 m 이상

㉡ 철도 : 레일면상 6.5 m 이상

㉢ 횡단보도교의 위쪽 : 노면상 3.5 m 이상

㉣ 상기 이외의 경우 : 지표상 5.0 m 이상(다

만, 문제 내용과 같은 경우에는 지표상 높이를 3.5 m까지 감할 수 있다.

54. 다음 중 가공 전선로의 지지물이 아닌 것은 어느 것인가? [18년 3회]

① 목주
② 지선
③ 철근 콘크리트주
④ 철탑

해설 지지물 : 목주와 철근 콘크리트주가 주로 사용되며, 필요에 따라 철주·철탑이 사용된다.

55. A종 철근 콘크리트주의 길이가 9 m이고, 설계 하중이 6.8 kN인 경우 땅에 묻히는 깊이는 최소 몇 m 이상이어야 하는가? [18년 4회]

① 1.2
② 1.5
③ 1.8
④ 2.0

해설 가공전선로 지지물의 기초 안전율(KEC 331.7 참조) : 전체의 길이가 15 m 이하인 경우는 땅에 묻히는 깊이를 전장의 $\frac{1}{6}$ 이상으로 할 것

∴ 묻히는 깊이 $h \geq 9 \times \frac{1}{6} \geq 1.5\,\mathrm{m}$

56. 점유 면적이 좁고 운전 보수에 안전하며 공장, 빌딩 등의 전기실에 많이 사용되는 배전반은 어떤 것인가? [18년 4회]

① 데드 프런트형
② 수직형
③ 큐비클형
④ 라이브 프런트형

해설 큐비클형(cubicle type) : 점유 면적이 좁고 운전·보수에 안전하므로 공장, 빌딩 등의 전기실에 많이 사용된다.

㉠ 데드 프런트형 : 고압 수전반, 고압 전동기 운전반 등에 사용

㉡ 라이브 프런트형 : 보통 수직형(vertical panel)으로, 주로 저압 간선용

정답 51. ② 52. ① 53. ② 54. ② 55. ② 56. ③

57. 차단기와 차단기의 소호매질이 틀리게 연결된 것은? [18년 3회]
① 공기 차단기–압축공기
② 가스 차단기–가스
③ 자기 차단기–진공
④ 유입 차단기–절연유

해설 자기 차단기(MBCB) 아크와 직각으로 자기장을 주어 소호실 안에 아크를 밀어 넣고 아크 전압을 증대시키며, 또한 냉각하여 소호한다.
※ 진공 차단기(VCB) : 고진공의 유리관 등 속에 전로의 전류 차단을 하는 차단기

58. 폭연성 분진이 존재하는 곳의 저압 옥내 배선 공사 시 공사 방법으로 짝지어진 것은? [18년 3회]
① 금속관 공사, MI 케이블 공사, 개장된 케이블 공사
② CD 케이블 공사, MI 케이블 공사, 금속관공사
③ CD 케이블 공사, MI 케이블 공사, 제1종 캡타이어 케이블 공사
④ 개장된 케이블 공사, CD 케이블 공사, 제1종 캡타이어 케이블 공사

해설 폭연성 분진 위험장소(KEC 242.2.1) : 폭연성 분진(마그네슘·알루미늄·티탄·지르코늄) 등의 먼지가 쌓여있는 상태에서 불이 붙었을 때에 폭발할 우려가 있는 곳을 말한다.
㉠ 옥내 배선은 금속 전선관 배선 또는 케이블배선에 의할 것
㉡ 케이블 배선에 의하는 경우
• 케이블에 고무나 플라스틱 외장 또는 금속제 외장을 한 것일 것
• 케이블은 강관, 강대 및 활동대를 개장으로 한 케이블 또는 MI 케이블 사용하는 경우를 제외하고 보호관에 넣어서 시설할 것

59. 터널·갱도 기타 이와 유사한 장소에서 사람이 상시 통행하는 터널 내의 배선방법으로 적절하지 않은 것은? (단, 사용 전압은 저압이다.) [18년 4회]
① 라이팅덕트 배선
② 금속제 가요 전선관 배선
③ 합성수지관 배선
④ 애자사용 배선

해설 터널 및 갱도(KEC 242.7 참조) : 사람이 상시 통행하는 터널 내의 배선은 저압에 한하며 애자사용, 금속 전선관, 합성수지관, 금속제 가요 전선관, 케이블 배선으로 시공하여야 한다.
※ 라이팅덕트(lighting duct) 배선 : 옥내에 있어서 건조한 노출 장소, 건조한 점검을 할 수 있는 은폐 장소에 한하여 시설할 수 있다.

60. 일반적으로 학교 건물이나 은행 건물 등의 간선의 수용률은 얼마인가? [18년 3회]
① 50 %
② 60 %
③ 70 %
④ 80 %

해설 간선의 수용률
㉠ 학교, 사무실, 은행 : 70 %
㉡ 주택, 기숙사, 여관, 호텔, 병원, 창고 : 50 %

실전 모의고사 3

제1과목	제2과목	제3과목
전기 이론 : 20문항	전기 기기 : 20문항	전기 설비 : 20문항

1과목 : 전기 이론

1. 전하의 성질에 대한 설명 중 옳지 않은 것은 어느 것인가? [19년 1회]

① 전하는 가장 안정한 상태를 유지하려는 성질이 있다.

② 같은 종류의 전하끼리는 흡인하고 다른 종류 전하끼리는 반발한다.

③ 낙뢰는 구름과 지면 사이에 모인 전기가 한꺼번에 방전되는 현상이다.

④ 대전체의 영향으로 비 대전체에 전기가 유도된다.

해설 전하의 성질 : 같은 종류의 전하는 서로 반발하고, 다른 종류의 전하는 서로 흡인한다.

2. 다음 회로의 합성 정전용량(μF)은? [19년 1회]

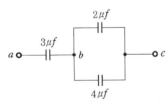

① 5
② 4
③ 3
④ 2

해설 ㉠ $C_{bc} = 2 + 4 = 6\mu F$

㉡ $C_{ac} = \dfrac{C_{ab} \times C_{bc}}{C_{ab} + C_{bc}} = \dfrac{3 \times 6}{3 + 6} = 2\mu F$

3. 다음 중 전위 단위가 아닌 것은? [19년 2회]

① V/m
② J/C
③ N · m/C
④ V

해설 ㉠ 전위 : 전기장 속에 놓인 전하는 전기적인 위치 에너지를 가지게 되는데, 한 점에서 단위 전하가 가지는 전기적인 위치 에너지를 전위라 하며, 단위는 볼트(volt, [V])를 사용한다.

㉡ 전위차 : 단위로는 전하가 한 일의 의미로 [J/C] 또는 [V]를 사용한다.

$V = \dfrac{F \cdot L}{Q}$: [N · m/C]

※ V/m : 전기장의 세기 단위

4. 평행판 콘덴서에서 극판 사이의 거리를 1/2로 했을 때 정전용량은 몇 배가 되는가? [19년 1회]

① $\dfrac{1}{2}$배
② 1배
③ 2배
④ 4배

해설 $C = \epsilon \dfrac{A}{l}$ [F]에서, 극판 사이의 거리에 반비례하므로 2배가 된다.

5. 정전 흡인력에 대한 설명 중 옳은 것은 어느 것인가? [19년 1회]

① 정전 흡인력은 전압의 제곱에 비례한다.

② 정전 흡인력은 극판 간격에 비례한다.

③ 정전 흡인력은 극판 면적의 제곱에 비례한다.

④ 정전 흡인력은 쿨롱의 법칙으로 직접 계산한다.

해설 정전 흡인력 : $F = \dfrac{1}{2}\epsilon V^2$ [N/m^2]

정답 ▶ 1. ② 2. ④ 3. ① 4. ③ 5. ①

6. 자극의 세기 m, 자극 간의 거리 l일 때 자기 모멘트는? [19년 1회]

① $\dfrac{l}{m}$　　　　② $\dfrac{m}{l}$

③ ml　　　　④ $\dfrac{m}{l^2}$

해설 자기 모멘트(magnetic moment) : 자극의 세기 m[Wb], 자극 간의 거리 l[m]일 때 $M=ml$[Wb·m]

7. 비오사바르의 법칙은 어느 관계를 나타내는가? [19년 2회]

① 기자력과 자장
② 전위와 자장
③ 전류와 자장의 세기
④ 기자력과 자속밀도

해설 비오–사바르의 법칙(Biot – Savart's law) : 도체의 미소 부분 전류에 의해 발생되는 자기장의 크기를 알아내는 법칙이다.

8. $L=40$ mH의 코일에 흐르는 전류가 0.2초 동안에 10 A가 변화했다. 코일에 유기되는 기전력(V)은? [19년 2회]

① 1　　　　② 2
③ 3　　　　④ 4

해설 $v=L\dfrac{\Delta I}{\Delta t}=40\times10^{-3}\times\dfrac{10}{0.2}=2$ V

9. 다음에서 나타내는 법칙은? [19년 1회]

> 유도 기전력은 자신이 발생 원인이 되는 자속의 변화를 방해하려는 방향으로 발생한다.

① 줄의 법칙　　　　② 렌츠의 법칙
③ 플레밍의 법칙　　④ 패러데이의 법칙

해설 렌츠의 법칙(Lenz's law) : 전자 유도에 의하여 생긴 기전력의 방향은 그 유도 전류가 만드는 자속이 항상 원래 자속의 증가 또는 감소를 방해하는 방향이다.

10. 금속도체의 전기저항에 대한 설명으로 옳은 것은? [19년 2회]

① 도체의 저항은 고유 저항과 길이에 반비례한다.
② 도체의 저항은 길이와 단면적에 반비례한다.
③ 도체의 저항은 단면적에 비례하고 길이에 반비례한다.
④ 도체의 저항은 고유 저항에 비례하고 단면적에 반비례한다.

해설 금속도체의 전기저항

$R=\rho\dfrac{l}{A}$ [Ω]

저항은 그 도체의 고유 저항에 비례하고 단면적에 반비례한다.

여기서, ρ : 도체의 고유 저항(Ω·m)
　　　　A : 도체의 단면적(m²)
　　　　l : 길이[m]

11. 15 V의 전압에 3 A의 전류가 흐르는 회로의 컨덕턴스 ℧는 얼마인가? [19년 2회]

① 0.1　　　　② 0.2
③ 5　　　　④ 30

해설 $G=\dfrac{I}{V}=\dfrac{3}{15}=0.2$ ℧

컨덕턴스(conductance) : $G=\dfrac{1}{R}$ [℧]

12. 그림과 같은 회로에서 합성저항은 몇 Ω인가? [19년 1회]

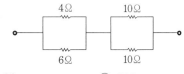

① 30　　　　② 15.5
③ 8.6　　　　④ 7.4

해설 $R_{ab} = \dfrac{R_1 R_2}{R_1 + R_2} + \dfrac{R_3 R_4}{R_3 + R_4}$

$= \dfrac{4 \times 6}{4 + 6} + \dfrac{10 \times 10}{10 + 10} = 2.4 + 5$

$= 7.4\ \Omega$

13. 전구를 점등하기 전의 저항과 점등한 후의 저항을 비교하면 어떻게 되는가? [19년 1회]
① 점등 후의 저항이 크다.
② 점등 전의 저항이 크다.
③ 변동 없다.
④ 경우에 따라 다르다.

해설 (+)저항 온도계수 : 전구를 점등하면 온도가 상승하므로 저항이 비례하여 상승하게 된다.
∴ 점등 후의 저항이 크다.

14. 다음 중 틀린 것은? [19년 2회]
① 실횻값 = 최댓값 $\div \sqrt{2}$
② 최댓값 = 실횻값 $\div 2$
③ 평균값 = 최댓값 $\times \dfrac{2}{\pi}$
④ 최댓값 = 실횻값 $\times \sqrt{2}$

해설 정현파 교류의 표시
㉠ 최댓값 = 실횻값 $\times \sqrt{2}$
㉡ 평균값 = 최댓값 $\times \dfrac{2}{\pi}$

15. 다음 중 RLC 직렬공진회로에서 최대가 되는 것은? [19년 2회]
① 전류　　　　　② 임피던스
③ 리액턴스　　　④ 저항

해설 공진 시 임피던스가 최소가 되므로, 전류는 최대가 된다.

16. 어느 회로에 피상전력이 60 kVA이고, 무효 전력이 36 kVar일 때 유효전력 kW는? [19년 1회]

① 24　　　　　　② 48
③ 70　　　　　　④ 96

해설 $\sqrt{P_a{}^2 - P_r{}^2} = \sqrt{60^2 - 36^2}$

$= \sqrt{2304} = 48\ \text{kW}$

17. 비정현파의 일그러짐의 정도를 표시하는 양으로서 왜형률이란? [19년 1회]
① $\dfrac{\text{실횻값}}{\text{평균값}}$
② $\dfrac{\text{최댓값}}{\text{실횻값}}$
③ $\dfrac{\text{기본파의 실횻값}}{\text{고조파의 실횻값}}$
④ $\dfrac{\text{고조파의 실횻값}}{\text{기본파의 실횻값}}$

해설 왜형률(distortion factor) : 비사인파에서 기본파에 의해 고조파 성분이 어느 정도 포함되어 있는가는 다음 식으로 정의할 수 있다.

$R = \dfrac{\text{고조파의 실횻값}}{\text{기본파의 실횻값}}$

$= \dfrac{\sqrt{V_2{}^2 + V_3{}^3 + \cdots}}{V_1}$

18. 다음 중 비선형소자는? [예상]
① 저항　　　　　② 인덕턴스
③ 다이오드　　　④ 캐패시턴스

해설 ㉠ 선형소자 회로 : 전압과 전류가 비례하는 회로
㉡ 비선형소자 회로 : 전압과 전류가 비례하지 않는 회로(진공관, 다이오드 등)

19. 2 kW의 전열기를 정격 상태에서 20분간 사용할 때의 발열량은 몇 kcal인가? [19년 2회]
① 9.6　　　　　　② 576
③ 864　　　　　　④ 1730

해설 $H = 0.24 P \cdot t = 0.24 \times 2 \times 10^3 \times 20 \times 60$

$= 576 \times 10^3 \text{cal}$

∴ 576 kcal

20. 다음 중 전력량 1 Wh와 그 의미가 같은 것은? [19년 2회]

① 1 C   ② 1 J
③ 3600 C   ④ 3600 J

해설 1 Wh = 3600 W · s = 3600 J

2과목 : 전기 기기

21. 영구자석 또는 전자석 끝부분에 설치한 자성 재료편으로서, 전기자에 대응하여 계자 자속을 공극 부분에 적당히 분포시키는 역할을 하는 것은 무엇인가? [19년 1회]

① 자극편   ② 정류자
③ 공극   ④ 브러시

해설 자극편 : 직류발전기의 구조에서 계자자속을 전기자 표면에 널리 분포시키는 역할을 한다.

22. 다음 그림은 직류발전기의 분류 중 어느 것에 해당되는가? [19년 1회]

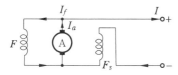

① 분권발전기   ② 직권발전기
③ 자석발전기   ④ 복권발전기

해설 ㉠ 분권 : 전기자 A와 계자권선 F를 병렬로 접속한다.
ㄴ 직권 : 전기자 A와 계자권선 F_s를 직렬로 접속한다.

23. 다음은 직권 전동기의 특징이다. 틀린 것은 어느 것인가? [19년 2회]

① 부하 전류가 증가할 때 속도가 크게 감소한다.

② 전동기 기동 시 기동 토크가 작다.
③ 무부하 운전이나 벨트를 연결한 운전은 위험하다.
④ 계자권선과 전기자 권선이 직렬로 접속되어 있다.

해설 직류 직권 전동기는 기동 토크가 크고 입력이 작으므로 전차, 권상기, 크레인 등에 사용된다.

24. 다음 그림에서 직류 분권 전동기의 속도 특성 곡선은? [19년 1회]

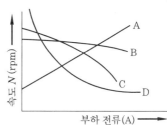

① A   ② B
③ C   ④ D

해설 속도 특성 곡선
A : 차동 복권
B : 분권
C : 가동 복권
D : 직권

25. 직류전동기의 규약 효율은 어떤 식으로 표현되는가? [19년 1회]

① $\dfrac{출력}{입력} \times 100\%$

② $\dfrac{출력}{출력 + 손실} \times 100\%$

③ $\dfrac{출력}{입력 - 손실} \times 100\%$

④ $\dfrac{입력 - 손실}{입력} \times 100\%$

해설 (1) 실측 효율 $\eta = \dfrac{출력}{입력} \times 100\%$

(2) 규약 효율

㉠ 전동기의 효율 $= \dfrac{\text{입력} - \text{손실}}{\text{입력}} \times 100\,\%$

㉡ 발전기의 효율 $= \dfrac{\text{출력}}{\text{출력} + \text{손실}} \times 100\,\%$

26. 동기속도 1800 rpm, 주파수 60 Hz인 동기 발전기의 극수는 몇 극인가?   [19년 1회]

① 2   ② 4

③ 8   ④ 10

해설 $N_s = \dfrac{120f}{p}$ [rpm]에서,

$p = \dfrac{120 \cdot f}{N_s} = \dfrac{120 \times 60}{1800} = 4$극

27. 다음 중 단락비가 큰 동기 발전기를 설명하는 것으로 옳은 것은?   [19년 1회]

① 동기 임피던스가 작다.

② 단락 전류가 작다.

③ 전기자 반작용이 크다.

④ 전압변동률이 크다.

해설 단락비가 큰 동기기

㉠ 공극이 넓고 계자 기자력이 큰 철기계이다.

㉡ 동기 임피던스가 작으며, 전기자 반작용이 작다.

㉢ 전압변동률이 작고, 안정도가 높다.

㉣ 기계의 중량과 부피가 크다(값이 비싸다).

㉤ 고정손(철, 기계손)이 커서 효율이 나쁘다.

28. 34극 60 MVA, 역률 0.8, 60 Hz, 22.9 kV 수차발전기의 전부하 손실이 1600 kW이면 전부하 효율(%)은?   [19년 2회]

① 90   ② 95

③ 97   ④ 99

해설 $\eta = \dfrac{\text{출력}}{\text{출력} + \text{손실}} \times 100$

$= \dfrac{60 \times 10^3}{60 \times 10^3 + 1600} \times 100 \fallingdotseq 97.4\,\%$

29. 변압기의 2차 저항이 0.1 Ω일 때 1차로 환산하면 360 Ω이 된다. 이 변압기의 권수비는?   [19년 1회]

① 30   ② 40

③ 50   ④ 60

해설 $r_1{}' = a^2 r_2$에서,

$a = \sqrt{\dfrac{r_1{}'}{r_2}} = \sqrt{\dfrac{360}{0.1}} = 60$

30. 변압기의 규약 효율은?   [19년 1회]

① $\dfrac{\text{출력}}{\text{입력}} \times 100\,\%$

② $\dfrac{\text{출력}}{\text{출력} + \text{손실}} \times 100\,\%$

③ $\dfrac{\text{출력}}{\text{입력} - \text{손실}} \times 100\,\%$

④ $\dfrac{\text{입력} + \text{손실}}{\text{입력}} \times 100\,\%$

해설 규약 효율 : 변압기의 효율은 정격 2차 전압 및 정격 주파수에 대한 출력(kW)과 전체 손실(kW)이 주어진다.

$\eta = \dfrac{\text{출력(kW)}}{\text{출력(kW)} + \text{전체 손실(kW)}} \times 100\,\%$

31. 다음 중 1차 변전소의 승압용으로 주로 사용하는 결선법은?   [19년 1회]

① Y-Δ   ② Y-Y

③ Δ-Y   ④ Δ-Δ

해설 ㉠ 승압용 결선법 : Δ-Y

㉡ 강압용 결선법 : Y-Δ

32. 다음 중 변압기유의 열화 방지와 관계가 가장 먼 것은?   [19년 1회]

① 브리더   ② 컨서베이터

③ 불활성 질소   ④ 부싱

해설 변압기유의 열화 방지

㉠ 브리더(breather) : 변압기 내함과 외부 기

압의 차이로 인한 공기의 출입을 호흡 작용
이라 하고, 탈수제(실리카 겔)를 넣어 습기
를 흡수하는 장치이다.

ⓛ 컨서베이터(conservator) : 기름과 공기의
접촉을 끊어 열화를 방지하도록 변압기 위
에 설치한 기름통이다.

ⓒ 질소 봉입 : 컨서베이터 유면 위에 불활성 질
소를 넣어 공기의 접촉을 막는다.

33. 코일 주위에 전기적 특성이 큰 에폭시 수
지를 고진공으로 침투시키고, 다시 그 주위
를 기계적 강도가 큰 에폭시 수지로 몰딩한
변압기는? [19년 2회]

① 건식 변압기 ② 유입 변압기
③ 몰드 변압기 ④ 타이 변압기

해설 몰드 변압기

ⓖ 고압 및 저압권선을 모두 에폭시로 몰드
(mold)한 고체 절연방식 채용

ⓛ 난연성, 절연의 신뢰성, 보수 및 점검이
용이, 에너지 절약 등의 특징이 있다.

34. 4극의 3상 유도 전동기가 60 Hz의 전원에
연결되어 4 %의 슬립으로 회전할 때 회전수
는 몇 rpm인가? [19년 2회]

① 1656 ② 1700
③ 1728 ④ 1880

해설 $N_s = \dfrac{120f}{p} = \dfrac{120 \times 60}{4} = 1800\,\text{rpm}$

$\therefore N = (1-s)N_s = (1-0.04) \times 1800$
$= 1728\,\text{rpm}$

35. 200 V, 50 Hz, 4극, 15 kW의 3상 유도 전
동기가 있다. 전부하일 때의 회전수가 1320
rpm이면 2차 효율(%)은? [19년 1회]

① 78 ② 88
③ 96 ④ 98

해설 $N_s = 120 \times \dfrac{f}{p} = 120 \times \dfrac{50}{4} = 1500\,\text{rpm}$

$\therefore \eta_2 = \dfrac{N}{N_s} \times 100 = \dfrac{1320}{1500} \times 100 = 88\,\%$

36. 다음 중 권선형 유도 전동기의 기동법은
어느 것인가? [19년 2회]

① 분상 기동법 ② 2차 저항 기동법
③ 콘덴서 기동법 ④ 반발 기동법

해설 권선형 유도 전동기의 2차 저항 기동법

ⓖ 2차 권선 자체는 저항이 작은 재료로 쓰
고, 슬립 링을 통하여 외부에서 조절할 수
있는 기동 저항기를 접속한다.

ⓛ 기동할 때에는 2차 회로의 저항을 적당히
조절, 비례 추이를 이용하여 기동 전류는
감소시키고 기동 토크를 증가시킨다.

※ ①, ③, ④번은 단상 유도 전동기의 기동
법에 속한다.

37. 다음 중 반도체 내에서 정공은 어떻게 생
성되는가? [19년 1회]

① 결합전자의 이탈 ② 자유전자의 이동
③ 접합 불량 ④ 확산용량

해설 P형 반도체 : 결합전자의 이탈로 정공(hole)
에 의해서 전기 전도가 이루어진다.

38. PN 접합 정류소자의 설명 중 틀린 것은?
(단, 실리콘 정류소자인 경우이다.) [19년 2회]

① 온도가 높아지면 순방향 및 역방향 전류
가 모두 감소한다.

② 순방향 전압은 P형에 (+), N형에 (−) 전
압을 가함을 말한다.

③ 정류비가 클수록 정류 특성은 좋다.

④ 역방향 전압에서는 극히 작은 전류만이
흐른다.

해설 PN 접합 정류소자(실리콘 정류소자)

ⓖ 사이리스터의 온도가 높아지면 전자−정
공 쌍의 수도 증가하게 되고, 누설 전류도
증가하게 된다.

ⓛ 온도가 높아지면 순방향 및 역방향 전류가
모두 증가한다.

39. 단상 전파 정류회로에서 전원이 220 V이면 부하에 나타나는 전압의 평균값은 약 몇 V인가? [19년 1회]

① 99 　　　　② 198
③ 257.4 　　　④ 297

해설 $E_{do} ≒ 0.9 V = 0.9 × 220 = 198 V$

40. 다음 그림과 같이 사이리스터를 이용한 전파정류회로에서 입력전압이 100 V이고, 점호각이 60°일 때 출력전압은 몇 V인가? (단, 부하는 저항만의 부하이다.) [19년 1회]

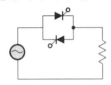

① 32.5 　　　② 45
③ 67.5 　　　④ 90

해설 단상 전파 정류회로–저항 부하의 경우
$$E_d = 0.45 V(1 + \cos\alpha)$$
$$= 0.45 × 100(1 + \cos60°)$$
$$= 45 + 45 × 0.5 = 67.5 V$$
※ 유도성 부하의 경우
$$E_d = 0.9 V\cos\alpha = 0.9 × 100 × 0.5 = 45 V$$

2과목 : 전기 설비

41. 저압으로 수전하는 3상 4선식에서는 단상 접속 부하로 계산하여 설비 불평형률을 몇 % 이하로 하는 것을 원칙으로 하는가? [19년 2회]

① 10 　　　　② 20
③ 30 　　　　④ 40

해설 불평형 부하의 제한
㉠ 단상 3선식 : 40 % 이하
㉡ 3상 3선식 또는 3상 4선식 : 30 % 이하

42. 전선 및 케이블의 구비조건으로 맞지 않는 것은? [19년 2회]

① 고유 저항이 클 것
② 기계적 강도 및 가요성이 풍부할 것
③ 내구성이 크고 비중이 작을 것
④ 시공 및 접속이 쉬울 것

해설 전선의 재료로서 구비해야 할 조건
㉠ 도전율이 클 것 → 고유 저항이 작을 것
㉡ 기계적 강도가 클 것
㉢ 비중이 작을 것 → 가벼울 것
㉣ 내구성이 있을 것
㉤ 공사가 쉬울 것
㉥ 값이 싸고 쉽게 구할 수 있을 것

43. 옥내 배선 공사에서 절연 전선의 피복을 벗길 때 사용하면 편리한 공구는? [19년 1회]

① 드라이버 　　　　② 플라이어
③ 압착펜치 　　　　④ 와이어 스트리퍼

해설 와이어 스트리퍼(wire striper)
㉠ 절연 전선의 피복 절연물을 벗기는 자동 공구이다.
㉡ 도체의 손상 없이 정확한 길이의 피복 절연물을 쉽게 처리할 수 있다.

44. 기구 단자에 전선 접속 시 진동 등으로 헐거워지는 염려가 있는 곳에 사용되는 것은 어느 것인가? [19년 1회]

① 스프링 와셔 　　　② 2중 볼트
③ 삼각 볼트 　　　　④ 접속기

해설 전선과 기구 단자와의 접속 : 전선을 나사로 고정할 경우에 진동 등으로 헐거워질 우려가 있는 장소는 2중 너트, 스프링 와셔 및 나사풀림 방지 기구가 있는 것을 사용한다.

45. 전선을 접속하는 경우 전선의 강도는 몇 % 이상 감소시키지 않아야 하는가? [19년 2회]

① 10 　　　　② 20
③ 30 　　　　④ 40

해설 전선의 접속(KEC 123) : 전선의 강도(인장 하중)를 20 % 이상 감소시키지 않아야 한다.

46. 다음 중 금속관 공사의 특징에 대한 설명이 아닌 것은? [19년 2회]

① 전선이 기계적으로 완전히 보호된다.
② 접지 공사를 완전히 하면 감전의 우려가 없다.
③ 단락 사고, 접지 사고 등에 있어서 화재의 우려가 적다.
④ 중량이 가볍고 시공이 용이하다.

해설 금속 전선관 배선의 특징

㉠ 전선이 기계적으로 보호된다.
㉡ 단락 사고, 접지 사고 등에 있어서 화재의 우려가 적다.
㉢ 접지 공사를 완전하게 하면 감전의 우려가 없다.
㉣ 방습 장치를 할 수 있으므로, 전선을 방수할 수 있다.
㉤ 전선의 노후나 배선 방법의 변경이 필요한 경우 전선의 교환이 쉽다.

47. 다음 중 금속 전선관의 호칭을 맞게 기술한 것은? [19년 1회]

① 박강, 후강 모두 내경으로 mm로 나타낸다.
② 박강은 내경, 후강은 외경으로 mm로 나타낸다.
③ 박강은 외경, 후강은 내경으로 mm로 나타낸다.
④ 박강, 후강 모두 외경으로 mm로 나타낸다.

해설 박강은 외경(바깥지름), 후강은 내경(안지름)으로 mm 단위로 표시한다.

48. 금속 전선관을 직각 구부리기를 할 때 굽힘 반지름(mm)은? (단, 내경은 18 mm, 외경은 22 mm이다.) [19년 1회]

① 113
② 115
③ 119
④ 121

해설 굽힘 반지름 내경은 전선관 안지름의 6배 이상이 되어야 한다.

$$r = 6d + \frac{D}{2} = 6 \times 18 + \frac{22}{2} = 119 \text{ mm}$$

49. 캡타이어 케이블을 조영재에 시설하는 경우 그 지지점 간의 거리는 얼마로 하여야 하는가? [19년 1회]

① 1 m 이하
② 1.5 m 이하
③ 2.0 m 이하
④ 2.5 m 이하

해설 케이블 공사의 시설조건(KEC 232.51)

(1) 전선은 케이블 및 캡타이어 케이블일 것
(2) 전선을 조영재의 아랫면 또는 옆면에 따라 붙이는 경우 지지점 간의 거리
  ㉠ 케이블은 2 m 이하(사람이 접촉할 우려가 없는 곳에서 수직으로 붙이는 경우에는 6 m)
  ㉡ 캡타이어 케이블은 1 m 이하

50. 플로어 덕트 배선에서 사용할 수 있는 단선의 최대 규격은 몇 mm²인가? [19년 2회]

① 2.5
② 4
③ 6
④ 10

해설 플로어 덕트 공사(KEC 232.32)

㉠ 전선은 절연 전선(옥외용 비닐 절연 전선은 제외한다)일 것
㉡ 전선은 연선일 것. 다만, 단면적 10 mm² (알루미늄선은 단면적 16 mm²) 이하인 것은 그러하지 아니하다.

51. 다음 ( ) 안에 들어갈 내용으로 알맞은 것은? [19년 1회]

사람의 접촉 우려가 있는 합성수지제 몰드는 홈의 폭 및 깊이가 (㉠) cm 이하로 두께는 (㉡) mm 이상의 것이어야 한다.

① ㉠ 3.5, ㉡ 1
② ㉠ 5, ㉡ 1
③ ㉠ 3.5, ㉡ 2
④ ㉠ 5, ㉡ 2

정답 → 46. ④   47. ③   48. ③   49. ①   50. ④   51. ③

해설 합성수지 몰드 공사 시설조건(KEC 232.21.1 참조) : 합성수지 몰드는 홈의 폭 및 깊이가 35 mm 이하, 두께는 2 mm 이상의 것일 것 (단, 사람이 쉽게 접촉할 우려가 없도록 시설하는 경우에는 폭이 50 mm 이하, 두께 1 mm 이상의 것을 사용할 수 있다.)

52. 과전류 차단기를 설치하는 곳은? [19년 1회]
① 간선의 전원 측 전선
② 접지 공사의 접지선
③ 접지 공사를 한 저압 가공 전선의 접지 측 전선
④ 다선식 전로의 중성선

해설 과전류 차단기의 시설 장소
㉠ 전선 및 기계기구를 보호하기 위한 인입구
㉡ 분기점 등 보호상 또는 보안상 필요한 곳
㉢ 간선의 전원 측
㉣ 발전기, 변압기, 전동기, 정류기 등의 기계기구를 보호하는 곳

53. 저압 옥내 간선 시설 시 전동기의 정격전류가 20 A이다. 전동기 전용 분기회로에서 있어서 허용전류는 몇 A 이상으로 하여야 하는가? [14년]
① 20
② 25
③ 30
④ 60

해설 전동기 전용 분기회로의 허용전류 산정 (KEC 232.5.6 참조)
㉠ 정격전류가 50 A 이하인 경우
$$I_a = 1.25 \times I_M = 1.25 \times 20 = 25 \, \text{A}$$
㉡ 50 A를 넘는 경우
$$I_a = 1.1 \times I_M$$

54. 다음 중 접지극 형태에 해당되지 않는 것은? [예상]
① 접지봉이나 관
② 접지 테입이나 선
③ 합성수지제 수도관 설비

④ 매입된 철근 콘크리트에 용접된 금속 보강재

해설 접지극 형태(KEC 142.1.2 참조) : ①, ②, ④ 이외에 접지판, 기초부에 매입한 접지극, 금속제 수도관 설비 등이 있다.

55. 지선의 중간에 넣는 애자는? [19년 1회]
① 저압 핀 애자
② 구형애자
③ 인류애자
④ 내장애자

해설 ㉠ 구형애자 : 인류용과 지선용이 있으며, 지선용은 지선의 중간에 넣어 양측 지선을 절연한다.
㉡ 인류애자 : 인입선 등, 선로의 인류 개소에 사용

56. 고압 가공 전선로의 전선 조수가 3조일 때 완금의 길이는? [19년 2회]
① 1200 mm
② 1400 mm
③ 1800 mm
④ 2400 mm

해설 전압과 가선 조수에 따른 완금 사용의 표준 (단위 : mm)

가선 조수	저압	고압	특고압
2조	900	1400	1800
3조	1400	1800	2400

57. 다음 중 단로기에 대한 설명으로 옳지 않은 것은? [19년 1회]
① 소호장치가 있어서 아크를 소멸시킨다.
② 회로를 분리하거나, 계통의 접속을 바꿀 때 사용한다.
③ 고장 전류는 물론 부하 전류의 개폐에도 사용할 수 없다.
④ 배전용의 단로기는 보통 디스커넥팅 바로 개폐한다.

해설 단로기(DS : disconnecting switch)
㉠ 개폐기의 일종으로 기기의 점검, 측정, 시

험 및 수리를 할 때 기기를 활선으로부터
분리하여 확실하게 회로를 열어놓거나 회
로변경을 위하여 설치한다.
ⓛ 소호장치가 없어서 아크를 소멸시키지 못
하므로 고장 전류는 물론 부하 전류의 개폐
에도 사용할 수 없다.
※ 디스커넥팅 바(disconnecting bar) : 절단
하는 기구

58. 소맥분, 전분 기타 가연성의 분진이 존재
하는 곳의 저압 옥내 배선 공사 방법에 해당
되는 것으로 짝지어진 것은 ?   [19년 1회]
① 케이블공사, 애자사용 공사
② 금속관 공사, 콤바인 덕트관, 애자사용 공사
③ 케이블공사, 금속관 공사, 애자사용 공사
④ 케이블공사, 금속관 공사, 합성수지관 공사
해설 가연성 분진 위험장소(KEC 242.2.2)
ⓐ 가연성 분진(소맥분·전분·유황 기타 가
연성의 먼지로 폭발할 우려가 있는 것을 말
하며 폭연성 분진은 제외)
ⓛ 합성수지관 공사, 금속관 공사 또는 케이
블 공사에 의할 것

59. 다음 그림 기호는 ?   [19년 2회]

① 리셉터클   ② 비상용 콘센트
③ 점검구   ④ 방수형 콘센트

60. 건축물의 종류에서 표준 부하를 20 VA/m^2
으로 하여야 하는 건축물은 다음 중 어느
것인가 ?   [19년 2회]
① 교회, 극장   ② 학교, 음식점
③ 은행, 상점   ④ 아파트, 미용원
해설 건물의 표준 부하(VA/m^2)

건물의 종류	표준 부하 (VA/m^2)
공장, 공회당, 사원, 교회, 극장, 연회장 등	10
기숙사, 여관, 호텔, 병원, 학교, 음식점, 다방, 대중 목욕탕 등	20
주택, 아파트, 사무실, 은행, 상점, 이용소, 미장원	30

실전 모의고사 4

제1과목	제2과목	제3과목
전기 이론 : 20문항	전기 기기 : 20문항	전기 설비 : 20문항

1과목 : 전기 이론

1. 다음은 전기력선의 성질이다. 틀린 것은 어느 것인가? [19년 3회]

① 전기력선은 서로 교차하지 않는다.
② 전기력선은 도체의 표면에 수직이다.
③ 전기력선의 밀도는 전기장의 크기를 나타낸다.
④ 같은 전기력선은 서로 끌어당긴다.

해설 전기력선의 성질 중에서, 같은 전기력선은 서로 반발한다.

2. 극판의 면적이 $4 \, \text{cm}^2$, 정전 용량이 $10 \, \text{pF}$인 종이 콘덴서를 만들려고 한다. 비유전율 2.5, 두께 $0.01 \, \text{mm}$의 종이를 사용하면 약 몇 장을 겹쳐야 되겠는가? [19년 4회]

① 89장
② 100장
③ 885장
④ 8850장

해설 평행판 콘덴서에 있어서 전극의 면적을 $A[\text{m}^2]$, 극판 사이의 거리를 $l[\text{m}]$, 극판 사이에 채워진 절연체의 유전율을 ϵ이라고 하면, 콘덴서의 용량 $C[\text{F}]$는 $C = \epsilon_0 \epsilon_s \dfrac{A}{l}[\text{F}]$에서

$$l = \epsilon_0 \epsilon_s \frac{A}{C}$$
$$= 8.85 \times 10^{-12} \times 2.5 \times \frac{4 \times 10^{-2}}{10 \times 10^{-12}} \times 10^{-2}$$
$$= 8.85 \times 10^{-4} \, \text{m}$$

∴ 장수 $N = \dfrac{l}{t} = \dfrac{8.85 \times 10^{-4}}{0.01 \times 10^{-3}} ≒ 89$장

3. $C = 5 \, \mu\text{F}$인 평행판 콘덴서에 $5 \, \text{V}$인 전압을 걸어줄 때 콘덴서에 축적되는 에너지는 몇 J인가? [19년 3회]

① 6.25×10^{-5}
② 6.25×10^{-3}
③ 1.25×10^{-5}
④ 1.25×10^{-3}

해설 $W = \dfrac{1}{2} CV^2 = \dfrac{1}{2} \times 5 \times 10^{-6} \times 5^2$
$\qquad = 6.25 \times 10^{-5} \, \text{J}$

4. 온도 변화에 의한 용량 변화가 작고 절연 저항이 높은 우수한 특성을 갖고 있어 표준 콘덴서로도 이용하는 콘덴서는? [19년 3회]

① 전해 콘덴서
② 마이카 콘덴서
③ 세라믹 콘덴서
④ 마일러 콘덴서

해설 마이카 콘덴서(mica condenser)

㉠ 운모(mica)와 금속 박막으로 되어 있거나 운모 위에 은을 발라서 전극으로 만든다.
㉡ 온도 변화에 의한 용량 변화가 작고 절연 저항이 높은 우수한 특성을 가지므로, 표준 콘덴서로도 이용된다.

5. 그림과 같은 콘덴서를 접속한 회로의 합성 정전 용량은? [19년 4회]

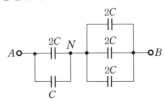

① $6C$
② $9C$
③ $1C$
④ $2C$

정답 ► 1. ④ 2. ① 3. ① 4. ② 5. ④

해설 ㉠ $C_{AN} = 2C + C = 3C$

㉡ $C_{NB} = 3 \times 2C = 6C$

∴ $C_{AB} = \dfrac{3C \times 6C}{3C + 6C} = \dfrac{18C^2}{9C} = 2C$

6. 자력선은 다음과 같은 성질을 가지고 있다. 잘못된 것은? [19년 3회]

① N 극에서 나와 S 극에서 끝난다.

② 자력선에 그은 접선은 그 접점에서의 자장 방향을 나타낸다.

③ 자력선은 상호 간에 서로 교차한다.

④ 한 점의 자력선 밀도는 그 점의 자장 세기를 나타낸다.

해설 자력선은 서로 반발하는 성질이 있어서, 교차하지 않는다.

7. 그림과 같이 I[A]의 전류가 흐르고 있는 도체의 미소부분 Δl의 전류에 의해 이 부분에서 r[m] 떨어진 점 P의 자기장 ΔH는? [19년 4회]

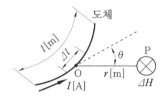

① $\Delta H = \dfrac{I^2 \Delta l \sin\theta}{4\pi r^2}$

② $\Delta H = \dfrac{I \Delta l^2 \sin\theta}{4\pi r}$

③ $\Delta H = \dfrac{I^2 \Delta l \sin\theta}{4\pi r}$

④ $\Delta H = \dfrac{I \Delta l \sin\theta}{4\pi r^2}$

해설 비오-사바르의 법칙(Biot–Savart's law)

$\Delta H = \dfrac{I \Delta l}{4\pi r^2} \sin\theta \,[\text{AT/m}]$

8. 1000 AT/m의 자계 중에 어떤 자극을 놓았

을 때 3×10^2 N의 힘을 받는다고 한다. 자극의 세기(Wb)는? [19년 4회]

① 0.1　　　　　② 0.2

③ 0.3　　　　　④ 0.4

해설 $m = \dfrac{F}{H} = \dfrac{3 \times 10^2}{1000} ≒ 0.3$ Wb

9. 어떤 도체에 5초간 4 C의 전하가 이동했다면 이 도체에 흐르는 전류는? [19년 3회]

① 0.12×10^3 mA　　② 0.8×10^3 mA

③ 1.25×10^3 mA　　④ 8×10^3 mA

해설 $I = \dfrac{Q}{t} = \dfrac{4}{5} = 0.8$ A

∴ 0.8×10^3 mA

10. 권선저항과 온도와의 관계는? [19년 3회]

① 온도와는 무관하다.

② 온도가 상승함에 따라 권선저항은 감소한다.

③ 온도가 상승함에 따라 권선저항은 상승한다.

④ 온도가 상승함에 따라 권선의 저항은 증가와 감소를 반복한다.

해설 (+)저항 온도계수 : 권선저항은 온도가 상승함에 따라 저항이 비례하여 상승하게 된다.

11. 서로 같은 저항 n개를 직렬로 연결한 회로의 한 저항에 나타나는 전압은? [19년 4회]

① nV　　　　　② $\dfrac{V}{n}$

③ $\dfrac{1}{nV}$　　　　　④ $n + V$

해설 전압 분배 : 서로 같은 저항이므로 동일한 전압, 즉 V/n[V]가 나타난다.

12. 그림의 브리지 회로에서 평형이 되었을 때의 C_x는? [19년 4회]

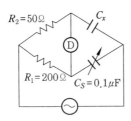

① 0.1 μF   ② 0.2 μF

③ 0.3 μF   ④ 0.4 μF

해설 $C_x = \dfrac{R_1}{R_2} \cdot C_s = \dfrac{200}{50} \times 0.1 = 0.4 \, \mu$F

13. $e = 141\sin(120\pi t - \pi/3)$인 파형의 주파
수는 몇 Hz인가?   [19년 4회]

① 10   ② 15

③ 30   ④ 60

해설 $f = \dfrac{\omega}{2\pi} = \dfrac{120\pi}{2\pi} = 60$ Hz

14. 콘덴서 용량이 커질수록 용량 리액턴스는
어떻게 되는가?   [19년 4회]

① 무한대로 접근한다.

② 커진다.

③ 작아진다.

④ 변하지 않는다.

해설 $X_C = \dfrac{1}{2\pi f C}$ [Ω] : 용량 리액턴스(X_C)는 콘
덴서 용량(C)에 반비례한다.

15. 저항과 코일이 직렬 연결된 회로에서 직류
220 V를 인가하면 20 A의 전류가 흐르고,
교류 220 V를 인가하면 10 A의 전류가 흐른
다. 이 코일의 리액턴스(Ω)는?   [19년 3회]

① 약 19.05   ② 약 16.06

③ 약 13.06   ④ 약 11.04

해설 ㉠ 직류 220 V를 인가 시

$$R = \dfrac{E}{I} = \dfrac{220}{20} = 11 \; \Omega$$

㉡ 교류 220 V를 인가 시

$$Z = \dfrac{V}{I} = \dfrac{220}{10} = 22 \; \Omega$$

$$\therefore \; X_L = \sqrt{Z^2 - R^2}$$
$$= \sqrt{22^2 - 11^2} = \sqrt{484 - 121}$$
$$= \sqrt{363} \fallingdotseq 19.05 \; \Omega$$

16. 그림과 같은 회로에 교류전압 $E = 100 \angle 0°$
[V]를 인가할 때 전전류는 몇 A인가? [19년 4회]

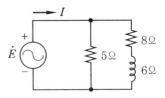

① $6 + j28$ ② $6 - j28$

③ $28 + j6$ ④ $28 - j6$

해설 $Z = \dfrac{5 \times (8 + j6)}{5 + (8 + j6)} = 3.41 + j0.73 \; \Omega$

$$\therefore \; I = \dfrac{E}{Z} = \dfrac{100}{3.41 + j0.73} = 28 - j6 \,[\text{A}]$$

17. 1 W · s와 같은 것은?   [19년 4회]

① 1 J   ② 1 F

③ 1 kcal   ④ 860 kWh

해설 ㉠ 1 W · s = 1 J

㉡ 1 Wh = 3600 W · s = 3600 J

㉢ 1 kWh = 10^3 Wh = 3.6×10^6 J = 860 kcal

18. 니켈의 원자가는 2.0이고 원자량은 58.70
이다. 화학당량의 값은?   [19년 3회]

① 117.4   ② 60.70

③ 56.70   ④ 29.35

해설 화학당량 $= \dfrac{\text{원자량}}{\text{원자가}} = \dfrac{58.7}{2} = 29.35$

※ 화학당량

㉠ 화학 변화를 일으킬 때 기본이 되는 양

㉡ 수소 1 g 원자와 직접 또는 간접으로 화합

할 수 있는 다른 원소의 그램 수

ⓒ 원소의 원자량을 그 원자가로 나눈 값

19. 다음 중 (㉮), (㉯)에 들어갈 내용으로 알맞은 것은 어느 것인가? [19년 4회]

> 2차 전지의 대표적인 것으로 납축전지가 있다. 전해액으로 비중 약 (㉮) 정도의 (㉯)을 사용한다.

① ㉮ 1.15~1.21, ㉯ 묽은 황산
② ㉮ 1.25~1.36, ㉯ 질산
③ ㉮ 1.01~1.15, ㉯ 질산
④ ㉮ 1.23~1.26, ㉯ 묽은 황산

해설 납축전지의 전해액 : 묽은 황산(비중 1.23~1.26)

※ 양극 : 이산화납(PbO_2), 음극 : 납(Pb)

20. 기전력 4 V, 내부 저항 0.2 Ω의 전지 10개를 직렬로 접속하고 두 극 사이에 부하저항을 접속하였더니 4 A의 전류가 흘렀다. 이때 외부저항은 몇 Ω이 되겠는가? [19년 4회]

① 6
② 7
③ 8
④ 9

해설 $I = \dfrac{nE}{nr+R}$ [A]에서,

$R = \dfrac{nE}{I} - nr = \dfrac{10 \times 4}{4} - 10 \times 0.2 = 8 \ \Omega$

2과목 : 전기 기기

21. 다음 중 직류 발전기의 계자에 대하여 옳게 설명한 것은? [19년 3회]

① 자기력선속을 발생한다.
② 자속을 끊어 기자력을 발생한다.
③ 기전력을 외부로 인출한다.
④ 유도된 교류기전력을 직류로 바꾸어 준다.

해설 직류 발전기의 3요소

㉠ 자속을 만드는 계자(field) 즉, 자기력선속을 발생
㉡ 기전력을 발생(유도)하는 전기자(armature)
ⓒ 교류를 직류로 변환하는 정류자(commutator)

22. 직류기에서 전압 변동률이 (+) 값으로 표시되는 발전기는? [19년 3회]

① 과복권 발전기
② 직권 발전기
③ 평복권 발전기
④ 분권 발전기

해설 전압 변동률

㉠ (+)값 : 타여자, 분권 및 차동 복권 발전기
㉡ (−)값 : 직권, 평복권, 과복권 발전기

23. 출력 15 kW, 1500 rpm으로 회전하는 전동기의 토크는 약 몇 kg · m인가? [19년 3회]

① 6.54
② 9.75
③ 47.78
④ 95.55

해설 $T = 975 \times \dfrac{P}{N} = 975 \times \dfrac{15}{1500}$

$≒ 9.75 \ \text{kg} \cdot \text{m}$

24. 직류 직권 전동기를 사용하려고 할 때 벨트(belt)를 걸고 운전하면 안 되는 가장 타당한 이유는? [19년 4회]

① 벨트가 기동할 때나 또는 갑자기 중 부하를 걸 때 미끄러지기 때문에
② 벨트가 벗겨지면 전동기가 갑자기 고속으로 회전하기 때문에
③ 벨트가 끊어졌을 때 전동기의 급정지 때문에
④ 부하에 대한 손실을 최대로 줄이기 위해서

해설 직류 직권 전동기 벨트 운전 금지

㉠ 벨트(belt)가 벗겨지면 무부하 상태가 되어 $I = I_f = 0$이 된다.
㉡ 속도 특성 $N = k\dfrac{1}{\phi}$

∴ 무부하 시 분모가 "0"이 되어 위험속도로 회전하게 된다.

25. 다음 중 동기기의 전기자 권선법이 아닌 것은? [19년 3회]

① 2층권/단절권 ② 단층권/분포권
③ 2층권/분포권 ④ 단층권/전절권

[해설] 동기기의 전기자 권선법 중 2층권, 분포권, 단절권 및 중권이 주로 쓰이고 결선은 Y 결선으로 한다.

ⓐ 집중권과 분포권 중에서 분포권을
ⓑ 전절권과 단절권 중에서 단절권을
ⓒ 단층권과 2층권 중에서 2층권을
ⓓ 중권, 파권, 쇄권 중에서 중권을 주로 사용한다.

※ 전절권은 단절권에 비하여 단점이 많아 사용하지 않는다.

26. 다음 중 8극 900 rpm의 교류 발전기로 병렬운전하는 극수 6의 동기 발전기 회전수(rpm)는? [19년 4회]

① 675 ② 900
③ 1200 ④ 1800

[해설] $N_s = \dfrac{120}{p} \cdot f \,[\mathrm{rpm}]$ 에서,

$f = \dfrac{p \cdot N_s}{120} = \dfrac{8 \times 900}{120} = 60\,\mathrm{Hz}$

∴ $N' = \dfrac{120}{p'} \cdot f = \dfrac{120}{6} \times 60 = 1200\,\mathrm{rpm}$

27. 동기 전동기의 계자 전류를 가로축에, 전기자 전류를 세로축으로 하여 나타낸 V곡선에 관한 설명으로 옳지 않은 것은? [19년 4회]

① 위상 특성 곡선이라 한다.
② 부하가 클수록 V곡선은 아래쪽으로 이동한다.
③ 곡선의 최저점은 역률 1에 해당한다.
④ 계자전류를 조정하여 역률을 조정할 수 있다.

[해설] 위상 특성 곡선(V곡선)

ⓐ 일정 출력에서 계자 전류 I_f (또는 유기 기전력 E)와 전기자 전류 I 의 관계를 나타내는 곡선이다.
ⓑ 동기 전동기는 계자 전류를 가감하여 전기자 전류의 크기와 위상을 조정할 수 있다.
ⓒ 부하가 클수록 V곡선은 위로 이동한다.
ⓓ 곡선의 최저점은 역률 1에 해당하는 점이며, 이 점보다 오른쪽은 앞선 역률이고 왼쪽은 뒤진 역률의 범위가 된다.

28. 동기 조상기가 전력용 콘덴서보다 우수한 점은 어느 것인가? [19년 3회]

① 손실이 적다.
② 보수가 쉽다.
③ 지상 역률을 얻는다.
④ 가격이 싸다.

[해설] ⓐ 동기 조상기는 위상 특성 곡선을 이용하여 역률을 임의로 조정하고, 앞선 무효 전력은 물론 뒤진 무효 전력도 변화시킬 수 있다.
ⓑ 전력용 콘덴서는 진상 역률만을 얻지만 동기 조상기는 지상 역률도 얻을 수 있다.

29. 변압기의 1차 및 2차의 전압, 권선수, 전류를 각각 V_1, N_1, I_1 및 V_2, N_2, I_2 라 할 때 다음 중 어느 식이 성립되는가? [19년 3회]

① $\dfrac{V_1}{V_2} = \dfrac{N_1}{N_2} = \dfrac{I_2}{I_1}$ ② $\dfrac{V_1}{V_2} = \dfrac{N_2}{N_1} = \dfrac{I_2}{I_1}$

③ $\dfrac{V_1}{V_2} = \dfrac{N_2}{N_1} = \dfrac{I_1}{I_2}$ ④ $\dfrac{V_1}{V_2} = \dfrac{N_1}{N_2} = \dfrac{I_1}{I_2}$

[해설] 권수비 : $a = \dfrac{V_1}{V_2} = \dfrac{N_1}{N_2} = \dfrac{I_2}{I_1}$

30. 변압기에 철심의 두께를 2배로 하면 와류손은 약 몇 배가 되는가? [19년 3회]

① 2배로 증가한다.

② $\frac{1}{2}$ 배로 증가한다.

③ $\frac{1}{4}$ 배로 증가한다.

④ 4배로 증가한다.

해설 와류손(맴돌이 전류손) : $P_e = kt^2$[W/kg]

∴ 4배로 증가한다.

※ $P_e = \sigma_e(tfk_fB_m)^2$[W/kg]

31. 변압기의 전부하 동손과 철손의 비가 2 : 1 인 경우 효율이 최대가 되는 부하는 전부하 의 몇 %인 경우인가?　[19년 4회]

① 50　　　　② 70

③ 90　　　　④ 100

해설 최대 효율은 $P_i = P_c$일 때이므로, 부하가 m배가 되면 $m^2P_c = P_i$일 때이다.

$m = \sqrt{\dfrac{P_i}{P_c}} = \sqrt{\dfrac{1}{2}} = 0.70$

∴ 70 %

32. 유입 변압기에 기름을 사용하는 목적이 아 닌 것은?　[19년 4회]

① 열 방산을 좋게 하기 위하여

② 냉각을 좋게 하기 위하여

③ 절연을 좋게 하기 위하여

④ 효율을 좋게 하기 위하여

해설 변압기 기름은 변압기 내부의 철심이나 권 선 또는 절연물의 온도 상승을 막아주며, 절 연을 좋게 하기 위하여 사용된다.

33. 3상 유도 전동기의 최고 속도는 우리나라 에서 몇 rpm인가?　[19년 4회]

① 3600　　　　② 3000

③ 1800　　　　④ 1500

해설 우리나라의 상용 주파수는 60 Hz이며, 최 소 극수는 '2'이다.

$\therefore N_s = \dfrac{120f}{p} = \dfrac{120 \times 60}{2} = 3600\,\text{rpm}$

34. 3상 유도 전동기의 1차 입력 60 kW, 1차 손실 1 kW, 슬립 3 %일 때 기계적 출력 kW은?　[19년 3회]

① 62　　　　② 60

③ 59　　　　④ 57

해설 ㉠ 2차 입력

$P_2 = $ 1차 입력−1차 손실 = $60-1 = 59\,\text{kW}$

㉡ 기계적 출력

$P_0 = (1-s)P_2 = (1-0.03) \times 59 = 57\,\text{kW}$

35. 슬립이 0.05이고 전원 주파수가 60 Hz 인 유도 전동기의 회전자 회로의 주파수 (Hz)는?　[19년 4회]

① 1　　　　② 2

③ 3　　　　④ 4

해설 $f' = s \cdot f = 0.05 \times 60 = 3\,\text{Hz}$

36. 출력 3 kW, 1500 rpm 유도 전동기의 N · m는 약 얼마인가?　[19년 3회]

① 1.91　　　　② 19.1

③ 29.1　　　　④ 114.6

해설 $T = 975\dfrac{P}{N} = 975 \times \dfrac{3}{1500} = 1.95\,\text{kg} \cdot \text{m}$

∴ $T' = 9.8 \times T = 9.8 \times 1.95 = 19.1\,\text{N} \cdot \text{m}$

37. 가정용 선풍기나 세탁기 등에 많이 사용되 는 단상 유도 전동기는?　[19년 3회]

① 분상 기동형

② 콘덴서 기동형

③ 영구 콘덴서 전동기

④ 반발 기동형

해설 영구 콘덴서 기동형 : 기동 전류와 전부하 전류가 적고 운전 특성이 좋으며, 기동 토크가 적은 용도에 적합하여, 가전제품에 주로 사용된다.

38. 다음 중 턴오프(소호)가 가능한 소자는 어느 것인가? [19년 3회]

① GTO
② TRIAC
③ SCR
④ LASCR

해설 GTO(gate turn-off thyristor) : 게이트 신호가 양(+)이면, 턴 온(on), 음(-)이면 턴 오프(off) 된다. 즉, 턴 오프(소호)하는 사이리스터이다.

39. 상전압 300 V의 3상 반파 정류회로의 직류 전압은 약 몇 V인가? [19년 3회]

① 520
② 350
③ 260
④ 50

해설 $E_{d0} = 1.17 \times$ 상전압 $= 1.17 \times 300$
$\qquad \fallingdotseq 350 \text{ V}$

40. ON, OFF를 고속도로 변환할 수 있는 스위치이고 직류변압기 등에 사용되는 회로는 무엇인가? [19년 3회]

① 초퍼 회로
② 인버터 회로
③ 컨버터 회로
④ 정류기 회로

해설 초퍼 회로(chopper circuit) : 반도체 스위칭 소자에 의해 주 전류의 ON - OFF 동작을 고속 · 고빈도로 반복 수행하는 회로로 직류변압기 등에 사용된다.
※ 초퍼의 이용 : 전동차, 트롤리 카(trolley car), 선박용 호이스퍼, 지게차, 광산용 견인 전차의 전동 제어 등에 사용한다.

3과목 : 전기 설비

41. 다음 중 450/750 V 일반용 단심 비닐 절연 전선의 알맞은 약호는? [19년 3회]

① NR
② CV
③ MI
④ OC

해설 ① NR : 450/750 V 일반용 단심 비닐 절연 전선
② CV : 0.6/1 kV 가교 폴리에틸렌 절연 비닐 시스 케이블
③ MI : 미네랄 인슐레이션 케이블
④ OC : 옥외용 가교 폴리에틸렌 절연 전선

42. 다음 괄호 안에 들어갈 알맞은 말은? [19년 4회]

> 전선의 접속에서 트위스트 접속은 (㉠) mm^2 이하의 가는 전선, 브리타니어 접속은 (㉡) mm^2 이상의 굵은 단선을 접속할 때 적합하다.

① ㉠ 4, ㉡ 10
② ㉠ 6, ㉡ 10
③ ㉠ 8, ㉡ 12
④ ㉠ 10, ㉡ 14

해설 단선의 직선 접속 방법
㉠ 트위스트 접속 : 단면적 6 mm^2 이하
㉡ 브리타니아 접속 : 단면적 10 mm^2 이상

43. 배전반 및 분전반과 연결된 배관을 변경하거나 이미 설치되어 있는 캐비닛에 구멍을 뚫을 때 필요한 공구는? [19년 4회]

① 오스터
② 클리퍼
③ 토치램프
④ 녹아웃 펀치

해설 녹아웃 펀치(knock out punch)
㉠ 배전반, 분전반 등의 배관을 변경하거나 이미 설치되어 있는 캐비닛에 구멍을 뚫을 때 필요한 공구이다.
㉡ 수동식과 유압식이 있으며, 크기는 15, 19, 25 mm 등으로 각 금속관에 맞는 것을 사용한다.

44. 교류 전등 공사에서 금속관 내에 전선을 넣어 연결한 방법 중 옳은 것은? [19년 4회]

①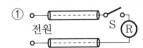

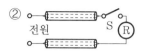

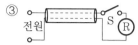

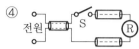

해설 금속관 내에 전선을 넣을 때는 ③과 같이, 교류회로의 1회선을 모두 동일관 안에 넣어야 한다.

45. 다음 중 경질 비닐 전선관의 설명으로 틀린 것은? [19년 3회]

① 1본의 길이는 3.6 m가 표준이다.

② 굵기는 관 안지름의 크기에 가까운 짝수 mm로 나타낸다.

③ 금속관에 비해 절연성이 우수하다.

④ 금속관에 비해 내식성이 우수하다.

해설 합성수지관의 호칭과 규격 : 1본의 길이는 4 m가 표준이고, 굵기는 관 안지름의 크기에 가까운 짝수의 mm로 나타낸다.

46. 연피 케이블이 구부러지는 곳은 케이블 바깥지름의 최소 몇 배 이상의 반지름으로 구부려야 하는가? [19년 4회]

① 8 ② 12

③ 15 ④ 20

해설 연피 케이블이 구부러지는 곳은 케이블 바깥지름의 12배 이상의 반지름으로 구부릴 것 (단, 금속관에 넣는 것은 15배 이상으로 하여야 한다.)

47. 다음 중 2종 가요 전선관의 호칭에 해당하지 않는 것은? [19년 4회]

① 12 ② 16

③ 24 ④ 30

해설 2종 가요 전선관의 호칭 : 10, 12, 15, 17, 24, 30, 38, 50, 63, 76, 83, 101

48. 케이블 트레이 공사에 사용되는 케이블 트레이는 수용된 모든 전선을 지지할 수 있는 적합한 강도의 것으로서 이 경우 케이블 트레이 안전율은 얼마 이상으로 하여야 하는가? [예상]

① 1.1 ② 1.2

③ 1.3 ④ 1.5

해설 케이블 트레이(cable tray) 공사의 시설조건 및 부속품 선정(KEC 232.40.2) : 수용된 모든 전선을 지지할 수 있는 적합한 강도의 것이어야 한다. 이 경우 케이블 트레이의 안전율은 1.5 이상으로 하여야 한다.

49. 저압 전로에 사용하는 과전류 차단기용 퓨즈에서, 정격전류가 32 A인 퓨즈는 40 A가 흐르는 경우 몇 분 이내에는 동작되지 않아야 하는가? [예상]

① 30 ② 60

③ 120 ④ 180

해설 다음 표에서 32 A는 16 A 이상 63 A 이하에 해당되고, 40 A는 32 A의 1.25배 이므로 60분 이내에는 동작되지 않아야 한다.

※ 과전류 차단기로 저압 전로에 사용하는 퓨즈의 용단 특성(KEC 표 212.6-1)

정격전류의 구분	시간	정격전류의 배수	
		불 용단 전류	용단 전류
4 A 이하	60분	1.5배	2.1배
4 A 초과 16 A 미만	60분	1.5배	1.9배
16 A 이상 63 A 이하	60분	1.25배	1.6배
63 A 초과 160 A 이하	120분	1.25배	1.6배
160 A 초과 400 A 이하	180분	1.25배	1.6배
400 A 초과	240분	1.25배	1.6배

정답 ● 45. ① 46. ② 47. ② 48. ④ 49. ②

50. 다음 개폐기 중에서 옥내 배선의 분기 회로 보호용에 사용되는 배선용 차단기의 약호는 어느 것인가? [19년 3회]

① OCB
② ACB
③ NFB
④ DS

해설 배선용 차단기 : 전류가 비정상적으로 흐를 때 자동적으로 회로를 끊어서 전선 및 기계·기구를 보호하는 것으로, 노 퓨즈 브레이커(NFB ; No-Fuse Breaker)라 한다.

51. 접지도체의 선정에 있어서 접지도체의 최소 단면적은 구리는 (a) mm² 이상, 철체는 (b) mm² 이상이면 된다. ( )에 알맞은 값은? (단, 큰 고장전류가 접지도체를 통하여 흐르지 않을 경우이다.) [예상]

① (a) 6, (b) 50
② (a) 26, (b) 48
③ (a) 10, (b) 25
④ (a) 8, (b) 32

해설 접지도체의 선정(KEC 142.3.1) : 접지도체의 단면적은 구리 6 mm² 또는 철 50 mm² 이상으로 하여야 한다.

52. 저압수용가 인입구 접지에 있어서, 지중에 매설되어 있고 대지와의 전기저항 값이 몇 Ω 이하의 값을 유지하고 있는 금속제 수도관로는 접지극으로 사용할 수 있는가? [예상]

① 3
② 5
③ 10
④ 12

해설 저압수용가 인입구 접지(KEC 142.4.1) : 대지와의 전기저항 값이 3 Ω 이하의 값을 유지하고 있으면 된다.

53. 한 수용 장소의 인입선에서 분기하여 지지물을 거치지 아니하고 다른 수용 장소의 인입구에 이르는 부분의 전선을 무엇이라 하는가? [19년 3회]

① 가공전선
② 가공지선
③ 가공 인입선
④ 연접 인입선

해설 연접 인입선 : 연접 인입선은 수용 장소의 인입선에서 분기하여 지지물을 거치지 않고 다른 수용장소의 인입구에 이르는 부분의 전선로이다.

54. 가공전선의 지지물에 승탑 또는 승강용으로 사용하는 발판 볼트 등은 지표상 몇 m 미만에 시설하여서는 안 되는가? [19년 4회]

① 1.2
② 1.5
③ 1.6
④ 1.8

해설 가공전선로 지지물의 철탑 오름 및 전주 오름 방지(KEC 331.4) : 가공전선로의 지지물에 취급자가 오르고 내리는데 사용하는 발판 볼트 등을 지표상 1.8 m 미만에 시설하여서는 아니 된다.

55. 배전선로 공사에서 충전되어 있는 활선을 움직이거나 작업권 밖으로 밀어낼 때, 또는 활선을 다른 장소로 옮길 때 사용하는 활선 공구는? [19년 4회]

① 전선 피박기
② 활선 커버
③ 데드 엔드 커버
④ 와이어 통

해설 와이어 통(wire tong) : 핀 애자나 현수 애자의 장주에서 활선을 작업권 밖으로 밀어낼 때 사용하는 활선 공구(절연봉)이다.

※ 활선작업(hotline work) : 고압 전선로에서 충전 상태, 즉 송전을 계속하면서 애자, 완목, 전주 및 주상 변압기 등을 교체하는 작업이다.

㉠ 전선 피박기 : 활선 상태에서 전선의 피복을 벗기는 공구이다.

㉡ 데드 엔드 커버(dead end cover) : 활선 작업 시 작업자가 현수 애자 및 데드 엔드 클램프에 접촉되는 것을 방지하기 위하여 사용되는 절연 장구

정답 ➡ 50. ③ 51. ① 52. ① 53. ④ 54. ④ 55. ④

56. 수 · 변전 설비 중에서 동력설비 회로의 역률을 개선할 목적으로 사용되는 것은? [19년 4회]

① 전력 퓨즈
② MOF
③ 지락 계전기
④ 진상용 콘덴서

해설 전력용 콘덴서(SC) : 무효 전력을 조정하여 역률개선에 의한 전력손실을 경감시키는 조상설비이다.

※ MOF(metering out fit) : 전력 수급용 계기용 변성기

57. 성냥을 제조하는 공장의 공사 방법으로 적당하지 않은 것은? [19년 3회]

① 금속관 공사
② 케이블 공사
③ 합성수지관 공사
④ 금속 몰드 공사

해설 위험물이 있는 곳의 공사(KEC 242.4)

㉠ 셀룰로이드 · 성냥 · 석유류 기타 타기 쉬운 위험한 물질을 제조하거나 저장하는 장소
㉡ 배선은 금속관 배선, 합성수지관 배선 또는 케이블 배선 등에 의할 것

58. 조명 기구의 배광에 의한 분류 중 40~60 % 정도의 빛이 위쪽과 아래쪽으로 고루 향하고 가장 일반적인 용도를 가지고 있으며, 상하 좌우로 빛이 모두 나오므로 부드러운 조명이 되는 방식은? [19년 3회]

① 직접 조명방식
② 반직접 조명방식
③ 전반확산 조명방식
④ 반간접 조명방식

해설 전반확산 조명방식

(1) 상향 광속 : 40~60 %
(2) 하향 광속 : 60~40 %
(3) 가장 일반적으로 부드러운 조명이 되는 방식으로 사무실, 상점, 주택 등에 사용된다.

㉠ 직접 조명방식 : 상향 광속 : 0~10 %, 하향 광속 : 100~10 %
㉡ 반직접 조명방식 : 상향 광속 : 10~40 %, 하향 광속 : 90~60 %
㉢ 반간접 조명방식 : 상향 광속 : 60~90 %, 하향 광속 : 40~10 %
㉣ 간접 조명방식 : 상향 광속 : 90~100 %, 하향 광속 : 10~0 %

59. 자동 화재 탐지설비는 화재의 발생을 초기에 자동적으로 탐지하여 소방대상물의 관계자에게 화재의 발생을 통보해주는 설비이다. 이러한 자동 화재 탐지설비의 구성요소가 아닌 것은? [19년 4회]

① 수신기
② 비상경보기
③ 발신기
④ 중계기

해설 자동 화재 탐지설비의 구성요소

㉠ 감지기
㉡ 수신기
㉢ 발신기
㉣ 중계기
㉤ 표시등
㉥ 음향 장치 및 배선

※ 비상경보설비는 비상벨 또는 자동식 사이렌이므로 탐지설비의 구성요소에 속하지 않는다.

60. 교통 신호등의 제어장치로부터 신호등의 전구까지의 전로에 사용하는 전압은 몇 V 이하인가? [19년 4회]

① 60
② 100
③ 300
④ 440

해설 교통 신호등(KEC 234.15)

㉠ 제어장치의 2차측 배선의 최대 사용 전압은 300 V 이하일 것
㉡ 2차측 배선 : 제어장치에서 교통 신호등의 전구에 이르는 배선이다.

실전 모의고사 5

제1과목	제2과목	제3과목
전기 이론 : 20문항	전기 기기 : 20문항	전기 설비 : 20문항

1과목 : 전기 이론

1. 다음 중 대전현상의 종류를 잘 못 설명한 것은? [20년 2회]

① 마찰 대전 : 두 물체를 비벼서 발생

② 박리 대전 : 비닐포장지를 뗄 때 발생

③ 유동 대전 : 액체류가 유동할 때 발생

④ 접촉 대전 : 서로 같은 물체가 접속하였을 때 발생

해설 대전(electrification) : 어떤 물질이 정상 상태보다 전자의 수가 많거나 적어졌을 때 양전기나 음전기를 가지게 되는데, 이를 대전이라 한다.

ㄱ 마찰 대전 : 두 물체 사이의 마찰이나 접촉 위치의 이동으로 전하의 분리 및 재배열이 일어나서 정전기가 발생하는 현상

ㄴ 박리 대전 : 서로 밀착되어 있는 물체가 떨어질 때 전하의 분리가 일어나 정전기가 발생하는 현상

ㄷ 유동 대전 : 액체류가 파이프 등 내부에서 유동할 때 액체와 관벽 사이에 정전기가 발생하는 현상

ㄹ 접촉 대전 : 서로 다른 물체가 접촉하였을 때 물체 사이에 전하의 이동이 일어나면서 발생

2. 공기 중에서 4×10^{-6} C와 8×10^{-6} C의 두 전하 사이에 작용하는 정전력이 7.2 N일 때 전하사이의 거리(m)는? [20년 2회]

① 1   ② 2

③ 0.1   ④ 0.2

해설 $F = 9 \times 10^9 \times \dfrac{Q_1 \cdot Q_2}{\mu_s r^2}$ [N]에서

$$r^2 = 9 \times 10^9 \times \frac{Q_1 \cdot Q_2}{\mu_s F}$$

$$= 9 \times 10^9 \times \frac{4 \times 10^{-6} \times 8 \times 10^{-6}}{1 \times 7.2} = 0.04$$

$$\therefore \ r = \sqrt{0.04} = 0.2 \ \text{m}$$

3. 콘덴서 2 F, 3 F을 직렬로 접속하고 양단에 100 V의 전압을 가할 때 2F에 걸리는 전압은? [20년 1회]

① 100 V   ② 80 V

③ 60 V   ④ 40 V

해설 $V_1 = \dfrac{C_2}{C_1 + C_2} V = \dfrac{3}{2+3} \times 100 = 60 \ \text{V}$

4. 다음 그림과 같이 박 검전기의 원판 위에 금속철망을 씌우고 양(+)의 대전체를 가까이했을 때 알루미늄박은 움직이지 않는데 그 작용은 금속철망의 어떤 현상 때문인가? [20년 1회]

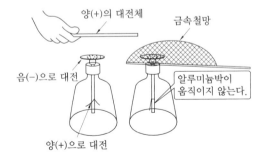

양(+)의 대전체   금속철망

음(-)으로 대전

알루미늄박이 움직이지 않는다.

양(+)으로 대전

① 정전 유도   ② 정전 차폐

③ 자기 유도   ④ 대전

정답 ● 1. ④   2. ④   3. ③   4. ②

해설 정전 차폐(electrostatic shielding) : 정전 실드라고도 하며, 접지(接地)된 금속 철망에 의해 대전체를 완전히 둘러싸서 외부 정전계에 의한 정전 유도를 차단하는 것

5. 다음 물질 중 강자성체로만 이루어진 것은 어느 것인가? [20년 2회]

① 철, 구리, 아연
② 알루미늄, 질소, 백금
③ 철, 니켈, 코발트
④ 니켈, 탄소, 안티몬, 아연

해설 ㉠ 상자성체 : 알루미늄(Al), 백금(Pt), 산소(O), 공기
㉡ 강자성체 : 철(Fe), 니켈(Ni), 코발트(Co), 망간(Mn)
㉢ 반자성체 : 금(Au), 은(Ag), 구리(Cu), 아연(Zn), 안티몬(Sb)

6. 평행한 두 도체에 같은 방향의 전류가 흘렀을 때 두 도체 사이에 작용하는 힘은 어떻게 되는가? [20년 2회]

① 반발력이 작용한다.
② 힘은 0이다.
③ 흡인력이 작용한다.
④ 회전력이 작용한다.

해설 전자력의 작용(힘의 방향) : 각각의 도체에는 전류의 방향에 의하여 왼손 법칙에 따른 힘이 작용한다.
㉠ 동일 방향일 때 : 흡인력
㉡ 반대 방향일 때 : 반발력

7. 무한장 직선 도체에 전류를 통했을 때 10 cm 떨어진 점의 자계의 세기가 2 AT/m라면 전류의 크기는 약 몇 A인가? [20년 1회]

① 1.26 ② 2.16
③ 2.84 ④ 3.14

해설 $H = \dfrac{I}{2\pi r}$ [AT/m]

$\therefore I = 2\pi r H = 2\pi \times 10 \times 10^{-2} \times 2$
$\fallingdotseq 1.26$ A

8. 환상솔레노이드에 감겨진 코일에 권 회수를 3배로 늘리면 자체 인덕턴스는 몇 배로 되는가? [20년 1회]

① 3 ② 9
③ $\dfrac{1}{3}$ ④ $\dfrac{1}{9}$

해설 $L_s = \dfrac{\mu A}{l} \cdot N^2$[H]에서,

$L_s \propto N^2$

∴ 권 회수 N을 3배로 늘리면 자체 인덕턴스 L_s는 9배가 된다.

9. 공기 중 +1 Wb의 자극에서 나오는 자력선의 수는 약 몇 개인가? [20년 1회]

① 6.3×10^3개 ② 7.6×10^4개
③ 8.0×10^5개 ④ 9.4×10^6개

해설 $N = \dfrac{m}{\mu_0} = \dfrac{1}{\mu_0} = \dfrac{1}{1.257 \times 10^{-6}}$

$= \dfrac{1}{1.257} \times 10^6 \fallingdotseq 8 \times 10^5$ 개

여기서, 진공의 투자율
$\mu_0 = 4\pi \times 10^{-7} = 1.257 \times 10^{-6}$ [H/m]

10. 회로망의 임의의 접속점에 유입되는 전류는 $\Sigma I = 0$라는 법칙은? [20년 1회]

① 쿨롱의 법칙
② 패러데이의 법칙
③ 키르히호프의 제1법칙
④ 키르히호프의 제2법칙

해설 키르히호프의 법칙(Kirchhoff's law)
㉠ 제1법칙 : $\Sigma I = 0$
㉡ 제2법칙 : $\Sigma V = \Sigma IR$

정답 ─● 5. ③ 6. ③ 7. ① 8. ② 9. ③ 10. ③

11. 다음 중 100 V, 300 W의 전열선의 저항 값은 몇 Ω인가? [20년 1회]

① 약 0.33
② 약 3.33
③ 약 33.3
④ 약 333

해설 $R = \dfrac{V^2}{P} = \dfrac{100^2}{300} ≒ 33.3\ Ω$

12. 220 V 60 W 전구 2개를 전원에 직렬과 병렬로 연결했을 때 어느 것이 더 밝은가? [20년 2회]

① 직렬로 연결했을 때 더 밝다.
② 병렬로 연결했을 때 더 밝다.
③ 둘이 밝기가 같다.
④ 두 전구 모두 켜지지 않는다.

해설 ㉠ 병렬연결 시 : 각 전구에 가해지는 전압은 220 V로 전원 전압과 같다.
㉡ 직렬연결 시 : 각 전구에 가해지는 전압은 전원 전압의 $\dfrac{1}{2}$로 110 V로 된다.
∴ 병렬로 연결했을 때 더 밝다.

13. $R = 8\ Ω$, $L = 19.1$ mH의 직렬회로에 5 A가 흐르고 있을 때 인덕턴스(L)에 걸리는 단자 전압의 크기는 약 몇 V인가? (단, 주파수는 60 Hz이다.) [20년 2회]

① 12
② 25
③ 29
④ 36

해설 $X_L = 2\pi f L = 2\pi \times 60 \times 19.1 \times 10^{-3}$
$≒ 7.2\ Ω$
∴ $V_L = I \cdot X_L = 5 \times 7.2 = 36$ V

14. $R = 4\ Ω$, $X_L = 8\ Ω$, $X_C = 5\ Ω$이 직렬로 연결된 회로에 100 V의 교류를 가했을 때 흐르는 ㉠ 전류와 ㉡ 임피던스는? [20년 1회]

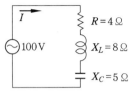

① ㉠ 5.9 A, ㉡ 용량성
② ㉠ 5.9 A, ㉡ 유도성
③ ㉠ 20 A, ㉡ 용량성
④ ㉠ 20 A, ㉡ 유도성

해설 • $Z = \sqrt{R^2 + (X_L - X_C)^2}$
$= \sqrt{4^2 + (8-5)^2} = \sqrt{4^2 + 3^2} = 5\ Ω$
• $I = \dfrac{V}{Z} = \dfrac{100}{5} = 20$ A
• $X_L > X_C$이므로 임피던스는 유도성이다.

15. Y–Y 결선 회로에서 선간 전압이 200 V일 때 상전압은 얼마인가? [20년 2회]

① 100
② 115
③ 120
④ 135

해설 $V_p = \dfrac{V_l}{\sqrt{3}} = \dfrac{200}{1.732} ≒ 115.5$ V

16. 어떤 회로에 $v = 50\sin\omega t$[V] 인가 시 $i = 4\sin(\omega t - 30°)$[A]가 흘렀다면 유효전력은 몇 W인가? [20년 2회]

① 173.2
② 122.5
③ 86.6
④ 61.2

해설 • $e = 50\sin\omega t$[V]에서,
$V = \dfrac{50}{\sqrt{2}} ≒ 35.36$ V
• $i = 4\sin(\omega t - 30°)$[A]에서,
$I = \dfrac{4}{\sqrt{2}} ≒ 2.83$ A
• 역률 : $\cos 30° = \dfrac{\sqrt{3}}{2} ≒ 0.866$
∴ 유효전력
$P = VI\cos\theta = 35.36 \times 2.83 \times 0.866$
$≒ 86.66$ W

정답 ━ 11. ③ 12. ② 13. ④ 14. ④ 15. ② 16. ③

17. 어느 회로의 전류가 다음과 같을 때 이 회로에 대한 전류의 실횻값은? [20년 1회]

$$i = 3 + 10\sqrt{2}\sin\left(\omega t - \frac{\pi}{6}\right)$$
$$+ 5\sqrt{2}\sin\left(3\omega t - \frac{\pi}{3}\right)[A]$$

① 11.6 A   ② 23.2 A
③ 32.2 A   ④ 48.3 A

해설 $I = \sqrt{3^2 + 10^2 + 5^2} = \sqrt{134} \fallingdotseq 11.6\,A$

18. 2Ω의 저항에 3 A의 전류가 1분간 흐를 때 이 저항에서 발생하는 열량은? [20년 2회]

① 약 4 cal   ② 약 86 cal
③ 약 259 cal   ④ 약 1080 cal

해설 $H = 0.24I^2Rt$
$= 0.24 \times 3^2 \times 2 \times 1 \times 60 \fallingdotseq 259\,cal$

19. 기전력 50 V, 내부저항 5 Ω인 전원이 있다. 이 전원에 부하를 연결하여 얻을 수 있는 최대전력은? [20년 2회]

① 125 W   ② 250 W
③ 500 W   ④ 1000 W

해설 $P_m = \frac{E^2}{4R} = \frac{50^2}{4 \times 5} = 125\,W$

※ 최대 전력 전달조건 : 내부저항(r)=부하저항(R)

∴ $P_m = I^2 \cdot R = \left(\frac{E}{2R}\right)^2 \cdot R$
$= \frac{E^2}{4R^2} \cdot R = \frac{E^2}{4R}$

20. 200 V의 전원으로 백열등 100 W 5개, 60 W 4개, 20 W 3개와 1 kW의 전열기 1대를 동시 사용했을 때의 전전류(A)는? [20년 1회]

① 9   ② 13
③ 18   ④ 20

해설 $P = VI\cos\theta[W]$에서, (백열등, 전열기는 역률$(\cos\theta)$이 약 1이다.)

∴ $I = \frac{P}{V}$
$= \frac{100 \times 5 + 60 \times 4 + 20 \times 3 + 1 \times 10^3}{100}$
$= \frac{1800}{200} = 9\,A$

2과목 : 전기 기기

21. 직류기에서 전기자 반작용을 방지하기 위한 보상 권선의 전류방향은 어떻게 되는가? [20년 2회]

① 전기권선의 전류방향과 같다.
② 전기권선의 전류방향과 반대이다.
③ 계자권선의 전류방향과 같다.
④ 계자권선의 전류방향과 반대이다.

해설 보상 권선의 전류방향은 전기권선의 전류방향과 반대로 하여, 그 기자력으로 전기자 기자력을 상쇄시킨다.

22. 직류 분권발전기가 있다. 전기자 총도체수 220, 매극의 자속수 0.01 Wb, 극수 6, 회전수 150 rmp일 때 유기 기전력은 몇 V인가? (단, 전기자 권선은 파권이다.) [20년 1회]

① 60   ② 120
③ 165   ④ 240

해설 $E = p\phi\frac{N}{60} \cdot \frac{Z}{a}$
$= 6 \times 0.01 \times \frac{1500}{60} \times \frac{220}{2} = 165\,V$

23. 급전선의 전압강하 보상용으로 사용되는 것은? [20년 2회]

① 분권기   ② 직권기
③ 차동 복권기   ④ 과복권기

해설 ㉠ 과복권 발전기 : 급전선의 전압강하 보상용으로 사용된다.

㉡ 차동 복권 발전기 : 수하 특성을 가지므로, 용접기용 전원으로 사용된다.

24. 다음 중 분권전동기의 토크와 회전수 관계를 올바르게 표시한 것은? [20년 1회]

① $T \propto \dfrac{1}{N}$ 　② $T \propto N$

③ $T \propto \dfrac{1}{N^2}$ 　④ $T \propto N^2$

해설 전압 전류가 일정하면

$N = \dfrac{V - I_a R_a}{\kappa \phi}$ 에서, $\phi \propto \dfrac{1}{N}$

$\therefore T = \kappa \phi I_a = \kappa' \dfrac{1}{N}$

토크는 속도에 대략 반비례한다.

25. 다음 중 고조파를 제거하기 위하여 동기기의 전기자 권선법으로 많이 사용되는 방법은? [20년 2회]

① 단절권/집중권 　② 단절권/분포권

③ 전절권/분포권 　④ 단층권/분포권

해설 (1) 단절권의 특징(전절권에 비하여)

㉠ 파형(고조파 제거) 개선

㉡ 코일 단부 단축

㉢ 동량 감소 및 기계 길이가 단축되지만, 유도 기전력이 감소한다.

(2) 분포권의 특징(집중권에 비하여)

㉠ 유도 기전력이 감소한다.

㉡ 고조파가 감소하여 파형이 좋아진다.

㉢ 권선의 누설 리액턴스가 감소한다.

㉣ 냉각 효과가 좋다.

26. 3상 66000 kVA, 22900 V 터빈 발전기의 정격전류는 약 몇 A인가? [20년 1회]

① 8764 　② 3367

③ 2882 　④ 1664

해설 $I_n = \dfrac{P}{\sqrt{3}\,V} = \dfrac{66000}{\sqrt{3} \times 22.9} ≒ 1664 \text{ A}$

27. 3상 동기 발전기에서 전기자 전류가 무부하 유도 기전력보다 $\dfrac{\pi}{2}$[rad](90°) 앞서 있는 경우에 나타나는 전기자 반작용은? [20년 2회]

① 교차 자화 작용 　② 감자 작용

③ 편자 작용 　④ 증자 작용

해설 동기 발전기의 전기자 반작용

반작용	작용	위상
가로축 (횡축)	교차 자화 작용	동상
직축 (자극축과 일치)	감자 작용	지상 (90° 늦음 - 전류 뒤짐)
	증자 작용	진상 (90° 빠름 - 전류 앞섬)

28. 동기 발전기의 무부하 포화곡선에 대한 설명으로 옳은 것은? [20년 1회]

① 정격전류와 단자전압의 관계이다.

② 정격전류와 정격전압의 관계이다.

③ 계자전류와 정격전압의 관계이다.

④ 계자전류와 단자전압의 관계이다.

해설 무부하 포화곡선 : 정격 속도 무부하에서 계자전류 I_f를 증가시킬 때 무부하 단자전압 V의 변화 곡선을 말한다.

29. 3상 동기 전동기 자기동법에 관한 사항 중 틀린 것은? [20년 1회]

① 기동토크를 적당한 값으로 유지하기 위하여 변압기 탭에 의해 정격전압의 80 % 정도로 저압을 가해 기동을 한다.

② 기동토크는 일반적으로 적고 전 부하 토크의 40~60 % 정도이다.

③ 제동권선에 의한 기동토크를 이용하는 것으로 제동 권선은 2차 권선으로서 기동토크를 발생한다.

④ 기동할 때에는 회전자속에 의하여 계자권
선 안에는 고압이 유도되어 절연을 파괴
할 우려가 있다.

해설 변압기 탭에 의해 정격전압의 30~50 %
정도로 저압을 가해 기동을 한다.

30. 다음 중 변압기의 자속에 관한 설명으로
옳은 것은?   [20년 1회]

① 전압과 주파수에 반비례한다.
② 전압과 주파수에 비례한다.
③ 전압에 반비례하고 주파수에 비례한다.
④ 전압에 비례하고 주파수에 반비례한다.

해설 $\phi = \dfrac{E}{4.44fN} = k \cdot \dfrac{E}{f}$ [Wb]

∴ 자속 ϕ는 전압 E에 비례하고 주파수 f에
반비례한다.

31. 단상 변압기에 있어서 부하역률이 80 %
의 지상역률에서 전압변동률 4 %이고, 부하
역률 100 %에서 전압변동률 3 %라고 한다.
이 변압기의 퍼센트 리액턴스 강하는 약 %
인가?   [20년 2회]

① 2.7   ② 3.0
③ 3.3   ④ 3.6

해설 전압변동률(p : % 저항강하, q : % 리액턴스
강하)
① 부하역률 100 %에서, 전압변동률이 3 %이
므로,
$\epsilon = p\cos\theta + q\sin\theta$에서,
$3 = p \times 1 + q \times 0$
∴ $p = 3$
② 부하역률 80 %의 지상역률에서 전압변동
률 4 %이므로,
$\epsilon = p\cos\theta + q\sin\theta$에서,
$4 = 3 \times 0.8 + q \times 0.6$
∴ $q \fallingdotseq 2.7$
여기서, $\cos\theta = 1$일 때
$\sin\theta = 0$
$\left(\sin\theta = \sqrt{1 - \cos^2\theta} = \sqrt{1 - 0.8^2} = 0.6\right)$

32. 다음 중 변압기의 효율이 가장 좋을 때의
조건은?   [20년 1회]

① 철손 = 동손

② 철손 = $\dfrac{1}{2}$ 동손

③ 동손 = $\dfrac{1}{2}$ 철손

④ 동손 = 2철손

해설 최대 효율 조건 : 철손 P_i와 동손 P_c가 같
을 때 최대 효율이 된다($P_i = P_c$).

33. 변압기유가 구비해야 할 조건 중 맞는 것
은 어느 것인가?   [20년 1회]

① 절연 내력이 작고 산화하지 않을 것
② 비열이 작아서 냉각 효과가 클 것
③ 인화점이 높고 응고점이 낮을 것
④ 절연재료나 금속에 접촉할 때 화학작용
을 일으킬 것

해설 변압기 절연유가 구비해야 할 조건
㉠ 화학적으로 안정하고, 응고점이 낮아야
한다.
㉡ 인화의 위험성이 없고 인화점이 높으며,
사용 중의 온도로 발화하지 않아야 한다.
㉢ 절연 내력이 높아야 한다.
㉣ 냉각 작용이 좋고 비열과 열 전도도가 크며,
점성도가 적고 유동성이 풍부해야 한다.

34. 유도 전동기에서 슬립이 0이라는 것은 어
느 것과 같은가?   [20년 1회]

① 유도 전동기가 동기 속도로 회전한다.
② 유도 전동기가 정지 상태이다.
③ 유도 전동기가 전부하 운전 상태이다.
④ 유도 제동기의 역할을 한다.

해설 슬립(slip) : s
㉠ 무부하 시 : $s = 0 \rightarrow N = N_s$
∴ 동기 속도로 회전한다.
㉡ 기동 시 : $s = 1 \rightarrow N = 0$
∴ 정지 상태이다.

정답 ● 30. ④   31. ①   32. ①   33. ③   34. ①

35. 유도 전동기 원선도 작성에 필요한 시험과 원선도에서 구할 수 있는 것이 옳게 배열된 것은? [20년 2회]

① 무부하 시험, 1차 입력
② 부하 시험, 기동전류
③ 슬립측정 시험, 기동 토크
④ 구속 시험, 고정자 권선의 저항

해설 원선도

(1) 유도 전동기의 특성을 실부하 시험을 하지 않아도, 등가 회로를 기초로 한 헤일랜드 (Heyland)의 원선도에 의하여 1차 입력, 전부하 전류, 역률, 효율, 슬립, 토크 등을 구할 수 있다.
(2) 원선도 작성에 필요한 시험
   ㉠ 저항 측정
   ㉡ 무부하 시험
   ㉢ 구속 시험

36. 다음 중 유도 전동기에서 슬립이 4 %이고, 2차 저항이 0.1 Ω일 때 등가 저항은 몇 Ω인가? [20년 1회]

① 0.4
② 0.5
③ 1.9
④ 2.4

해설 $R = \dfrac{r_2}{s} - r_2 = \dfrac{0.1}{0.04} - 0.1 = 2.4\ \Omega$

※ $R = \dfrac{1-s}{s} \times r_2 = \dfrac{1-0.04}{0.04} \times 0.1 = 2.4$

37. 다음 중, 실리콘 제어 정류기(SCR)에 대한 설명으로서 적합하지 않은 것은? [20년 1회]

① 정류 작용을 할 수 있다.
② P-N-P-N 구조로 되어 있다.
③ 정방향 및 역방향의 제어 특성이 있다.
④ 인버터 회로에 이용될 수 있다.

해설 SCR(silicon controlled rectifier)

① P-N-P-N 의 구조로 되어 있으며, 정류 작용을 할 수 있다.
② 정방향 제어 특성은 있으나, 역방향의 제어 특성은 없다.

③ 인버터 회로에 이용될 수 있으며, 조명의 조광 제어, 전기로의 온도 제어, 형광등의 고주파 점등에 사용된다.

38. 다음 그림과 같은 정류회로의 전원전압이 200 V, 부하저항 10 Ω이면 부하전류는 약 몇 A인가? [20년 2회]

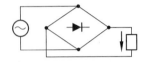

① 9
② 18
③ 23
④ 30

해설 단상 전파정류회로

$E_{d0} = \dfrac{2\sqrt{2}}{\pi} V = 0.9 V = 0.9 \times 200 = 180\ \mathrm{V}$

$\therefore\ I_{d0} = \dfrac{E_{d0}}{R} = \dfrac{180}{10} = 18\ \mathrm{A}$

39. 부흐홀츠 계전기의 설치 위치로 가장 적당한 것은? [20년 2회]

① 변압기 주탱크 내부
② 컨서베이터 내부
③ 변압기의 고압측 부싱
④ 변압기 본체와 콘서베이터 사이

해설 부흐홀츠 계전기(Buchholtz relay ; BHR)

㉠ 변압기 내부 고장으로 2차적으로 발생하는 기름의 분해가스 증기 또는 유류를 이용하여 부자 (뜨는 물건)를 움직여 계전기의 접점을 닫는 것이다.
㉡ 변압기의 주탱크와 콘서베이터의 연결관 도중에 설비한다.

40. 그림과 같은 전동기 제어회로에서 전동기 M의 전류 방향으로 올바른 것은? (단, 전동기의 역률은 100 %이고, 사이리스터의 점호각은 0°라고 본다.) [20년 1회]

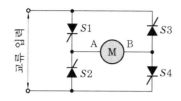

① 항상 "A"에서 "B"의 방향
② 항상 "B"에서 "A"의 방향
③ 입력의 반주기마다 "A"에서 "B"의 방향,
　"B"에서 "A"의 방향
④ S1과 S4, S2와 S3의 동작 상태에 따라
　"A"에서 "B"의 방향, "B"에서 "A"의 방향

해설 전동기 M의 전류 방향
① 교류 입력이 정(+) 반파일 때 : $S1$, $S4$
　턴 온
② 교류 입력이 부(−) 반파일 때 : $S2$, $S3$
　턴 온
∴ 항상 "A"에서 "B"의 방향으로 흐르게 된다.

3과목 : 전기 설비

41. 전로의 사용 전압이 PELV, 500 V 이하일 때, 절연 저항 하한 값(MΩ)은?　　[예상]
① 0.5　　　　　② 1.0
③ 1.5　　　　　④ 2.0

해설 저압 전로의 절연 성능(KEC 132참조)

전로의 사용 전압	DC 시험전압	절연 저항 MΩ
SELV 및 PELV	250	0.5
PELV, 500 V 이하	500	1.0
500 V 초과	1000	1.0

※ ELV(Extra-Low Voltage) : 특별 저압
　㉠ SELV(Safety Extra-Low Voltage) :
　　비접지회로
　㉡ PELV(Protective Extra-Low Voltage) :
　　접지회로

42. 다음 중 전선 약호가 CV인 케이블은 어느 것인가?　　[20년 1회]
① 비닐 절연 비닐시스 케이블
② 고무 절연 클로로프렌시스 케이블
③ 가교 폴리에틸렌 절연 비닐시스 케이블
④ 미네랄 인슈레이션 케이블

해설 ① VV : 비닐 절연 비닐시스 케이블
　② PN : 고무 절연 클로로프렌시스 케이블
　③ CV : 가교 폴리에틸렌 절연 비닐시스 케이블
　④ MI : 미네랄 인슈레이션 케이블

43. 다음 중 코드 상호, 캡타이어 케이블 상호 접속 시 사용하여야 하는 것은?　　[20년 1회]
① T형 접속기　　　② 코드 접속기
③ 와이어 커넥터　　④ 박스용 커넥터

해설 코드 상호, 캡타이어 케이블 상호 접속(KEC 123/234.4 참조)
　㉠ 코드 접속기(cord connection), 접속함 및 기타 기구를 사용할 것
　㉡ 접속점에는 조명 기구 및 기타 전기 기계 기구의 중량이 걸리지 않도록 한다.

44. 옥내 배선의 접속함이나 박스 내에서 접속할 때 주로 사용하는 접속법은?　　[20년 2회]
① 슬리브 접속　　　② 쥐꼬리 접속
③ 트위스트 접속　　④ 브리타니아 접속

해설 쥐꼬리 접속(rat tail joint) : 박스 안에서 가는 전선을 접속할 때에는 쥐꼬리 접속으로 한다.

45. 캡타이어 케이블을 조영재에 따라 시설하는 경우로서 새들, 스테이플 등으로 지지하는 경우 그 지지점 간의 거리는 얼마로 하여야 하는가?　　[20년 2회]
① 1 m 이하　　　② 1.5 m 이하
③ 2.0 m 이하　　④ 2.5 m 이하

해설 케이블공사의 시설조건(KEC 232.51)

(1) 전선은 케이블 및 캡타이어 케이블일 것
(2) 전선을 조영재의 아랫면 또는 옆면에 따라 붙이는 경우 지지점 간의 거리
  ㉠ 케이블은 2 m 이하(사람이 접촉할 우려가 없는 곳에서 수직으로 붙이는 경우에는 6 m)
  ㉡ 캡타이어 케이블은 1 m 이하

46. 다음 중 합성수지관에 사용할 수 있는 단선의 최대 규격은 몇 mm²인가? [20년 1회]

① 2.5
② 4
③ 6
④ 10

해설 시설조건(KEC 232.11.1)

(1) 전선은 절연 전선(옥외용 비닐 절연 전선은 제외한다)일 것
(2) 전선은 연선일 것(단, 다음의 것은 적용하지 않는다.)
  ㉠ 짧고 가는 합성수지관에 넣은 것
  ㉡ 단면적 10 mm²(알루미늄선은 단면적 16 mm²) 이하의 것

47. 다음 중 1종 금속 몰드 배선공사를 할 때 동일 몰드 내에 넣는 전선 수는 최대 몇 본 이하로 하여야 하는가? [20년 1회]

① 5
② 8
③ 10
④ 12

해설 1종 몰드에 넣는 전선 수는 10본 이하이며, 2종 몰드에 넣는 전선 수는 피복 절연물을 포함한 단면적의 총합계가 몰드 내 단면적의 20 % 이하로 한다.

48. 저압 전로에 사용되는 주택용 배선용 차단기에 있어서 정격전류가 50 A인 경우에 1.45배 전류가 흘렀을 때 몇 분 이내에 자동적으로 동작하여야 하는가? [예상]

① 30
② 60
③ 120
④ 180

해설 주택용 배선용 차단기 특성(KEC 표 212.6-4)

정격전류 구분	시간	정격전류의 배수	
		불 용단 전류	용단 전류
63 A 이하	60분	1.13배	1.45배
63 A 초과	120분	1.13배	1.45배

49. 간선에 접속하는 전동기의 정격전류의 합계가 100 A인 경우에 간선의 허용전류가 몇 A인 전선의 굵기를 선정하여야 하는가? [20년 2회]

① 100
② 110
③ 125
④ 200

해설 • 전동기의 정격전류가 50 A를 넘는 경우
$$I_a = 1.1 \times I_M = 1.1 \times 100 = 110\,A$$
• 전동기의 정격전류가 50 A 이하인 경우
$$I_a = 1.25 \times I_M [A]$$

50. 다음 중 "ELB"는 어떤 차단기를 의미하는가? [20년 1회]

① 유입 차단기
② 진공 차단기
③ 배전용 차단기
④ 누전 차단기

해설 ELB(earth leakage breaker) : 누전 차단기

51. 계통접지의 구성에 있어서, 저압 전로의 보호도체 및 중성선의 접속 방식에 따른 접지계통 방식에 해당되지 않는 것은? [예상]

① TN 계통
② TT 계통
③ IT 계통
④ IM 계통

해설 계통접지의 구성(KEC 203.1)

㉠ 계통접지(System Earthing) : 전력계통에서 돌발적으로 발생하는 이상 현상에 대비하여 대지와 계통을 연결하는 것으로, 중성점을 대지에 접속하는 것
㉡ 저압 전로의 보호도체 및 중성선의 접속 방식에 따라 접지계통 TN 계통, TT 계통, IT 계통

정답 ● 46. ④ 47. ③ 48. ② 49. ② 50. ④ 51. ④

52. 철근 콘크리트주로서 전체의 길이가 15 m 이고, 설계하중이 7.8 kN이다. 이 지지물을 논이나 지반이 연약한 곳 이외에 기초 안전율의 고려 없이 시설하는 경우에 그 묻히는 깊이는 기준보다 몇 cm를 가산하여 시설하여야 하는가?   [20년 1회]

① 20   ② 30
③ 50   ④ 70

해설 철근 콘크리트주로서 전체의 길이가 14 m 이상 20 m 이하이고, 설계하중이 6.8 kN 초과 9.8 kN 이하의 것을 논이나 지반이 연약한 곳 이외에 시설하는 경우 최저 깊이에 30 cm를 가산하여야 할 것

53. 주상 변압기에 시설하는 캐치 홀더는 어느 부분에 직렬로 삽입하는가?   [20년 2회]

① 1차측 양전선
② 1차측 1선
③ 2차측 비접지측 선
④ 2차측 접지측 선

해설 캐치 홀더(catch-holder) : 저압 가공 전선을 보호하기 위하여 주상 변압기의 2차측 비접지측 선에 과전류 차단기를 넣는 캐치 홀더를 설치한다.

54. 다음 중, 배전용 전기 기계기구인 COS(컷 아웃 스위치)의 용도로 알맞은 것은? [20년 1회]

① 변압기의 1차 측에 시설하여 변압기의 단락 보호용
② 변압기의 2차 측에 시설하여 변압기의 단락 보호용
③ 변압기의 1차 측에 시설하여 배전 구역 전환용
④ 변압기의 2차 측에 시설하여 배전 구역 전환용

해설 컷 아웃 스위치(COS : cut out switch) : 주로 배전용 변압기의 1차 측에 설치하여 변압기의 단락 보호와 개폐를 위하여 단극으로 제작되며 내부에 퓨즈를 내장하고 있다.

55. 다음 중 분전반 및 분전반을 넣은 함에 대한 설명으로 잘못된 것은?   [20년 2회]

① 반(盤)의 뒤쪽은 배선 및 기구를 배치할 것
② 절연저항 측정 및 전선 접속 단자의 점검이 용이한 구조일 것
③ 난연성 합성수지로 된 것은 두께 1.5 mm 이상으로 내(耐) 아크성인 것이어야 한다.
④ 강판제의 것은 두께 1.2 mm 이상이어야 한다.

해설 분전반의 함
㉠ 반(般)의 뒤쪽은 배선 및 기구를 배치하지 말 것
㉡ 난연성 합성수지로 된 것은 두께 1.5 mm 이상으로 내(耐) 아크성인 것이어야 한다.
㉢ 강판제의 것은 두께 1.2 mm 이상이어야 한다.
㉣ 절연저항 측정 및 전선 접속 단자의 점검이 용이한 구조일 것

56. 다음 중 불연성 먼지가 많은 장소에 시설할 수 없는 저압 옥내 배선의 방법은? [20년 1회]

① 금속관 배선
② 두께가 1.2 mm인 합성수지관 배선
③ 금속제 가요 전선관 배선
④ 애자사용 배선

해설 불연성 먼지가 많은 장소의 배선 시공
㉠ 애자사용 배선
㉡ 금속 전선관 배선
㉢ 금속제 가요 전선관 배선
㉣ 금속 덕트 배선, 버스 덕트 배선
㉤ 합성수지 전선관 배선(두께 2 mm 미만의 합성수지 전선관 제외)
㉥ 케이블 배선 또는 캡타이어 케이블 배선으로 시공하여야 한다.

57. 화약류 저장장소의 배선공사에서 전용 개폐기에서 화약류 저장소의 인입구까지는 어떤 공사를 하여야 하는가? [20년 2회]

① 케이블을 사용한 옥측 전선로

② 금속관을 사용한 지중 전선로

③ 케이블을 사용한 지중 전선로

④ 금속관을 사용한 옥측 전선로

해설 화약류 저장소에서 전기설비의 시설(KEC 242.5.1)

㉠ 화약류 저장소 안에는 전기설비를 시설해서는 안 된다.

㉡ 개폐기 및 과전류 차단기에서 화약고의 인입구까지의 배선은 케이블을 사용하고 또한 이것을 지중에 시설하여야 한다.

58. 전주에 가로등을 설치 시 부착 높이는 지표상 몇 m 이상으로 하여야 하는가? (교통에 지장이 없는 경우이다.) [20년 2회]

① 2.5

② 3

③ 4

④ 4.5

해설 전주 외등 설치(KEC 234.10) : 기구의 부착 높이는 하단에서 지표상 4.5 m 이상으로 할 것 (단, 교통에 지장이 없는 경우는 지표상 3.0 m 이상으로 할 수 있다.)

59. 완전 확산면은 어느 방향에서 보아도 무엇이 동일한가? [20년 1회]

① 조도

② 휘도

③ 광도

④ 반사율

해설 완전 확산면

㉠ 반사면이 거칠면 난반사하여 빛이 확산한다.

㉡ 이 확산 반사 중 면의 휘도가 어느 방향에서 보더라도 같은 표면을 완전 확산면이라 한다.

※ 휘도(luminance) : 어느 면을 어느 방향에서 보았을 때의 발산 광속으로 단위는 ([sb] ; stilb), ([nt] ; nit)을 사용한다.

60. 전기울타리의 시설에 관한 내용 중 틀린 것은? [20년 1회]

① 수목과의 이격 거리는 30 cm 이상일 것

② 전선은 지름이 2 mm 이상의 경동선일 것

③ 전선과 이를 지지하는 기둥 사이의 이격 거리는 2 cm 이상일 것

④ 전기울타리용 전원장치에 전기를 공급하는 전로의 사용 전압은 250 V 이하일 것

해설 전기울타리의 시설(KEC 241.1)

㉠ 전선과 다른 시설물 또는 수목과의 이격 거리는 0.3 m 이상일 것

㉡ 전선은 지름 2 mm 이상의 경동선일 것

㉢ 전선과 이를 지지하는 기둥 사이의 이격 거리는 25 mm(2.5 cm) 이상일 것

㉣ 전기울타리용 전원장치에 전원을 공급하는 전로의 사용 전압은 250 V 이하이어야 한다.

정답 ➔ 57. ③ 58. ② 59. ② 60. ③

실전 모의고사 6

제1과목	제2과목	제3과목
전기 이론 : 20문항	전기 기기 : 20문항	전기 설비 : 20문항

1과목 : 전기 이론

1. "물질 중의 자유전자가 과잉된 상태"란 무엇인가? [10, 12, 20]

① (−) 대전상태   ② 발열상태

③ 중성상태   ④ (+) 대전상태

해설 대전(electrification) : 어떤 물질이 정상 상태보다 전자의 수가 많거나 적어졌을 때 양전기나 음전기를 가지게 되는데, 이를 대전이라 한다.

㉠ 양전기(+) : 전자 부족상태

㉡ 음전기(−) : 전자 과잉상태

2. 전자 1개의 질량은 몇 kg인가? [20]

① 8.855×10^{-12} ② 9.109×10^{-31}

③ 9×10^{-9} ④ 1.679×10^{-31}

해설 양성자, 중성자, 전자의 성질

입자	전하량(C)	질량(kg)
양성자	$+1.60219 \times 10^{-19}$	1.67261×10^{-27}
중성자	0	1.67491×10^{-27}
전 자	-1.60219×10^{-19}	9.10956×10^{-31}

3. 다음 중 1 J은? [예상]

① $1 W \cdot s$ ② $1 W/s$

③ $1 V \cdot s$ ④ $1 N/m$

해설 ㉠ $1 J = 1 W \cdot s$

㉡ $1 J = 1 N \cdot m$

4. 다음 설명 중에서 콘덴서의 합성정전용량에 대하여 옳게 설명한 것은? [20]

① 직렬과 병렬의 합성정전용량은 무관하다.

② 병렬로 연결할수록 합성정전용량이 작아진다.

③ 직렬로 연결할수록 합성정전용량이 작아진다.

④ 직렬로 연결할수록 합성정전용량이 커진다.

해설 저항과는 반대로 직렬로 연결할수록 합성정전용량이 작아진다.

예 같은 콘덴서 2개를 직렬로 연결하였을 때의 합성정전용량은 병렬로 접속하였을 때의 $\frac{1}{4}$ 배로 작아진다.

5. 자기선속의 단위를 나타낸 것은? [20]

① A/m   ② Wb

③ Wb/m^2 ④ AT/Wb

해설 자기선속 자속(magnetic flux) : $+m$ [Wb]의 자극에서는 매질에 관계없이 항상 m개의 자력선 묶음이 나온다고 가정하여 이것을 자속이라 하며, 단위는 Wb, 기호는 ϕ 를 사용한다.

※ 자기장의 세기 : H[A/m], 자속 밀도 : B [Wb/m²], 자기 저항 R[AT/Wb]

6. $1 \mu F$의 콘덴서에 100 V의 전압을 가할 때 충전 전하량(C)은? [20]

① 10^{-4} ② 10^{-5}

③ 10^{-8} ④ 10^{-10}

해설 $Q = CV = 1 \times 10^{-6} \times 100 = 1 \times 10^{-4}$[C]

정답 ● 1. ① 2. ② 3. ① 4. ③ 5. ② 6. ①

7. 2 cm의 간격을 가진 두 평행도선에 1000 A의 전류가 흐를 때 도선 1 m마다 작용하는 힘은 몇 N/m인가? [20]

① 5　　　　　② 10
③ 15　　　　 ④ 20

해설 $F = \dfrac{2I_1I_2}{r} \times 10^{-7}$

$= \dfrac{2 \times 1000 \times 1000}{2 \times 10^{-2}} \times 10^{-7}$

$= \dfrac{2 \times 10^6}{2 \times 10^{-2}} \times 10^{-7} = 10\,\text{N/m}$

8. 동일한 크기의 저항 4개를 접속하여 얻어지는 경우 중에서 전체 전류가 가장 많이 흐르는 것은? [20]

① 모두 직렬로 접속
② 모두 병렬로 접속
③ 2개는 직렬, 2개는 병렬로 접속
④ 1개는 직렬 3개는 병렬로 접속

해설 전체 전류가 가장 많이 흐르기 위한 조건은 전체 합성저항이 가장 작아야 한다.
∴ 저항을 모두 병렬로 접속하면 된다.

9. 2Ω의 저항에 3 A의 전류가 1분간 흐를 때 이 저항에서 발생하는 열량은? [20]

① 약 4 cal　　　② 약 86 cal
③ 약 259 cal　　④ 약 1080 cal

해설 $H = 0.24I^2Rt$

$= 0.24 \times 3^2 \times 2 \times 1 \times 60 ≒ 259\,\text{cal}$

10. 다음 중 키르히호프의 법칙을 맞게 설명한 것은? [20]

① 제1법칙은 전압에 관한 법칙이다.
② 제1법칙은 전류에 관한 법칙이다.
③ 제1법칙은 회로망의 임의의 한 폐회로 중의 전압 강하의 대수합과 기전력의 대수합은 같다.
④ 제2법칙은 회로망에 유입하는 전력의 합은 유출하는 전류의 합과 같다.

해설 키르히호프의 법칙(Kirchhoff's law)
㉠ 제1법칙 : $\Sigma I = 0$ 전류에 관한 법칙
㉡ 제2법칙 : $\Sigma V = \Sigma IR$ 기전력의 합＝전압 강하의 합

11. 다음 중 전기력선에 대한 설명으로 틀린 것은? [20]

① 전기력선의 밀도는 전기장의 크기를 나타낸다.
② 전기력선은 양전하에서 나와 음전하에서 끝난다.
③ 같은 전기력선은 흡인한다.
④ 전기력선은 양전하의 표면에서 나와서 음전하의 표면에서 끝난다.

해설 같은 전기력선은 서로 밀어 낸다.

12. 비유전율 2.5의 유전체 내부의 전속밀도가 2×10^{-6} C/m² 되는 점의 전기장의 세기는? [10, 16, 20]

① 18×10^4 V/m　② 9×10^4 V/m
③ 6×10^4 V/m　④ 3.6×10^4 V/m

해설 $D = \epsilon E\,[\text{C/m}^2]$에서,

$E = \dfrac{D}{\epsilon_0 \cdot \epsilon_s} = \dfrac{2 \times 10^{-6}}{8.855 \times 10^{-12} \times 2.5}$

$= 9 \times 10^4\,\text{V/m}$

13. 원형 도선의 반지름이 r[m], 길이가 l[m]일 때 이 도선의 저항은 어떻게 계산할 수 있는가? [20]

① $R = \rho\dfrac{l}{2\pi r}$　　② $R = \rho\dfrac{2\pi l}{r}$
③ $R = \rho\dfrac{2\pi l}{r^2}$　　④ $R = \rho\dfrac{l}{\pi r^2}$

해설 도선의 전기 저항
$R = \rho\dfrac{l}{A} = \rho\dfrac{l}{\pi r^2}\,[\Omega]$

14. 저항이 4Ω, 유도리액턴스가 3Ω인 RL 직렬회로에 200 V의 전압을 가할 때 이 회로의 소비전력은 약 몇 W인가? [20]

① 800　　　　　　② 1000
③ 2400　　　　　④ 6400

해설 ㉠ $Z = \sqrt{R^2 + X^2} = \sqrt{4^2 + 3^2} = 5\,\Omega$

㉡ $I = \dfrac{V}{Z} = \dfrac{200}{5} = 40\,A$

㉢ $\cos\theta = \dfrac{R}{Z} = \dfrac{4}{5} = 0.8$

∴ $P = VI\cos\theta = 200 \times 40 \times 0.8 = 6400\,W$

15. $i = 200\sqrt{2}\sin(\omega t + 30)$[A]의 전류가 흐른다. 이를 복소수로 표시하면? [20]

① 6.12 − j3.5　　　② 17.32 + j5
③ 173.2 + j100　　④ 173.2 − j100

해설 $i = 200\sqrt{2}\sin(\omega t + 30) = 200\angle 30°$

∴ $I = 200(\cos 30° + j\sin 30°)$
　　$= 173.2 + j100$ [A]

16. 교류의 파형률이란? [20]

① $\dfrac{\text{실횻값}}{\text{최댓값}}$　　　　② $\dfrac{\text{실횻값}}{\text{평균값}}$

③ $\dfrac{\text{평균값}}{\text{실횻값}}$　　　　④ $\dfrac{\text{최댓값}}{\text{실횻값}}$

해설 ㉠ 파형률 $= \dfrac{\text{실횻값}}{\text{평균값}} = \dfrac{V}{V_a} = 1.11$

㉡ 파고율 $= \dfrac{\text{최댓값}}{\text{실횻값}} = \dfrac{V_m}{V} = 1.414$

17. 어드미턴스 Y_1과 Y_2를 병렬로 연결하면 합성 어드미턴스는? [20]

① $Y_1 + Y_2$　　　② $\dfrac{1}{Y_1} + \dfrac{1}{Y_2}$

③ $\dfrac{1}{Y_1 + Y_2}$　　④ $\dfrac{Y_1 Y_2}{Y_1 + Y_2}$

해설 어드미턴스(admittance)는 임피던스 Z의 역수로 기호는 Y, 단위는 [℧]을 사용한다.

∴ $Y_0 = Y_1 + Y_2$

18. $\dot{Z} = 2 + j11\,[\Omega]$, $\dot{Z} = 4 - j3\,[\Omega]$의 직렬회로에 교류전압 100 V를 가할 때 합성 임피던스는? [10, 20]

① 6Ω　　　　　② 8Ω
③ 10Ω　　　　④ 14Ω

해설 $\dot{Z} = \dot{Z_1} + \dot{Z_2} = 2 + j11 + 4 - j3 = 6 + j8$

∴ $|Z| = \sqrt{6^2 + 8^2} = 10\,\Omega$

19. 기전력 120 V, 내부저항(r)이 15Ω인 전원이 있다. 여기에 부하저항(R)을 연결하여 얻을 수 있는 최대 전력(W)은? (단, 최대 전력 전달 조건은 $r = R$이다.) [16, 18, 20]

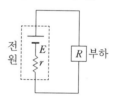

① 100　　　　　② 140
③ 200　　　　　④ 240

해설 최대 전력 전달 조건 : 내부저항(r)=부하저항(R)

∴ $P_m = \dfrac{E^2}{4R} = \dfrac{120^2}{4 \times 15} = 240\,W$

※ $P_m = I^2 \cdot R = \left(\dfrac{E}{2R}\right)^2 \cdot R$

　$= \dfrac{E^2}{4R^2} \cdot R = \dfrac{E^2}{4R}$

20. 다음이 설명하는 것은 무엇인가? [13, 20]

> 금속 A와 B로 만든 열전쌍과 접점 사이에 임의의 금속 C를 연결해도 C의 양 끝의 접점의 온도를 똑같이 유지하면 회로의 열기전력은 변화하지 않는다.

① 제벡 효과　　　② 톰슨 효과
③ 제3금속의 법칙　④ 펠티에 법칙

해설 제3금속의 법칙 : 열전쌍 사이에 제3의 금속을 연결해도 열기전력은 변화하지 않는다.

정답　14. ④　15. ③　16. ②　17. ①　18. ③　19. ④　20. ③

2과목 : 전기 기기

21. 다음 중 직류 발전기에서 자기저항이 가장 큰 곳은? [20]

① 브러시　　　　② 계자 철심
③ 전기자 철심　　④ 공극

해설 공극
　㉠ 자극편과 전기자 철심 표면 사이를 공극이라 하며, 자기저항이 가장 크다.
　㉡ 소형기는 3 mm, 대형기는 6~8 mm 정도로 한다.

22. 속도를 광범위하게 조절할 수 있어 압연기나 엘리베이터 등에 사용되고 일그너 방식 또는 워드 레오나드 방식의 속도제어 장치를 사용하는 경우에 주 전동기로 사용하는 전동기는? [18, 20]

① 타여자 전동기　　② 분권 전동기
③ 직권 전동기　　　④ 가동 복권 전동기

해설 타여자 전동기
　㉠ 속도를 광범위하게 조절할 수 있어 압연기나 엘리베이터 등에 사용된다.
　㉡ 일그너 방식 또는 워드 레오나드 방식의 속도 제어 장치를 사용한다.

23. 직류 분권 발전기가 있다. 전기자 총 도체 수 220, 극 수 6, 회전수 1500 rpm일 때의 유기기전력이 165 V이면, 매 극의 자속 수는 몇 Wb인가? (단, 전기자 권선은 파권이다.) [20]

① 0.01　　　　② 0.02
③ 10　　　　　④ 20

해설 $E = p\phi \dfrac{N}{60} \cdot \dfrac{Z}{a}[V]$

$\therefore \ \phi = 60 \times \dfrac{a\,E}{p\,N\,Z}$

$= 60 \times \dfrac{2 \times 165}{6 \times 1500 \times 220} = 0.01\,\text{Wb}$

24. 직류 전동기를 기동할 때 전기자 전류를 제한하는 가감 저항기를 무엇이라 하는가? [20]

① 단속기　　　　② 제어기
③ 가속기　　　　④ 기동기

해설 기동기(기동저항기) SR : 기동저항기는 전기자와 직병렬접속되어 전기자 전류를 제한한다.

25. 100 V, 10 A, 전기자저항 1 Ω, 회전수 1800 rpm인 직류 전동기의 역기전력은 몇 V인가? [20]

① 90　　　　　② 100
③ 110　　　　　④ 186

해설 역기전력
$E = V - R_a I_a = 100 - 10 \times 1 = 90\,\text{V}$
※ 회전수 1800 rpm은 전동기의 회전력을 구할 때 적용된다.

26. 동기 속도 1800 rpm, 주파수 60 Hz인 동기 발전기의 극 수는 몇 극인가? [20]

① 2　　　　　　② 4
③ 8　　　　　　④ 10

해설 $p = \dfrac{120}{N_s} \cdot f = \dfrac{120}{1800} \times 60 = 4$

27. 동기 전동기의 용도가 아닌 것은? [20]

① 압연기　　　　② 분쇄기
③ 송풍기　　　　④ 크레인

해설 용도
　㉠ 저속도 대용량 : 시멘트 공장의 분쇄기, 각종 압축기, 송풍기, 제지용 쇄목기, 동기 조상기
　㉡ 소용량 : 전기 시계, 오실로그래프, 전송 사진

28. 권수비 2, 2차 전압 100 V, 2차 전류 5 A, 2차 임피던스 20 Ω인 변압기의 ㉠ 1차 환산 전압 및 ㉡ 1차 환산 임피던스는? [11, 20]

① ㉠ 200 V, ㉡ 80 Ω
② ㉠ 200 V, ㉡ 40 Ω
③ ㉠ 50 V, ㉡ 10 Ω
④ ㉠ 50 V, ㉡ 5 Ω

해설 • 1차 환산 전압

$$E_1' = aE_2 = 2 \times 100 = 200\,\text{V}$$

• 1차 환산 임피던스

$$Z_1' = a^2 Z_2 = 2^2 \times 20 = 80\,\Omega$$

29. 변압기의 권수비가 30일 때, 2차 측의 전압이 120 V이면 1차 전압(V)은? [20]

① 4
② 40
③ 360
④ 3600

해설 $V_1 = a\,V_2 = 30 \times 120 = 3600\,\text{V}$

30. 변압기에서 퍼센트 저항강하 3 %, 리액턴스 강하 4 %일 때 역률 0.8(지상)에서의 전압변동률은? [20]

① 2.4 %
② 3.6 %
③ 4.8 %
④ 6 %

해설 $\epsilon = p\cos\theta + q\sin\theta$

$$= 3 \times 0.8 + 4 \times 0.6 = 4.8\,\%$$

※ $\sin\theta = \sqrt{1 - \cos\theta^2} = \sqrt{1 - 0.8^2} = 0.6$

31. 몰드 변압기의 냉각방식으로서 변압기 본체가 공기에 의하여 자연적으로 냉각이 되도록 한 방식이며 작은 용량에 사용하는 것은? [20]

① AN – 건식 자랭식
② AF – 건식 풍랭식
③ ANAN – 건식밀폐 자랭식
④ ANAF – 건식밀폐 풍랭식

해설 (1) 건식 자랭식(air-cooled type, AN)
㉠ 변압기 본체가 공기에 의하여 자연적으로 냉각되도록 한 것이다.
㉡ 20 kV 정도 이하의 낮은 전압의 변압기

에 적용한다.
(2) 건식 풍랭식(air-blast type, AF) : 건식 변압기에 송풍기를 사용하여, 강제로 통풍시켜 냉각 효과를 크게 한 것이다.

32. 다음 중 변압기의 절연 내력 시험법이 아닌 것은? [15, 17, 20]

① 가압 시험
② 유도 시험
③ 충격 전압 시험
④ 단락 시험

해설 변압기의 절연 내력 시험법
㉠ 유도 시험
㉡ 가압 시험
㉢ 충격 전압 시험
※ 단락 시험 : 권선의 온도 상승을 구하는 시험 방법이다.

33. 코일 주위에 전기적 특성이 큰 에폭시 수지를 고진공으로 침투시키고, 다시 그 주위를 기계적 강도가 큰 에폭시 수지로 몰딩한 변압기는? [20]

① 건식 변압기
② 유입 변압기
③ 몰드 변압기
④ 타이 변압기

해설 몰드 변압기
㉠ 고압 및 저압권선을 모두 에폭시로 몰드 (mold)한 고체 절연방식 채용
㉡ 난연성, 절연의 신뢰성, 보수 및 점검이 용이, 에너지 절약 등의 특징이 있다.

34. 다음 중 농형 회전자에 비뚤어진 홈을 쓰는 이유는? [20]

① 출력을 높인다.
② 회전수를 증가시킨다.
③ 소음을 줄인다.
④ 미관상 좋다.

해설 비뚤어진 홈 (skewed slot)
㉠ 회전자가 고정자의 자속을 끊을 때 발생하는 소음을 억제하는 효과가 있다.
㉡ 기동 특성, 파형을 개선하는 효과가 있다.

35. 주파수가 60 Hz인 3상 4극의 유도 전동기가 있다. 슬립이 10 %일 때 이 전동기의 회전수는 몇 rpm인가? [20]

① 1200   ② 1620

③ 1746   ④ 1800

해설 $N_s = \dfrac{120}{p} \cdot f = \dfrac{120}{4} \times 60 = 1800 \, \text{rpm}$

$\therefore N = (1-s) \cdot N_s = (1-0.1) \times 1800$
$\qquad = 1620 \, \text{rpm}$

※ $N = \dfrac{120f(1-s)}{p} = \dfrac{120 \times 60(1-0.1)}{4}$
$\qquad = 1620 \, \text{rpm}$

36. 일정한 주파수의 전원에서 운전하는 3상 유도 전동기의 전원전압이 80 %가 되었다면 토크는 약 몇 %가 되는가? (단, 회전수는 변하지 않는 상태로 한다.) [20]

① 55   ② 64

③ 76   ④ 82

해설 3상 유도 전동기는 슬립 s가 일정하면, 토크는 공급 전압 V_1의 제곱에 비례하여 변화한다.

$T = 0.8^2 V_1 = 0.64 \, V_1$

37. 역률과 효율이 좋아서 가정용 선풍기, 전기세탁기, 냉장고 등에 주로 사용되는 것은 무엇인가? [14, 16, 18, 20]

① 분상 기동형 전동기

② 콘덴서 기동형 전동기

③ 반발 기동형 전동기

④ 셰이딩 코일형 전동기

해설 콘덴서 기동형 : 단상 유도 전동기로서 역률(90 % 이상)과 효율이 좋아서 가전제품에 주로 사용된다.

38. 다음 중 반도체 내에서 정공은 어떻게 생성되는가? [20]

① 결합전자의 이탈

② 자유전자의 이동

③ 접합불량

④ 확산용량

해설 정공 (positive hole)

㉠ 반도체에서의 가전자(價電子) 구조에서 공위(空位)를 나타내며 결합전자의 이탈에 의하여 생성된다.

㉡ 가전자가 튀어나간 뒤에는 정공이 남아서 전기를 운반하는 캐리어(carrier)로서 전자 이외에 정공이 있는 것이 반도체 특징의 하나이다.

39. 전압을 일정하게 유지하기 위해서 이용되는 다이오드는? [13, 16, 17, 20]

① 발광 다이오드

② 포토 다이오드

③ 제너 다이오드

④ 바리스터 다이오드

해설 제너 다이오드(Zener diode) : 제너 효과를 이용하여 전압을 일정하게 유지하는 작용을 하는 정전압 다이오드

40. 다음 중 보호 계전기의 종류에 해당하지 않는 것은? [20]

① 과전류 계전기   ② 과전압 계전기

③ 과저항 계전기   ④ 지락 계전기

해설 전기설비용 보호 계전기의 종류 : 과전류 계전기, 과전압 계전기, 부족전압 계전기, 지락 계전기, 결상 계전기 등

3과목 : 전기 설비

41. S형 슬리브에 의한 직선 접속 시 몇 번 이상 꼬아야 하는가? [16, 20]

① 2번   ② 3번

정답 ● 35. ②   36. ②   37. ②   38. ①   39. ③   40. ③   41. ①

③ 4번   ④ 5번

해설 슬리브의 양단을 비트는 공구로 물리고 완전히 두 번 이상 비튼다. 오른쪽으로 비틀거나 왼쪽으로 비틀거나 관계없다.

42. 전선의 보호를 위하여 사용하는 것으로 수평의 전선관 끝에 부착하여 전선의 인출 시 보호를 위하여 사용하는 부속 재료는? [20]
① 엔트런스 캡   ② 터미널 캡
③ 파이프커터   ④ 링 슬리브

해설 ㉠ 터미널 캡(terminal cap) : 수평 전선관의 끝에 부착하여 전선을 보호한다.
㉡ 엔트런스 캡(enterance cap) : 수직 전선관의 끝에 부착하여 전선을 보호한다.

43. 고압과 저압의 서로 다른 가공전선을 동일 지지물에 가설하는 방식을 무엇이라고 하는가? [20]
① 공가   ② 연가
③ 병가   ④ 조가선

해설 (1) 병가 : 동일 지지물에 가설하는 방식
㉠ 저·고압 가공전선의 병가
㉡ 특고압 가공전선과 저압 가공전선의 병가
(2) 공가(common use) : 전력선과 통신선을 동일 지지물에 가설하는 방식
(3) 연가(Transposition) : 3상 선로에서 정전용량을 평형전압으로 유지하기 위해 송전선의 위치를 바꾸어주는 배치 방식
(4) 조가선 : 케이블 등을 가공으로 시설할 때 이를 지지하기 위한 선

44. 다음 중 금속관 공사의 공구사용에 대하여 잘 못 설명한 것은? [20]
① 쇠톱을 이용하여 금속관을 절단하였다.
② 리머를 이용하여 금속관의 절단면 안쪽을 다듬었다.
③ 녹아웃 펀치를 이용하여 나사산을 내었다.
④ 파이프 밴더를 이용하여 관을 구부렸다.

해설 녹아웃 펀치(knock out punch)
㉠ 배전반, 분전반 등의 캐비닛에 구멍을 뚫을 때 필요한 공구이다.
㉡ 수동식과 유압식이 있으며, 크기는 15, 19, 25 mm 등으로 각 금속관에 맞는 것을 사용한다.

45. 합성수지관이 금속관과 비교하여 장점으로 볼 수 없는 것은? [20]
① 누전의 우려가 없다.
② 온도 변화에 따른 신축작용이 크다.
③ 내식성이 있어 부식성 가스 등을 사용하는 사업장에 적당하다.
④ 관 자체를 접지할 필요가 없고, 무게가 가벼우며 시공하기 쉽다.

해설 온도 변화에 따른 신축작용이 큰 것은 합성수지관의 단점이다.

46. 다음 중 600V VCT 케이블의 공칭단면적이 아닌 것은?
① 8 mm^2 ② 14 mm^2
③ 22 mm^2 ④ 32 mm^2

해설 VCT 케이블의 공칭단면적(mm^2) : 0.75, 1.25, 2.0, 3.5, 5.5, 8, 14, 22, 30, 38, 50…
※ VCT : 600V 비닐 절연 비닐 캡타이어 케이블(KS C 3602)

47. 터널·갱도 기타 이와 유사한 장소에서 사람이 상시 통행하는 터널 내의 배선방법으로 적절하지 않은 것은?(단, 사용 전압은 저압이다.) [20]
① 라이팅덕트 배선
② 금속제 가요 전선관 배선
③ 합성수지관 배선
④ 애자사용 배선

해설 터널 내의 배선은 저압에 한하며 애자사용, 금속 전선관, 합성수지관, 금속제 가요 전선관, 케이블 배선으로 시공하여야 한다.

48. 전기울타리용 전원장치에 공급하는 전로의 사용 전압은 최대 몇 V 미만이어야 하는가? [20]

① 110 　　　　　② 220
③ 250 　　　　　④ 380

해설 전기울타리의 시설

① 목장 등 옥외에서 가축의 탈출 또는 야수의 침입을 방지하기 위하여 시설하는 경우를 제외하고는 시설할 수 없다.

② 전기울타리용 전원장치에 공급하는 전로의 사용 전압은 250 V 미만이어야 한다.

49. 전주의 버팀 강도를 보강하기 위해 3가닥 이상의 소선을 꼬아 만든 아연도금 된 철선을 무엇이라고 하는가? [20]

① 완금 　　　　　② 지선
③ 근가 　　　　　④ 애자

해설 지선에 연선을 사용할 경우

㉠ 소선 3가닥 이상의 연선일 것

㉡ 소선의 지름이 2.6 mm 이상의 금속선을 사용한 것일 것

50. 전등 한 개를 2개소에서 점멸하고자 할 때 옳은 배선은? [13, 20]

해설 전선 가닥 수

㉠ S_3 : 3로 스위치 3가닥

㉡ 전원 : 2가닥

51. 어느 수용가의 설비 용량이 각각 1 kW, 2 kW, 3 kW, 4 kW인 부하설비가 있다. 그 수용률이 60 %인 경우 그 최대 수용 전력은 몇 kW인가? [20]

① 3 　　　　　② 6
③ 30 　　　　　④ 60

해설 수용률 = $\dfrac{최대 수용 전력}{수용 설비 용량} \times 100\%$ 에서,

최대 수용 전력 = 수용률 × 수용 설비 용량

= $0.6 \times (1+2+3+4) = 6\,\mathrm{kW}$

52. 저압으로 수전하는 3상 4선식에서는 단상 접속 부하로 계산하여 설비 불평형률을 몇 % 이하로 하는 것을 원칙으로 하는가? [20]

① 10 　　　　　② 20
③ 30 　　　　　④ 40

해설 불평형 부하의 제한

㉠ 단상 3선식 : 40 % 이하

㉡ 3상 3선식 또는 3상 4선식 : 30 % 이하

53. 다음 중 접지전극의 매설 깊이는 몇 m 이상인가? [16, 18, 20]

① 0.6 　　　　　② 0.65
③ 0.7 　　　　　④ 0.75

해설 접지극의 매설(KEC 142.2) : 매설 깊이는 지표면으로부터 지하 0.75 m 이상으로 한다.

54. 가공 전선로의 지지물에 시설하는 지선의 인장하중은 몇 kN 이상이어야 하는가? [20]

① 1.34 　　　　　② 2.5
③ 3.14 　　　　　④ 4.31

해설 지선의 시설(KEC 222.2/331.11) : 지선의 안전율은 2.5 이상일 것(허용 인장하중의 최저는 4.31 kN)

55. 고압전선과 저압전선이 동일지지물에 병가로 설치되어 있을 때 저압전선의 위치는? [20]

① 설치위치는 무관하다.

② 먼저 설치한 전선이 위로 위치한다.

③ 고압전선 아래로 위치한다.

④ 고압전선이 위로 위치한다.

정답 ➡ 48. ③　49. ②　50. ④　51. ②　52. ③　53. ④　54. ④　55. ③

해설 병가(竝架)
  ㉠ 동일 지지물에 저·고압 가공전선을 동일 지지물에 가설하는 방식이다
  ㉡ 저압전선은 고압전선 아래로 위치한다.

56. 전동기에 과전류가 흘렀을 때 이를 차단하여 전동기가 손상되는 것을 방지하는 기기는 어느 것인가? [20]

① MC
② ELB
③ EOCR
④ MCCB

해설 ㉠ 전자 접촉기(MC ; magnetic contactor) : 전자 릴레이처럼 전자 코일에 의하여 접점의 개폐가 이루어지는 것
  ㉡ 누전차단기(ELB ; Earth Leakage Breaker) : 전동 기계기구가 접속되어 있는 전로(電路)에서 누전에 의한 감전위험을 방지하기 위해 사용되는 기기이다.
  ㉢ 전자식 과전류 계전기(EOCR ; Electronic Over Current Relay) : 전동기 등이 연결된 회로에서 구동 중에 과전류에 의해서 소손이 발생할 수 있는데 이때 과전류를 차단하는 기기이다.
  ㉣ 배선용 차단기(MCCB ; molded case circuit breaker) : 배선용 차단기는 저압 옥내 전압의 보호에 사용되는 몰드 케이스(Mold case)차단기를 말하며, 일반적으로 NFB의 명칭으로 호칭되기도 한다.

57. 60 cd의 점 광원으로부터 2 m의 거리에서 그 방향과 직각인면과 30° 기울어진 평면 위의 조도 lx는? [20]

① 11
② 13
③ 15
④ 19

해설 $E_h = E_n \cos\theta = \dfrac{I_\theta}{\gamma^2}\cos\theta$

$= \dfrac{60}{2^2} \times \cos 30° = 15 \times \dfrac{\sqrt{3}}{2} ≒ 13\,\text{lx}$

58. 1 m 높이의 작업 면에서 천장까지의 높이가 3 m일 때 조명인 경우, 광원의 높이는 몇 m인가? [17, 20]

① 1
② 2
③ 3
④ 4

해설 광원의 높이는 작업 면에서 $\dfrac{2}{3}H_0$[mm]로 한다.

∴ 광원높이 $= \dfrac{2}{3}H_0 = \dfrac{2}{3} \times 3 = 2\,\text{m}$

59. 전시회, 쇼 및 공연장의 저압 옥내 배선, 전구선 또는 이동전선의 사용 전압은 최대 몇 V 미만인가? [16, 18, 20]

① 400
② 440
③ 450
④ 750

해설 전시회, 쇼 및 공연장의 전기설비(KEC 242.6) : 무대·무대마루 밑·오케스트라 박스·영사실 기타 사람이나 무대 도구가 접촉할 우려가 있는 곳에 시설하는 저압 옥내 배선, 전구선 또는 이동전선은 사용 전압이 400 V 이하이어야 한다.

60. 전기울타리용 전원장치에 공급하는 전로의 사용 전압은 최대 몇 V 미만이어야 하는가? [20]

① 110
② 220
③ 250
④ 380

해설 전기울타리 시설(KEC 241.1) : 전기울타리용 전원장치에 전원을 공급하는 전로의 사용 전압은 250 V 이하이어야 한다.

전기기능사 필기 1500제

2021년 1월 20일 인쇄
2021년 1월 25일 발행

저 자 : 김평식
펴낸이 : 이정일

펴낸곳 : 도서출판 **일진사**
www.iljinsa.com
(우) 04317 서울시 용산구 효창원로 64길 6
전화 : 704-1616 / 팩스 : 715-3536
등록 : 제1979-000009호 (1979.4.2)

값 16,000 원

ISBN : 978-89-429-1661-0